教育部高等学校电子信息类专业教学指导委员会规划教材
高等学校电子信息类专业系列教材

移动通信系统

李晓辉 刘晋东 吕思婷 主编

清华大学出版社
北京

内 容 简 介

本书兼顾移动通信的基础知识和技术发展，全面系统介绍了移动通信的相关概念、技术原理、协议规范。从2G移动通信入手，展示了移动通信的网络架构和无线传输演进过程。重点探讨了3G移动通信的标准体系架构，4G移动通信的技术演进，5G移动通信系统的NSA和SA标准以及向5.5G和6G演进的发展趋势。本书在阐述原理和技术的基础上，还给出了视频展示、实验案例及部分参考代码，帮助读者更加深入地理解书中涉及的理论内容。

本书内容丰富，叙述深入浅出。可用作通信领域博硕士研究生及高年级本科生的教材，还可作为通信网络和无线通信等领域广大师生和工程技术人员的参考书。

图书在版编目(CIP)数据

移动通信系统/李晓辉，刘晋东，吕思婷主编. —北京：清华大学出版社，2022.4

高等学校电子信息类专业系列教材

ISBN 978-7-302-60095-4

Ⅰ. ①移… Ⅱ. ①李… ②刘… ③吕… Ⅲ. ①移动通信－通信系统－高等学校－教材 Ⅳ. ①TN929.5

中国版本图书馆CIP数据核字(2022)第023992号

责任编辑：王　芳
封面设计：李召霞
责任校对：焦丽丽
责任印制：杨　艳

出版发行：清华大学出版社

网　　址：http://www.tup.com.cn，http://www.wqbook.com
地　　址：北京清华大学学研大厦A座　　**邮　　编**：100084
社 总 机：010-83470000　　**邮　　购**：010-62786544
投稿与读者服务：010-62776969，c-service@tup.tsinghua.edu.cn
质量反馈：010-62772015，zhiliang@tup.tsinghua.edu.cn
课件下载：http://www.tup.com.cn，010-83470236

印 装 者：北京同文印刷有限责任公司
经　　销：全国新华书店
开　　本：185mm×260mm　　**印　　张**：17.75　　**字　　数**：431千字
版　　次：2022年5月第1版　　**印　　次**：2022年5月第1次印刷
印　　数：1～1500
定　　价：69.00元

产品编号：090741-01

序言

FOREWORD

当今世界正处于百年未有之大变局之中，社会和工作正变得越来越复杂和不确定，这对人才培养提出了新要求，对教育教学改革带来了巨大挑战。近些年，教育部实施的教学质量工程、工程教育专业认证、新工科、双万工程等，都是针对出现的新问题、应对面临的新挑战采取的有效措施。以人为本，知识、能力和德智体美劳全面发展的素质，产出导向（OBE）的理念，既是开展教育教学改的新要求和驱动力，也是进行教育教学体系设计的原则和方法。

电子信息技术、数字技术、网络技术的快速发展和迅速融合，给电子信息类专业的专业建设、课程体系建设和课程建设带来了新机遇，也提出了新问题。电子信息类约二十个专业的界限越来越模糊，课程之间的关联度越来越大，技术和内容之间的耦合越来越紧，打通各专业之间的共性课程和共性内容而又各有侧重，构建模块化、松耦合、颗粒度可选的可重构课程体系和资源平台对专业建设、课程体系设计与课程建设具有十分重要的意义。

教材是课程的重要载体，新形态的教材不仅可以承载课程的基本内容，而且可以作为教学资源，承载适应新要求的教学方法。新技术形成新资源，将课程资源全方位展现在新形态教材中。每个资源模块具有一定的颗粒度，除了给出便于学习的知识图谱外，还将需要掌握的多维度能力（特别是解决复杂问题的能力和应对时代变化的非专业能力或素质）要求显性化；资源的形态多元化，有大纲、课件和教学视频以及练习题，有文字、图片和案例与应用等；模块内和模块之间强调系统性和内在的思维逻辑。利用新形态教材和相应的资源，便于重构和差异化教学，易于学生的自主学习。

通信技术是电子信息领域的重要方向之一，也是发展十分迅猛与应用非常广泛的产业。这套系列教材依据通信与信息工程国家级实验教学示范中心的教学资源，总结实验教学中心的优秀教学成果而成。教材按照通信类专业知识体系和能力要求，分为原理与技术层、系统与测量层和综合应用层；按照通信工程的专业方向主要分为传输与网络两类。教材得到教育部第二批新工科项目“专融结合的电子信息类专业模块化课程体系与系列化教材建设”和西安电子科技大学教材基金的支持，也得到了西安电子科技大学通信工程学院、清华大学出版社和相关合作企业的帮助，在此表示衷心的感谢！作者试图针对课程建设中面临的问题与挑战和开展的教育教学改革进行一定程度上的探索与尝试，不当之处恳请批评指正！

4G改变生活，5G改变社会，6G改变世界。移动通信系统是通信领域发展十分迅速，也是最为实用、技术全面和综合的系统。本书属于系统与测量层次，从移动通信的发展历程开始，把握移动通信技术与系统演进的内在逻辑和发展趋势，强调技术与系统的迁移能力；在分析底层原理与技术的基础上，讨论系统标准与规范及其形成过程；理论紧密联系实际，强化实践环节，利用软件无线电平台和相关工具，以案例的形式快速构建实际的移动通信系统，提高学生综合设计的能力和解决复杂工程问题的能力。

刘乃安（西安电子科技大学）

2022 年 4 月

前言

PREFACE

从第一代移动通信系统的出现，到第四代(4G)移动通信技术的不断成熟，移动通信技术给人们的生活带来了巨大变化。随着社会信息化、数字化理念的不断更新，第五代(5G)移动通信技术开始问世并有了很大的进展，移动通信产业开始把注意力转向如何为垂直行业提供有效的通信能力，万物互联成为移动通信的愿景。因此，我们需要一本涵盖基础知识和技术进展的移动通信教材，帮助学生对移动通信系统有一个全面的认识。

本书注重理论和实践的结合，在深入剖析移动通信技术、原理和规范的同时，给出了与移动通信发展有关的视频、部分关键技术的参考代码以及基于软件无线电的移动通信系统部署方法与视频，帮助读者通过不同的方式展开移动通信的学习，使学生在掌握移动通信基本原理和技术规范的同时，还能够通过代码和教学案例等实践模式展开深入学习和研究，提高学生解决实际工程问题的能力。

本书共分为 11 章，从第一代移动通信技术向第五代移动通信技术的演进入手，给出了移动通信涉及的关键技术，重点阐述从第三代到第五代移动通信的技术标准和规范，还给出了对未来移动通信的展望。

为了加深对移动通信系统的理解，本书在第 1～6 章给出了移动通信相关的基础知识和涉及的关键技术。第 1 章描述了 LTE 和 5G 的演进过程；第 2 章介绍电波传播特性，为研究移动通信技术打下基础；第 3 章介绍无线传输中最为基础和关键的调制技术；第 4 章给出用于抗无线衰落的分集和编码技术；第 5 章介绍了多天线技术；第 6 章描述了多址与组网技术。

第 7～9 章是从 3G 移动通信到 5G 移动通信的演进。第 7 章描述了第三代移动通信系统，包括 WCDMA、CDMA2000 和 TD-SCDMA。第 8 章重点阐述了第四代移动通信系统。第 9 章介绍了 5G 移动通信系统，阐述了 SDN、NFV 及网络切片等概念；此外围绕当前 5G 新空口的系列标准，描述了物理层传输的一般过程，并给出了 5G 新空口的应用及其向 5.5G 和 6G 的演进。

第 10～11 章是移动通信系统的实践。第 10 章是软件无线电平台介绍及其典型应用，包括电子战、信号情报和雷达；还给出了常见的软件无线电开发平台：基于 MATLAB 和 Simulink 软件工具链、基于 LabVIEW 软件工具链和基于 GNU Radio 软件工具链的开发平台。第 11 章介绍如何基于软件无线电技术快速构建移动通信系统，展示了使用比较广泛的商用软件无线电平台 USRP，并介绍了如何使用常见工具链结合 USRP 软件无线电硬件平台开发和实现移动通信系统。

本书由李晓辉、刘晋东和吕思婷主编，通信与信息工程国家实验教学示范中心刘乃安主任作序。本书的撰写得到了国家重点研发计划“兼容 C 波段的毫米波一体化射频前端系统关键技术”的支持，并得到了西安电子科技大学教材基金和通信工程学院教材基金的资助，在此表示感谢！

本书可用作通信领域博硕士研究生及高年级本科生的教材，还可作为无线通信等领域工程技术人员的参考书。

由于编著者水平有限，时间仓促，书中难免存在不足之处，恳请广大读者批评指正，在此深表感谢。

编著者

2021年10月

目录
CONTENTS

第1章 移动通信系统概述

CHAPTER 1

主要内容

本章对移动通信系统进行了整体介绍，首先给出了移动通信的基本概念和分类，然后介绍了移动通信系统的发展历程，阐述了移动通信的系统结构与组成，还描述了移动通信技术的发展现状和标准化进展。

学习目标

通过本章的学习，可以掌握如下几个知识点：

- 移动通信的基本概念和分类；
- 移动通信发展的几个阶段；
- 移动通信系统的基本构成；
- 移动通信系统的发展方向；
- 移动通信有关的标准化组织。

知识图谱

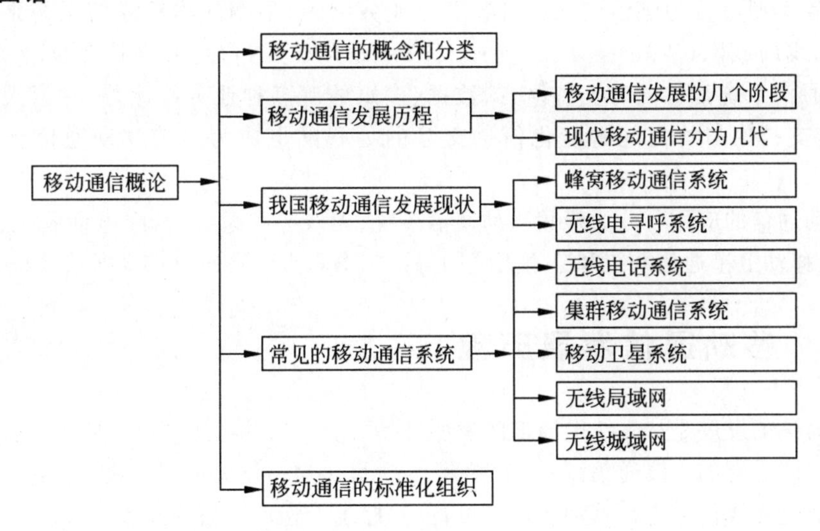

1.1 移动通信的概念和分类

随着科技与经济的蓬勃发展，移动通信已广泛应用于人们的工作和生活中，高效智能的新型通信技术不断涌现。移动通信的主要目的是实现任何时间、任何地点和任何通信对象之间的通信。

移动通信指通信双发至少有一方在移动中(或者临时停留在某一非预定的位置上)进行信息传输与交换,包括移动体(车辆、船舶、飞机或行人)和移动体之间的通信,以及移动体和固定体之间的通信,如图 1.1 所示。

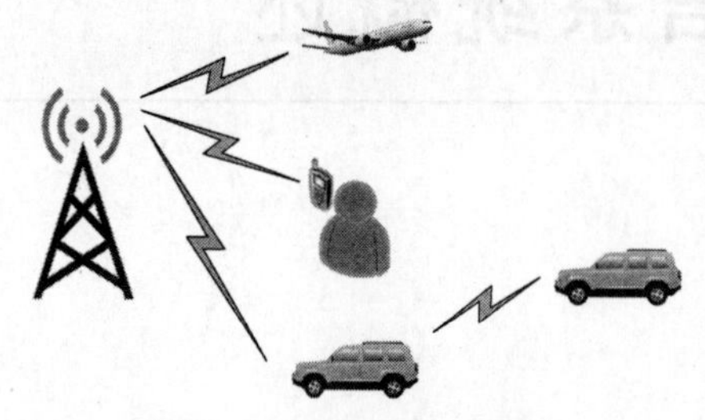

图 1.1 移动通信示意图

移动通信按照不同的标准有不同的分类方法。

按服务对象可分为专用移动通信系统和公用移动通信系统。公用移动通信在我国是由中国移动、中国联通、中国电信等经营的移动通信业务,主要面向社会各阶层人士,所以称为公用网。专用移动通信是为了保证某些特殊部门的通信所建立的通信系统,由于各个部门的性质和环境有很大区别,因而各个部门使用的移动通信网的技术要求有很大差异。例如,公安指挥、交通管理、医疗救护等部门使用的无线电话网。

按使用环境可分为陆地通信、海上通信和空中通信。

按多址方式可分为频分多址(Frequency Division Multiple Access,FDMA)、时分多址(Time Division Multiple Access,TDMA)和码分多址(Code Division Multiple Access,CDMA)等。

按覆盖范围可分为广域网、城域网和局域网等。

按工作方式可分为同频单工、异频单工、半双工、异频双工和同时同频全双工。

按无线信道上传输的信号是模拟信号还是数字信号可分为模拟移动通信系统和数字移动通信系统。

按业务类型可分为电话网、数据网、综合业务网等,早期的移动通信系统是电话移动通信网,无线局域网(Wireless Local Area Network,WLAN),主要支持数据业务,目前使用的移动通信系统能够同时支持语音、数据、多媒体等多种业务。此外,除了人与人之间的通信外,支持物与物之间智能化信息交互的物联网也成为当前移动通信领域关注的热点。

按移动通信的应用可分为蜂窝移动通信系统、无线寻呼系统、无绳电话系统、集群移动通信系统、移动卫星通信系统和分组无线网等。本书重点讲述蜂窝移动通信系统。

1.2 移动通信发展历程

移动通信的发展是从无线电通信的发明开始的。1897 年,马可尼完成了一个固定站与一艘拖船之间进行的无线通信试验,距离为 18 海里。这一试验证明了收发信机在移动和分离状态下通过无线信道进行移动通信是可行的,标志着移动通信的开始。

现代移动通信技术的发展始于 20 世纪 20 年代,大致可分为 6 个不同的阶段。

第一阶段是从 20 世纪 20 年代至 40 年代的早期发展阶段。在这期间,人们在短波几个频段上开发出了专用移动通信系统,其代表是美国底特律市警察使用的车载无线电系统。该系统工作频率为 2MHz。到 40 年代无线通信系统的频率提高到 30～40MHz。我们可以认为这个阶段是现代移动通信的起步阶段,特点是为专用系统开发,工作频率较低。

第二阶段从20世纪40年代中期至60年代初期,公用移动通信业务开始发展。1946年根据美国联邦通信委员会(Federal Communications Commission,FCC)的计划,贝尔实验室在圣路易斯城建立了世界上第一个公用汽车电话网,称为“城市系统”。当时使用三个频道,间隔为120kHz,通信方式为单工,随后,法国(1956年)、英国(1959年)等国相继研制了公用移动电话系统。这一阶段的特点是从专用移动网向公用移动网过渡,接续方式为人工接续,网络容量较小。

第三阶段从20世纪60年代中期至70年代中期。在此期间,美国推出了改进型移动电话系统,使用150MHz和450MHz频段。德国也推出了具有相同技术水平的B网。可以说,这一阶段是移动通信系统改进与完善的阶段,其特点是采用大区制、中小容量,实现了自动选频并能自动接续到公用电话网。

第四阶段从20世纪70年代中期到80年代中期。1978年年底,美国贝尔实验室研制成功高级移动电话系统(Advanced Mobile Phone System,AMPS),建成了蜂窝状移动通信网,大大提高了系统容量。1983年,首次在芝加哥投入商用。到1985年3月已扩展到47个地区,约10万移动用户。在此期间,由于蜂窝理论的应用,频率复用(Frequency Division Multiplexing,FDM)的概念得以实用化,大大提高了频谱效率。

第五阶段是从20世纪80年代中期至21世纪初,这个阶段数字移动通信系统得到了大规模的应用,其代表是欧洲的全球移动通信(Global System for Mobile communications,GSM)系统和美国的CDMA系统。数字蜂窝网络相对于模拟蜂窝网,其频谱利用率和系统容量得到了很大的提高。这个阶段的移动通信系统已经提供数据业务,业务类型大大丰富。

随着通信网络技术、微电子技术、计算机技术、人工智能技术迅速发展,新业务不断出现,新型宽带无线通信标准和产业化都得到了飞速发展。2019年,第五代(The Fifth-Generation,5G)移动通信系统开始商用,我国成立了国家第六代(The Sixth-Generation,6G)移动通信系统研发推进工作组和总体专家组,移动通信又进入了一个新的阶段(第六阶段)。

从第四阶段出现第一代移动通信系统开始,移动通信系统又可以进一步分为如下几个发展阶段(有的资料也把第四阶段到第六阶段合称为第四阶段)。

1. 第一代移动通信系统

移动通信系统出现于20世纪80年代中期,最初被称为第一代(The First-Generation,1G)模拟移动通信系统,例如AMPS和北欧移动电话。第一代移动通信系统主要提供模拟语音业务。

美国摩托罗拉公司的工程师马丁·库珀于1976年首先将无线电应用于移动电话。同年,国际无线电大会批准了800/900MHz频段用于移动电话的频率分配方案。在此之后一直到20世纪80年代中期,许多国家都开始建设基于模拟调制技术和FDMA的第一代移动通信系统。

1978年底,美国贝尔实验室研制成功了全球第一个移动蜂窝电话系统——先进移动电话系统AMPS。5年后,这套系统在芝加哥正式投入商用并迅速在全美推广,获得了巨大成功。

同一时期,欧洲各国也纷纷建立起自己的第一代移动通信系统。瑞典等在1980年研制成功了北欧移动电话系统(Nordic Mobile Telephone,NMT)并投入使用;德国在1984年开发了C网(C-Netz);英国则于1985年开发出频段在900MHz的全接入通信系统(Total Access Communications System,TACS)。

在各种1G系统中,美国AMPS制式的移动通信系统在全球的应用最为广泛,它曾经在超过72个国家和地区运营,直到1997年还在一些地方使用。同时,也有近30个国家和地区采用英国TACS制式的1G系统。这两个移动通信系统是世界上最具影响力的1G系统。

中国的第一代模拟移动通信系统于1987年11月18日在广东第六届全运会上开通并正式商用,采用的是英国TACS制式。从中国电信1987年11月开始运营模拟移动电话业务到2001年12月底中国移动关闭模拟移动通信网,1G系统在中国的应用长达14年,用户数最高曾达到了660万。

由于采用的是模拟技术,1G系统的容量十分有限。此外,还存在较大的干扰和安全问题。1G系统的先天不足,使得它无法真正大规模普及和应用,价格更是非常昂贵,成为当时的一种奢侈品和财富的象征。与此同时,不同国家的各自为政也使得1G的技术标准各不相同,即只有"国家标准",没有"国际标准",国际漫游成为一个突出的问题。这些缺点都随着第二代移动通信系统的到来得到了很大的改善。

2. 第二代移动通信系统

第二代(The Second-Generation,2G)移动通信系统是无线数字系统,具有比第一代模拟系统更高的频谱效率和更强的鲁棒性。主要的2G技术包括全球移动通信系统(Global System for Mobile communications,GSM)、CDMAOne、时分多址接入系统和个人数字蜂窝网(Personal Digital Cellular,PDC)。CDMAOne也称IS-95,主要用于亚太地区、北美和拉丁美洲。GSM在欧洲和全球范围的其他多数国家开发和使用。TDMA系统采用IS-136北美标准,由于TDMA是1G标准AMPS的演进,因此该系统也称为数字高级移动电话系统(Digital Advanced Mobile Phone System,D-AMPS)。PDC是日本专用的2G标准。

表1.1描述了上述4种主流2G系统间的区别,给出了各自的无线基本参数(例如调制方式、载波频率间隔和主要接入方式等)以及服务级别参数(例如初始数据速率和话音编码算法等)。

表1.1 主要2G系统参数对照表

参数	系统名称			
	GSM	CDMAOne	TDMA	PDC
工作频段/MHz	900	800	800	900
调制方式	GMSK	QPSK/BPSK	QPSK	QPSK
载波频率间隔/kHz	200	1250	30	25
载波调制速率	270kb/s	1.2288Mchip/s	48.6kb/s	42kb/s
每载波业务信道	8	61	3	3
主要接入方式	TDMA	CDMA	TDMA	TDMA
初始数据速率/(kb/s)	9.6	14.4	28.8	4.8
话音编码算法	RPE-LTP	CELP	VSELP	VSELP
话音速率/(kb/s)	13	13.3	7.95	6.7

2G系统向第三代(The Third-Generation,3G)移动通信系统演进的中间版本称为2.5G,即在语音基础上又引入了分组交换业务。GSM对应2.5G是通用分组无线业务(General Packet Radio Service,GPRS)系统。CDMAOne可以进一步分为IS-95A和IS-95B,IS-95A是2G标准,而IS-95B是IS-95A的2.5G演进标准。

GSM增强型数据传输技术(Enhanced Data Rate for GSM Evolution,EDGE)也是一种从GSM向3G演进的过渡技术。EDGE主要是在GSM系统中采用了多时隙操作和8PSK调制技术,使每个符号所包含的信息是原来的3倍,其性能优于GPRS技术。

3. 第三代移动通信系统

随着2G技术的不断发展,用户迫切地需要全球统一的无线技术。制定3G移动通信系统标准的根本目的就是为无线用户提供一种简单的全球移动解决方案,避免多种通信方式带来的严重的无线资源和能量浪费,从更广泛的业务层面改善用户终端体验。3G移动通信系统期望的吞吐量为:在乡村室外无线环境144kb/s,在城市或郊区室外无线环境384kb/s,在室内或室外热点环境2048kb/s。

主要的3G标准包括宽带码分多址移动通信系统(Wideband Code Division Multiple Access,WCDMA)、CDMA2000和时分同步码分多址(Time Division-Synchronous Code Division Multiple Access,TD-SCDMA)。

WCDMA是第3代伙伴计划(3rd Generation Partnership Project,3GPP)提出的3G系统标准,也称通用移动电信系统(Universal Mobile Telecommunications System,UMTS)。WCDMA使用高速编码的直接扩频序列实现CDMA。每个用户在单信道的速率可达384kb/s,在专用信道上的理论最大比特速率为2Mb/s,同时支持基于分组交换(Packet Switch,PS)和电路交换(Circuit Switch,CS)的应用,并且改进了漫游能力。WCDMA于2001年在日本开始商用,其名称为自由移动多媒体接入(Freedom of Mobile Multimedia Access,FOMA),并于2003年在其他国家商用。WCDMA的无线接口与GSM/EDGE完全不同,但是其结构和处理过程是从GSM继承而来,与GSM后向兼容,终端能够在GSM和WCDMA网络间无缝切换。

3GPP还接纳了我国的TD-SCDMA技术,有的文献也将其称为TDD模式的UMTS标准。

北美CDMA2000是由IS-95发展而来。CDMA2000的一个主要分支称为演进数据和话音(Evolution Data and Voice,1xEV-DV),迄今为止没有大规模商用。另外一个分支是演进数据优化(Evolution Data Optimized,1xEV-DO),支持高速分组数据业务传送,在CDMA2000的发展中占据重要的地位。

高速分组接入(High Speed Packet Access,HSPA)是对UMTS进一步的增强,包括高速下行链路分组接入(High Speed Downlink Packet Access,HSDPA)和高速上行链路分组接入(High Speed Uplink Packet Access,HSUPA)。HSDPA于2005年年底开始商用化。HSDPA中引入了新的调制方式——正交幅度调制(Quadrature Amplitude Modulation,QAM),理论上支持14.4Mb/s的峰值速率(使用最低信道保护算法)。用户实际体验到的数据速率可以达到1.8Mb/s甚至3.6Mb/s。

主要3G系统的参数对照如表1.2所示。

表 1.2 主要 3G 系统参数对照表

参数	3G 系统		
	WCDMA 或 HSPA	CDMA2000	TD-SCDMA
多址方式	FDMA＋CDMA	FDMA＋CDMA	FDMA＋TDMA＋CDMA
双工方式	FDD	FDD	TDD
工作频段/MHz	上行：1920～1980 下行：2110～2170	上行：1920～1980 下行：2110～2170	上行：1880～1920 下行：2010～2025
载波带宽/MHz	5	1.25	1.6
码片速率/(Mchip/s)	3.84	1.2288	1.28
峰值速率/(Mb/s)	下行：14.4 上行：5.76	下行：3.1 上行：1.8	下行：2.8 上行：0.384
接收检测	相干检测	相干检测	联合检测
越区切换	软、硬切换	软、硬切换	接力切换

HSDPA 采用共享无线方案和实时(每 2ms)信道估计技术来分配无线资源，能够实现对用户的数据突发进行快速反应。此外，HSDPA 实现了混合自动重传(Hybrid Automatic Repeat Request，HARQ)，这是一种在靠近无线接口的基站处实现的快速重传方案，能够快速适应无线传输信道特征的变化。HUSPA 是一种与 HSDPA 相对应的上行链路(从终端到网络)分组发送方案。HSUPA 不是基于完全共享信道的发送方案，每一个 HSUPA 信道实际上是具有自己专有物理资源的专用信道。HSUPA 的共享资源由基站来分配，主要是根据终端的资源请求来分配上行 HSUPA 的发送功率。HSUPA 理论上可以提供高达 5.7Mb/s 的速率，当移动用户进行高优先级业务传输时，还可以使用比通常情况下分配给单个终端更多的资源。

HSPA＋也称 HSPA 演进，是 HSDPA 和 HSUPA 技术的增强，目标是在 LTE 成熟之前，提供一种 3G 后向兼容演进技术。由于采用了大量新技术，例如，多输入多输出(Multiple Input Multiple Output，MIMO)技术和高阶调制(例如下行采用 64QAM，上行采用 16QAM)，HSPA＋有望在 WCDMA 系统的 5MHz 带宽上达到与演进 UMTS 相同的频谱效率。同时，HSPA＋结构上也做了改进，降低了数据发送时延。

同时，CDMA2000 也在不断发展，出现了 1xEV-DO 和 1xEV-DV 两个 3G 版本的标准，而 1xEV-DO 逐步发展到 Revision C。北美 CDMA 技术不是本书研究的重点，这里不再赘述。

HSPA 的引入，使得移动网络由话音业务占统治地位的网络转换为数据业务占统治地位的网络。数据使用主要是由占用大量带宽的便携式应用推动的，这些应用包括互联网和内联网的接入、文件共享、用于分发视频内容的流媒体业务、移动电视以及交互式游戏。此外，视频、数据和话音业务的集成正在进入移动市场。

HSPA＋被认为是当前 HSPA 和 UMTS 长期演进(Long Term Evolution，LTE)间的过渡技术，与 3G 网络后向兼容，便于运营商平滑升级网络，在 LTE 网络进入实际商用前提高网络性能。随着家庭和办公室的移动业务逐步取代传统的固定网络话音和宽带数据业务，这对网络数据的容量和效率提出了更高的要求。因此，3GPP 提出了比 HSPA 具有更高性能的 LTE 以及其高级标准 LTE-A(LTE-Advanced)，以改善用户的性能。

4. 第四代移动通信系统

LTE是UMTS无线接入技术标准的演进，在3GPP中称为演进的通用陆地无线接入网(Evolved Universal Terrestrial Radio Access Network，EUTRAN)。在无线接入技术不断演进的同时，3GPP还开展了系统架构演进(System Architecture Evolution，SAE)的研究。LTE的分组核心网称为EPC(Evolved Packet Core)，采用全IP结构，旨在帮助运营商通过采用无线接入技术来提供先进的移动宽带服务。EPC和EUTRAN合称演进分组系统(Evolved Packet System，EPS)，是业界公认的第四代(The Fourth-Generation，4G)移动通信系统，但在实际应用中，人们更习惯用LTE+(LTE和LTE-A)来指代4G移动通信网络。

此外，CDMA2000也有对应的4G标准超移动宽带(Ultra Mobile Broadband，UMB)，但是UMB没有在全球范围内广泛应用。

5. 第五代移动通信系统

随着物联网、车联网的兴起，移动通信技术又将成为万物互联的基础，由此带来爆炸性的数据流量增长、海量的设备连接以及不断涌现的各类新业务和应用场景。移动通信领域正在迎接新一轮的变革，从而诞生了5G移动通信系统。

5G系统正逐步渗透到社会的各个领域，以用户为中心构建全方位的信息生态系统。5G系统使信息突破时空限制，拉近万物的距离，通过无缝融合的方式，便捷地实现人与万物的智能互联。5G系统将为用户提供光纤般的接入速率，“零”时延的使用体验，千亿设备的连接能力，超高流量密度、超高连接数密度和超高移动性等多场景的一致服务、业务及用户感知的智能优化，同时将为网络带来超百倍的能效提升和超百倍的比特成本降低，最终实现“信息随心至，万物触手及”的总体愿景，如图1.2所示。

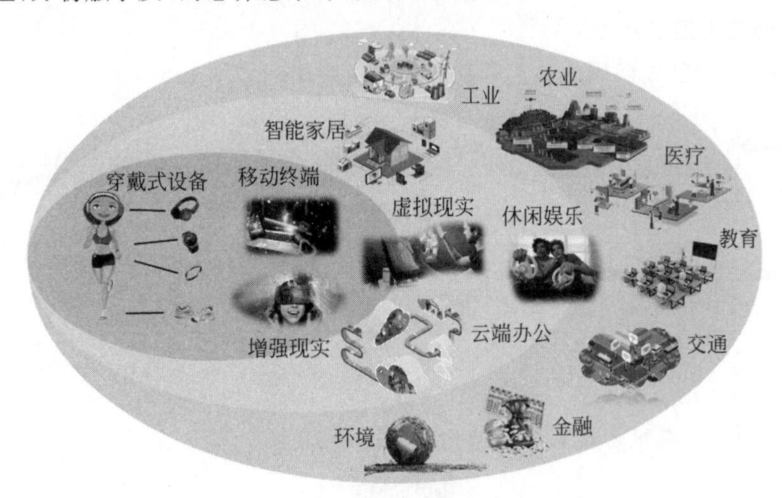

图1.2 5G愿景

5G无线通信支持新的业务和应用场景，给人们的生活带来了很大的变化。5G系统主要业务包括移动互联网及物联网业务。移动互联网业务可分为流类和会话类。由于超高清、3D和沉浸式体验应用场景的出现，用户体验速率对无线技术形成新的挑战，例如8K(3D)的无压缩视频传输速率可达100Gb/s，经过百倍压缩后，也需要1Gb/s。物联网采集类业务以海量连接数量的激增对无线技术形成挑战，而控制类业务中，如车联网、自动控制等时延敏感业务要求时延低至毫秒量级，且需要保证高可靠性。

根据上述业务的分析，ITU 从增强型移动宽带(Enhanced Mobile BroadBand，eMBB)、大规模机器类通信(Massive Machine Type Communications，mMTC)、超可靠、低时延通信(Ultra Reliable Low Latency Communication，uRLLC)的三大应用场景上对 5G 技术规范做出了规划。eMBB 对应的是三维(3D)/超高清视频等大流量移动宽带业务，mMTC 对应的是大规模物联网业务，而 uRLLC 对应的是如无人驾驶、工业自动化等需要低时延高可靠连接的业务。

为了支持 5G 新型的业务和应用场景，5G 与 4G 相比较，需满足以下关键技术指标。

(1) 传输速率提高 10～100 倍，支持 0.1～1Gb/s 的用户体验速率，用户峰值速率可达 10Gb/s。

(2) 时延降低为原来的 1/10～1/5，达到毫秒量级。

(3) 连接设备密度提升 10～100 倍，达到每平方千米数百万个。

(4) 流量密度 100～1000 倍提升，达到每平方千米每秒数十太比特。

(5) 移动性达到 500km/h 以上，实现高铁环境下的良好用户体验。

此外，能耗效率、频谱效率及峰值速率等指标也是重要的 5G 技术指标，需要在 5G 系统设计时综合考虑。

5G 网络可进一步分为独立组网(Standalone，SA)和非独立组网(Non-Standalone，NSA)两种类型，其中 5G NSA 组网是一种过渡方案，主要以提升热点区域带宽为目标，没有独立信令面，依托 4G 基站和核心网工作。SA 版本采用 5G 新型核心网络架构，具有完整的用户和控制平面功能。由于 SA 组网建设成本高，NSA 和 SA 会在一段时间内处于共存的状态，但 SA 是 5G 的发展方向和最终形态。

6. 移动通信发展历程

综上所述，目前已经商用的各代移动通信的发展历程如图 1.3 所示。

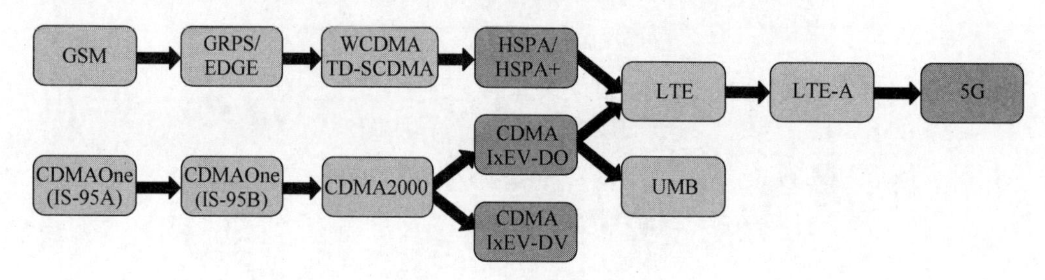

图 1.3 移动通信发展历程

读者可以扫二维码观看视频移动通信的演进过程。

1.3 我国的移动通信发展

在第一代移动通信时代，我国移动通信事业刚刚起步，1G 设备全部要从国外进口，由于价格昂贵，只有少数人使用。比较常见的 1G 终端设备是由摩托罗拉公司生产的“大哥大”。

到了20世纪90年代中期，移动通信进入2G时代，我国组建了中国移动公司来专门从事移动通信业务，主要采用欧洲主导的GSM标准，使用TDMA/FDMA多址接入方式。在这一阶段，世界上知名的移动通信设备生产厂家有十几家，例如：美国的摩托罗拉、朗讯，欧洲的诺基亚、爱立信、阿尔卡特，加拿大的北方电讯，日本的富士通、NEC，韩国的三星等。在我国，华为、中兴等通信公司逐步起步和发展。

这时，美国的高通公司开发出了基于CDMA的移动通信技术，其传输速度比GSM快了近10倍。我国联通公司负责承接从高通公司引进CDMA技术，并成为我国第二家移动通信公司，中兴、华为都成为生产CDMA基站和手机的企业。尽管CDMA标准有传输速率比GSM快的优点，但是由于它起步晚，我国的手机仍然还是以GSM为主。

就是在这个时候，国际上移动通信技术开始从2G到3G的技术升级，主要形成了两种标准，一是欧洲的WCDMA，二是美国的CDMA2000。我国以原属邮电部的大唐电信科技产业集团、通信研究院为主，于1998年6月提出了中国自己的TD-SCDMA标准，和WCDMA、CDMA2000一起成为三大3G国际标准。大唐集团发起成立了TD-SCDMA联盟，华为、中兴、联想等十家运营商、研发部门和设备制造商参加进来，合力完善TD-SCDMA标准的推广应用，2002年10月，信息产业部颁布中国的3G频率规划，为TD-SCDMA分配了155MHz频率。

TD-SCDMA标准为TD-LTE奠定了很好的技术路线。时分双工（Time Division Duplexing，TDD）模式支持上行链路和下行链路的不对称传输，在视频信号传输等场景下显示出其优势。由于TD-LTE的优点，TD-LTE占据了我国4G网络40%的市场份额。此外，我国也发展了以欧洲为主导的基于频分双工（Frequency Division Duplexing，FDD）的4G网络。截至2020年年底，我国建成了全球规模最大的信息通信网络，4G基站占全球的一半以上，目前已打造全球领先的网络水平。

当前，我国数字经济蓬勃发展，以5G、工业互联网为代表的新基建正成为推动经济社会数字化转型的重要驱动力量。在产业界的共同努力下，我国5G发展取得领先优势，5G专利位列全球首位。同时我国已累计建成5G基站超81.9万个，占全球比例约为70%。我国移动通信实现了从"4G并跑"到"5G引领"的发展过程，其发展目标是加强新一代信息通信技术与生产制造体系等深度融合，系统布局新型基础设施，从而加快第五代移动通信、工业互联网、大数据中心等建设。

1.4　移动通信展望

5G商用网络将在业务与网络技术方面不断发展，并最终向6G网络演进。6G网络是指2030年将要商用的移动通信网络，随着5G网络成功规模商用，全球产学研已在2019年正式启动6G潜在服务需求、网络架构与潜在使能技术的研究工作。

1. 国内外现状

欧盟企业技术平台NetWorld2020在2018年9月发布了《下一代因特网中的智能网络》白皮书，在2020年制定了6G战略研究与创新议程与战略开发技术，并在2021年第一季度暨世界移动通信大会上正式成立欧盟6G伙伴合作项目。芬兰在2018年5月成立了

6G旗舰项目,计划在2018—2026年投入2.5亿欧元用于6G研发,组织了6G无线峰会,并起草12个技术专题的6G技术白皮书。

美国联邦通信委员会(Federal Communication Commission,FCC)在2018年启动了95GHz～3THz频率范围的太赫兹频谱新服务研究工作;美国电信行业解决方案联盟(Alliance for Telecommunications Industry Solutions,ATIS)在2020年5月19日发布了6G行动倡议书。

日本政府在2020年夏季发布6G无线通信网络研究战略。韩国政府电子与电信研究所在2019年6月与芬兰奥鲁大学签订了6G网络合作研究协议;三星公司自2019年开始重点研究6G、人工智能与机器人技术;LG公司在2019年1月与韩国科学技术研究所合作建立了6G研究中心;SKT公司与厂家联合研究6G关键性能指标与商务需求。

在我国,中国工业和信息化部已将原有的IMT-2020推进组扩展到IMT-2030推进组,开展6G需求、愿景、关键技术与全球统一标准的可行性研究工作。中国科学技术部牵头在2019年11月启动了由37家产学研机构参与的6G技术研发推进组,开展6G需求、结构与使能技术的产学研合作项目。中国移动在2019年11月发布了《6G愿景与需求》白皮书。

2. 未来10年的目标

国际电信联盟无线电通信部门(International Telecommunication Union-Radio Communication Sector,ITU-R)的国际移动通信工作组(Working Part 5D,WP5D)计划在2022年6月完成《IMT未来技术趋势》研究报告,在2021年6月—2022年11月完成《IMT-2020之后愿景》研究报告。预计2023年年底的世界无线电通信大会(World Radio comunication Conferences,WRC)将讨论6G频谱需求,2027年年底的WRC将完成6G频谱分配。

中国IMT-2030暨6G推进组的6G业务、愿景与使能技术的研究和验证,将与ITU-R的6G标准工作计划保持同步。可以预测的是,在2023—2027年中国将完成6G系统与频谱的研究、测试与系统试验。

面向ITU的2028—2029年的6G标准评估目标,3GPP预计需要在2024—2025年正式启动6G标准需求、结构与空口技术的可行性研究工作,并在2026—2027年完成6G空口标准技术规范制定工作。

3. 6G业务驱动与愿景

4G与5G、物联网、云边计算、人工智能(Artificial Intelligence,AI)与机器学习(Machine Learning,ML)、大数据、区块链、卫星与火箭、无人机、可穿戴技术、机器人技术、可植入技术、超链技术的快速发展与应用,为6G业务创新奠定了坚实的技术基础。应用与技术的双重创新驱动,决定5G应用将在未来10年快速成长,并创造出新的生活方式、数字经济和社会结构。

为顺应人性化、全息交互、群体协作的业务发展趋势,6G时代可能诞生的全新服务将进一步扩展到感知互联网、AI服务互联网与行业服务互联网,呈现出万物智联改变世界的6G愿景,如图1.4所示。

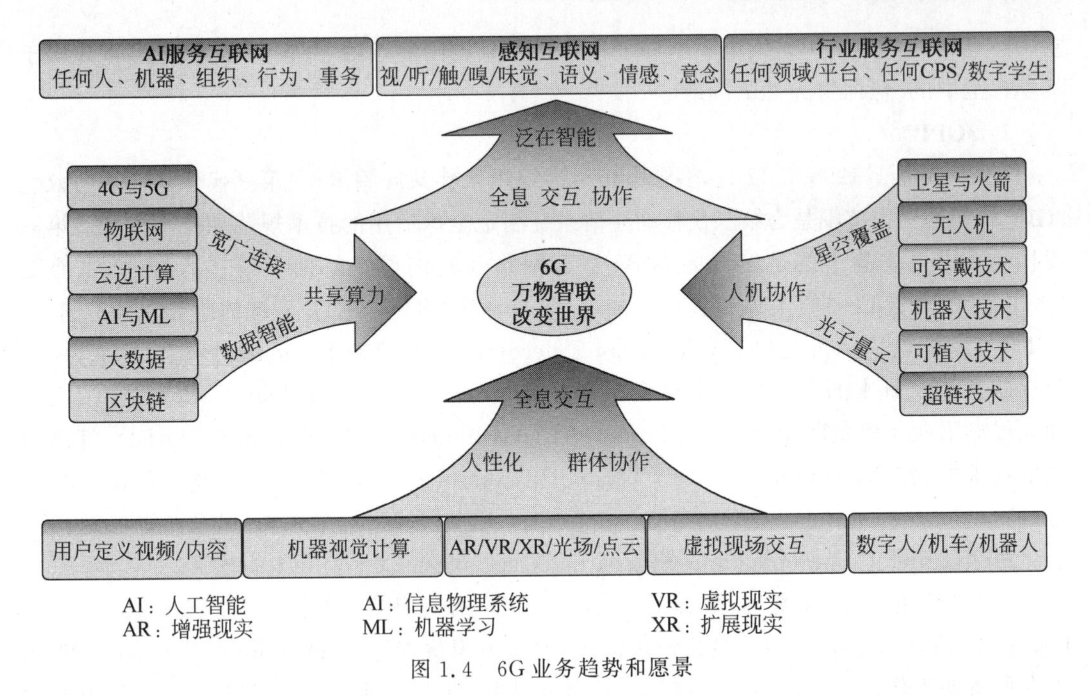

图 1.4　6G 业务趋势和愿景

1.5　移动通信标准化组织

1. 国际电信联盟

国际电信联盟(International Telecommunication Union,ITU)是联合国的一个重要专门机构,也是联合国机构中历史最长的一个国际组织,简称“国际电联”或“电联”。

国际电联是主管信息通信技术事务的联合国机构,负责分配和管理全球无线电频谱与卫星轨道资源,制定全球电信标准,向发展中国家提供电信援助,促进全球电信发展。作为世界范围内联系各国政府和私营部门的纽带,国际电联通过其麾下的无线电通信、标准化和发展电信展览活动,而且是信息社会世界高峰会议的主办机构。国际电联总部设于瑞士日内瓦,其成员包括 193 个成员国和 700 多个部门成员及部门准成员和学术成员。每年的 5 月 17 日是世界电信日(World Telecommunication Day)。

管理国际无线电频谱和卫星轨道资源是国际电联无线电通信部门(ITU-R)的核心工作。国际电联《组织法》规定,国际电联有责任对频谱和频率指配,以及卫星轨道位置和其他参数进行分配和登记,“以避免不同国家间的无线电电台出现有害干扰”。因此,频率通知,协调和登记的规则程序是国际频谱管理体系的依据。ITU-R 的主要任务亦包括制定无线电通信系统标准,确保有效使用无线电频谱,并开展有关无线电通信系统发展的研究。此外,ITU-R 从事有关减灾和救灾工作所需无线电通信系统发展的研究,具体内容由无线电通信研究组的工作计划予以涵盖。与灾害相关的无线电通信服务内容包括灾害预测、发现、预警和救灾。在“有线”通信基础设施遭受严重或彻底破坏的情况下,无线电通信服务是开展救灾工作的最为有效的手段。

国际电联的世界无线电通信大会(WRC)是国际频谱管理进程的核心所在,每 3～4 年举行一次,是各国开展实际工作的起点。世界无线电通信大会审议并修订《无线电规则》确立国际电联成员国使用无线电频率和卫星轨道框架的国际条约，并按照相关议程，审议属于其职权范围的、任何世界性的问题。

2. 3GPP

3GPP成立于1998年12月，多个电信标准组织伙伴共同签署了《第三代伙伴计划协议》。3GPP最初的工作范围是为第三代移动通信系统制定全球适用的技术规范和技术报告。第三代移动通信系统基于的是发展的GSM核心网络和它们所支持的无线接入技术，主要是UMTS。随后3GPP的工作范围得到了改进，增加了对UTRANLTE系统的研究和标准制定。3GPP有欧洲电信标准化协会(European Telecommuncaitions Standard Institute，ETSI)、美国的ATIS、日本的电信技术委员会(Telecommunication Technology Committee，TTC)和无线电工业及商贸联合会(Association of Radio Industries and Business，ARIB)、韩国的电信技术协会(Telecommunications Technology Association，TTA)、印度电信标准发展协会(Telecommunications Standards Development Society，India，TSDSI)以及我国的通信标准化协会(China Communications Standards Association，CCSA)等组织伙伴。

3GPP的组织结构图如图1.5所示。3GPP的组织结构中，项目协调组(Project Coordination Group，PCG)是最高管理机构，代表组织伙伴(Organizational Partner，OP)负责全面协调工作，如负责3GPP组织架构、时间计划、工作分配等。技术方面的工作由技术规范组(Technical Specification Group，TSG)完成。目前3GPP的TSG又分别为无线接入网、业务与系统、核心网与终端。每一个TSG下面又分为多个工作组(Work Group，WG)，每个WG分别承担具体的任务。

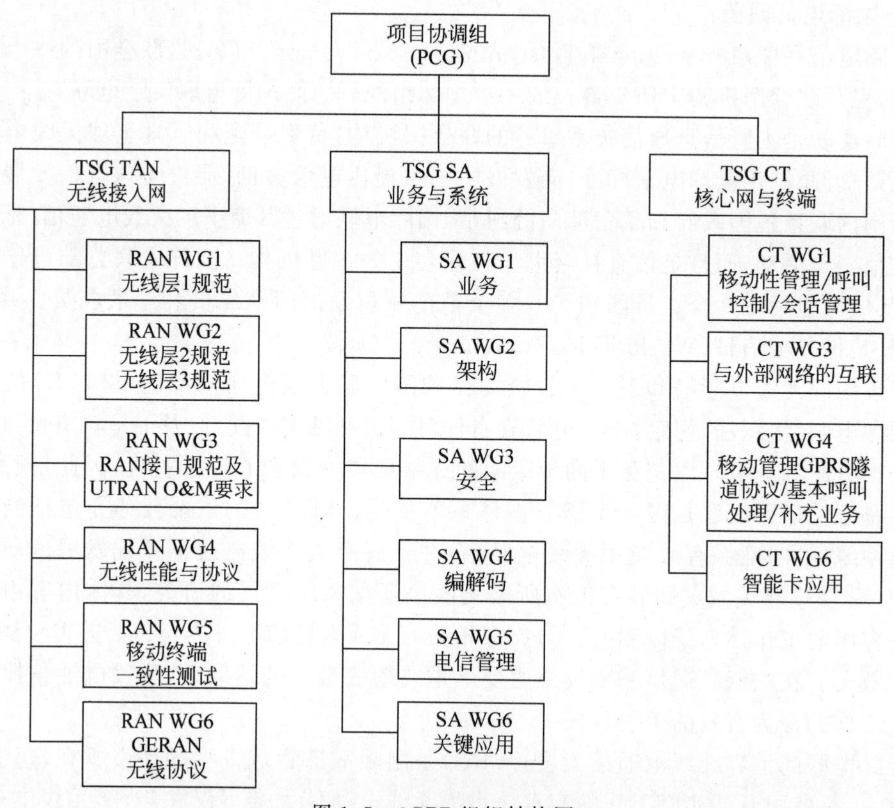

图1.5 3GPP组织结构图

3GPP 制定的标准规范以 Release 作为版本进行管理，平均一到两年就会完成一个版本的制定，从建立之初的 R99，之后到 R4，目前已经发展到 R18。

3. 3GPP2

第三代合作伙伴计划 2(3rd Generation Partnership Project 2,3GPP2)成立于 1999 年 1 月，由美国的通信工业协会(Telecommunications Industry Association，TIA)、日本的 ARIB、日本的 TTC、韩国的 TTA 四个标准化组织发起，中国无线通信标准(China Wireless Telecommunication Standard，CWTS)研究组于 1999 年 6 月在韩国正式签字加入 3GPP2，成为这个当前主要负责第三代移动通信 CDMA2000 技术的标准组织的伙伴。中国通信标准化协会(CCSA)成立后，CWTS 在 3GPP2 的组织名称更名为 CCSA。3GPP2 声称其致力于使 ITU 的 IMT-2000 计划中的 3G 移动电话系统规范在全球的发展，实际上它是从 2G 的 CDMA One 或者 IS-95 发展而来的 CDMA2000 标准体系的标准化机构，它受到拥有多项 CDMA 关键技术专利的高通公司的较多支持。与之对应的 3GPP 致力于从 GSM 向 WCDMA(UMTS)过渡，因此两个机构存在一定竞争。

美国 TIA、日本的 ARIB、日本的 TTC、韩国的 TTA 和中国的 CCSA 这些标准化组织在 3GPP2 中称为标准发展组织(Standard Development Organization，SDO)。3GPP2 中的项目组织伙伴 OP 由各个 SDO 的代表组成，OP 负责进行各国标准之间的对应和管理工作。3GPP2 下设 4 个技术规范工作组：TSG-A、TSG-C、TSG-S、TSG-X，这些工作组向项目指导委员会(Steering Committee，SC)报告本工作组的工作进展情况。SC 负责管理项目的进展情况，并进行一些协调管理工作。

3GPP2 的四个技术工作组每年召开 10 次会议，其中中国、日本、韩国每年至少一次，其他会议在加拿大和美国召开。

4. IEEE

电气与电子工程师协会(Institute of Electrical and Electronics Engineers，IEEE)，总部位于美国纽约，是一个国际性的电子技术与信息科学工程师的协会，也是目前全球最大的非营利性专业技术学会。

电气与电子工程师协会由美国电气工程师协会和无线电工程师协会于 1963 年合并而成，目前在全球拥有 43 万多名会员。作为全球最大的专业技术组织，IEEE 在电气及电子工程、计算机、通信等领域发表的技术文献数量占全球同类文献的 30%。

1.6 本章小结

本章给出了移动通信系统的整体介绍，首先给出了移动通信的基本概念和分类，然后介绍了移动通信系统的发展历程，阐述了移动通信的系统结构与组成，还描述了移动通信技术的发展现状和标准化进展。通过本章的学习，可以对移动通信系统有一个全面整体的认识，为展开移动通信系统的学习打下基础。

第2章 电波传播模型

CHAPTER 2

主要内容

本章阐述了无线电波的传播特性与信道模型，分析了无线电波的传播特性，给出了信道特征的参数分析及各种信道模型，包括高斯模型、瑞利模型、ITU信道模型、SCM信道模型和毫米波信道模型等。

学习目标

通过本章的学习，可以掌握如下几个知识点：

- 无线电波的传播方式；
- 信道的效应；
- 信道的分类方法；
- 信道特征的描述方法；
- 常用的信道模型。

知识图谱

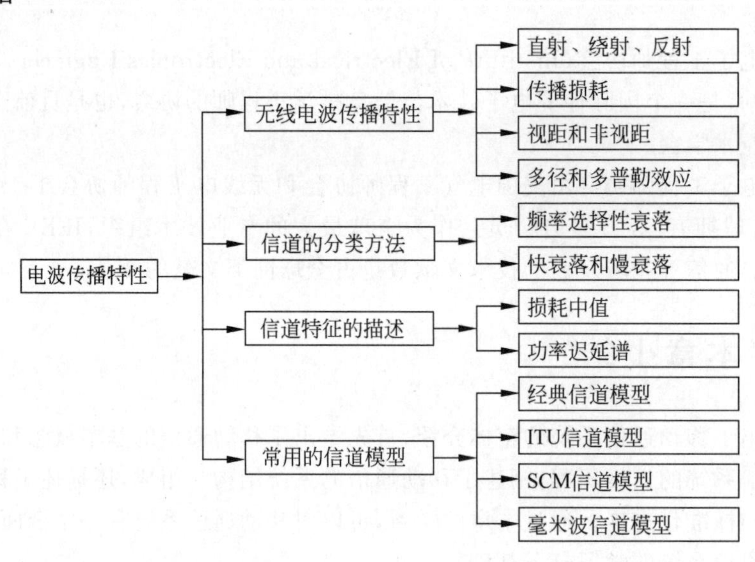

2.1 无线电波传播

无线电波传播有天波、地波、视距传播等主要方式，而在移动通信系统中，由于受到不同的环境影响，如城区的高层建筑、郊区的山体、其他电磁辐射影响等干扰，使得无线电波传播出现明显的多径效应，引起多径衰落。随着发射机和接收机之间的距离不断增加，还会导致电磁波强度的衰减。这些现象都使得移动通信中的无线电波传播变得非常复杂，当频率大于 30Hz 时，典型的传播方式如图 2.1 所示。

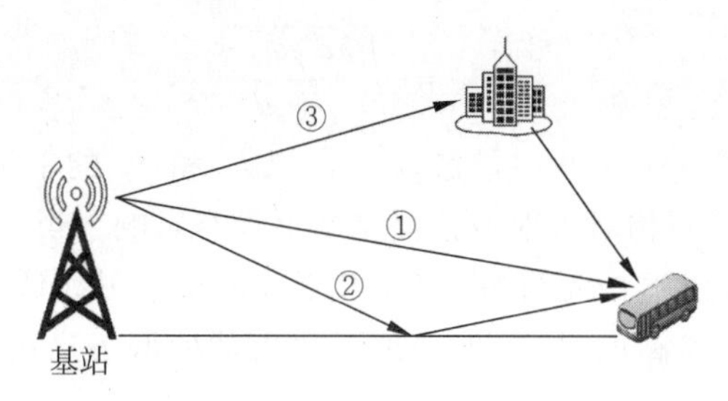

图 2.1　无线传播方式

在图 2.1 中，基站到移动台的路径有 3 种：沿路径①从发射天线到达接收天线的电波称为直射波，它是甚高频（Very High Frequency，VHF）（30～300MHz）和特高频（Ultra High Frequency，UHF）（300～3000MHz）的主要传播方式；沿路径②的电波经过地面反射到达接收天线，称为地面反射波；路径③的电磁波从较大的建筑物上绕射后到达接收天线，称为绕射波。另外，还有穿透建筑物的传播及空气中离子受激后产生的散射波，这些方式相对于前面 3 种传播较弱，所以直射、反射、绕射是主要形式，有时也需要适当考虑穿透建筑物的传播与散射波的影响。

2.1.1　自由空间传播

直射波传播可按自由空间传播来考虑。所谓自由空间传播，是指天线周围为无限大真空时的电波传播，它是理想的传播条件。电波在自由空间传播时，其能量既不会被障碍物所吸收，也不会产生反射或散射。实际情况下，只要地面上空的大气层是各向同性的均匀介质，其相对介电常数和相对磁导率都等于 1，传播路径上没有障碍物阻挡，到达接收天线的地面反射信号场强也可以忽略不计，电波可看作在自由空间传播。虽然电波此时不发生反射、折射、绕射、散射和吸收，但电波经过一段路径传播之后，能量仍会衰减，这是由辐射能量的扩散引起的。由电磁场及天线理论可得出，自由空间中电波传播损耗（或称为衰减）只与工作频率和传播距离有关，当工作频率或传播距离增大一倍时，损耗增加 6dB。

直射波的传播还受距离限制，如不考虑移动台的高度，在标准大气折射情况下，其极限距离约为$\sqrt{2R_e h}$，其中 R_e 为地球半径，h 为基站发射天线的高度。地球半径近似为 8500km，因此视距传播最大距离为 $d=4.12(\sqrt{h})$。在考虑接收天线高度时，将发射天线高度表示为 h_t，接收天线高度表示为 h_r，则视距传播最大距离为 $d=4.12(\sqrt{h_t}+\sqrt{h_r})$，其中 h_t、h_r 的单位是 m，d 的单位是 km，如图 2.2 所示。

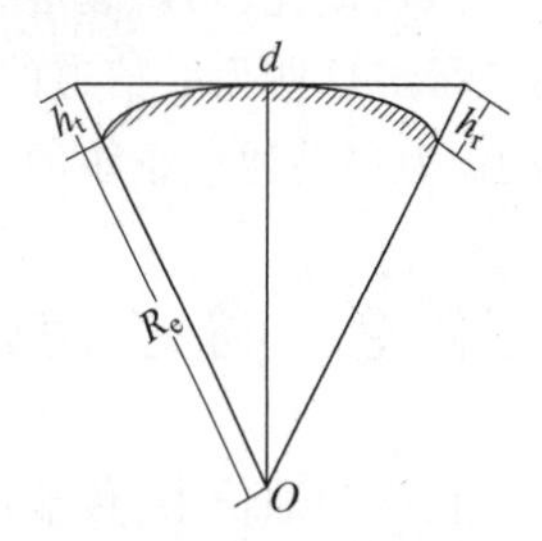

图 2.2　视线传播极限距离

2.1.2　障碍物的影响与绕射损耗

在实际情况下，电波的直射路径上存在各种障碍物，由障碍物引起的附加传播损耗称为绕射损耗。

设障碍物与发射点和接收点的相对位置如图 2.3 所示。图 2.3 中，x 表示障碍物顶点 P 至发射点 T 和接收点 R 直连线的距离，称为菲涅耳余隙。有阻挡时余隙为负，如图 2.3(a)所示；无阻挡时余隙为正，如图 2.3(b)所示。菲涅耳半径表示为：

$$x_1 = \sqrt{\frac{\lambda d_1 d_2}{d_1 + d_2}}$$

其中，d_1 和 d_2 如图 2.3 所示，λ 为电波波长，x_1、λ、d_1 和 d_2 的单位均为 m。

当 $x/x_1 > 0.5$ 时，障碍物对直射波传播基本上没有影响。当 $x=0$ 时，收发间的直连线从障碍物顶点擦过时，绕射损耗大约为 6dB。当 $x<0$，即直射线低于障碍物顶点时，损耗急剧增加。因此，在选择天线高度时，要根据地形尽可能使服务区内各处的菲涅耳余隙满足 $x/x_1 > 0.5$。

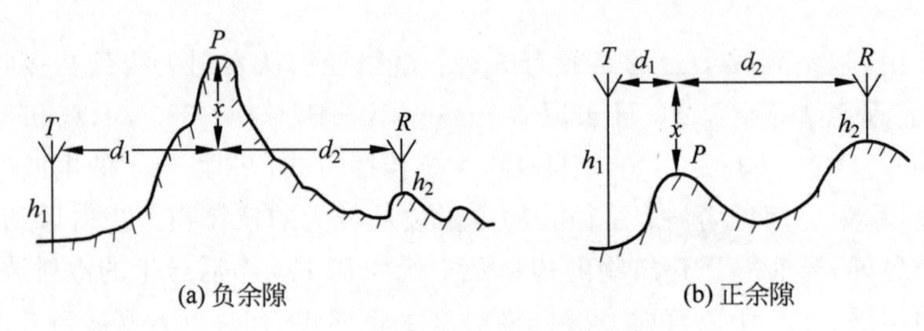

图 2.3　障碍物与菲涅耳余隙

2.1.3　反射波

电波在传播途中经过具有不同介质的物体界面(如地面、墙体表面等)时，如果界面尺寸远大于电波波长，就会发生镜面反射。不同界面的反射特征用反射系数来表征，定义为反射波场强与入射波场强的比值。根据电磁波理论可知，由发射端发出的电波分别经过直射传播和地面反射传播到达接收端，由于两者路径不同，从而产生附加相移。

直射波与反射波的合成场强随着反射系数以及路径差的变化而变化，有时会同相相加，有时会反向抵消。反射是多径传播的主要原因，易受到地形和物体的影响，特别是在高楼林立的城市中，无线通信传输路径特别复杂，无线通信传输特性会发生剧烈变化。

路径损耗、阴影衰落和多径衰落是无线信道的主要特性，对移动通信质量有着直接的影响。了解这些无线信道的主要特性，建立并分析无线信道模型，能更加准确地描述无线衰落信道，为移动通信系统的设计提供参考依据。

2.2　移动信道特性

在移动通信中，传输信道的特性是随时随地变化的，因此移动信道是典型的随参信道。

移动通信信道的衰落可以分为两种情况：一种描述的是信号经过长距离的传播后发生的场强变化，一般从几百米到几十千米，在衰落中信号局部中值变化很慢，称为大尺度(Large-Scale)衰落；另外一种描述的是接收端与发射端之间在小范围移动时引起的瞬时接收场强的快速变化，即小尺度(Small-Scale)衰落。大尺度衰落和小尺度衰落如图 2.4 所示。

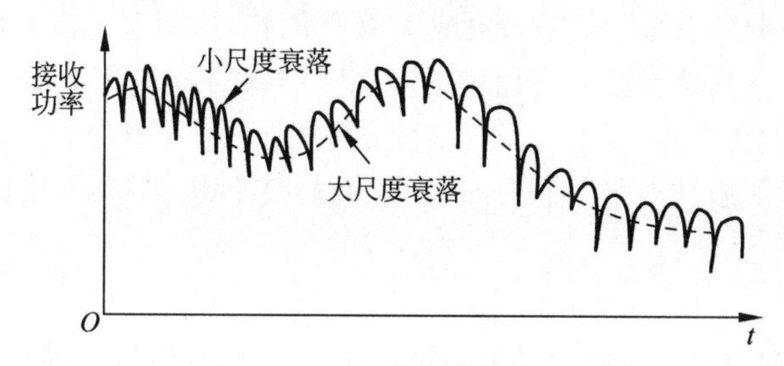

图 2.4 大尺度衰落和小尺度衰落

2.2.1 大尺度衰落

无线信道大尺度衰落分析的是发射端与接收端较长距离的接收信号平均场强的变化，常常用作预测无线通信信号传播范围以及信号发射功率参数等。发射端和接收端的距离越远，此衰落现象表现得越明显。由于环境的不同，衰落特性也会表现出不同程度的影响。

当无线电波在满足无损耗均匀无限大的空间、各向同性且电导率为零、相对介电常数与相对磁导率为 1 的条件下传播，称为自由空间传播。

在这种理想空间传播情况下，根据弗里斯传输公式可以得到：

$$P_{\mathrm{r}}=\frac{P_{\mathrm{t}}}{L}\left(\frac{\lambda}{4\pi d}\right)^{2}G_{\mathrm{t}}G_{\mathrm{r}} \tag{2.1}$$

其中，P_{r} 表示接收功率；P_{t} 表示发射功率；G_{t} 表示发射天线增益；G_{r} 表示接收天线的增益；λ 表示无线通信传输波长；d 表示接收端与发射端的距离；L 表示无线通信系统的损耗因子。

在设计无线通信系统时，把传输损耗(又称为系统损耗)作为无线电波的传输功率损耗。具体描述为发送功率比上接收功率，由式(2.1)可以得出系统损耗的表达式为：

$$L_{\mathrm{f}}=\frac{P_{\mathrm{t}}}{P_{\mathrm{r}}}=\left(\frac{\lambda}{4\pi d}\right)^{2}G_{\mathrm{t}}G_{\mathrm{r}} \tag{2.2}$$

用 dB 单位表示得：

$$L_{\mathrm{f}}=32.5+20\lg f+20\lg d-10\lg(G_{\mathrm{t}}G_{\mathrm{r}}) \tag{2.3}$$

其中，d 单位为 km；f 单位为 MHz。

接收端天线接收的功率表示为：

$$[P_{\mathrm{r}}]=[P_{\mathrm{t}}]-[L_{\mathrm{f}}]+[G_{\mathrm{b}}]+[G_{\mathrm{m}}] \tag{2.4}$$

若式(2.4)中的接收端与发射端天线的增益为单位增益，L_{f} 为自由空间路径传输损耗，则式(2.4)表示信号在自由空间中传播的系统损耗。

1. 路径损耗

无线通信信道传播特性中，路径损耗作为一个重要的参数对无线通信系统设计中的天线发送功率以及抗干扰特性有着非常重要的参考价值。具体描述为有效的发射功率与接收功率的差值。由式(2.1)和式(2.3)可以得到，自由空间的路径损耗表达式为：

$$L_{f}=32.5+20\lg f+20\lg d \tag{2.5}$$

其中，L_{f} 单位为 dB。

2. 阴影衰落

阴影衰落主要是由于无线传输过程中障碍物阻挡了电磁波进而产生阴影区，接收端由于场强的中值变化引起的衰落。具有变化速率缓慢的特点，属于长期衰落，接收端的电平变化相对迟缓。阴影衰落具体受无线通信传播环境障碍物的分布以及高度的影响。

一般情况下，通过在特定区间采用实际测量的方法可以统计分析出，接收端信号局部均值可以建模表示为近似服从对数正态分布，其模型的概率密度函数(PDF)为：

$$P(r_{\mathrm{av}})=\frac{1}{\sqrt{2\pi\sigma}}\exp\left(-\frac{1}{2\sigma^2}\ln\left(\frac{r_{\mathrm{av}}}{r_{\mathrm{a}}}\right)\right) \tag{2.6}$$

其中，r_{a}、r_{av} 和 σ 分别表示为接收端信号局部均值，r_{a} 的平均值和标准偏差，r_{av} 是由发射端与接收端的天线高度、基站和移动台的间隔以及发射功率共同决定的，σ 是由测试区间地貌等因素共同决定的。

2.2.2 小尺度衰落

小尺度衰落是指在短时间内或者接收端移动较小距离时，接收信号的强度短时间内发生快速变化的情况。小尺度衰落是在很小的空间尺度中快速变化，可以看作成微观变化，大尺度衰落此时可以忽略不计。小尺度衰落主要由多径传播、移动速度和信号带宽共同决定的。

由于接收端所处传播环境的复杂性，使得在信号实际传播时会经过很多不同时延的传播路径到达接收端，接收端信号不仅含有主径传输信号，还有其他来自不同时延传播路径的信号，各路径信号到达接收端时的信号强度与载波相位都不相同，最终引起总接收场强的衰落。多径效应是无线通信信道衰落非常重要的原因，对无线数字通信系统和雷达检测等有着非常严重的影响。

假设基站发射一个极短的脉冲信号 $S(t)$，经过多径信道后，移动台接收信号呈现为一串脉冲，结果使脉冲宽度被展宽了，如图 2.5 所示。这种因多径传播造成信号时间扩散的现象，称为多径扩展。

在实际情况下，各个脉冲幅度是随机变化的，它们在时间上可以互不交叠，也可以相互交叠，甚至随移动台周围散射体数目的增加，所接收到的一串离散脉冲将会变成有一定宽度的连续信号脉冲。由于这种特性，在接收端一个码元会扩展到另外一个码元周期中，造成通信的符号间干扰(Inter Symbol Interference，ISI)，严重影响无线数字通信的传输质量。

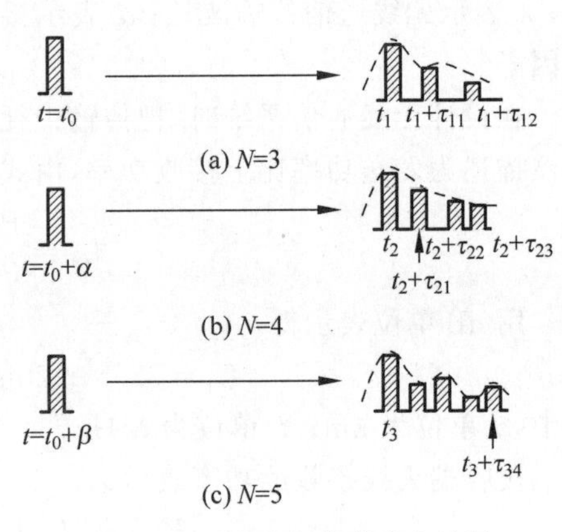

图 2.5 时变多径信道响应示例

接收机接收到的 N 个不同路径传来的信号为可以表示为：

$$S_0(t)=\sum_{i=1}^{N}a_iS_i[t-\tau_i(t)] \tag{2.7}$$

其中，$S_i(t)$表示发射信号；$\tau_i(t)$表示第 i 个路径的时延；a_i 表示第 i 个路径的信号幅度。

因多径传播造成信号时间扩散的现象称为时间色散，其成因就是发射信号经过不同的路径到达接收点的时间各不相同。描述时间色散的几个重要参数有平均附加时延，均方根(rms)时延扩展，最大附加时延。此外，描述多径信道还经常使用功率时延分布，也就是在不同时延处接收到的信号功率的期望所构成的谱被称为功率迟延谱(Power-Delay

Profile,PDP)。

时延扩展表述的是从时域角度来分析多径效应对无线通信信号的影响,还可以从频域角度来分析多径效应对无线通信信号的影响。信号时域上的展宽对应信号频域上的压缩,在频域上信道可以看成一个具有一定带宽的带通滤波器,引入相干带宽(B_c)表示这个带通滤波器的带宽。在工程上,相干带宽可以由下式估算:

$$B_c \approx \frac{1}{\tau_{\max}} \tag{2.8}$$

其中,$\tau_{\max}$ 表示信道的最大时延扩展。

多径效应引起时延扩展导致通信信号产生频率选择性衰落或者平坦衰落,用 B_s 表示信号带宽,当 $B_s < B_c$ 时,即信号带宽小于信道的相干带宽时,多径信道产生的信号经历平坦衰落,具有频域上的线性相位以及恒定增益。但是由于信道增益会随时间发生变化,所以接收端的信号强度也会随时间变化。当 $B_s > B_c$ 时,即信号带宽大于信道的相干带宽时,会产生频率选择性衰落,在经历衰减以及时延的信号到达接收端之后,会出现信号的失真。

2.2.3 多普勒效应

当接收端移动台移动时,传播信号会产生频率扩散的变化。这种变化现象称为多普勒效应,其信号传播的扩散与接收端移动台的移动速度成正比。多普勒频移表现的是,在不同的时间,信道对传输信号具有不同的选择性,也就是时间选择性信道衰落。多普勒频率表示为:

$$f_i = \frac{v}{\lambda}\cos\theta \tag{2.9}$$

其中,v 表示为接收端移动台的移动速度;λ 表示为传播信号波长;θ 表示为入射波与移动台的前进方向的夹角。

由式(2.9)可以看出,多普勒频移与移动台运动速度有关,还与移动台的运动方向和无线电波入射方向之间的夹角有关。若移动台朝着入射波方向运动,则多普勒频移为正,接收频率上升;若移动台背向入射波方向运动,则多普勒频移为负,接收频率下降;当入射波与移动方向相同时,多普勒频率有最大值。

发送端和接收端相对运动时信号便产生多普勒频移,这引起了信号频谱扩展。如果发送的是频率为 f_c 的正弦波,在没有多普勒效应的影响下,信号的功率谱密度为 δ 函数,所有的信号能量会集中在中心频率附近。有相对运动之后,当接收端接收到足够路径传播来的信号分量时,接收端的接收功率谱可以表示为:

$$S(f) = \frac{P_{av}}{\pi f_m \sqrt{1 - \left(\dfrac{f - f_c}{f_m}\right)^2}} \tag{2.10}$$

其中,P_{av} 表示为到达电波平均功率。可见,多普勒效应将会使功率谱密度向最大多普勒频移 f_m 集中而形成 U 形,如图 2.6 所示。

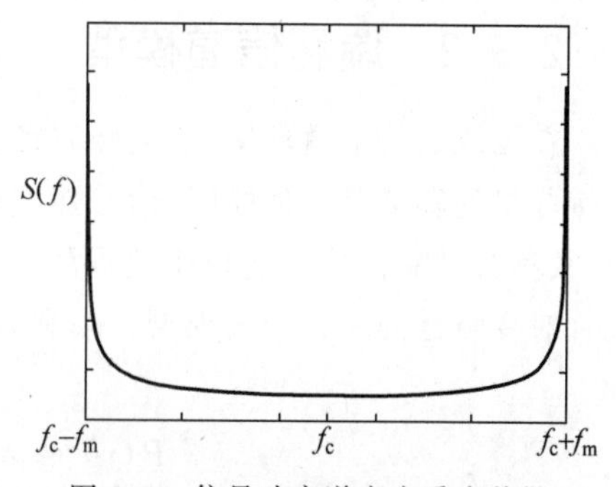

图 2.6　信号功率谱密度受多普勒效应的影响而呈现 U 形

多普勒扩展在时域上的影响表现为相干时间。

相干时间指的是在某个时间间隔内，任意两个接收信号的增益或衰减有很强的相关性。相干时间 T_C 可以由最大多普勒频移 f_m 来定义：

$$T_C = \sqrt{\frac{9}{16\pi \cdot f_m^2}} = \frac{0.423}{f_m} \tag{2.11}$$

如果发送信号的码元周期大于信道的相干时间，则信道将在一个码元尚未传送完毕之前就发生变化，这样，接收机所收到的信号就会失真。

2.3 经典信道模型

信道(Channel)是指以传输媒质为基础的信号通道。根据信道的定义，如果信道仅是指信号的传输媒质，这种信道称为狭义信道；如果这种信道不仅是传输媒质，而且包括通信系统中的转换装置，这种信道称为广义信道。

狭义信道按照传输媒质的特性可分为有线信道和无线信道。有线信道包括对称电缆、同轴电缆及光纤等。无线信道包括地波传播、短波电离层反射、超短波、移动无线电信道等。常把广义信道简称为信道。

2.3.1 高斯信道模型

高斯信道(Gaussian Channel，GC)常指加权高斯白噪声(Additive White Gaussian Noise，AWGN)信道，用于描述恒参信道，是一种最为简单的信道。AWGN 噪声假设为在整个信道带宽下功率谱密度为常数，并且振幅符合高斯概率分布。高斯信道是一个射频(Radio Frequency，RF)通信信道，包含了各种频率的特定噪声频谱密度的特征，从而导致了信道中错误的任意分布。

高斯信道对于评价系统性能的上界具有重要意义，对于实验中定量或定性地评价某种调制方案、误比特率(Bit Error Rate，BER)性能等有重要作用。

读者可以扫描二维码查看高斯信道模型代码。

2.3.2 瑞利信道模型

在无线通信信道环境中，电磁波经过反射、折射、散射等多条路径传播到达接收机后，由于接收机的移动及其他原因，信号强度和相位等特性在起伏变化，总信号的强度服从瑞利分布，故称为瑞利衰落。瑞利模型是常见的用于描述平坦衰落信号或独立多径分量接收包络统计时变特性的一种经典模型。瑞利分布的概率密度函数为：

$$P(r) = \begin{cases} \dfrac{r}{\sigma_0^2}\exp\left[-\dfrac{r^2}{2\sigma_0^2}\right], & r \geqslant 0 \\ 0, & r < 0 \end{cases} \tag{2.12}$$

其中，r 是接收信号的包络；$\sigma^2 = E[r^2]$是包络检波之前的接收信号包络的时间平均功率。

瑞利信道适用于从发射机到接收机不存在直射信号的情况，也就是说是经过发射、折射或者衍射到达接收机的。简单来说，没有直射路径信号到达接收端的，就是瑞利信道，主要用于描述多径信道和多普勒频移现象。这一信道模型能够描述电离层和对流层发射的短波信道，以及建筑物密集的城市环境。瑞利衰落属于小尺度衰落。

读者可以扫描二维码查看多径信道模型代码。

2.3.3　莱斯衰落信道

如果收到的信号中除了经反射、折射、散射等信号外，还有从发射机直接到达接收机的信号，那么总接收信号的强度服从莱斯分布，故信道模型用莱斯衰落来描述。莱斯衰落信道是当移动台与基站间存在直射波信号时，即有一条主路径，则通过主路径传输过来的为一个稳定幅度 A_k 和相位 φ_k 的信号，其余多径传输过来的信号可以用瑞利衰落模型所述。相对于瑞利衰落信道不包含直射路径，莱斯衰落信道模型适用于描述具有明显直射路径的无线信道环境，如郊区、山区等。莱斯衰落的分布 $P(r)$如下所示：

$$P(r)=\frac{r}{\sigma_0^2}\exp\left[-\frac{r^2+\rho^2}{2\sigma_0^2}\right]I_0\left(\frac{r\rho}{\sigma_0^2}\right),\quad r\geqslant 0 \tag{2.13}$$

其中，r 是接收信号的包络；ρ^2 是直射分量的平均功率；σ_0^2 是散射多径信号的平均功率；$I_0(.)$是第一类零阶修正贝塞尔函数。

另外，常用莱斯因子 k 来描述莱斯衰落信道的衰落情况，其定义为：

$$k=\frac{\rho^2}{\sigma_0^2} \tag{2.14}$$

莱斯因子 k 越大说明直射分量功率占比越高，设包络平均功率为 Ω，则有：

$$\rho^2=\frac{k\Omega}{k+1} \tag{2.15}$$

$$2\sigma_0^2=\frac{\Omega}{k+1} \tag{2.16}$$

用莱斯因子 k 和包络平均功率 Ω 表示莱斯分布的概率密度函数为：

$$P(r)=\frac{2r(k+1)}{\Omega}\exp\left[-k-\frac{(k+1)r^2}{\Omega}\right]I_0\left(2r\sqrt{\frac{k(k+1)}{\Omega}}\right),\quad r\geqslant 0 \tag{2.17}$$

当 $k=0$ 时，莱斯衰落没有直射分量，莱斯衰落退化为瑞利衰落；当 $k\to\infty$时，信道没有任何衰落。

2.3.4　Nakagami-m 信道衰落模型

瑞利和莱斯分布有时与实际环境下的测试数据不太吻合，因此人们提出了能贴近更多实验应用场景的一种通用信道衰落分布：Nakagami-m 衰落。Nakagami-m 信道衰落模型能够向下兼容瑞利衰落信道模型、莱斯衰落信道模型等，且在长距离、宽频带信道建模中广泛应用，其分布式为：

$$P(r)=\frac{2m^m r^{2m-1}}{\Gamma(m)\Omega^m}\exp\left[-\frac{mr^2}{\Omega}\right],\quad r\geqslant 0 \tag{2.18}$$

其中，r 是接收信号包络；$\Omega=E[r^2]$是接收信号的平均功率；$\Gamma(m)$为伽马函数，参数 m 称为 Nakagami-m 衰落的形状因子，描述由于不同散射环境造成的多径传播的衰落程度：

$$m=\frac{\Omega^2}{E[(r^2-\Omega^2)]} \tag{2.19}$$

Nakagami-m 衰落通过改变参数 m 的值能够描述无衰落、轻微、中等、重度等不同程度的衰落信道，能够描述瑞利衰落到任意莱斯因子的莱斯衰落情况。当 $m=0.5$ 时，Nakagami-m 衰落描述单边高斯分布；当 $m=1$ 时，Nakagami-m 衰落退化为瑞利衰落；参数 m 值越大，衰落程度越低，当 $m\to\infty$时，描述无衰落的情况。

2.3.5 ITU 信道模型

ITU-R 在进行大量实际测量工作后提出了 ITU-R M.1225 信道模型，这是当前移动通信研究中最常使用的信道模型，涵盖了室内、室外、高速移动网络等场景。针对每种地面测试环境，给出了相应的基于抽头-延迟线模型的信道脉冲响应模型，包括 PA、PB、VA、VB 信道模型等。PA、PB 模型是室外至室内及行人测试环境(outdoor to indoor and pedestrian test environment tapped-delay-line parameters)。VA、VB 模型参数是车载测试环境，高天线环境(vehicular test environment, high antenna, tapped-delay-line parameters)。通道 A 是频繁发生的低延迟扩散情况，通道 B 是频繁发生的中值延迟扩散情况。在给定的测试环境中，这两个通道中的时延扩散在一定的时间内都会存在。

表 2.1 和表 2.2 描述了测试环境的轻拍延迟线参数。对于每个抽头，给出了相对于第一个抽头时间延迟，相对于最强抽头的平均功率以及每个抽头的多普勒频谱，参数具体如下。

表 2.1　PA、PB 信道模型参数表

抽头	通道 A		通道 B		多普勒频谱
	相对延迟/ns	平均功耗/dB	相对延迟/ns	平均功耗/dB	
1	0	0	0	0	Classic
2	110	−9.7	200	−0.9	Classic
3	190	−19.2	800	−4.9	Classic
4	410	−22.8	1200	−8.0	Classic
5	—	—	2300	−7.8	Classic
6	—	—	3700	−23.9	Classic

表 2.2　VA、VB 信道模型参数表

抽头	通道 A		通道 B		多普勒频谱
	相对延迟/ns	平均功耗/dB	相对延迟/ns	平均功耗/dB	
1	0	0.0	0	−2.5	Classic
2	310	−1.0	300	0	Classic
3	710	−9.0	8900	−12.8	Classic

续表

抽头	通道 A		通道 B		多普勒频谱
	相对延迟/ns	平均功耗/dB	相对延迟/ns	平均功耗/dB	
4	1090	−10.0	12 900	−10.0	Classic
5	1730	−15.0	17 100	−25.2	Classic
6	2510	−20	20 000	−16.0	Classic

读者可以通过扫描二维码查看生成 PA、PB、VA、VB 模型代码。

2.4 MIMO 信道模型

2.4.1 常用 MIMO 信道模型

在 MIMO 早期的研究中，为简化分析，通常假设天线阵列周围存在大量散射物，且天线单元间距大于半波长，不同天线的信道衰落是不相关的。3GPP 给出了城区信道模拟 MIMO 信道，如 TU3、TU50 等，用于移动通信中 MIMO 技术的理论研究和仿真。各个 TU 信道是独立产生，相互之间独立，即相关系数为零。

随着 MIMO 研究的发展，人们发现随着 MIMO 信道相关性逐渐增强，MIMO 信道的容量将急剧下降。当信道存在相关性时，将早期 MIMO 技术研究成果应用于无线通信系统中时，性能将急剧降低甚至不能正常工作。在现实环境中，存在很多具有相关性或相关性强的 MIMO 信道环境，所以还要考虑接近实际信道环境的 MIMO 相关信道模型。

MIMO 的相关理论在第 5 章详细展开，本章仅介绍 MIMO 信道模型，包括本节的独立同分布(Independent Identically Distributed，IID)复高斯信道模型和基于功率相关矩阵的随机 MIMO 信道模型，以及 2.4.2 节的 SCM 信道模型。

1. IID 复高斯信道模型

在理论上，如果传播环境中散射足够丰富，天线单元的间距足够大，那么 MIMO 信道的各子信道在统计上接近独立，并且分布也相同，因此，Foschini 等提出了一种理想化的窄带信道模型，假定信道矩阵 $\boldsymbol{H}$ 各元素相互独立且都是服从均值为零、方差为 1 的复高斯分布，其信道矩阵具有许多重要特征，例如，满秩的概率为 1、子信道相互独立等，因此常被用于一些复杂信道建模的简化分析。

实际上，由于天线单元间距有限以及散射传播稀少等原因，衰落子信道不总是独立的，因此还要考虑基于相关性的信道模型。

2. 基于功率相关矩阵的随机 MIMO 信道模型

基于功率相关矩阵的随机 MIMO 信道模型是 Kermoal 等根据在 1.71GHz 与 2.05GHz 频段下分别对室内窄带与宽带信道测试结果提出的，其中 $M \times N$ 的 MIMO 系统信道模型为：

$$\boldsymbol{H}(\tau)=\sum_{l=1}^{L}\boldsymbol{A}_l\delta(\tau-\tau_l) \tag{2.20}$$

其中，$\boldsymbol{H}(\tau)\in C^{M\times N}$ 是 $M\times N$ 的信道冲激响应矩阵，L 是可分辨的多径数目，$\boldsymbol{A}_l$ 是延迟为 τ_l 的复信道系数矩阵，具体表达为：

$$\boldsymbol{A}_l=\begin{bmatrix}\alpha_{11}^{(l)} & \alpha_{12}^{(l)} & \cdots & \alpha_{1N}^{(l)}\\ \alpha_{21}^{(l)} & \alpha_{22}^{(l)} & \cdots & \alpha_{2N}^{(l)}\\ \vdots & \vdots & & \vdots\\ \alpha_{M1}^{(l)} & \alpha_{M2}^{(l)} & \cdots & \alpha_{MN}^{(l)}\end{bmatrix}_{M\times N} \tag{2.21}$$

它描述了在时延为 τ 时所考虑的两个天线阵列之间的线性变换，$\alpha_{mn}^{(l)}$ 是移动台的第 m 根天线到基站的第 n 根天线的复传输系数，假定都服从均值为零的复高斯分布，且它们具有相同的平均功率 P_l：

$$P_l=E\{|\alpha_{mn}^{(l)}|^2\} \tag{2.22}$$

发送端与接收端的相关特性分别通过相应的功率相关矩阵 $\boldsymbol{R}^{\mathrm{RT}}$ 与 $\boldsymbol{R}^{\mathrm{RX}}$ 描述，其元素可分别表示为：

$$\rho_{n_1n_2}^{\mathrm{TX}}=\langle|h_{mn_1}|^2,|h_{mn_2}|^2\rangle;\quad \rho_{m_1m_2}^{\mathrm{RX}}=\langle|h_{m_1n}|^2,|h_{m_2n}|^2\rangle \tag{2.23}$$

其中，$\rho_{n_1n_2}^{\mathrm{TX}}$ 与 $\rho_{m_1m_2}^{\mathrm{RX}}$ 分别是发送端与接收端的功率相关系数，定义为：

$$\rho=\langle a,b\rangle=\frac{E(ab)-E(a)E(b)}{\sqrt{[E(a^2)-E(a)^2]\,[E(b^2)-E(b)^2]}} \tag{2.24}$$

其中，$E(\cdot)$代表期望值，空间相关系数表示为发送端和接收端的相关系数的乘积形式：

$$\rho_{n_2m_2}^{n_1m_1}=\langle|h_{m_1n_1}|^2,|h_{m_2n_2}|^2\rangle=\rho_{n_1n_2}^{\mathrm{TX}}\rho_{m_1m_2}^{\mathrm{TX}} \tag{2.25}$$

MIMO 信道的相关矩阵可表示为两个相关矩阵的直积(Kronecker 积)形式：

$$\boldsymbol{R}^{\mathrm{MIMO}}=\boldsymbol{R}^{\mathrm{TX}}\otimes\boldsymbol{R}^{\mathrm{RX}} \tag{2.26}$$

由 $\boldsymbol{R}^{\mathrm{MIMO}}$ 进行相应的矩阵分解，得到一个对称映射矩阵 $\boldsymbol{C}$，$\boldsymbol{C}$ 即为 MIMO 信道的空间相关成形矩阵，即

$$\boldsymbol{R}^{\mathrm{MIMO}}=\boldsymbol{C}\boldsymbol{C}^{\mathrm{T}} \tag{2.27}$$

其中，$[\cdot]^{\mathrm{T}}$ 表示矩阵或向量的转置。如果使用的是复数相关矩阵，则对 $\boldsymbol{R}^{\mathrm{MIMO}}$ 进行 Cholesky 分解；如果使用的是功率相关矩阵，则对 $\boldsymbol{R}^{\mathrm{MIMO}}$ 进行矩阵的平方根分解。最后，按照式(2.27)计算 MIMO 信道系数矩阵：

$$\mathrm{vec}(\boldsymbol{H}_l)=\bar{\boldsymbol{H}}=\sqrt{P_l}\boldsymbol{C}\boldsymbol{a}_l \tag{2.28}$$

其中，$\mathrm{vec}(\cdot)$是矩阵向量化操作，即将矩阵按列堆叠成一个列向量；P_l 为第 m 根天线到基站的第 n 根天线的复传输系数 $\alpha_{mn}^{(l)}$ 的平均功率；$\boldsymbol{a}_l$ 是 $n_Rn_T\times 1$ 的列向量，其元素为 IID 的零均值复高斯随机变量；$\boldsymbol{a}_l$ 反映了 MIMO 信道的时频衰落特性。

2.4.2 SCM 信道模型

无线信道是研究无线通信技术的基础，任何无线技术要想运用到实际场景中都离不开无线信道模型。本部分阐述了 3GPP 的空间信道模型(Spatial Channel Model，SCM)和

SCM 增强信道模型(Spatial Channel Model Enhanced,SCM-E),这两种模型广泛应用于 LTE/LTE-Advanced 系统级和链路级仿真以及新技术验证中。

SCM 信道是 3GPP 提出的空间信道模型,即所谓的几何模型或者子径模型。它是在对散射体随机建模方法上发展起来的信道模型,主要用于 2GHz 载频的室外环境,其基本原理是利用统计子径得到信道的统计特性,如角度扩展、时延扩展等。

SCM 信道建模可以分为三部分,选择仿真场景、确定用户参数和生成信道系数。

1. 场景选择及大尺度衰落

3GPP 定义了三种仿真场景:郊区宏小区、市区宏小区和市区微小区。信道的大尺度信息主要包括路径损耗、阴影衰落和天线辐射增益。SCM 路径损耗模型是基于场景构建的,在宏小区场景下采用修正的 COST231 Hata 模型,在微小区场景下采用 COST231 Walfish-Ikegami 模型。其中微小区有视距(Line of Sight,LoS)和非视距(Not Line of Sight,NLoS)两种路径损耗模型,而宏小区只有 NLoS 的路径损耗模型。

(1) 宏小区路径损耗模型。宏小区环境下路径损耗模型采用修正的 COST231 Hata 模型,可以表示为:

$$PL = (44.9 - 6.55\lg h_{\mathrm{bs}})\lg(d/1000) + 45.5 + (35.46 - 1.1h_{\mathrm{ms}})\lg f_{\mathrm{c}} - 13.82\lg h_{\mathrm{bs}} + 0.7h_{\mathrm{ms}} + C \tag{2.29}$$

其中,h_{bs} 是基站的天线高度(单位 m);h_{ms} 是用户的天线高度(单位 m);f_{c} 是载波频率(单位 MHz);d 是基站到用户的直线距离(单位 m);C 是常数校正因子,在市郊宏小区场景中 $C=0$,在市区宏小区场景中 $C=3\mathrm{dB}$。

(2) 微小区路径损耗模型及阴影衰落。微小区 NLoS 场景是采用 COST 231 Walfish-Ikegami NLoS 模型。假设基站天线高度为 12.5m,建筑物高度为 12m,建筑物间距为 50m,街道宽度为 25m,用户天线高度为 1.5m,所有路径的方向为 30°,选择市中区域,得到微小区场景下的简化路径损耗模型为:

$$PL = -55.9 + 38\lg d + (24.5 + 1.5f_{\mathrm{c}}/925) \times \lg f_{\mathrm{c}} \tag{2.30}$$

其中,用户和基站的最小距离为 20m,阴影衰落服从标准差为 10dB 的对数正态分布。在有 LoS 路径场景下,采用 COST 231 Walfish-Ikegami 市区峡谷模型,路径损耗为:

$$PL = -35.4 + 26\lg d + 20\lg f_{\mathrm{c}} \tag{2.31}$$

其中,最小距离 d 为 20m,阴影衰落服从标准差为 4dB 的对数正态分布。

(3) 天线辐射增益。天线辐射增益表示信道特征方向对应的方位角下天线的增益。天线的辐射并不是全向均值的,而是要按照一定的形状辐射,3GPP 中规定三扇区小区中 SCM 信道天线辐射公式为:

$$A(\theta) = -\min\left[12\left(\frac{\theta}{\theta_{3\mathrm{dB}}}\right)^2, A_{\mathrm{m}}\right], \quad -180 \leqslant \theta \leqslant 180 \tag{2.32}$$

其中,θ 表示每条子径到扇区中心线的角度,$\theta_{3\mathrm{dB}}=70°$,$A_{\mathrm{m}}=23\mathrm{dB}$。

2. 用户参数生成及小尺度衰落

根据所选择场景不同,可以分别生成随机时延、随机功率、随机离开角(Angle of Departure,AoD)、随机到达角(Angle of Arrival,AoA)等用户参数。

根据基站和用户的位置,可分别确定基站的法线方向和用户的法线方向与 LoS 视距方向的夹角 θ_{BS} 和 θ_{MS}。根据当前场景的路径损耗模型,通过基站和用户之间的距离计算得到路径损耗；用户天线阵列$\boldsymbol{\Omega}_{\mathrm{MS}}$和运动方向$\theta_{\mathrm{v}}$，都服从$(0,2\pi)$的均匀分布。

通过以下步骤确定时延扩展σ_{DS}、角度扩展σ_{AS}和正态阴影衰落标准差σ_{SF}的相关性。为了保证全相关矩阵式是半正定的，小区内σ_{DS}、σ_{AS}和σ_{SF}的相关性应满足：

$$\rho_{\alpha\beta}=\text{DS 与 AS 的相关系数}=+0.5$$

$$\rho_{\gamma\beta}=\text{SF 和 AS 的相关系数}=-0.6$$

$$\rho_{\gamma\alpha}=\text{SF 和 DS 的相关系数}=-0.6$$

小区内相关矩阵可表示为：

$$\boldsymbol{A}=\begin{bmatrix}1 & \rho_{\alpha\beta} & \rho_{\gamma\alpha}\\ \rho_{\alpha\beta} & 1 & \rho_{\gamma\beta}\\ \rho_{\gamma\alpha} & \rho_{\gamma\beta} & 1\end{bmatrix} \tag{2.33}$$

除了小区内存在相关性外，不同小区之间也存在相关性，其相关矩阵可表示为：

$$\boldsymbol{B}=\begin{bmatrix}0 & 0 & 0\\ 0 & 0 & 0\\ 0 & 0 & \varsigma\end{bmatrix} \tag{2.34}$$

小区间的相关性仅包括阴影衰落，其相关系数ς为0.5。

分别产生3个相互独立的高斯随机变量w_{n1}、w_{n2}和w_{n3}，同时对于所有的基站，产生3个相互独立的高斯随机变量ξ_1、ξ_2和ξ_3，因此具有相关性的α_n、β_n和γ_n可通过相关矩阵$\boldsymbol{A}$和$\boldsymbol{B}$、向量$[w_{n1}\quad w_{n2}\quad w_{n3}]$和向量$[\xi_{n1}\quad \xi_{n2}\quad \xi_{n3}]$的表达式计算得到：

$$\begin{bmatrix}\alpha_n\\ \beta_n\\ \gamma_n\end{bmatrix}=\begin{bmatrix}c_{11} & c_{12} & c_{13}\\ c_{21} & c_{22} & c_{23}\\ c_{31} & c_{32} & c_{33}\end{bmatrix}\begin{bmatrix}w_{n1}\\ w_{n2}\\ w_{n3}\end{bmatrix}+\begin{bmatrix}0 & 0 & 0\\ 0 & 0 & 0\\ 0 & 0 & \sqrt{\varsigma}\end{bmatrix}\begin{bmatrix}\xi_1\\ \xi_2\\ \xi_3\end{bmatrix} \tag{2.35}$$

其中，矩阵$\boldsymbol{C}$中的元素c_{ij}可表示为：

$$\boldsymbol{C}=(\boldsymbol{A}-\boldsymbol{B})^{1/2}=\begin{bmatrix}1 & \rho_{\alpha\beta} & \rho_{\gamma\alpha}\\ \rho_{\alpha\beta} & 1 & \rho_{\gamma\beta}\\ \rho_{\gamma\alpha} & \rho_{\gamma\beta} & 1-\varsigma\end{bmatrix}^{1/2} \tag{2.36}$$

根据α_n、β_n和γ_n分别产生时延扩展σ_{DS}，角度扩展σ_{AS}和正态阴影衰落标准差σ_{SF}。

$$\text{时延扩展 }\sigma_{\mathrm{DS},n}=10^{(\varepsilon_{\mathrm{DS}}\alpha_n+\mu_{\mathrm{DS}})}$$

$$\text{角度扩展 }\sigma_{\mathrm{AS},n}=10^{(\varepsilon_{\mathrm{AS}}\beta_n+\mu_{\mathrm{AS}})}$$

$$\text{正态阴影衰落标准差 }\sigma_{\mathrm{SF},n}=10^{(\varepsilon_{\mathrm{SF}}\gamma_n/10)}$$

SCM信道规定每条链路有6条主径，每条主径有20条子径，图2.7给出的一条主径的示意图，粗线条表示链路的一条主径，细线条表示这条主径的某一条子径。小尺度信息主要包括主径的构造和子径的构造。

主径的时延是随机产生的，满足：

$$\tau'_n=-r_{\mathrm{DS}}\sigma_{\mathrm{DS}}\ln z_n,\quad n=1,2,\cdots,6 \tag{2.37}$$

其中，γ_{DS}、σ_{DS}分别表示角度扩展和时延扩展参数，不同场景下是不同的定值；z_n是服从$U(0,1)$的随机变量。

主径的功率也是随机产生的，满足：

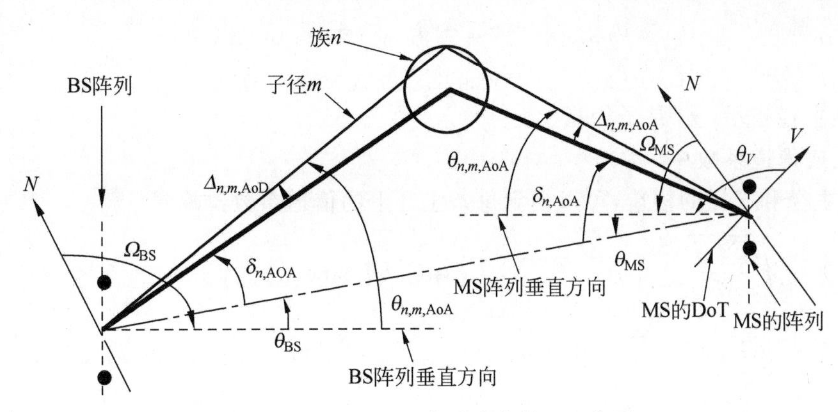

图 2.7　SCM 小尺度信道衰落模型示意图

$$P'_n = e^{\frac{(1-r_{\text{DS}})(\tau'_n-\tau'_1)}{r_{\text{DS}}\sigma_{\text{DS}}}} \cdot 10^{-\xi_n/10}, \quad n=1,2,\cdots,6 \tag{2.38}$$

其中，ξ_n 是均值为 0，方差为 3dB 的高斯随机变量。6 条主径的功率要归一化。

每条主径的离开角 AoD 是零均值的高斯随机变量，满足：

$$\delta'_n \sim \eta(0,\delta^2_{\text{AoD}}), \quad n=1,2,\cdots,6 \tag{2.39}$$

其中，δ_{AoD} 是一个定值。按升序给每条主径分配 AoD，$|\delta'_{(1)}|<|\delta'_{(2)}|<\cdots<|\delta'_{(6)}|$。

每条主径的到达角 AoA 也是零均值的高斯变量，方差与主径的功率有关，满足：

$$\delta_{n,\text{AoA}} \sim \eta(0,\delta^2_{\text{AoA}}), \quad n=1,2,\cdots,6 \tag{2.40}$$

其中，$\delta_{n,\text{AoA}}=104.12(1-\exp(-0.217|10\lg(P_n)|))$。

每条主径上的 20 条子径都保持和本主径相同的时延，即一条主径是由 20 条子径信道叠加而成。表 2.3 展示了不同场景下所有子径固定的角度扩展情况。从表中可以看出，每条主径上的 20 条子径对称分布在主径的两边，20 条子径的角度扩展是固定的。由于微小区中散射环境比宏小区复杂，所以子径到其主径的角度就大；而用户端是全方向的散射，所以用户端子径到其主径的角度就明显比基站端要大。

表 2.3　不同场景下子径角度示意表

子径数/m	基站端 2°扩展下子径相对其主径的离开角(宏小区)	基站端 5°扩展下子径相对其主径的离开角(微小区)	用户端 35°扩展下子径相对其主径的到达角
1,2	±0.0894	±0.2236	±1.5649
3,4	±0.2826	±0.7064	±4.9447
5,6	±0.4984	±1.2461	±8.7224
7,8	±0.7431	±1.8578	±13.0045
9,10	±1.0257	±2.5642	±17.9492
11,12	±1.3594	±3.3986	±23.7899
13,14	±1.7688	±4.4220	±30.9538
15,16	±2.2961	±5.7403	±40.1824
17,18	±3.0389	±7.5974	±53.1816
19,20	±4.3101	±10.7753	±75.4274

由图 2.7、式(2.38)、式(2.39)和表 2.3 可得每条子径到天线阵列法线方向的离开角和到达角分别为：

$$\theta_{n,m,\text{AoD}}=\theta_{\text{BS}}+\delta_{n,\text{AoD}}+\Delta_{n,m,\text{AoD}} \tag{2.41}$$

$$\theta_{n,m,\text{AoA}}=\theta_{\text{MS}}+\delta_{n,\text{AoA}}+\Delta_{n,m,\text{AoA}} \tag{2.42}$$

其中，n 是主径指示；m 是子径指示。

3. 生成信道系数

根据主径和子径的构造，可以得到每条主径上的信道系数：

$$h_{\text{u,s},n}(t)=\sqrt{\frac{P_n\sigma_{\text{SF}}}{M}}\sum_{m=1}^{M}\Big(\sqrt{G_{\text{BS}}\theta_{n,m,\text{AoD}}}\exp(\text{j}[kd_{\text{s}}\sin\theta_{n,m,\text{AoD}}+\Phi_{n,m}])\times \sqrt{G_{\text{MS}}\theta_{n,m,\text{AoA}}}\exp(\text{j}kd_{\text{u}}\sin\theta_{n,m,\text{AoA}})\times\exp(\text{j}k\parallel v\parallel\cos(\theta_{n,m,\text{AoA}}-\theta_v)t)\Big) \tag{2.43}$$

其中，$k=2\pi/\lambda$；d_{s} 和 d_{u} 表示发射端和接收端天线分别到其标准天线的距离，一般标准天线都是最边上的天线；$\phi_{n,m}$ 是子径的相位，满足 $U(0°,360°)$；G_{BS} 和 G_{MS} 分别表示基站端天线的增益和用户端天线的增益，如果用户端天线的增益是全向均匀的，则 G_{MS} 恒为 1。

由于 LTE-A 系统的系统带宽大大增加，所以适合 5MHz 带宽的 SCM 信道已经不再适合作为 LTE-A 的标准模型，这样就要对 SCM 信道进行扩展，即为 SCM-E 信道模型。

SCM 信道用于 5MHz 带宽，对子径的时延不敏感，一条主径上各条子径的时延相同，都是主径时延。SCM-E 信道带宽增加扩展到 100MHz，系统对子径时延敏感，所以子径相对于主径的时延就要考虑，则每条子径的总时延就是主径时延与子径相对于主径时延之和。这样就引入了中径的概念。

中径是若干条子径的集合，集合中每条子径的时延和角度扩展是相同的，且不同集合中是不同的。中径定义了簇内的时延扩展，中径具有固定的时延和功率补偿，从而保持了 SCM-E 和 SCM 的后向兼容。因此，经过低通滤波的 SCM-E 冲击响应很接近于各自的 SCM 冲击响应。带宽扩展的结果是延迟抽头的数量从 SCM 的 6 个增加到 18 或 24。中径示意如表 2.4 所示，其中总共有 3 条中径，第一条中径中包含 10 条子径，这 10 条子径的时延是相同的，和主径的时延一致；第二条中径包含 6 条子径，这 6 条子径的时延相同，都要比主径延迟 12.5ns；第三条主径包含 4 条子径，这 4 条子径延迟相同，都要比主径延迟 25ns。通过划分中径，使得子径时延得以体现，符合了高带宽信道的要求。

表 2.4　中径示意表

中径	正选曲线和功率的数量	延迟	子径
1	10	0	1,2,3,4,5,6,7,8,19,20
2	6	12.5ns	9,10,11,12,17,18
3	4	25ns	13,14,15,16

2.5　毫米波信道模型

由于毫米波频段的高路径损耗使得空间选择性很有限，天线阵列间距小，导致了天线相关性高，因此采用空间非相关瑞利信道是不合理的。毫米波无线通信系统的研究中常采用基于 SV(Saleh Valenzuela)模型扩展的参数化信道模型。

为了简化开发，每一种发射机和接收机周围的散射体可以假定为只对单个传播路径起作用。该假定在仿真中也可以放松，允许一簇具有相关性参数的射线。离散时间窄带信道为：

$$\boldsymbol{H}=\sqrt{\frac{N_{\mathrm{t}}N_{\mathrm{r}}}{L}}\sum_{l=1}^{L}\alpha_l\Lambda^{\mathrm{r}}(\phi_l^{\mathrm{r}},\theta_l^{\mathrm{r}})\Lambda^{\mathrm{t}}(\phi_l^{\mathrm{t}},\theta_l^{\mathrm{t}})\boldsymbol{a}_{\mathrm{r}}(\phi_l^{\mathrm{r}},\theta_l^{\mathrm{r}})\boldsymbol{a}_{\mathrm{t}}(\phi_l^{\mathrm{t}},\theta_l^{\mathrm{t}})^* \tag{2.44}$$

其中，L 是射线数；α_l 是第 l 条射线的复增益；$\phi_l^{\mathrm{r}}(\theta_l^{\mathrm{r}})$和 $\phi_l^{\mathrm{t}}(\theta_l^{\mathrm{t}})$分别是到达和离开的方位（俯仰）角；复增益 α_l 在仿真中可以假设为均值为 0，方差为 σ_α^2 的复高斯分布；$\Lambda^{\mathrm{t}}(\phi_l^{\mathrm{t}},\theta_l^{\mathrm{t}})$和 $\Lambda^{\mathrm{r}}(\phi_l^{\mathrm{r}},\theta_l^{\mathrm{r}})$代表发射和接收天线元素的离开和到达相应角度的方向性天线增益。例如，如果考虑理想扇区天线元素，有：

$$\Lambda(\phi_l,\theta_l)=\begin{cases}c, & \forall\phi_l\in[\phi_{\min},\phi_{\max}],\quad \forall\theta_l\in[\theta_{\min},\theta_{\max}]\\ 0, & \text{其他}\end{cases} \tag{2.45}$$

其中，c 是一个扇区上的常数增益，由 $\phi_l\in[\phi_{\min},\phi_{\max}]$和 $\theta_l\in[\theta_{\min},\theta_{\max}]$来定义；向量 $\boldsymbol{a}_{\mathrm{r}}(\phi_l^{\mathrm{r}},\theta_l^{\mathrm{r}})$和 $\boldsymbol{a}_{\mathrm{t}}(\phi_l^{\mathrm{t}},\theta_l^{\mathrm{t}})$分别代表在方位（俯仰）角 $\phi_l^{\mathrm{r}}(\theta_l^{\mathrm{r}})$和 $\phi_l^{\mathrm{t}}(\theta_l^{\mathrm{t}})$的归一化接收和发射阵列响应向量。

对于 y 轴的 N 元单位线性阵列（Uniform Linear Array，ULA），阵列响应向量为：

$$\boldsymbol{a}^{\mathrm{ULA}y}(\phi)=\frac{1}{\sqrt{N}}[1,\mathrm{e}^{\mathrm{j}kd\sin\phi},\cdots,\mathrm{e}^{\mathrm{j}(N-1)\sin\phi}]^{\mathrm{T}} \tag{2.46}$$

其中，$k=\dfrac{2\pi}{\lambda}$；d 是阵子间隔。由于线性阵列的俯仰角为常量，因此对 $\boldsymbol{a}^{\mathrm{ULA}y}(\phi)$的讨论不包括 θ。此外，还考虑了单位面阵（Uniform Planar Array，UPA）产生小的天线维度，允许垂直方向的波束成形。对于在 y 和 z 轴分别具有 W 和 H 元素平面的单位面阵，阵列相应向量为：

$$\boldsymbol{a}^{\mathrm{ULA}}(\phi,\theta)=\frac{1}{\sqrt{N}}[1,\cdots,\mathrm{e}^{\mathrm{j}kd(m\sin\phi\sin\theta+n\cos\theta)},\cdots,\mathrm{e}^{\mathrm{j}kd((W-1)\sin\phi\sin\theta+(H-1)\cos\theta)}]^{\mathrm{T}} \tag{2.47}$$

其中，$0<m<W-1$ 和 $0<n<H-1$ 分别是天线阵元在 y 和 z 上的索引，且 $N=WH$。

2.6　本章小结

移动通信中的无线传播路径复杂多变，移动通信的各类新技术都要针对移动信道的动态时变特性来设计，从而解决移动通信中的有效性、可靠性和安全性的基本指标，因此分析移动信道的特点是解决移动通信关键技术的前提。本章阐述了无线电波的传播特性与信道模型，分析了无线电波的传播特性，给出了信道特征的参数分析及各种信道模型，包括高斯模型、瑞利模型、ITU 信道模型、SCM 信道模型和毫米波信道模型等，为移动通信中各类新技术的分析和验证提供了重要的依据和支撑。

第3章 调制技术

CHAPTER 3

主要内容

本章给出了移动通信系统的中的调制解调、扩频及多载波调制等技术，首先给出了调制技术的作用和在移动通信系统中的应用，然后介绍了扩频和加扰，此外还介绍了多载波调制技术的基本原理及其关键技术。

学习目标

通过本章的学习，可以掌握如下几个知识点：

- 调制的基本概念和作用；
- 各种移动通信系统采用的调制技术；
- 扩频和加扰；
- OFDM基本原理及其FFT实现；
- OFDM信道估计；
- OFDM同步技术。

知识图谱

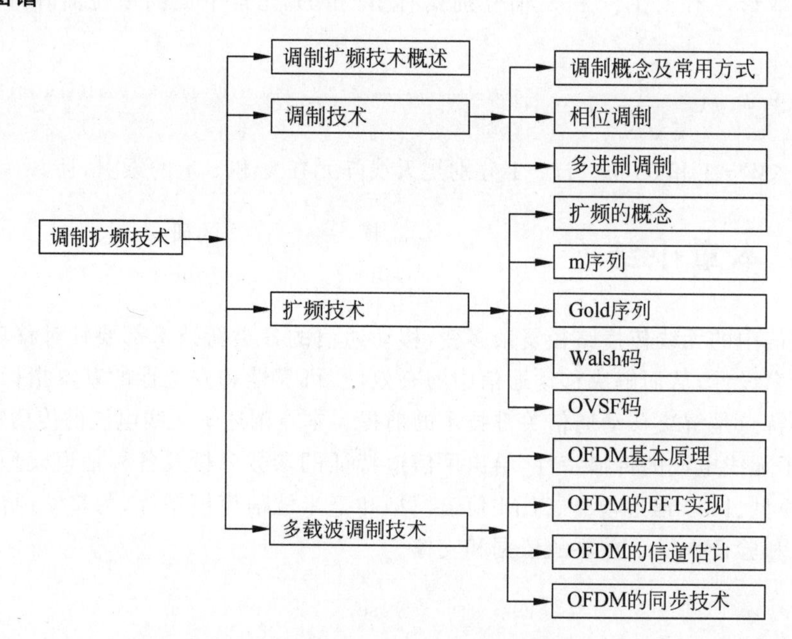

3.1 概述

当信息数据在物理信道完成成帧过程之后，需要进行载波调制、扩频和加扰。

载波调制就是将基带数据信号调制到某一信道的载波频率上，以适应于无线信道传输，该信号称为已调信号。调制过程在通信系统的发端实现。在接收端需将已调信号还原成要传输的原始信号，该过程称为解调。

调制解调技术在移动通信系统中占有重要的地位，它与系统的抗干扰性能、频谱有效性和设备的复杂性及其经济性能有着密切的关系。

移动通信对调制解调器的功能要求主要体现在以下几个方面。

(1) 实现频谱搬移，众所周知，无线通信设备中采用调制器的目的是将被传输的基带数据信号搬移至相应频段的信道上进行传输，以实现信源信号与传输信道相匹配。通常调制分两步进行：先将基带数据信号调制到某一载波上，再通过上变频器搬移到无线传输所期望的射频频段。

(2) 提高抗干扰性，抗干扰性主要体现在通信系统的质量指标，即可靠性。对于一种先进的调制技术，希望调制后的信号具有比较小的功率谱占用率。也就是说，要求已调波功率谱主瓣占有尽可能多的信号能量，且波瓣窄，具有较快的滚降特性。同时，要求带外衰减大、旁瓣小，这样对其他信道干扰小。由于移动通信系统存在多个用户的干扰以及相邻小区的干扰，并且工作在多径传播环境条件下，所以要求调制解调器具有较高的抗干扰能力。

(3) 具有良好的频谱利用率，频谱利用率表示系统的有效性。先进的调制解调器能够提高通信系统对频带的利用率，即在单位频带内传送尽可能高的信息率。

此外，在工程上还要求调制器与解调器在技术上容易实现、成本低、体积小、具有较低的解调门限值。这些要求有时会互相矛盾，在选择时应该综合考虑。

3.2 调制技术概述

3.2.1 常用调制方式概述

20 世纪 80 年代中期以前，由于对线性高频功率放大器的研究尚未取得突破性的进展，所以第二移动通信 GSM 采用非线性的连续相位调制(Continue Phase Modulation，CPM)，如最小频移键控(Minimum Shift Keying，MSK)和高斯滤波最小频移键控(Gaussian Filtered Minimum Shift Keying，GMSK)等，从而避开了线性要求，可以使用高效率的 C 类放大器，同时，也降低了成本。但是 CPM 的技术实现较为复杂。1987 年以后，线性高功放技术取得了实质性的进展，人们将注意力集中到技术实现较为简单的相移键控(Phase Shift Keying，PSK)调制方式。

第三代移动通信系统中对于不同的传输信道所采用的调制解调方式也不相同，但都属于 PSK 类型，主要有二进制 PSK(Binary Phase-Shift Keying，BPSK)、四相 PSK(Quadrature Phase-Shift Keying，QPSK)、偏移四相 PSK(Offset Quadrature Phase-Shift Keying，OQPSK)、平衡四相扩频调制(Balanceble Quaternary phase shift keying Modulation，BQM)、复数四相扩频调制(Complex Quaternary phase shift keying Modulation，CQM)以及 8PSK 等。PSK

调制方式的主要特点是信号的包络稳定，具有较好的抗噪声性能，即使在有衰落和多径效应的信道中也保持较好的性能，技术实现也比较简单，成本低。但是，PSK 调制也存在一些缺点，如在码元转换时刻会产生跃变，并扩展频谱，当带宽受限时又会引起幅度波动，对信道非线性的对抗能力欠佳，要求传输信道具有较好的线性性能。

到了第四代移动通信系统，为了提高频谱利用率，除了 QPSK 调制外，还引入了正交 QAM。QAM 调制的信号由相互正交的两个载波的幅度变化表示。模拟信号的相位调制(Phase Modulation，PM)和数字信号的频移键控(Frequency Shift Keying，FSK)调制可以被认为是幅度不变、仅有相位变化的特殊 QAM。模拟信号频率调制和数字信号的 FSK 也可以被认为是 QAM 的特例，它们本质上也是相位调制。接收端完成相反过程，正交解调出两个相反码流，均衡器补偿由信道引起的失真，判决器识别复数信号并映射回原来的二进制信号。LTE 采用的调制方式包括 QPSK、16QAM 和 64QAM 调制。

在第五代移动通信系统的调制方式包括 π/2-BPSK、BPSK、QPSK、16QAM、64QAM 和 256QAM 等，来满足更多业务和场景的需求。

3.2.2 QPSK 调制

1. QPSK 调制

QPSK 是数字无线通信中常用的一种调制方式。QPSK 为正交 PSK，由载波相位相差 90°的两个支路组成：一个为同相支路，即 *I* 支路；另一个称为正交支路，即 *Q* 支路。QPSK 的 4 种相位状态各对应四进制的 4 种数据，即 00、01、10、11。由于其 4 种相位相差 90°，因此是不连续相位调制。QPSK 调制器的组成原理如图 3.1 所示，而其解调器的原理框图如图 3.2 所示。

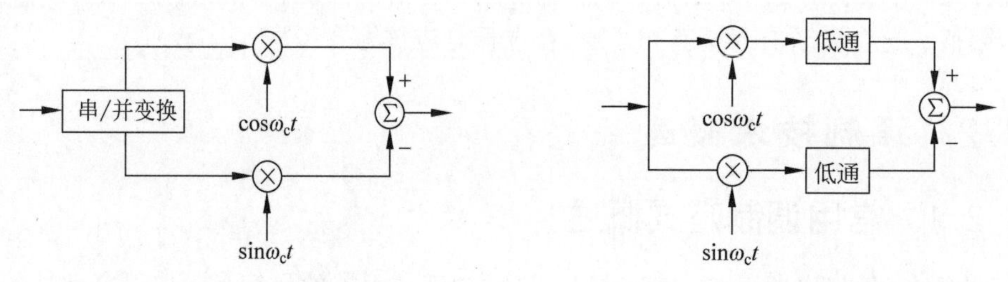

图 3.1 QPSK 调制器原理图　　图 3.2 QPSK 解调器原理图

2. OQPSK(SQPSK)调制

由于 QPSK 在实际中应用最为广泛，根据业务种类的不同和移动通信传输信道的性能特点，QPSK 调制又派生出一些新的调制方式，OQPSK 就是 QPSK 的改进型之一。

OQPSK 有时也称为交错(或参差)四相 PSK(Staggered Quadrature Phase-Shift Keying，SQPSK)。这种调制方式的主要特点是能够减小信号在码元转换时刻的相位突变量，从而减小信号通过带限滤波器所引起的包络起伏。常规的 QPSK 调制方式是将信号分成 *I* 支路和 *Q* 支路，在 *I* 支路和 *Q* 支路的数据过渡沿将出现在同一时刻，即两路数字信号的极性转换时间相同，载波可能会产生 180°的相位跳变。由于传输信道非线性的影响，这种大幅度的相位跳变将导致信号包络的显著变化以及占用带宽的增大。对此，人们提出了 OQPSK 方式，其特点是在发送端将调制器 *Q* 通道数据流相对于 *I* 通道在时间上延迟一个码元宽度，两个信道码元不可能同时转换，最多只能有±90°的相位跳变。这样，对于 I 通道的任何数据跳变，Q 通道数据将保持相对稳定，反之亦然。这就意味着两路信号的合成信号的相位突变幅度明显降低。在接收端，解调器 I 通道解调出的数据也延迟一个码元，从而恢复 I 通道与 Q 通道数据之间原来的相位关系。

图 3.3 和图 3.4 分别为 OQPSK 调制器和解调器的原理图，其中 T_b 表示延迟的码元时间。

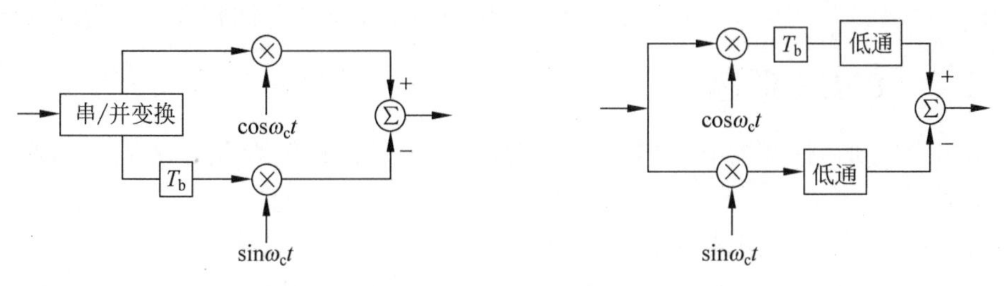

图 3.3 OQPSK 调制器原理　　图 3.4 OQPSK 解调器原理

OQPSK 调制的误码率性能和功率谱密度分布与常规的 QPSK 调制方式是相同的。

3. π/4-QPSK 调制

π/4-QPSK 调制是 QPSK 调制的另一种改进型，在移动通信中应用较多。π/4-QPSK 是一种相位跳变值只有±π/4 和±3π/4 的四相调制，使得 π/4-QPSK 调制信号相邻码元之间最大相位差为±3π/4，小于 QPSK 的±π/4，因此其性能得到改善。π/4-QPSK 调制虽然只是 QPSK 在相位上旋转 45°，但并不是简单地将 QPSK 的载波相位移相 45°而构成的。其主要区别是相位发生变化时，相移的路径不同。π/4-QPSK 调制的相移路径不是 180°直接改变的，而是经过两段的变化，从而缓和了相位的突变，使频谱特性得到了明显到改善，如图 3.5 所示。

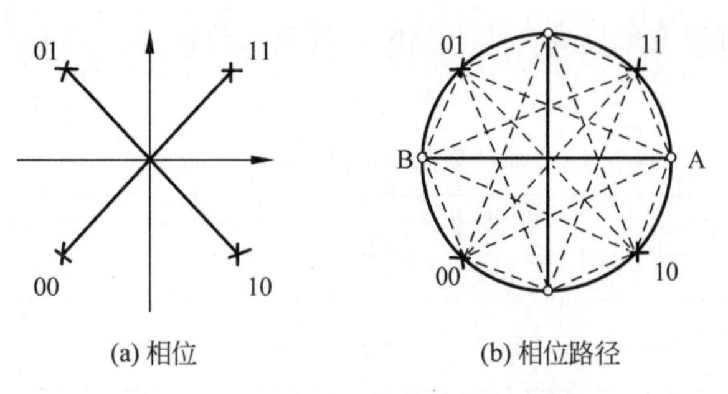

(a) 相位　　(b) 相位路径

图 3.5 π/4-QPSK 的相位及相移路径

在图 3.5(b)中，有 8 个相位，4 个标记×号的相位是调制应到达的相位。在调制过程中，相移的路径要先经过 4 个标记为◦的相位。究竟经过哪一个，要看前一符号的位置和要到达的相位，目的是使它的相位路径最小。例如，信号从 10 变到 11，则相移路径从 10 先逆时针旋转 45°到 A 点，再旋转 45°即到达 11。如信号由 10 变到 01 则相移路径先从 10 顺时针旋转 135°到 B 点，然后再旋转 45°到达 01。从而避免了 QPSK 调制相位的 180°突变。在这一方面，π/4-QPSK 调制与 OQPSK 调制比较相似。但在解调时又有许多优势，OQPSK 只能采用相干解调，而 π/4-QPSK 既可用相干解调，也可用非相干解调，还可以采

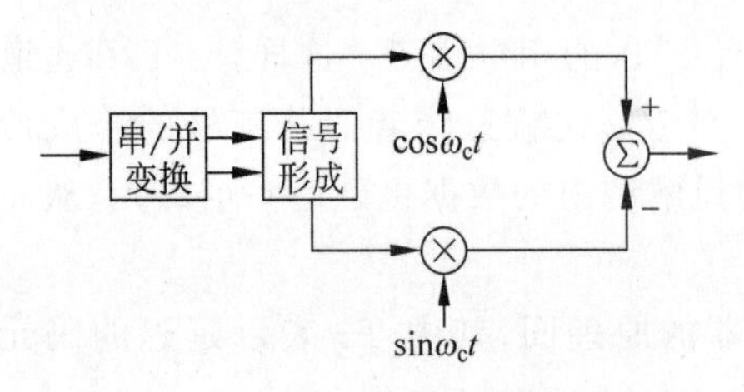

图 3.6 π/4-QPSK 调制器原理框图

用鉴频器解调，也能够使用非线性放大，取得较高的功放效率。所以 π/4-QPSK 调制适合于移动通信系统。

图 3.6 为 π/4-QPSK 调制器的原理框图。首先二进制数据经串/并变换，转换为两个并行的数据流，各自经过差分编码器，再通过信号形成电路后，分别与两个正交的载波相乘。最后进行调制。

3.2.3 8PSK 调制

在第三代移动通信系统中，对于比较高的信息速率如 2Mb/s，为了节省带宽，则需要采用多相位调制方式。

所谓多相位调制，是用载波的一种相位可以代表一组信息码元，而一组信息码元具有多种排列形式，表征它们的载波相位也必须相应地取多种数值。如果按 n 个码元分组，则应有 2^n 种码元排列方式，相应地要用 2^n 种取值代表 n 个信息码元。所以在同样发送一个码元的宽度 T 内，载波相位可以有 2^n 种取值。因此，在同样的符号传输速率下，等于把信息速率提高了 $\log_2 2^n = n$ 倍。这时每一个传输符号就不再是表征一个码元，而是表征 n 个比特的信息码元。由于这时载波相位有 2^n 种取值，相邻两相位取值之差为 $\pi/2^{n-1}$。n 越大这个差值越小，在接收端提取信息的困难就越大。显然，当 $n=3$ 时，为 8PSK 调制方式，即用 8 个不同相位的载波来代表八进制码元(0,1,2,3,4,5,6,7)，两相邻相位差为 $\pi/4$。由于一个八进制码元可以用 3 个二进制码元来代替，所以常常称为 3 比特码元。关于 3 比特码元与不同相位载波的对应关系见表 3.1，8PSK 的载波相位向量图如图 3.7 所示。

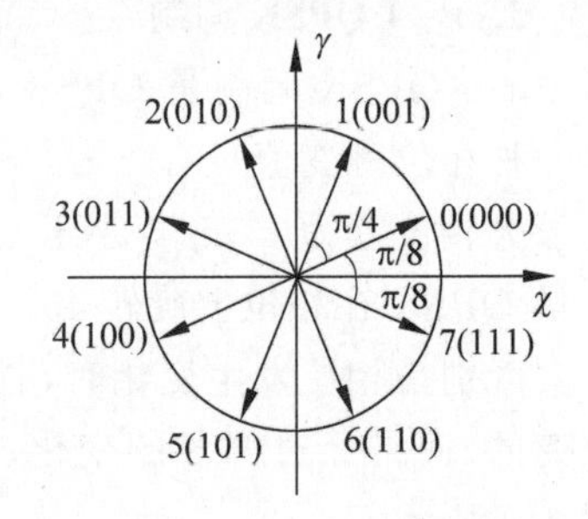

图 3.7 8PSK 载波相位向量图

表 3.1 3 比特码元与不同相位载波的对应关系

八进制码元	二进制码元	载波相位	八进制码元	二进制码元	载波相位
0	000	$\pi/8$	4	100	$9\pi/8$
1	001	$3\pi/8$	5	101	$11\pi/8$
2	010	$5\pi/8$	6	110	$13\pi/8$
3	011	$7\pi/8$	7	111	$15\pi/8$

在信道较好的情况下，多相调制的传输速率有了很大提高。如果在 BPSK 调制方式时传输 1.2kb/s 信息的信道，当采用 8PSK 调制方式就能够达到 3.6kb/s 的速率。

8PSK 调制方式常用的方法主要有以下两种。

(1) 码变换加相位选择法产生 8PSK 信号。这种 8PSK 调制方式的组成原理图如图 3.8 所示。首先利用码变换将输入数字序列变换成 3 比特码元，作为对载波调制的控制信号。接着按照图 3.7 中所表示的相位关系，从 8 种载波中选择所需要的载波，进而产生出 8PSK 信号。

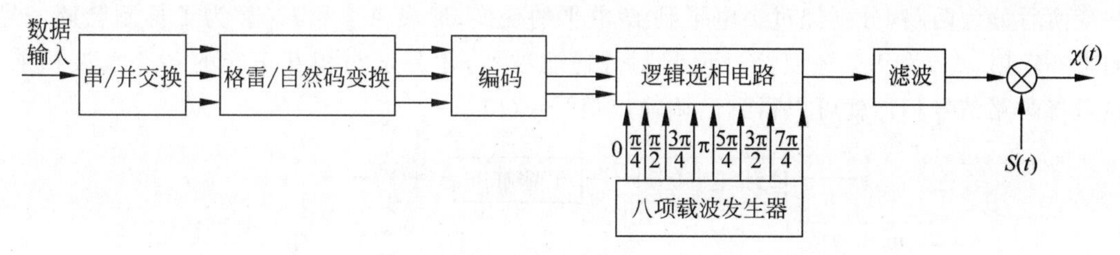

图 3.8 码变换加相位选择法产生 8PSK 信号

(2) 插入脉冲法产生 8PSK 信号。以微波环形器和开关实现 8PSK 调制的结构原理见图 3.9。当微波载波进入第一个环形器,由开关管的通断来实现载波的 0 或 π 移相,接着在第二个环形器实现 0 或 π/2 移相,第三个环形器实现 0 或 π/4 移相。同时,利用输入 3 比特码元分别控制各个开关管的通断,它们的通断组合便产生相应的附加相移。例如,对于 000 码元,假设其载波相移为 0(作为参考),则对于 111 码元,必有相移 π+π/2+π/4。这样,对于不同的 3 比特码元就可以得到相应的载波相移,从而实现了 8PSK 调制。

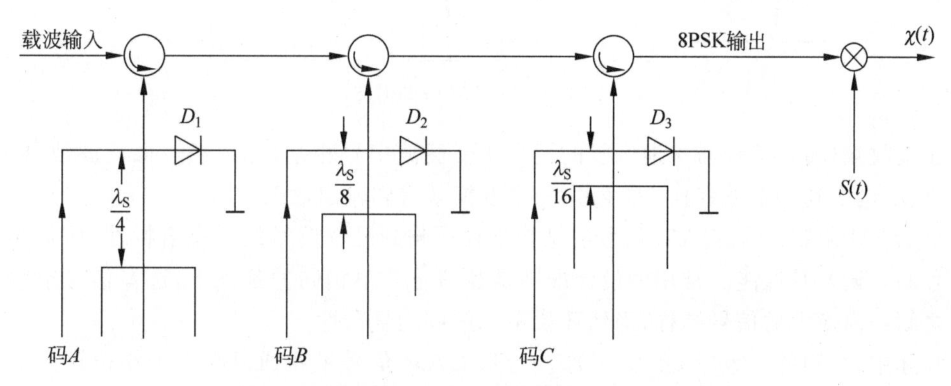

图 3.9 用微波环行器和开关管实现 8PSK 调制

8PSK 的解调与 QPSK 的解调原理类似,这里不再进行详细介绍。

3.2.4 正交振幅调制

正交振幅调制是二进制的 PSK、四进制的 QPSK 调制的进一步推广,通过相位和振幅的联合控制,可以得到更高频谱效率的调制方式,从而可在限定的频带内传输更高速率的数据。

正交振幅调制的一般表达式为:

$$y(t)=A_m\cos\omega_c t+B_m\sin\omega_c t,\quad 0\leqslant t\leqslant T_s \tag{3.1}$$

式(3.1)由两个相互正交的载波构成,每个载波被一组离散的振幅$\{A_m\}$、$\{B_m\}$所调制,故称这种调制方式为正交振幅调制。其中,T_s 为码元宽度;$m=1,2,\cdots,M$,M 为 A_m 和 B_m 的电平数,有:

$$\begin{cases}A_m=d_m A\\B_m=e_m A\end{cases} \tag{3.2}$$

其中,A 是固定的振幅,(d_m,e_m)由输入数据确定。(d_m,e_m)决定了已调 QAM 信号在信号空间中的坐标点。

QAM 的调制和相干解调框图如图 3.10 和图 3.11 所示。在调制端,输入数据经过串/

并变换后分为两路，分别经过 2 电平到 L 电平的变换，形成 A_m 和 B_m。为了抑制已调信号的带外辐射，A_m 和 B_m 还要经过预调制低通滤波器，才分别与相互正交的各路载波相乘。最后将两路信号相加就可以得到已调输出信号 $y(t)$。

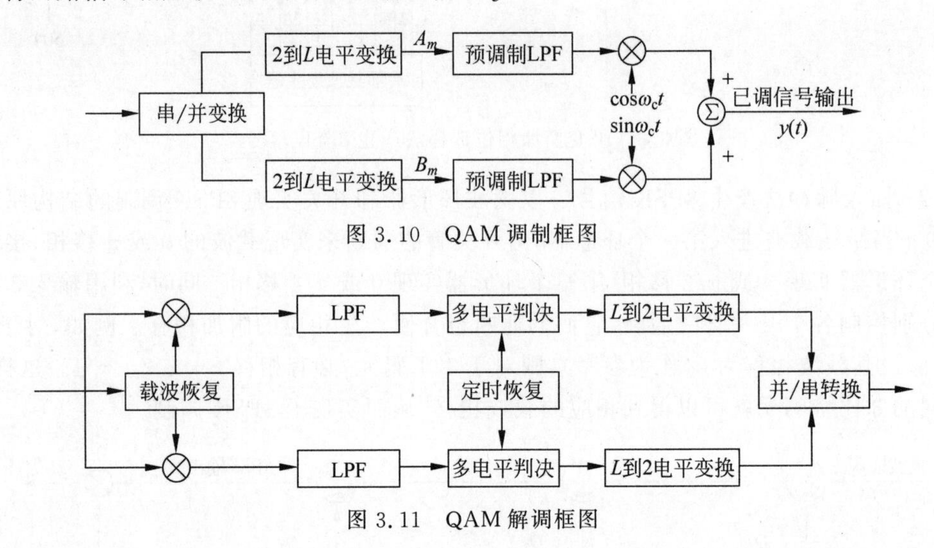

图 3.10　QAM 调制框图

图 3.11　QAM 解调框图

在接收端，输入信号与本地恢复的两个正交载波信号相乘以后，经过低通滤波器、多电平判决、L 电平到 2 电平变换，再经过并/串变换就得到输出数据。

对 QAM 调制而言，QAM 信号的结构不仅影响到已调信号的功率谱特性，而且影响已调信号的解调及其性能。常用的设计准则是在信号功率相同的条件下，选择信号空间中信号点之间距离最大的信号结构，当然还要考虑解调的复杂性。

实际中，常用的是矩形 QAM 星座。矩形 QAM 信号星座通过在两个相位正交的载波上施加两个脉冲振幅调制信号产生，具有容易产生和相对容易解调的优点。对 $M \geqslant 16$ 的调制方法来说，矩形星座并不是最好的 M 进制 QAM 信号星座，但是对于要达到的特定最小距离来说，该星座所需要的平均发送功率仅仅稍大于最好的 M 进制 QAM 信号星座所需要的平均功率，因此当前的无线通信系统常常选择矩形 QAM 星座作为其调制方式。

常见的矩形 QAM 星座包括 4QAM(QPSK)、16QAM 以及 64QAM 等，每个符号分别对应的比特数为 2、4 和 6。

QPSK 的调制公式为：

$$d(i)=\frac{1}{\sqrt{2}}\{1-2b(2i)+\mathrm{j}[1-2b(i)]\} \tag{3.3}$$

16QAM 的调制公式为：

$$\begin{aligned}d(i)=\frac{1}{\sqrt{10}}\{&[1-2b(4i)][2-(1-2b(4i+2))]+\\&\mathrm{j}[1-2b(4i+1)][2-(1-2b(4i+3))]\}\end{aligned} \tag{3.4}$$

64QAM 的调制公式为：

$$\begin{aligned}d(i)=\frac{1}{\sqrt{42}}\{&[1-2b(6i)][4-(1-2b(6i+2))[2-(1-2b(6i+4))]]+\\&\mathrm{j}[1-2b(6i+1)][4-(1-2b(6i+3))[(2-2b(6i+5))]]\}\end{aligned} \tag{3.5}$$

矩形 QAM 调制的星座图如图 3.12 所示。

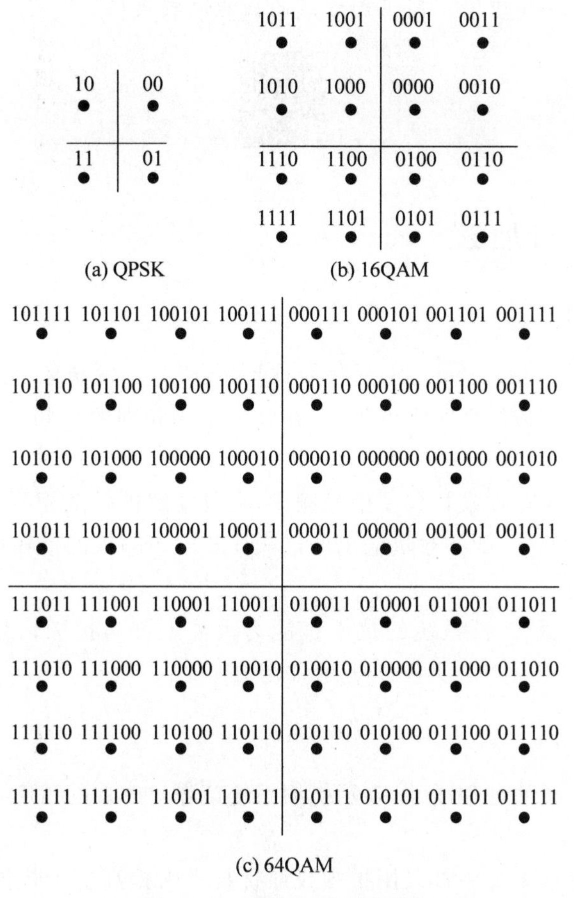

(a) QPSK (b) 16QAM

(c) 64QAM

图 3.12 矩形 QAM 星座图

第五代移动通信系统引入了 256QAM 调制，256QAM 的调制公式为：

$$
\begin{aligned}
d(i)=&\frac{1}{\sqrt{170}}\{[1-2b(8i)][8-(1-2b(8i+2))[4-(1-2b(8i+4))\times\\
&[2-(1-2b(8i+6))]]]+\mathrm{j}[1-2b(8i+1)][8-(1-2b(8i+3))\times\\
&[(4-8b(6i+5))[2-(1-2b(8i+7))]]]\}
\end{aligned}
\tag{3.6}
$$

为了改善矩形 QAM 的接收性能，还可以采用星形 QAM 星座，如图 3.13 所示。

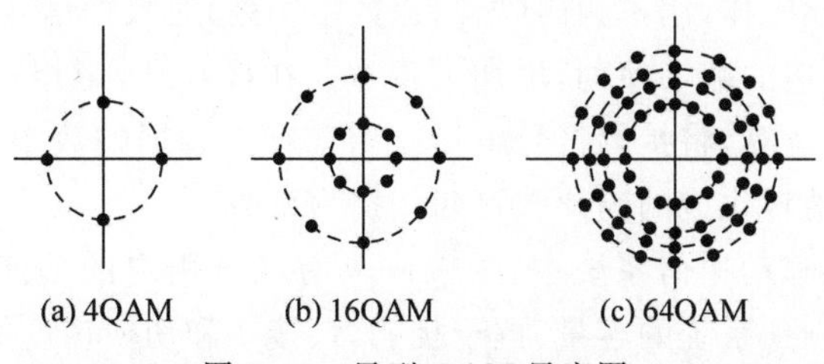

(a) 4QAM (b) 16QAM (c) 64QAM

图 3.13 星型 QAM 星座图

将十六进制矩形 QAM 和十六进制星形 QAM 进行比较，可以发现星形 QAM 的振幅环由方形的 3 个减少为 2 个，相位由 12 种减少为 8 种，这将有利于接收端的自动增益控制和载波相位跟踪。

读者可以扫描二维码查看不同调制方式的性能比较代码。

3.3 扩频与加扰

3.3.1 概述

扩展频谱(Spread Spectrum,SS)通信简称扩频通信,在发端采用扩频码调制,使信号所占的频带宽度远大于所传信息必需的带宽,在收端采用相同的扩频码进行相关解扩以恢复所传信息数据。

扩频通信系统由于在发端扩展了信号频谱,在收端解扩后恢复了所传信息,这一处理过程带来了信噪比上的好处,即接收机输出的信噪比相对于输入的信噪比大有改善,从而提高了系统的抗干扰能力。

理论分析表明,各种扩频系统的抗干扰能力大体上都与扩频信号带宽 B 与信息带宽 B_m 之比成正比,工程上常以分贝(dB)表示,即:

$$G_{\mathrm{p}}=10\lg\frac{B}{B_m} \tag{3.7}$$

其中,G_{p} 称为扩频系统的处理增益,表示扩频系统信噪比改善的程度,是扩频系统的重要性能指标。

很多无线移动通信系统中都采用扩频或加扰技术来提高抗干扰能力,有时还具有区分用户的功能。

在基于 CDMA 的系统中,扩频和加扰常常分两步完成:首先用扩频码对数据信号扩频;然后用扰码加扰,每个扰码对应一个特定的基本中间码,基本中间码是不扩频的。扩频码和小区特定扰码的组合可以看作是一个用户和小区特有的扩频码。多数非 CDMA 系统不需要扩频,但是仍然要进行加扰,例如 GSM、LTE 等系统。

3.3.2 扩频

扩频操作即信道化操作,用扩频码(即高速数字序列)对数据信号扩频,将数据符号转换为一系列码片,形成高速的数字序列,增加了带宽。在接收端,用相同的高速数字序列与接收符号相乘,进行相关运算,将扩频符号解扩。用来转换数据的数字序列符号叫作信道码,即扩频码。每个符号被转化成的码片数目叫作扩频系数。

在基于 CDMA 的移动通信系统中,扩频码具有区分用户的功能,所以也叫作地址码。扩频码的选择直接影响到系统的容量、抗干扰能力、接入和切换速度等性能。所选择的扩频码应能提供足够数量的相关函数特性尖锐的码序列,有多少个正交码序列,就可以有多少个不同的地址码(即码分信道)。扩频码的自相关性可保证信号经过扩频码解扩后具有较高的信噪比,因此,要求扩频码的码序列应接近白噪声特性,而且编码方案简单,具有较快的同步建立速度等性能。

在移动通信中常用的扩频码有伪随机码和正交码。

1. 伪随机序列

伪随机(Pseudo Random,PN)序列具有类似于噪声序列的性质,是一种看似随机,实际上是有规则的二进制序列。对于CDMA移动通信系统,扩频码一般从伪随机序列中选择,但根据其不同的用途将选用相应的PN码。PN码序列有很多种,如L序列、TP序列、m序列、M序列、Gold序列、Walsh序列等。这里介绍常用的m序列、Gold序列和Walsh序列。

1) m序列

m序列是最常用最基本的周期性伪随机序列,适合于严格定时的通信系统,利用其不同的相位来区分各个用户。窄带CDMA系统就是采用m序列作为扩频码。

m序列也称最长线性反馈移位寄存器序列。如果n级线性移位寄存器输出序列的周期是$P=2^n-1$,则该序列为m序列。m序列发生器由移位寄存器、反馈抽头和模2加法器组成。由于m序列具有简单、规律性强、容易产生等特点,在扩频通信系统中得到广泛的应用。

m序列具有双值自相关特性,其归一化自相关函数为:

$$R(\tau)=\begin{cases}1, & \tau=0\\ -1/P, & \tau\neq 0\end{cases} \tag{3.8}$$

可以看出,对于两个不同相位的m序列$a(n)$和$a(n-\tau)$,当周期P很大,并且$\tau\neq 0$时,这两个序列几乎是正交的。这也正是m序列在CDMA系统中被广泛应用的关键原因。

由于n级线性移位寄存器只能产生长度为$P=2^n-1$的码,所以m序列只有以下几种长度:3,7,15,31,63,127,255,511,…。理论分析表明,只有n值很大时,才有可能找到较多的m序列,然而从其中挑选出互相正交或准正交的序列是不多的。这说明m序列在抗干扰、抗多径、抗检测性能方面是比较合适的,但是作为码分地址时不易挑选,特别是像第三代移动通信系统需要很多地址码数目时,就存在一定的困难。

2) Gold码序列

Gold码序列是由m序列引出的另外一种伪随机序列。因为m序列的互相关性不够好,而且相同级数的移位寄存器所能产生的不同类型m序列的个数有限,所以R. Gold提出了一种基于m序列的码序列,即Gold码序列。Gold码的基本原理如下:

如有两个m序列,它们的互相关函数的绝对值有界,并满足:

当n为奇数时,$R|(\tau)|=2^{\frac{n+1}{2}}+1$;

当n为偶数时,$R|(\tau)|=2^{\frac{n+2}{2}}+1$。

则这一对m序列为优选对,它们的互相关函数由小于某一极大值的旁瓣构成。如果将这两个m序列发生器产生的优选对序列进行模二相加,就产生出一个新的码序列,即Gold码序列。

Gold码序列的主要性能有以下几点。

(1) Gold码序列具有三值自相关特性,但其自相关性不如m序列。

(2) 两个m序列优选对不同移位相加产生的新序列都是Gold序列;因为总共有2^n-1个不同的相对位移,加上原来的两个m序列本身,所以两个m级移位器可以产生2^n+1个

Gold 码序列；这样，Gold 码序列的序列数比 m 序列数多得多，从而克服了 m 序列数目不足的缺点。

(3) Gold 序列的互相关峰值及主瓣与旁瓣之比均比 m 序列高得多，所以其互相关性比 m 序列好。这一特性在实现码分多址时是很有用的。

总之，Gold 码的自相关性不如 m 序列，具有三值自相关特性；互相关性要比 m 序列好，但还未达到最佳。同时，其结构比较简单，产生的序列数较多，因而得到了广泛的应用。

3) Walsh 码

Walsh 码又叫沃尔什函数，只有＋1 和－1 两个取值，很适合于数字信号处理应用。IS-95 系统就采用 Walsh 函数作为地址码。

Walsh 函数用符号 Wal(n,t)来表示，有时简写为 $W_n(t)$，其中 t 表示时间，常常规一化为 t/T，T 为 Walsh 函数的周期，或叫时基；n 为序数，表示在时间 T 内，函数过零点的次数。Walsh 函数具有这样的性能：凡序数 n 为奇数，均以中点为奇对称，类似于三角函数的 $\sin\theta$，所以记为 Sal 函数；而序数 n 为偶数的，则以中点为偶对称，类似于三角函数 $\cos\theta$，记为 Cal 函数。Walsh 函数有多种等价定义方法，最常用的是哈达码(Hadamard)编号法，IS-95 系统中就是采用这类方法。

Walsh 函数具有以下特点。

(1) 正交性，即：

$$1/T\int_0^T \mathrm{Wal}(n,t)\mathrm{Wal}(m,t)\mathrm{d}t=\begin{cases}1 & m=n\\0 & m\neq n\end{cases} \tag{3.9}$$

这表明所有 Walsh 函数彼此均正交。这种特性对于 CDMA 系统选择地址码是非常重要的。

(2) 对称性，除 $W_0(t)$外，Wal($2k$,t)是偶函数，Wal($2k-1$,t)是奇函数。所以有：

$$\mathrm{Sal}(m,-t)=-\mathrm{Sal}(m,t) \tag{3.10}$$

$$\mathrm{Cal}(m,-t)=\mathrm{Cal}(m,t) \tag{3.11}$$

需要注意的是，当严格满足同步时，Walsh 函数可以实现完全正交。一旦同步产生误差，其自相关与互相关特性均不理想，并随着同步误差值的增大，性能恶化十分明显，这是 Walsh 函数的不足之处。

由于移动通信信道属于变参多径信道，严格同步是很难保证的。如果将 Walsh 码与伪随机码特性中的各自优点进行综合互补，即利用复合码特性来克服分别各自使用的缺点，就可以较好地满足人们的要求。

2. 正交可变扩频因子码

到了第三代移动通信系统，传输业务已经由单一速率的话音扩展为不同速率的语音、数据、图像及多媒体业务。这样，在第三代移动通信中不同的业务信源给出的信息速率是不同的，但是信道传输带宽是固定不变的。对于不同业务，不同的信息速率应该采用不同的扩频比，才能实现同一信道传输的码率是相同的。由于在同一小区中，多个移动用户可以同时发送不同的多媒体业务，为防止各个用户不同业务之间的干扰，第三代移动通信中采用了一种能够满足不同速率多媒体业务和不同扩频比的正交码，使用相同资源的不同信道采用信道码区分，这就是正交可变扩频因子(Orthogonal Variable Spreading Factor，OVSF)码。

在 3G 通信系统中，采用 OVSF 码对物理信道的比特信息进行扩频。经过与扩频码相乘，物理层的比特速率提高为码片速率。由于码片速率的提高，信号频谱也随之扩展。这种对物理层信息的操作叫作“扩频操作”。扩频码的作用是用来区分同一时隙中的不同用户。

OVSF 码可以采用码树的方式来定义，如图 3.14 所示。

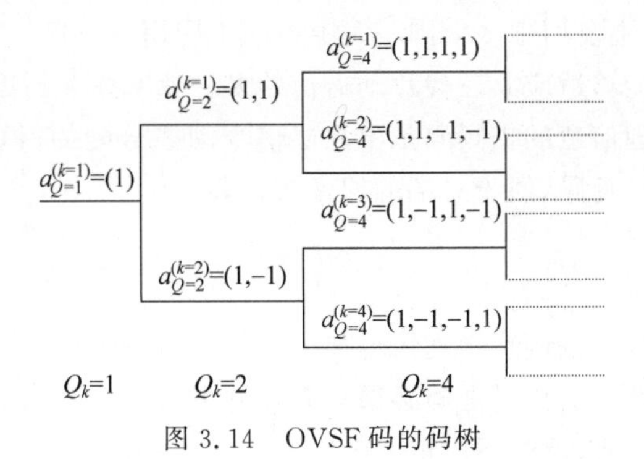

图 3.14　OVSF 码的码树

从这个码树可以看出，码树的每一级都定义了扩频因子为 Q_k 的码。码的使用有一个要求，就是当一个码已经在一个时隙中采用，则其父系上的码和下级码树路径上的码就不能在同一时隙中使用。这也就意味着一个时隙可使用的码的数目是不固定的，与每个物理信道的数据速率和扩频因子有关。

为了降低多码传输时的峰均值比，对于每一个信道化码，都有一个相关的相位系数 $w_{Q_k}^{(k)}$。表 3.2 给出了每一个信道化码对应的系数值。

表 3.2　每个信道化码所对应的系数值

k	$w_{Q=1}^{(k)}$	$w_{Q=2}^{(k)}$	$w_{Q=4}^{(k)}$	$w_{Q=8}^{(k)}$	$w_{Q=16}^{(k)}$
1	1	1	−j	1	−1
2		+j	1	+j	−j
3			+j	+j	1
4			−1	−1	1
5				−j	+j
6				−1	−1
7				−j	−1
8				1	1
9					−j
10					+j
11					1
12					+j
13					−j
14					−j
15					+j
16					1

OVSF 码的主要特性如下。

(1) 码字的长度是 2 的整数次幂，即 $Q_k=2^k$（k 为 1,2,3,…）。根据实际情况，对于上、下行链路可以分别采用不同的 k 值。

(2) 对于长度一定的 OVSF 码组，包括的码字总数与其码长度相等。即共有 Q_k 个长

度为 Q_k 的 OVSF 码字。

(3) 不同长度或长度相同的不同码字字间的相互正交,其互相关值为零。

OVSF 码的正交性主要用来区分同一时隙中的不同用户,可以减少信道之间的干扰,且具有可变长特性,因此能够适应第三代移动通信的多种速率业务的需要。

在一般情况下,物理信道的扩频码是由高层信令动态分配的,但是,对于常用的关键信道,也可以固定它们的扩频码,便于对端的搜索与解调。

3.3.3 加扰

在移动通信系统中,上行链路物理信道加扰码的作用是区分用户,下行链路加扰码可以区分小区和信道,因此选择的扰码之间必须具有良好的正交性。扰码又分为长扰码和短扰码,短扰码实现复杂度较低,但是不能最大限度地实现干扰的白噪声化,且采用短扰码来区分小区对码的选择也有一定局限;如果将扰码长度增加,则可以进一步实现系统优化,但是会带来实现上的复杂度。

以扰码长度等于 16 的 TD-SCDMA 系统为例,加扰的主要步骤如下。

数据经过长度为 Q_k 的实值序列即信道化码 $c^{(k)}$ 扩频后,还要由一个小区特定的复值序列即扰码$\boldsymbol{v}=v_1,v_2,\cdots,v_{16}$ 进行加扰。该序列的元素取值于复数:

$$\boldsymbol{V}_v=\{1,\mathrm{j},-1,-\mathrm{j}\} \tag{3.12}$$

其中,j 为复数单位。

复值序列 $\boldsymbol{v}$ 由长度为 16 的二进制扰码序列 $\boldsymbol{v}=(v_1,v_2,\cdots,v_{16})$生成,扰码 $\boldsymbol{v}$ 的元素是虚实交替的,即:

$$\boldsymbol{v}_{\mathrm{j}}=(\mathrm{j})^i\cdot\boldsymbol{v}_i \tag{3.13}$$

加扰前通过级联 $Q_{\max}/Q_k$ 个扩频数据实现长度匹配。扩频加扰过程如图 3.15 所示。

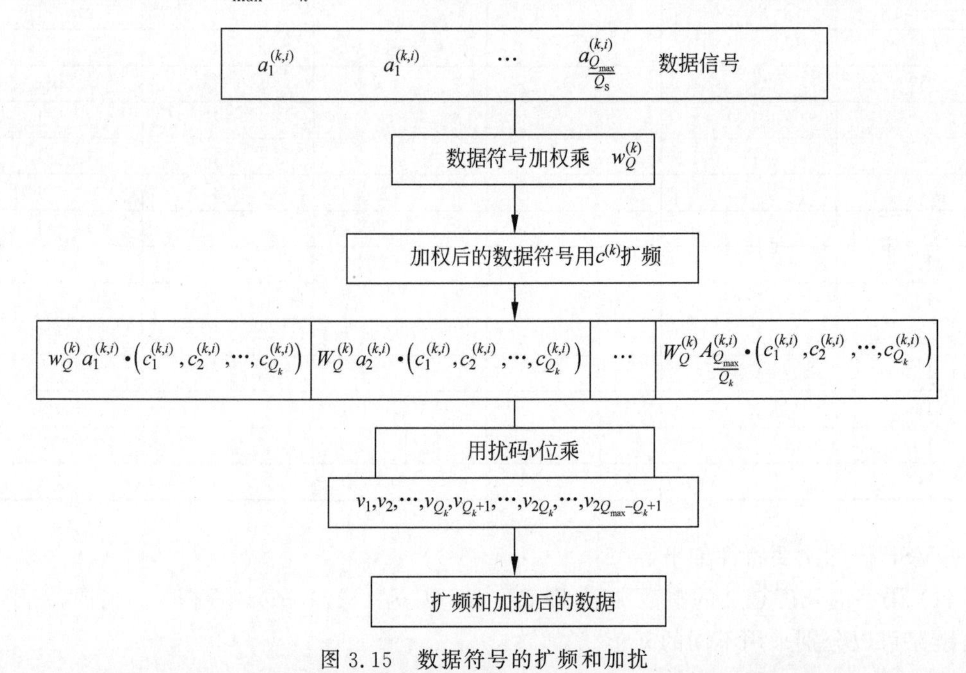

图 3.15 数据符号的扩频和加扰

3.4 多载波调制技术

近年来，正交频分复用（Orthogonal Frequency Division Multiplexing，OFDM）技术得到人们越来越多的关注，其主要原因是OFDM系统存在如下的优点。

（1）将高速数据流进行串/并转换，使得每个子载波上的数据符号持续长度相对增加，从而可以有效地减小无线信道的时间弥散所带来的ISI，这样就减小了接收机内均衡的复杂度，有时甚至可以不采用均衡器，仅通过采用插入CP的方法消除ISI的不利影响。

（2）传统的频分复用方法中，将频带分为若干个不相交的子频带来传输并行的数据流，在接收端用一组滤波器来分离各个子信道。这种方法的优点是简单、直接，缺点是频谱利用率低，子信道之间要留有足够的保护频带，而且多个滤波器的实现也有不少困难。而OFDM系统由于各个子载波之间存在正交性，允许子信道的频谱相互重叠，因此与传统的频分复用系统相比，OFDM系统可以最大限度地利用频谱资源。图3.16给出了传统频分复用和OFDM信道分配情况的比较。

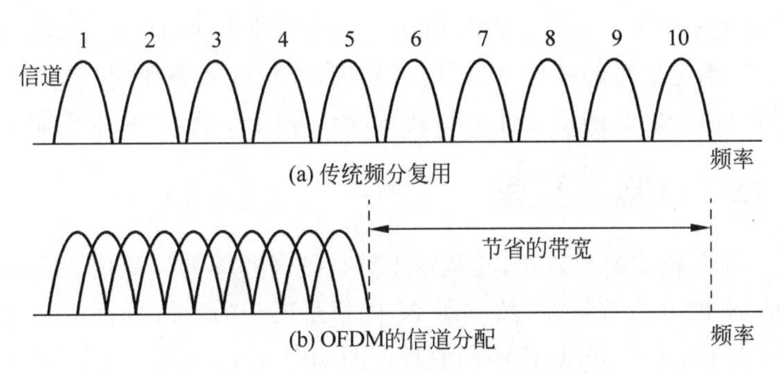

图3.16 传统频分复用和OFDM信道分配情况的比较

（3）各个子载波上信号的正交调制和解调在形式上等同于离散傅里叶反变换（Inverse Discrete Fourier Transform，IDFT）和离散傅里叶变换（Discrete Fourier Transformation，DFT），在实际应用中可以采用快速傅里叶反变换（Inverse Fast Fourier Transform，IFFT）算法和快速傅里叶变换（Fast Fourier Transform，FFT）算法来快速实现。随着大规模集成电路和数字信号处理技术的发展，FFT运算变得更加容易，当子载波数很大时，这一优势将十分明显。

（4）无线数据业务一般存在非对称性，即下行链路中的数据传输量要大于上行链路中的数据传输量，这就要求物理层能够支持非对称高速率数据传输，OFDM系统就可以通过使用不同数量的子载波来实现上行和下行链路中不同的传输速率。

（5）OFDM易于和其他多种接入方法结合使用，构成正交频分多址接入（Orthogonal Frequency Division Multiple Access，OFDMA）系统，其中包括多载波码分多址接入（Multi-Carrier Code Deivision Multiple Access，MC-CDMA）、跳频OFDM以及OFDM时分多址接入（OFDM Time Division Multiple Access，OFDM-TDMA）等，使得多个用户可以同时利用OFDM技术进行不同的信息传输。

（6）OFDM易于和现有的空时编码等技术相结合，实现高性能的MIMO通信系统。

正是由于 OFDM 具有的上述特性,使得 OFDM 技术成为当前常见的宽带无线和移动通信系统的关键技术之一。

然而,OFDM 技术在实际应用中也存在缺陷,主要体现在如下两个方面。

(1) OFDM 易受频率偏差的影响。OFDM 技术所面临的主要问题就是对子载波间正交性的严格要求。由于 OFDM 系统中的各个子载波的频谱相互覆盖,要保证它们之间不产生相互干扰的唯一方法就是保持相互间的正交性。OFDM 系统对这种正交性相当敏感,一旦发生偏移,便会破坏正交性,造成载波间干扰(Inter Carrier Interference,ICI),这将导致系统性能的恶化。而且,随着子载波个数的增多,每个 OFDM 符号的周期将被拉长,在频域的子载波频率间隔会减小,这将使得 OFDM 系统对正交性更敏感。然而,在 OFDM 系统的实际应用中,不可能所有条件均达到理想情况,无论是无线移动信道传输环境,还是传输系统本身的复杂性都注定了 OFDM 系统的正交性将受到多种因素的影响。

(2) OFDM 存在较高的峰值平均功率比(Peak-to-Average Power Ratio,PAPR),也称峰均功率比。与单载波系统相比,由于多载波调制系统的输出是多个子信道信号的叠加,因此如果多个信号的相位一致时,所得到的叠加信号的瞬时功率就会远远大于信号的平均功率,导致出现较大的 PAPR。这样就对发射机内放大器的线性提出了很高的要求,如果放大器的动态范围不能满足信号的变化,则会给信号带来畸变,使叠加信号的频谱发生变化,从而导致各个子信道信号之间的正交性遭到破坏,产生相互干扰,使系统性能恶化。

3.4.1 OFDM 基本原理

OFDM 是一种多载波调制方式,其基本思想是把高速率的信源信息流通过串/并变换,变换成低速率的 N 路并行数据流,然后用 N 个相互正交的载波进行调制,将 N 路调制后的信号相加即得发射信号。OFDM 调制原理框图如图 3.17 所示。

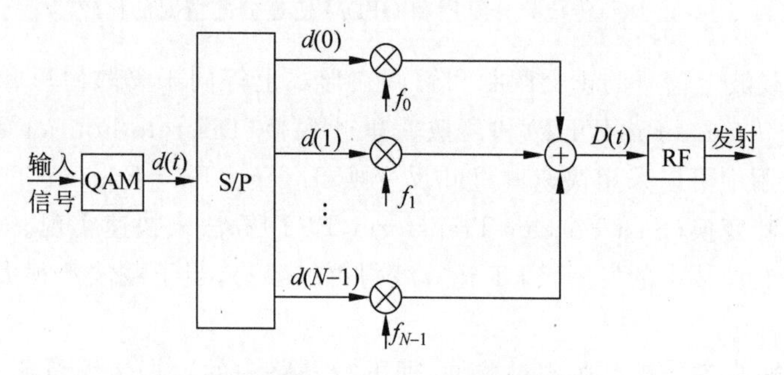

图 3.17 OFDM 调制原理框图

设基带调制信号的带宽为 B,码元调制速率为 R,码元周期为 t_s,且信道的最大迟延扩展 $\Delta_m > t_s$,OFDM 的基本原理是将原信号分割为 N 个子信号,分割后码元速率为 R/N,周期为 $T_s = Nt_s$,然后用 N 个子信号分别调制 N 个相互正交的子载波。由于子载波的频谱相互重叠,因而可以得到较高的频谱效率。当调制信号通过陆地无线信道到达接收端时,由于信道多径效应带来的码间串扰的作用,子载波之间不能保持良好的正交状态。因而,发送前就在码元间插入保护时间。如果保护间隔 δ 大于最大时延扩展 Δ_m,则所有时延小于 δ 的多径信号将不会延伸到下一个码元期间,因而有效地消除了码间串扰。

在发射端，数据经过调制（例如 QAM 调制）形成的基带信号。然后经过串/并变换成为 N 个子信号，再去调制相互正交的 N 个子载波，最后相加形成 OFDM 发射信号。

OFDM 解调原理框图如图 3.18 所示。在接收端，输入信号分为 N 个支路，分别与 N 个子载波混频和积分，恢复出子信号，再经过并串变换和 QAM 解调就可以恢复出数据。由于子载波的正交性，混频和积分电路可以有效地分离各个子信道。

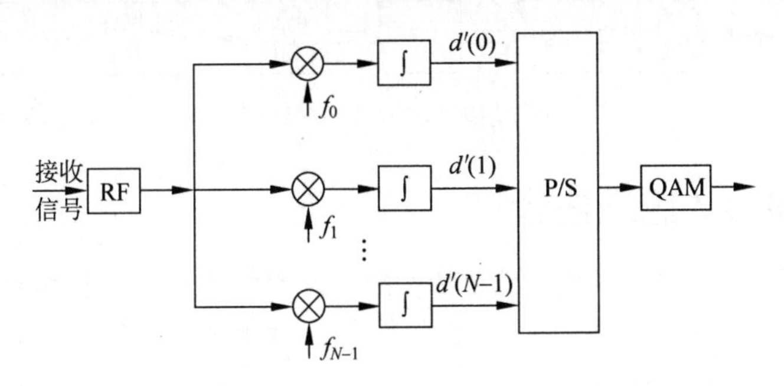

图 3.18 OFDM 解调原理框图

在图 3.18 中，f_0 为最低子载波频率，$f_n=f_0+n\Delta f$，Δf 为载波间隔。

3.4.2 OFDM 的 IFFT 实现

OFDM 调制信号的数学表达形式为：

$$D(t)=\sum_{n=0}^{M-1}d(n)\exp(\mathrm{j}2\pi f_n t),\quad t\in[0,T] \tag{3.14}$$

其中，$d(n)$是第 n 个调制码元；T 是码元周期 T_s 加保护间隔 $\delta(T=\delta+T_s)$。各子载波的频率为：

$$f_n=f_0+n/T_s \tag{3.15}$$

其中，f_0 为最低子载波频率。由于一个 OFDM 符号是将 M 个符号串/并变换之后并行传输出去，所以 OFDM 码元周期是原始数据周期的 M 倍，即 $T_s=Mt_s$，当不考虑保护间隔时，则由式(3.14)和式(3.15)可得：

$$D(t)=\left[\sum_{n=0}^{M-1}d(n)\exp\left(\mathrm{j}\frac{2\pi}{Mt_s}nt\right)\right]\mathrm{e}^{\mathrm{j}2\pi f_0 t}=X(t)\mathrm{e}^{\mathrm{j}2\pi f_0 t} \tag{3.16}$$

其中，$X(t)$为复等效基带信号，且

$$X(T)=\sum_{n=0}^{M-1}d(n)\exp\left(\mathrm{j}\frac{2\pi}{Mt_s}nt\right) \tag{3.17}$$

对 $X(t)$进行抽样，其抽样速率为 $1/t_s$，即 $t_k=kt_s$，则有：

$$X(t_k)=\sum_{n=0}^{M-1}d(n)\exp\left(\mathrm{j}\frac{2\pi}{M}nk\right),\quad 0\leqslant k\leqslant(M-1) \tag{3.18}$$

由式(3.18)可以看出，$X(t_k)$恰好是 $d(n)$的 IDFT，在实际中可用 IFFT 来实现。为避免多径带来的 ISI，在发送端每个 OFDM 符号前还要添加循环前缀（Cyclic Prefix，CP）。相应的接收端解调则可在去掉 CP 后用 FFT 来完成信号时域到频域的转换。

图 3.19 给出了 OFDM 的系统框图。

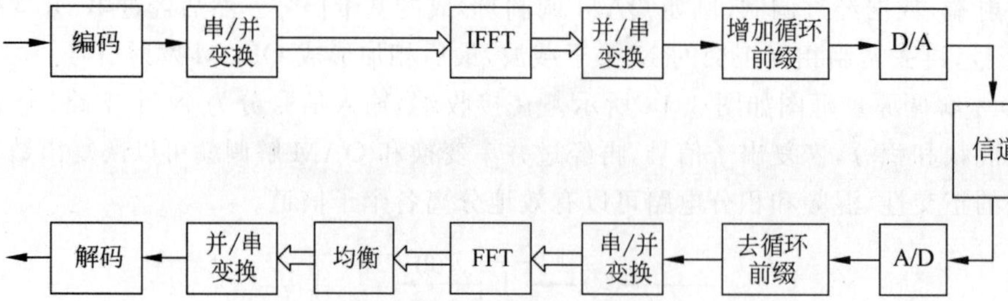

图 3.19　OFDM 系统框图

3.4.3　OFDM 信道估计

在无线通信系统中，对无线传输信道特性的认识和估计是实现各种无线通信系统传输的重要前提。为了获取实时准确的信道状态信息，准确高效的信道估计器被作为现代 OFDM 系统不可缺少的组成部分。

OFDM 信道估计方法可以分为两大类：基于导频的信道估计方法和信道盲估计方法。基于导频的信道估计方法原理是，在发送信号选定某些固定的位置插入已知的训练序列，接收端根据接收到的经过信道衰减的训练序列和发送端插入的训练序列之间的关系得到上述位置的信道响应估计，然后运用内插技术得到其他位置的信道响应估计。信道盲估计方法无需在发送信号中插入训练序列，而是利用 OFDM 信号本身的特性进行信道估计。信道盲估计方法能获得更高的传输效率，但性能往往不如基于训练序列的信道估计方法，因此 OFDM 系统更常使用的是基于导频的信道估计技术。

基于导频的信道估计方法就是在发送端发出的信号序列中某些固定位置插入一些已知的符号和序列，然后在接收端利用这些已知的导频符号和导频序列按照某种算法对信道进行估计。基于导频的信道估计 OFDM 系统框图如图 3.20 所示。

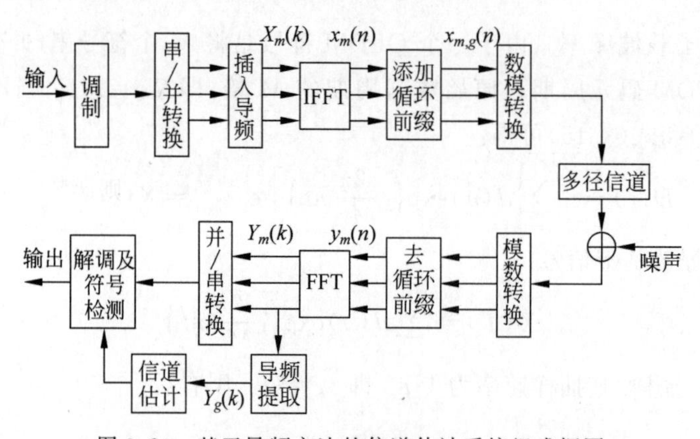

图 3.20　基于导频方法的信道估计系统组成框图

图 3.20 中，输入的二进制数据经多进制调制后进行串/并转换，在特定时间和频率的子载波上插入导频符号，进行 IFFT 运算，将频域信号转换为时域信号。假定子载波个数为 N，$X_m(k)$表示第 m 个 OFDM 符号第 k 子载波上发送数据，经过 IFFT，产生对应的第 m 个 OFDM 信号的输出序列为：

$$x_m(n)=\mathrm{IFFT}(X_m(k))=\frac{1}{N}\sum_{k=0}^{N-1}X_m(k)\exp\left(\mathrm{j}\,\frac{2\pi kn}{N}\right),\quad n=0,1,\cdots,N-1 \tag{3.19}$$

经 IFFT 变换后，在每个 OFDM 符号前添加长度为 N_g 的循环前缀，则时域发送信号可以表示为：

$$x_{m,g}(n)=\begin{cases}x_m(N+n), & n=-N_g,\cdots,0,-1\\ x_m(n), & n=0,1,\cdots,N-1\end{cases} \tag{3.20}$$

经串/并转换后，发送到多径信道。多径信道可建模成为 FIR 滤波器，即其信道的冲激响应可以表示为：

$$h(t,\tau)=\sum_{l=0}^{L-1}a_l(t)\delta(n-\tau_l),\quad n=0,1,\cdots,N-1 \tag{3.21}$$

其中，L 表示多径数量；$a_l(t)$表示第 l 径信号的幅度响应；τ_l 为第 l 条路径的时延。在 t 时刻，信道冲激响应的频率响应(Channel Frequency Response，CFR)可写成：

$$H(t,f)=\int_{-\infty}^{\infty}h(t,\tau)\mathrm{e}^{-\mathrm{j}2\pi ft}\,\mathrm{d}t \tag{3.22}$$

其中，f 表示子载波的频率。

信道频率响应的离散形式可写成：

$$H_m(k)=\sum_{l=0}^{L-1}h(m,l)\mathrm{e}^{-\mathrm{j}2\pi kl/N} \tag{3.23}$$

则接收端接收到的信号和信道的线性卷积输出时域信号可以表示为：

$$\begin{aligned}y_{m,g}(n)&=x_{m,g}(n)h_m(n,l)+v_m(n)\\&=\sum_{l=0}^{L-1}h_m(n,l)x_{m,g}(n-l)+v_m(n),\quad n=0,1,\cdots,N-1\end{aligned} \tag{3.24}$$

其中，m 表示第 m 个时域 OFDM 符号；n 表示在时域 OFDM 符号内的具体位置；$h_m(n,l)$ 表示第 m 个 OFDM 符号传输时信道的冲激响应；$v_m(n)$为加性高斯白噪声。则对应于去掉 CP 后接收到信号的频域形式可以表示为：

$$Y_m(k)=\mathrm{FFT}(y_m(n))=\frac{1}{N}\sum_{n=0}^{N-1}y_m(n)\exp(-\mathrm{j}2\pi kn/N),\quad k=0,1,\cdots,N-1 \tag{3.25}$$

若 CP 的长度 N_g 远大于无线多径信道最大多径时延长度，则不存在 ISI，令 $V_m(k)=\mathrm{FFT}[V_m(n)]$，有：

$$Y_m(k)=X_m(k)H_m(k)+V_m(k) \tag{3.26}$$

根据式(3.26)，可利用信道估计算法计算出导频处信道的频率响应，进而通过插值算法获得数据符号处的信道频率响应，最后通过解调及检测或均衡技术对数据进行校正。

发送端插入的导频方式应该根据具体信道特性和应用环境来选择。一般来说，OFDM 系统中的导频图案可以分为三类：块状导频、梳状导频和离散分布导频结构。

在 OFDM 系统中，块状导频分布的原理是将连续多个 OFDM 符号分成组，将每组中的第一个 OFDM 符号发送导频数据，其余的 OFDM 符号传输数据信息。在发送导频信号的 OFDM 符号中，导频信号在频域是连续的，因此能较好对抗信道频率选择性衰落。块状导频结构如图 3.21 所示，N_t 表示插入导频的时间间隔，实心点表示导频，空心点表示发送的数据。

梳状导频是指每隔一定的频率插入一个导频信号，要求导频间隔远小于信道的相干带宽。梳状导频信号在时域上连续，在频域上离散，所以这种导频结构对信道频率选择性敏感，但是有利于克服信道时变衰落中快衰落的影响。在图 3.22 中，N_f 表示插入导频的时间间隔。

离散分布的时频二维导频结构有很多种，其中正方形导频分布如图 3.23 所示，需要在频域和时域上都等间隔的插入导频信号。在实际的通信系统中安排导频分布时，为了保证每帧边缘的估计值也比较准确，使得整个信道估计的结果更加理想，系统要求尽量使一帧 OFDM 符号的第一或最后一个子载波上是导频符号。

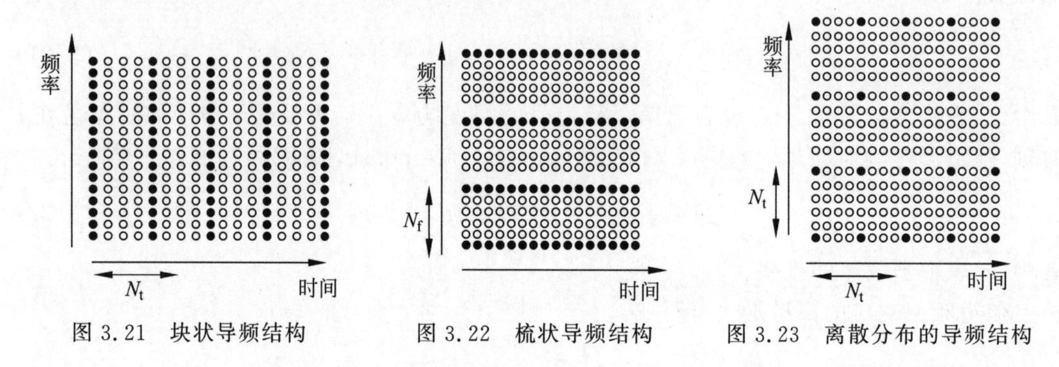

图 3.21　块状导频结构　　图 3.22　梳状导频结构　　图 3.23　离散分布的导频结构

利用上述导频结构，就可以进行信道估计了。常用的信道估计方法包括频域最小二乘(Least Squares，LS)算法和最小均方误差(Minimum Mean Square Error，MMSE)算法等。

3.4.4 OFDM 同步技术

在通信系统中，由于发送端和接收端彼此的晶体振荡器频率不同步以及信号受无线时变信道引起的多普勒效应影响导致了载波频率发生偏差，很小的偏差就会严重降低系统的性能，这就需要载波频率同步来弥补。除了频率偏移以外，发送端和接收端之间同样存在着采样时钟的偏移。

在单载波系统中，载波频偏只会对接收信号造成一定的衰减和相位旋转，这可以通过均衡等技术克服。OFDM 系统内存在多个正交子载波，其输出信号是多个子载波信号的叠加，由于子载波相互覆盖，这就对同步精度的要求更高，同步偏差会在 OFDM 系统中引起 ISI 及载波间干扰(ICI)。因此，在 OFDM 系统中主要有以下三个方面的同步要求。

(1) 定时同步包括帧同步和符号同步，保证正确检测到新数据的到达，并保证 IFFT 和 FFT 起止时刻一致。

(2) 载波频率同步消除接收机的本振频率与发射机本振频率和相位的偏差引起的系统性能的降低。

(3) 采样时钟同步消除接收机和发射机在进行数模/模数变换时采样频率不一致引起的偏差。

图 3.24 显示了 OFDM 系统中的同步技术及各种同步在系统中所处的位置。

1. 定时同步

定时同步主要包括帧同步和符号同步，其中帧同步用于确定数据分组的起始位置，而符号同步的目的在于正确地定出 OFDM 符号数据部分的开始位置，以进行正确的 FFT 操作。

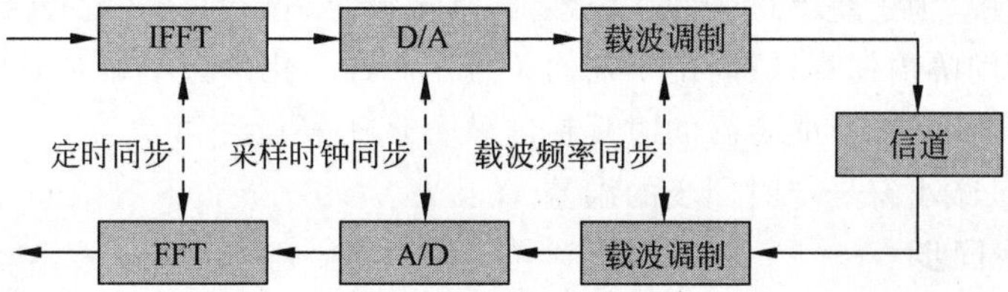

图 3.24 OFDM 同步位置

定时同步是通过在第一个训练符号中寻找前后相同两部分的最大相关值来实现的。

首先要进行的是帧同步，一个简单的解决方法是在传输帧的开始插入一组零数据，这个零数据组不传信号，接收机能根据此数据组检测帧的起始位置。定时同步的其他方法是采用训练数据组或者周期信号来代替零数据组或同零数据组一起使用。

在建立帧同步之后，就可以通过计算 OFDM 的保护间隔获得更加精确的同步，即符号同步。在这种情况下，保护间隔必须大于信道的最大延迟。符号同步利用 FFT 之后的导频信号数据来完成，从而提高和保持符号同步的精度。由于采样率误差和符号误差对信号的影响是相似的，因此可以采样时钟同步和符号同步联合在一起进行，其中一种方法就是将符号同步分为两步：第一步用路径时延估计方法来提高粗同步的准确性；第二步用数字锁相环(Digital Phase-Locked Loop，DLL)进行采样率的同步并保持符号同步。还有一种则是利用相邻导频信号之间的相位差的整数部分去进行细同步，利用其小数部分进行采样率同步。

OFDM 系统的符号定时和单载波系统有很大的区别，单载波系统传送的符号有一个最佳抽样点，也就是其眼图张开的最大点处；OFDM 符号由 N 个抽样点(N 为系统子载波个数)组成，也就没有所谓的最佳抽样点，符号定时就是要确定一个符号开始的时间。符号同步的结果用来判定各个 OFDM 符号中用来解调符号中的各子载波，当符号同步算法定时在 OFDM 符号的第一个样值时，OFDM 接收机的抗多径效应的性能达到最佳。理想的符号同步就是选择最佳的 FFT 窗，使子载波保持正交，且 ISI 被完全消除或者降至最小。由于在 OFDM 符号之间插入了 CP 保护间隔，因此 OFDM 符号定时同步的起始时刻可以在保护间隔内变化，而不会造成 ICI 和 ISI，如图 3.25 所示。

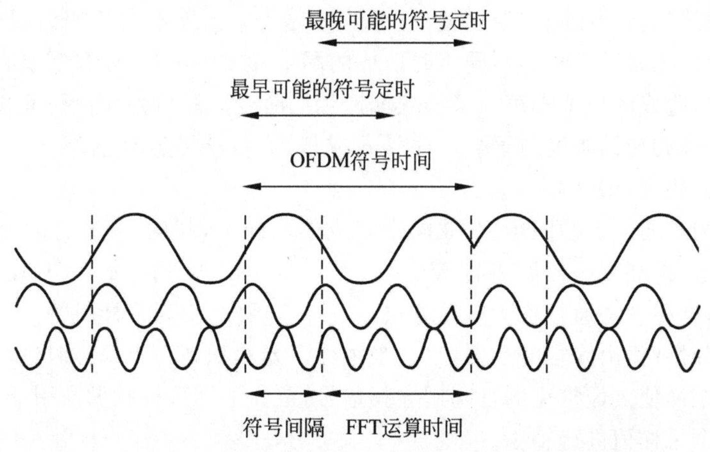

图 3.25 OFDM 符号定时同步起始时刻

在多径环境中，为了获得最佳的系统性能，需要确定最佳的符号定时。尽管符号定时的起点可以在保护间隔内任意选择，由于任何符号定时的变化都会增加OFDM系统对时延扩展的敏感程度，因此系统所能容忍的时延扩展就会低于其设计值。为了尽量减小这种负面的影响，需要尽量减小符号定时同步的误差。

2. 载波频率同步

OFDM技术是同时在多个重叠子信道上传输信号的，为了正确接收，必须严格保证子载波之间的正交性，但是由于多普勒频移和收发晶振的不完全相同，往往存在一定的载波频率偏差(Carrier Frequency Offset,CFO)，这将破坏子载波间的正交性，且这种频差对相位的影响还具有累加性。因此，为了保证OFDM性能，必须进行载波频率同步。

载波频率同步的实现包括两个过程：捕获模式和跟踪模式。在跟踪模式中，只需要处理很小的频率波动；但是当接收机处于捕获模式时，频率偏差可以较大，可能是子载波间隔的若干倍。接收机中第一阶段的任务就是要尽快地进行粗略频率估计，解决载波的捕获问题；第二阶段的任务就是能够锁定并且执行跟踪任务。把上述同步任务分为两个阶段的好处是：由于每一阶段内的算法只需要考虑其特定阶段内所要求执行的任务，因此可以在设计同步结构中引入较大的自由度。这也就意味着，在第一阶段(捕获阶段)内只需要考虑如何在较大的捕获范围内粗略估计载波频率，不需要考虑跟踪性能如何；而在第二阶段(跟踪阶段)内，只需要考虑如何获得较高的跟踪性能。

载波频偏整数部分对频域信号的影响和符号误差对时域信号的影响是类似的，估计方法也可以采用相关法，即利用CP、导频信号和训练序列在频域中的冗余信息，在频域中进行相关运算，因此这部分同步是在FFT变换之后进行。利用导频信号进行载波整数频偏估计依然采用的是最大似然(Maximum Likelihood,ML)估计方法，而利用训练序列的方法能够结合训练设计采用更加灵活的同步算法，因此更具稳健性。

3. 采样时钟同步

采样时钟同步主要是指发射端的D/A变换器和接收端的A/D变换器的工作频率保持一致。采样时钟频率偏差意味着FFT周期的偏差，因此经过采样的子载波之间不再保持正交性，从而产生信道间干扰(ICI)，造成系统性能恶化。一般地，连接各个变换器之间的偏差较小，相对于载波频移的影响来说也较小，而一帧的数据如果不太长的话，只要保证了帧同步的情况下，可以忽略采样时钟不同步时造成的漏采样或多采样，而只需要在一帧数据中补偿由于采样偏移造成的相位噪声。采样频偏产生的时变定时偏差还会引起接收端解调后的星座图旋转，相位旋转的幅度与子载波序号k成正比，与符号定时偏差类似，其影响可以采用信道估计的方法进行补偿。

采样时钟同步通常在帧同步、载波同步完成的基础上，利用FFT之后的数据获得采样率误差的估计值，再利用压控振荡器(Voltage Controlled Oscillator,VCO)的输出调整接收端的采样频率，这种方法通常称为直接方法。实际应用中，实现采样时钟同步还可以采用间接的内插法，即时钟仍由固定的晶振产生，当采样误差累积到一个采样时钟时从数据样值中去除或插入一个样值。最常见的是利用导频信号，首先估计采样频偏所引起的相位旋转，然后再据此对每个采样值进行补偿。

采样率误差对信号的影响包括定时相位偏差和频率偏差两部分，相位偏差的影响和符号偏差的影响相似，因此可以将其归并到符号同步中；而频率偏差对信号的影响对不同子载波引入的载波频偏与子载波序号有关。因此,需要估计接收信号各子载波的频偏,并加以补偿,这样就会减小采样率失步造成的影响。

OFDM 系统的符号定时同步和载波同步还有采用插入导频符号的方法都会导致带宽和功率资源的浪费,降低系统的有效性。为了克服导频符号浪费资源的缺点,实际中通常利用保护间隔所携带的信息完成符号定时同步和载波频率同步的 ML 估计算法。

读者可以扫二维码查看 OFDM 实现与性能来进一步掌握 OFDM 的实现方法及性能分析代码。

3.5　本章小结

本章介绍了移动通信系统的调制技术,包括调制解调,扩频调制,多载波调制等技术。首先介绍了移动通信系统中常见的调制方式,然后介绍了扩频和加扰技术。在分析单载波调制与多载波调制系统组成的基础上,引出 OFDM 正交频分多载波调制技术,从数学模型出发,从理论上说明了 OFDM 的 IFFT 实现方法,此外还分析了 OFDM 系统的抗多径原理。此后,重点介绍了 OFDM 系统中的两大关键技术——信道估计技术以及同步技术,这两个关键技术对 OFDM 系统的性能至关重要。

第4章 信道编码技术

CHAPTER 4

主要内容

在移动通信中,需要采用抗衰落技术来改善接收信号的质量。常用的抗衰落技术包括分集接收技术、信道编码技术、均衡技术以及第3章介绍的扩频技术等,本章我们重点阐述信道编码、链路自适应和HARQ等移动通信中的抗衰落技术。

学习目标

通过本章的学习,可以掌握如下几个知识点:

- 分组码的分类和特点;
- 卷积码的原理;
- Turbo码的原理;
- LDPC码和Polar码基本概念;
- 自适应编码调制;
- HARQ技术。

知识图谱

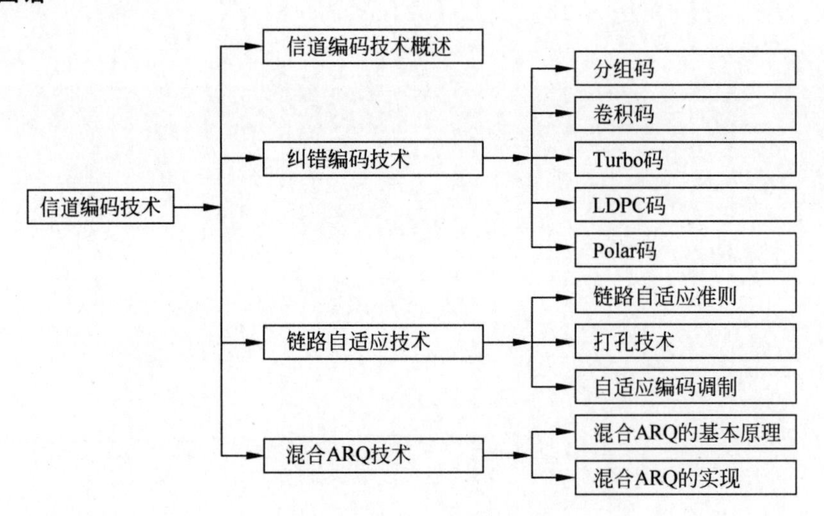

4.1 概述

随着移动通信中传输的数据速率越来越高,人们对信号正确有效地接收的要求也越来越重要。在移动通信中,移动信道的多径传播、时延扩展以及伴随接收机移动过程产生的多普勒频移会使接收信号产生严重衰落；阴影效应会使接收的信号过弱而造成通信中断；信道存在的噪声和干扰也会使接收信号失真而造成误码；为了改善和提高接收信号的质量，在移动通信中就必须使用信道编码技术。

信道编码的本质是增加通信的可靠性，通过在源数据码流中加插一些码元，从而达到在接收端进行判错和纠错的目的，使系统具有一定的纠错能力和抗干扰能力，可极大地避免码流传送中误码的发生。误码的处理技术有纠错、交织等。

信道编码增加了数据量，因此其纠错和抗干扰能力是以降低传送有用信息码率为代价的。有用比特数除以总比特数就等于编码效率，不同的编码方式其编码效率有所不同，应用场景有所不同。常用信道编码技术包括分组码、卷积码、Turbo 码等，在 5G 移动通信系统中，还引入了 LDPC 码和 Polar 码，本章围绕上述几种编码技术展开描述，并介绍移动通信中采用的自适应编码技术和混合自动重传请求（Hybrid Automatic Repeat request，HARQ）技术。

4.2　常用编码技术

4.2.1　分组码

分组码是一类重要的纠错码，它把信源待发的信息序列按固定的 k 位一组划分成消息组，再将每一消息组独立变换成长为 $n(n>k)$ 的二进制数字组，称为码字。如果消息组的数目为 $M(M\leqslant 2k)$，由此所获得的 M 个码字的全体便称为码长为 n、信息数目为 M 的分组码，记为$[n,M]$。把消息组变换成码字的过程称为编码，其逆过程称为译码。分组码就其构成方式可分为线性分组码与非线性分组码。

1. 线性分组码

线性分组码是指$[n,M]$分组码中的 M 个码字之间具有一定的线性约束关系，即这些码字总体构成了 n 维线性空间的一个 k 维子空间。称此 k 维子空间为(n,k)线性分组码，n 为码长，k 为信息位。此处 $M=2k$。一个(n,k)分组码 C，如果满足下列条件，则称 C 为线性分组码。

(1) 全零码组$(0,0,\cdots,0)$在 C 中。

(2) C 中任意的两个码字之和，也在 C 中。

2. 非线性分组码

非线性分组码$[n,M]$是指 M 个码字之间不存在线性约束关系的分组码。d 为 M 个码字之间的最小距离。非线性分组码常记为$[n,M,d]$。

非线性分组码的优点是：对于给定的最小距离 d，可以获得最大可能的码字数目。非线性分组码的编码和译码因码类不同而异。非线性分组码预期的性能会优于线性分组码。

3. 分组码的特点

分组码具有以下特点。

(1) 分组码是一种前向纠错（Forward Error Coding，FEC）编码。

(2) 分组码是长度固定的码组，k 个信息位被编为 n 位码字长度，而 $n-k$ 个监督位的作用就是实现检错与纠错，可表示为(n,k)。

(3) 在分组码中，监督位仅与本码组的信息位有关，而与其他码组的信息码字无关。

(4) 分组码包括汉明码、格雷码、Hadamard 码、循环码、Reed-Solomon 码等。

4.2.2 卷积码

卷积编码的编码方法可以用卷积运算形式来表达，是有记忆编码，即对于任意给定的时段，其编码器的 n 个输出不仅与该时段 k 个输入有关，而且还与该编码器中存储的前 m 个输入有关。图 4.1 为卷积编码器的原理图，它是由 k 个输入端、n 个输出端以及 m 节移位寄存器构成的有记忆系统，通常称为时序网络。

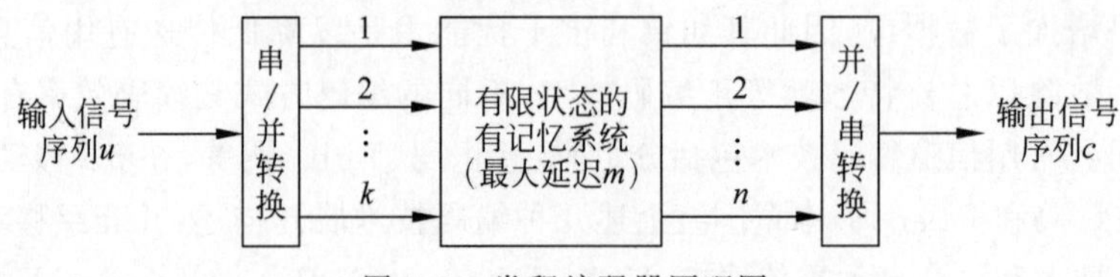

图 4.1 卷积编码器原理图

卷积编码器一般应用于速率较低的业务。图 4.2 为两种常用的卷积编码器的结构示意图。当移位寄存器的初始设为全 0，码块数据流串行依次进入编码器，每输入 1 比特，在输出端同时得到 2 比特(编码速率为 1/2)或 3 比特(编码速率为 1/3)。在需要编码的码块数据流结束时，继续输入 8 个值为“0”的尾比特。这时在输出端得到的全部信息就是码块编码后的数据。

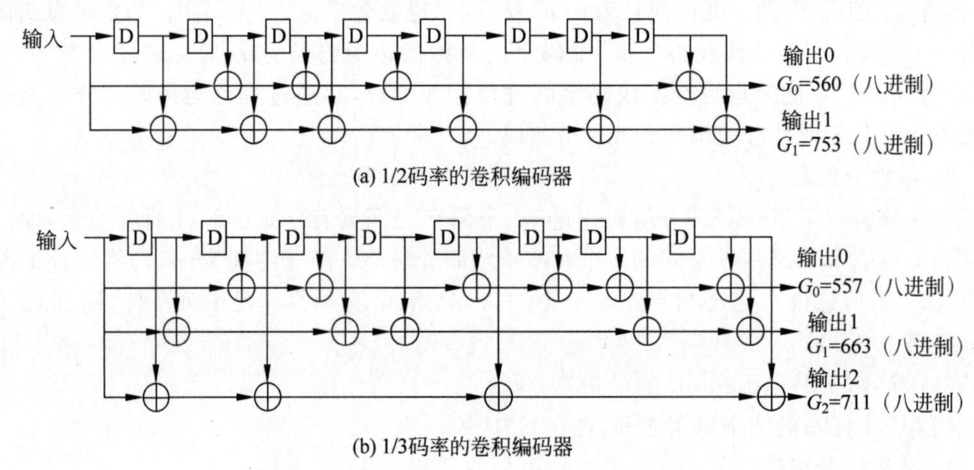

图 4.2 编码速率为 1/2 和 1/3 的卷积编码器

若以(n,k,m)来描述卷积码，其中 k 为每次输入到卷积编码器的比特数，n 为每个 k 元组码字对应的卷积码输出 n 元组码字，m 为编码存储度，也就是卷积编码器的 k 元组的级数，称 $m+1=k$ 为编码约束度，m 称为约束长度。卷积码将 k 元组输入码元编成 n 元组输出码元，但 k 和 n 通常很小，特别适合以串行形式进行传输，时延小。

与分组码不同，卷积码编码生成的 n 元组不仅与当前输入的 k 元组有关，还与前面 $m-1$ 个输入的 k 元组有关，编码过程中互相关联的码元个数为 $n\times m$。卷积码的纠错性能随 m 的增加而增大，而差错率随 n 的增加而指数下降。在编码器复杂性相同的情况下，卷积码的性能优于分组码。

卷积码的纠错能力强，不仅可纠正随机差错，而且可纠正突发差错。卷积码根据需要，有不同的结构及相应的纠错能力，但都有类似的编码规律。

描述卷积码的方法有图解法和解析法。解析法可以采用生成矩阵和生成多项式这两种方法，图解法可以采用树状图、网格图、状态图和逻辑表等方法。

4.2.3　Turbo 码

1. Turbo 简介

从编码理论的角度来看，要想尽量提高编码的性能，就必须加大编码中具有约束关系的序列长度，但是直接提高分组码长度或卷积码约束长度都使系统的复杂性急剧上升。在这种情况下，人们提出了级联码的概念，即以多个短码来构造一个长码的方法，这样既可以减少译码的复杂性，又能够得到等效长码的性能。在级联码大量研究结果中，Claude Berrou 教授在 1993 年首次提出的 Turbo 编码。Turbo 码又称并行级联卷积码(Parallel Concatenated Convolutional Code，PCCC)，具有涡轮驱动，即反复迭代的含义。Turbo 码将卷积码和随机交织器合并在一起，实现了随机编码的思想，并采用软输出迭代译码来逼近最大似然译码。

与其他信道编码方式相比较，Turbo 码随着迭代次数的增加，误比特率开始会迅速减小，但下降趋势逐步变缓，10 次迭代后基本上不再有明显的下降；随着信噪比的增加，误比特率逐渐减小，当信噪比增加到一定程度时，误比特率下降变缓。Turbo 码也存在计算量大、译码算法相对复杂、具有较大的译码时延和地板效应等问题。但是 Turbo 码的出现还得到了业界的广泛关注，已应用于多种无线移动通信系统中。

2. Turbo 编码

Turbo 编译码是利用两个子译码器之间信息的反复迭代递归调用，来加强后验概率对数似然比(Log Likelihood Ratio，LLR)，提高判决可靠性。Turbo 编码算法有时也称为最大后验概率(Maximum A Posteriori，MAP)算法，其特点是两个递归系统卷积码(Recurisive Systematic Convolutional，RSC)编码器的输出由于交织器的存在而不具有相关性，从而可以互相利用对方提供的先验信息，通过反复迭代而取得优越的译码性能。采用 Turbo 编码器时，每次先要输入一个数据块，然后逐位译出数据。

Turbo 编码器的原理框图如图 4.3 所示，由三部分组成，包括：直接输入部分；经过编码器Ⅰ，再经过开关单元后送入复接器；先经过交织器、编码器Ⅱ，再经过开关单元送入复接器。其中，编码器Ⅰ、编码器Ⅱ分别称为 Turbo 码二维分量码，也可以很自然地推广到多维分量码。两个分量码既可以相同，也可以不同。分量码可以是卷积码，也可以是分组码，还可以是级联码。原则上讲，分量码既可以是系统码，也可以是非系统码。但正像前面指出的，为了有效地迭代，必须采用系统码。最常用的编码器为递归系统卷积码(Rescursire System Code，RSC)。

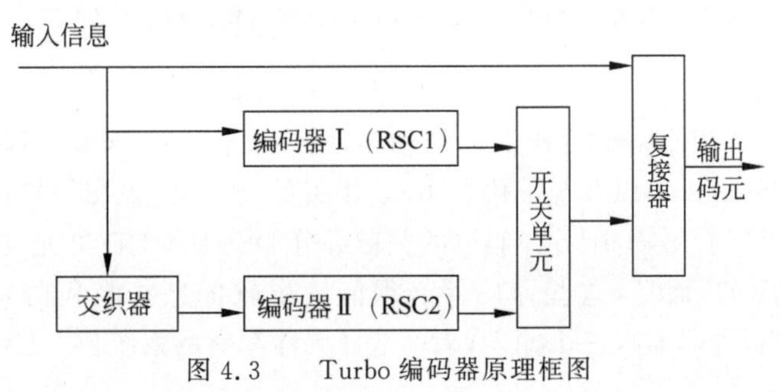

图 4.3　Turbo 编码器原理框图

在图 4.3 中，交织器是 Turbo 编码器中非常独特的一个部件。输入的信息序列先被送入第一个 RSC1 进行编码，然后同样的信息序列经过交织器打乱次序后送入第二个 RSC2 进行编码。交织器的功能是改善码距分布。如果希望在低信噪比时仍然能够得到低误码率，则好的编码器应具有良好的尾部码距分布。如果省略图中的交织器，两个 RSC 的结果是一种重复码。采用交织器后，第二个 RSC2 输出的校验位不是第一个 RSC1 校验位的简单重复，它和第一个 RSC1 的校验位、系统位一起构成一种新的编码（两个 RSC 的两个系统位序列是变换次序的重复关系，只需留一个）。相对于无交织的情况，这个新编码的最小码距也许不会有多少改善，但码距分布被大大改善了。从图 4.3 所示的 Turbo 编码器原理框图中可以看出交织器的重要地位，这就是 Turbo 编码性能优异的关键所在。

在图 4.3 中，开关单元（有时称为删除器）和复用器同样是不可缺少的。因为所有差错控制编码都是有冗余的，传输时扣除部分比特并不妨碍信息的复原，只是有可能损失一些编码增益。实际系统中通常需要结合编码增益、速率匹配等因素，对编码器输出的部分比特进行删除。当编码器有多路并行输出时（如卷积码、Turbo 码等），为了与后接的系统（通常是串行通信）匹配，需要采用复接器以时分复用的方式合成一路比特流。

Turbo 编码器有并行和串行两种形式，通常应用比较多的是并行级联 Turbo 编码器（PCCC）。所谓并行级联的 Turbo 编码器是由两个或更多的 RSC 并行组成，在两个 RSC 之间加入交织器。对于一比特信息，PCCC 编码器的输出由信息比特和两个校验比特组成，这样的编码器的编码速率为 1/3。再经过打孔、复接，可以得到其他的编码速率。图 4.4 为一个在第三代移动通信系统中将可能使用的编码速率为 1/3 的 8 状态的 PCCC 编码器结构图。

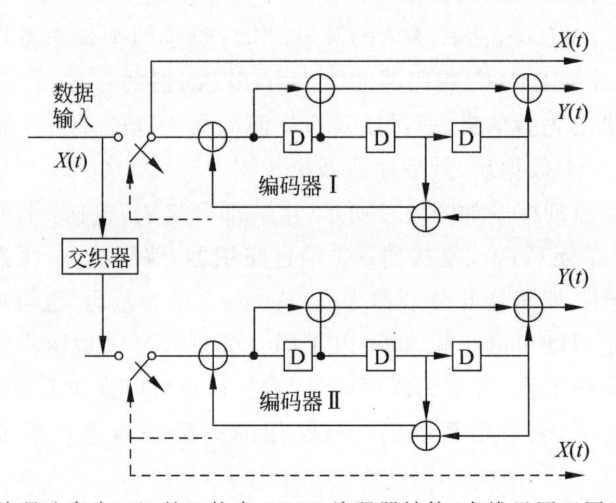

图 4.4 编码速率为 1/3 的 8 状态 PCCC 编码器结构（虚线只用于尾比特输出）

3. Turbo 译码

图 4.5 表示一个 Turbo 码译码器的结构图，它主要由一个软输入译码器（DEC1）和一个软输出的译码器（DEC2）以及与编码器 RSC 相关的交织器、去交织器组成。将图 4.5 与图 4.3 进行比较可以看出，Turbo 译码器的关键部分 DEC1 和 DEC2 是与编码器中的 RSC1 和 RSC2 直接对应的，而且，这些译码器必须能输出软信息并能利用先验信息输入。从图 4.5 中可以看出，译码器有三个输入，除一般译码器都有的系统位、校验位输入外，还有一

个先验信息输入。

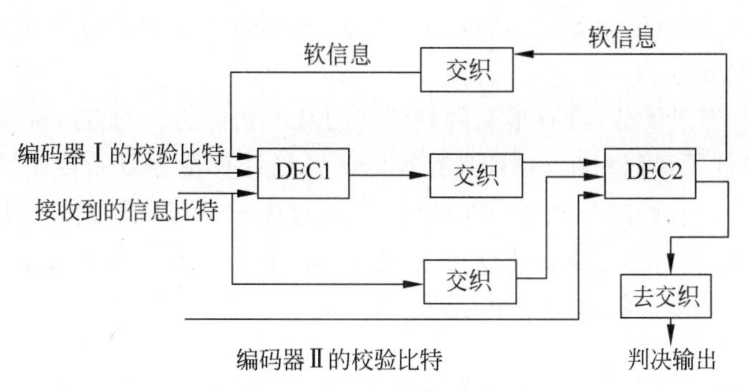

图 4.5 Turbo 码译码器结构图

译码器首先将对应于编码器 RSC1 的系统位和校验位的软判决信息送入第一个译码单元 DEC1 进行译码。DEC1 输出的软信息可以分解为内信息和外信息两部分。外信息对 DEC2 来说是先验信息，但在次序上需要经过去交织处理才能够和 DEC2 的系统位对应上。然后，第二个成员译码器 DEC2 开始译码。因为 RSC2 的系统位与 RSC1 重复，所以被发送端删除。译码时可以将 RSC1 的系统位交织后送入 DEC2，作为它的系统位输入。DEC1 输出的外信息作为 DEC2 的先验信息输入。

第二个译码单元 DEC2 译码结束后也输出软信息，从中分离出外信息后，并将此外信息反馈到第一个译码单元 DEC1 进行下一轮译码。各轮译码之间的信息连接就是通过外信息实现的。译码过程可以多次反复进行，在迭代了一定次数后，最后通过对软信息作零判决，便得到最终的译码输出。

Turbo 码编码器具有很高的编码增益，是一种具有反馈结构的伪随机译码器。由于两个分量译码器互不影响地交替译码，并可通过系统码信息位的软判决输出相互传递信息，进行递推式迭代译码，因此，经过多次迭代，使每个码元都可以得到来自序列中几乎所有码元的信息。

读者可以扫描二维码查看 Turbo 编解码的代码。

4.2.4 LDPC 码

1. LDPC 概述

低密度奇偶校验码（Low Density Parity Check Codes，LDPC）是一种线性分组码。1962 年，Gallager 首次提出了基于稀疏校验矩阵的 LDPC 码。1981 年，Tanner 将 LDPC 码的校验矩阵用双向二分图表示，更直观地分析 LDPC 码的校验矩阵和编码译码等特性，为置信传播译码算法提供了工具并打下了坚实的基础。1993 年及以后，Mackay、Neal 等提出并构造出非规则 LDPC 码，并验证了非规则 LDPC 码比规则 LDPC 码和 Turbo 码性能更为优异，甚至其性能可以趋近香农极限，使 LDPC 码重新回到了人们视野并引起了充分重视。近年来，学者们在 LDPC 码校验矩阵的结构设计、编码方法、译码方法等方面进行了研究，将 LDPC 码应用到很多通信标准中，例如深空通信、第二代卫星数字视频广播（Digital Video Broadcasting-Satellite，Second Generation，DVB-S2）标准，IEEE 802.16e（WiMAX）标准，IEEE 802.11n 等。

LDPC 校验矩阵很稀疏，具有很强的纠错能力和检错能力。与 Turbo 码相比，LDPC 码可以并行译码，降低了译码时延，并且具有较低的译码计算量和复杂度，具有很大的灵活性和较低的地板效应。长码时使用 LDPC 码性能更为优异，可以满足大数据量传输的要求。3GPP 的 RAN1 ＃87 会议上确定 LDPC 码成为 5G 新空口（New Radio，NR）三大场景之一——移动宽带增强场景的数据信道编码方案。

2. LDPC 原理

LDPC 码可以用$(n,\ k)$表示，k 表示信息序列包含的信息码元个数，n 表示经过信道编码后 k 个信息码元加上按照一定规则产生 r 个校验码元（冗余码元，$r=n-k$）后的输出码字长度，其中信息码元与校验码元之间的关系是线性的，可以用一个方程组来表述。LDPC 码的特殊之处在于其校验矩阵是稀疏的，这种特性使得存储 LDPC 码校验矩阵时只需存储其校验矩阵 1 的位置和相关参数，降低了开销，便于实际使用。基于这种特殊性，LDPC 码可以用 $m\times n$ 维的稀疏校验矩阵 $\boldsymbol{H}$ 来表征，$\boldsymbol{H}$ 的列表示编码之后的码字，n 即是码字长度；$\boldsymbol{H}$ 的行表示校验方程，也就是校验码元，用来限制码字，m 即是校验序列的长度。式(4.1)是维数为 5×10 的校验矩阵 $\boldsymbol{H}$ 和其对应的校验方程，$\boldsymbol{c}=\{c_1,c_2,\cdots,c_{10}\}\in\boldsymbol{C}$ 表示编码后的码字，$\boldsymbol{Hc}^{\mathrm{T}}=0$。

$$\boldsymbol{H}=\begin{bmatrix}1&0&1&0&0&0&1&0&1&0\\0&1&0&1&0&1&0&0&1&0\\1&0&0&1&1&0&0&1&0&0\\0&1&0&0&1&0&1&0&0&1\\0&0&1&0&0&1&0&1&0&1\end{bmatrix}\rightarrow\begin{cases}c_1+c_3+c_7+c_9=0\\c_2+c_4+c_6+c_9=0\\c_1+c_4+c_5+c_8=0\\c_2+c_5+c_7+c_{10}=0\\c_3+c_6+c_8+c_{10}=0\end{cases}\tag{4.1}$$

LDPC 码可以用双向二分图来表示，双向二分图又称为 Tanner 图。Tanner 图是校验矩阵的图形表示，由于 LDPC 码可以用校验矩阵表示，所以 Tanner 图也可以表征 LDPC 码。

图 4.6 是式(4.1)校验矩阵 $\boldsymbol{H}$ 的 Tanner 图，表示了变量节点和校验节点之间的关系。$\boldsymbol{p}=\{p_1,p_2,\cdots,p_5\}$为校验节点，对应 $\boldsymbol{H}$ 的行；$\boldsymbol{c}=\{c_1,c_2,\cdots,c_{10}\}$为变量节点，对应 $\boldsymbol{H}$ 的列；c_i 和 p_i 之间相连的边表示 $\boldsymbol{H}$ 中值为 1 的元素，即第 j 行第 i 列元素 $h_{ij}=1$。

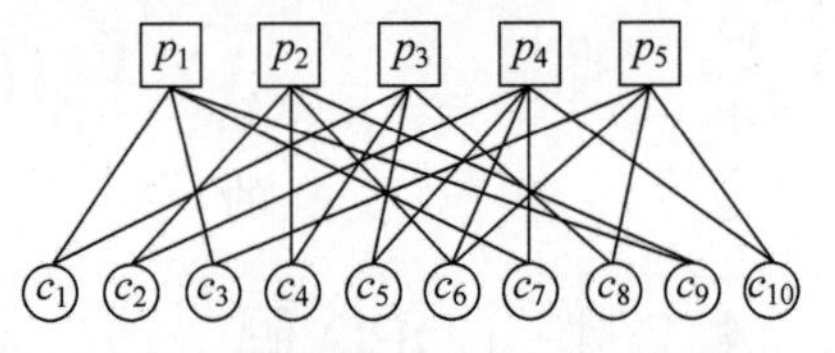

图 4.6 校验矩阵的 Tanner 图表示

在图 4.6 中，从 c_i 和 p_i 出发的边数定义为该变量节点 c_i 或校验节点 p_i 的度，从集合 $\boldsymbol{c}$ 中所有元素出发的总边数等于从集合 $\boldsymbol{p}$ 中所有元素出发的总边数，都等于校验矩阵 $\boldsymbol{H}$ 中元素为 1 的个数。从任一 c_i 和 p_i 开始，如果沿着边并且每条边只可以经过一次，可以返回 c_i 或 p_i，那么就会形成一个闭合路径，这叫作一个循环，循环中所经过的边数目叫作循环长度，其中最短的循环长度叫作围长。在译码过程中，由于循环的存在，在经过一定迭代次数译码后，消息又回到原节点，造成相关信息的叠加，降低传递消息的可靠性，从而影响译码的收敛速度和准确性。围长和循环数目对性能有很大影响，特别是围长很小的短环，原因是这样的循环会导致在很少的迭代次数内消息又传递到原节点，可能会产生错误传播，导致译码速度很慢甚至不收敛，因此在构造校验矩阵时要注意去除短环且要保证围长尽量地大。

在校验矩阵中，变量节点的度数等于其对应列非零元素的数目，也叫作列重；校验节点的度数等于其对应行非零元素的数目，也叫作行重。如果变量节点的度数都相等，并且校验节点的度数都相等，那么这样的码字叫作规则码，可以用(n, w_r, w_c)表示，其中，n代表码长，w_r代表行重，w_c代表列重，式(4.1)就是一个规则码，可以用(10,4,2)表示。否则就是非规则码，即各个变量节点的度数或各个校验节点的度数不是相等的，假设变量节点最大度数为d_v，变量节点可以由度分布$\{r_1, r_2, \cdots, r_{d_v}\}$表示，$r_i$表示从度数是$i$的变量节点出发的边数除以总边数得到的结果，且$\sum_{i=1}^{d_v} r_i = 1$；校验节点度数最大为$d_c$，校验节点可以由度分布$\{\rho_1, \rho_2, \cdots, \rho_{d_c}\}$表示，$\rho_j$表示从度数为$j$的校验节点出发的边数除以总边数得到的结果，且$\sum_{j=1}^{d_c} \rho_j = 1$。变量节点和校验节点的度分布可分别表示为：

$$r(x) = \sum_{i=1}^{d_v} r_i x^{i-1} \tag{4.2}$$

$$\rho(x) = \sum_{j=1}^{d_c} \rho_j x^{j-1} \tag{4.3}$$

在进行译码时，对于规则码来说，两种节点每次迭代中接收的消息个数分别相同，所以各个变量节点译码的收敛趋势比较统一。而对于非规则码来说，变量节点的度数或校验节点的度数并不相同，在进行译码时，变量节点度数越大，从校验节点处得到的消息就越多，就越有利于自身节点完成快速地、正确地译码，这些变量节点首先进入了收敛阶段，从而就又可以利用这些已收敛的变量节点通过校验节点帮助度数较低的变量节点进行译码，这样就形成了一种波浪效应，加快了整体的译码收敛速度。在这个意义上说，非规则码比规则码的译码性能更佳，灵活性更强，因此在很多标准例如 IEEE 802.16e 和 IEEE 802.11n 中使用的 LDPC 码都是非规则 LDPC 码。

3. LDPC 码校验矩阵构造方法

由 LDPC 原理介绍可知，LDPC 码可以由校验矩阵唯一表征，编码算法和译码算法的本质也是根据校验矩阵进行的，校验矩阵在很大程度上可以影响码字性能和编码译码复杂度。LDPC 码校验矩阵的构造方法的核心是得到可以运用低复杂度编译码算法，而且满足码长、节点度数分布、围长、环等参数的校验矩阵，以得到性能优异的码字。LDPC 码校验矩阵的构造方法可以分为两大类：一是随机化构造方法；二是结构化构造方法。

随机化构造校验矩阵规定节点度数分布等参数，然后通过计算机搜索出满足设置条件的校验矩阵，这样得到的校验矩阵具有随机性，在长码时具有良好的误码率性能，但是由于随机化构造的校验矩阵不具有固定的结构，不能使用针对具有特定结构校验矩阵的简化编码算法，使得编码时复杂度很高，不利于硬件实现。此外，随着码长的增大，为避免短环的出现，构造过程也变得复杂。常见的随机化构造校验矩阵方法有 Gallager 构造方法、Mackay 构造方法、Davey 构造方法、Luby 构造方法、渐进增边(Progressive Edge Growth，PEG)构造方法。

与随机化构造方法相比，结构化构造方法用经典的代数和几何理论构造校验矩阵，得到的校验矩阵具有确定的结构，还通常具有循环或准循环特性。结构化构造方法得到的校验矩阵结构是确定的，从构造原理上可以消除短环，可以根据具体的结构使用相应的编码方法，能够降低编码复杂度，实现线性编码。具有高度结构化特征的结构化构造的校验矩阵易于存储，硬件实现也相对容易。

由于校验矩阵可以唯一地表示 LDPC 码，且是稀疏矩阵，编码后的码字与校验矩阵也有相应的约束关系，因此可以利用稀疏的校验矩阵直接进行编码。常见的利用校验矩阵进行 LDPC 编码算法有基于三角分解的编码算法、基于近似下三角矩阵的编码算法等。

读者可以扫描二维码查看 LDPC 编解码代码。

4.2.5 极化码

极化码(Polar Code,PC)也是一种线性分组码，由土耳其毕尔肯(Bilkent)大学的 Erdal Arikan 教授提出，他从理论上第一次严格证明了在二进制输入对称离散无记忆信道下，Polar 码可以“达到”香农容量，并且有较低的编码和译码复杂度。

近年来，随着 Polar 码实际构造方法和列表连续消去译码算法(List Successive Cancellation Decoding,LSCD)等技术的提出，Polar 码的整体性能在某些应用场景中取得了和当前最先进的信道编码技术 Turbo 码和 LDPC 码相同或更优的性能。由于 Polar 码编译码复杂度比较低，性能相对比较高，2016 年 11 月，3GPP RAN1 ＃87 会议确定 Polar 码作为 5G 系统中 eMBB 场景的控制信道编码方案，直接奠定了 Polar 码在 5G 中的重要地位。

1. 信道极化理论

对于任意一个二进制离散无记忆信道(Binary-Discrete Memoryless Channel,B-DMC) W，如果重复使用 N 次，得到的 N 个信道 W，它们不仅具有相同的信道特性，且之间是相互独立的，在经过合并运算得到信道 W_N 后，再将其转换为一组 N 个相互关联的 $W_N^{(i)}$，$1<i<N$，其中定义极化信道 $W_N^{(i)}:\chi\rightarrow y\times\chi^{i-1}$，运算×表示笛卡儿积。当 N 足够大时，就会出现一部分极化信道 $W_N^{(i)}$ 的信道容量趋于 0，一部分 $W_N^{(i)}$ 的信道容量趋于 1，其中容量为“1”的信道被称为“好信道”(无噪信道)，容量为“0”的信道被称为“坏信道”(全噪信道)。Polar 码编码构造的关键在于这些“好信道”的选择，然后在“好信道”上传送信息位，而剩余的“坏信道”则被用来传送对应的冻结位(冻结位在发送端和接收端都是已知的，一般为 0)，这种两极分化的现象就是信道极化现象。极化现象随码块长度的增加而表现的越来越明显，容量趋于“1”的信道越来越多，容量趋于“0”的信道也越来越多。

上述信道极化现象主要是信道合并与信道拆分这两个关键步骤操作之后的结果，如图 4.7 所示。

1) 信道合并

信道合并的原理就是通过一定的递归规律，将 N 个相互独立的 B-DMC 信道 W 合并起来，然后生成 $W_N:\chi^N\rightarrow y^N$，其中 $N=2^n$，$n\geqslant 0$，而在合并的过程中，信道的容量保持不变。

合成以后的信道是 $W_N:\chi^N \rightarrow y^N$，它的信道转移概率是 $W_N(\boldsymbol{y}_1^N | \boldsymbol{x}_1^N) = W_N(\boldsymbol{y}_1^N | \boldsymbol{u}_1^N \boldsymbol{G}_N)$。其中，$\boldsymbol{G}_N$ 表示 Polar 码的生成矩阵，$\boldsymbol{u}_1^N$ 表示输入向量，向量 $\boldsymbol{x}_1^N = \boldsymbol{u}_1^N \boldsymbol{G}_N$。

从第 0 级（$n=0$）开始递归过程，在这一级中只包含一个 W，定义 $W_1 \triangleq \Delta W$。第 1 级（$n=1$）的递归是结合两个相互独立的信道 W_1，得到结合后的信道 $W_2:\chi^2 \rightarrow y^2$，如图 4.8 所示。

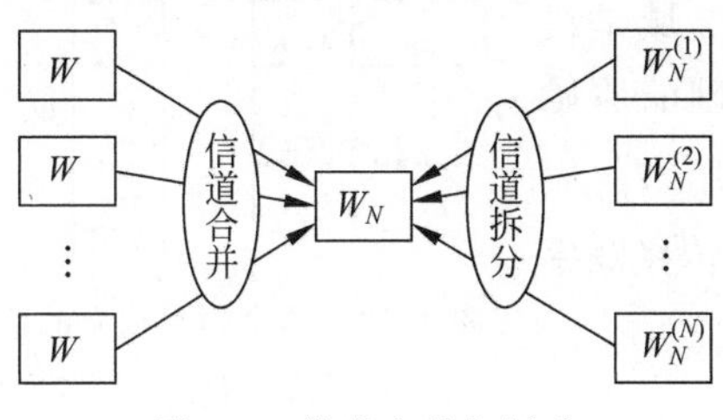

图 4.7　信道合并与拆分

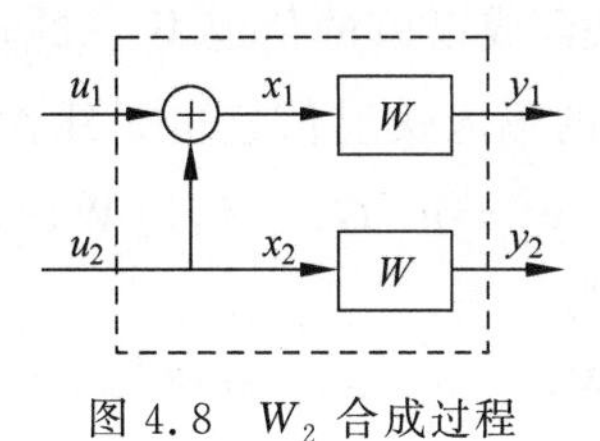

图 4.8　W_2 合成过程

在图 4.8 中，根据相应的映射关系可以推出：

$$\boldsymbol{x}_1^2 = \boldsymbol{u}_1^2 \boldsymbol{G}_2, \quad [x_1, x_2] = [u_1, u_2] \begin{bmatrix} 1 & 0 \\ 1 & 1 \end{bmatrix} \tag{4.4}$$

信道的转移概率为：

$$W_2(y_1, y_2 \mid x_1, x_2) = W(y_1 \mid u_1 \oplus u_2) W(y_2 \mid u_2) \tag{4.5}$$

递归的下一级如图 4.9 所示，信道由两个相互独立的信道 W_2 结合而成，$W_4:\chi^4 \rightarrow y^4$ 的转移概率为：

$$W_4(\boldsymbol{y}_1^4 \mid \boldsymbol{u}_1^4) = W_2(\boldsymbol{y}_1^2 \mid u_1 \oplus u_2, u_3 \oplus u_4) W_2(\boldsymbol{y}_3^4 \mid u_2, u_4) \tag{4.6}$$

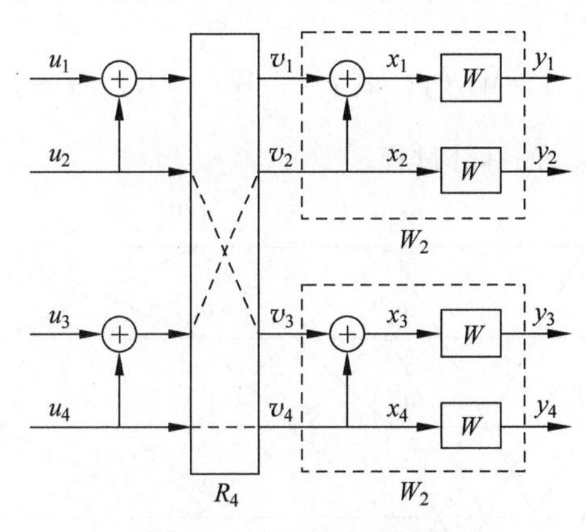

图 4.9　W_4 的合成过程

在图 4.9 中，R_4 表示的是置换操作，其作用是对位索引值进行重新排列，使得 $\boldsymbol{u}_1^4 \rightarrow \boldsymbol{x}_1^4$ 的映射可以写成 $\boldsymbol{x}_1^4 = \boldsymbol{u}_1^4 \boldsymbol{G}_4$，其中 $\boldsymbol{G}_4 = \begin{bmatrix} 1 & 0 & 0 & 0 \\ 1 & 0 & 1 & 0 \\ 1 & 1 & 0 & 0 \\ 1 & 1 & 1 & 1 \end{bmatrix}$。因此在 W_4 和这些 W^4 之间的转移概率的关系是 $W_4(\boldsymbol{y}_1^4 | \boldsymbol{u}_1^4) = W^4(\boldsymbol{y}_1^4 | \boldsymbol{u}_1^4 \boldsymbol{G}_4)$。

因此，递归的一般规律如图 4.10 所示，其中信道 W_N 由两个相互独立的信道 $W_{N/2}$ 结合而成。信道 W_N 的输入向量由 $\boldsymbol{u}_1^N$ 首先变为 $\boldsymbol{S}_1^N$，变换公式为 $S_{2i-1}=u_{2i-1}\oplus u_{2i}$ 和 $S_{2i-1}=u_{2i}$。图 4.10 中，$\boldsymbol{R}_N$ 是置换操作，作用是使输入 $\boldsymbol{S}_1^N$ 变为 $\boldsymbol{v}_1^N=(s_1,s_3,\cdots,s_{N-1},s_2,s_4,\cdots,s_N)$，之后 $\boldsymbol{v}_1^N$ 作为两个独立信道 $W_{N/2}$ 的输入。

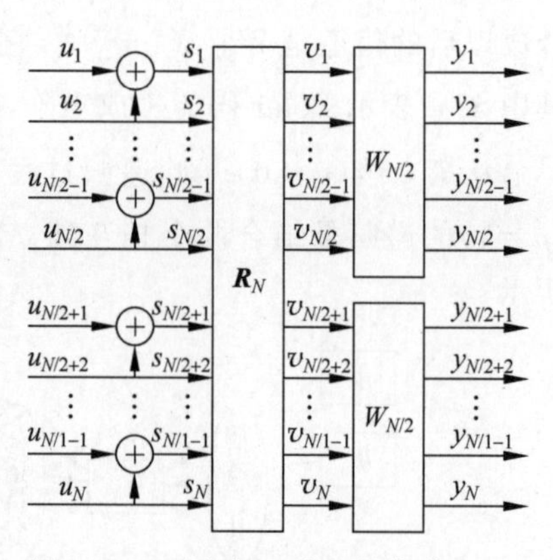

图 4.10 两个相互独立的信道 $W_{N/2}$ 合成信道 W_N 的过程

通过观察可以发现，映射 $\boldsymbol{u}_1^N\to\boldsymbol{x}_1^N$ 在模 2 域是线性的，所以合成以后的信道 W_N 的输入到基础的原始信道 W^N 的输入映射信息也是线性的，可以用 $\boldsymbol{G}_N$ 表示，所以令 $\boldsymbol{x}_1^N=\boldsymbol{u}_1^N\boldsymbol{G}_N$。信道 W_N 和 W^N 的转移概率关系表示为：

$$W_N(\boldsymbol{y}_1^N\mid\boldsymbol{u}_1^N)=W^N(\boldsymbol{y}_1^N\mid\boldsymbol{u}_1^N\boldsymbol{G}_N)\qquad(4.7)$$

2）信道拆分

Polar 码的信道拆分与信道合并是相反的过程，拆分是将合成好的信道 W_N 重新分裂成一组相同的 N 个二进制输入信道时 $W_N^{(i)}:\chi\to\gamma^N\times\chi^{i-1}$，$1\leqslant i\leqslant N$，用转移概率表示为：

$$W_N^{(i)}(\boldsymbol{y}_1^N,u_1^{i-1}\mid u_i)\triangleq\sum_{u_{i+1}^N\in\chi^{N-1}}\frac{1}{2^{N-1}}W_N(\boldsymbol{y}_1^N\mid\boldsymbol{u}_1^N)\qquad(4.8)$$

其中，u_1^{i-1} 表示输入；$(\boldsymbol{y}_1^N,u_1^{i-1})$表示 $W_N^{(i)}$ 的输出。

根据式(4.8)，对于任意的 B-DMC 信道，当 $N=2$ 时，$(W,W)\to(W_2^{(1)},W_2^{(2)})$，有：

$$W_2^{(1)}(\boldsymbol{y}_1^2,u_i)\triangleq\sum_{u^2}\frac{1}{2}W_2(\boldsymbol{y}_1^2,\boldsymbol{u}_1^N)=\sum_{u^2}W(y_1\mid u_1\oplus u_2)(y_2\mid\boldsymbol{u}_1^N)\qquad(4.9)$$

$$W_2^{(2)}(\boldsymbol{y}_1^2,u_1\mid u_2)\triangleq W_2(\boldsymbol{y}_1^2,\boldsymbol{u}_1^2)=\frac{1}{2}W(y_1\mid u_1\oplus u_2)(y_2\mid u_2)\qquad(4.10)$$

图 4.11 描述了信道 W_8 的拆分过程。

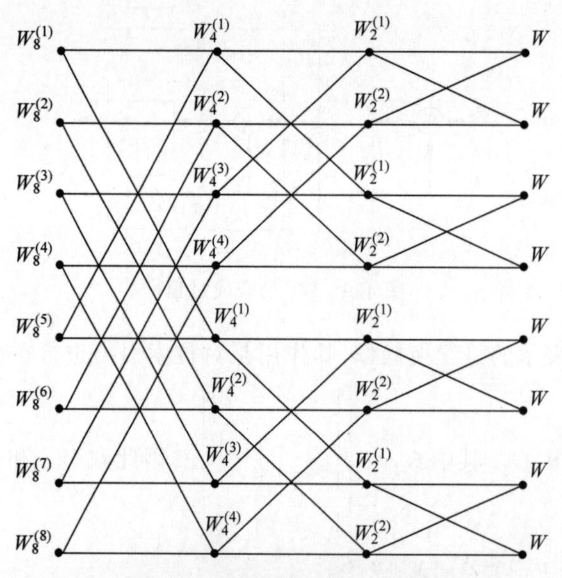

图 4.11 信道 W_8 的拆分过程

从图 4.11 可以看出，信道分裂和信道合并一样，都是按照递归的方式进行的，当 $N=8$ 时，相互独立的两个信道不断从下一级的信道中分裂出来，直到最后分裂产生两个相互独立的信道 W。最终完成了 $N=8$ 的分裂过程，即相互独立的 8 个信道 W 从信道 W_8 分裂出来。一般的，归纳为 $(W_N^{(i)},W_N^{(i)})\rightarrow(W_{2N}^{(2i-1)},W_{2N}^{(2i)})$，对于任意的 $n\geqslant 0,N\geqslant 2^n,1\leqslant i\leqslant N$，

$$W_{2N}^{(2i-1)}(\boldsymbol{y}_1^{2N},u_1^{2i-1}\mid u_{2i-1})=\sum_{u_{2i}}\frac{1}{2}W_N^{(i)}(\boldsymbol{y}_1^N,u_{1,\mathrm{o}}^{2i-2}\oplus u_{1,\mathrm{e}}^{2i-2}\mid u_{2i-1}\oplus u_{2i})\cdot W_N^{(i)}(\boldsymbol{y}_{N+1}^{2N},u_{1,\mathrm{e}}^{2i-2}\mid u_{2i}) \tag{4.11}$$

$$W_{2N}^{(2i)}(\boldsymbol{y}_1^{2N},u_1^{2i-1}\mid u_{2i})=\frac{1}{2}W_N^{(i)}(\boldsymbol{y}_1^N,u_{1,\mathrm{o}}^{2i-2}\oplus u_{1,\mathrm{e}}^{2i-2}\mid u_{2i-1}\oplus u_{2i})\cdot W_N^{(i)}(\boldsymbol{y}_{N+1}^{2N},u_{1,\mathrm{e}}^{2i-2}\mid u_{2i}) \tag{4.12}$$

2. Polar 码编译码方案

Polar 码编码方案是建立在信道极化现象上的。Polar 码也属于线性分组码，其编码实现方法是通过生成矩阵和信息位来实现的，因此生成矩阵和信息位的选择是 Polar 码编码方案中重要的两个部分。下面主要介绍生成矩阵是如何生成的、信息位是如何进行选择的以及 Polar 码是如何进行构造的。

1) 生成矩阵

对于 Polar 码的编码而言，给定任一个二进制输入码字 $\boldsymbol{u}_1^N=(u_1,u_2,\cdots,u_N)$，即可得到其输出码字 $\boldsymbol{x}_1^N=\boldsymbol{u}_1^N\boldsymbol{G}_N$。对于任意的 $n\geqslant 0$，有 $N=2^n$，定义 $\boldsymbol{I}_k$ 为 k 维单位矩阵，其中 $k\geqslant 2$。对于任意的 $N\geqslant 2$，都有：

$$\boldsymbol{G}_N=(\boldsymbol{I}_{N/2}\otimes\boldsymbol{F})\boldsymbol{R}_N(\boldsymbol{I}_2\otimes\boldsymbol{G}_{N/2}) \tag{4.13}$$

其中 $\boldsymbol{G}_1=\boldsymbol{I}_1$；$\otimes$表示 Kronecker 积，$\boldsymbol{F}$ 可以表示为：

$$\boldsymbol{F}=\begin{bmatrix}1 & 0\\ 1 & 1\end{bmatrix} \tag{4.14}$$

式(4.13)可以进一步写成：

$$\begin{cases}\boldsymbol{G}_N=\boldsymbol{B}_N\boldsymbol{F}\otimes\boldsymbol{I}_{N/2}\\ \boldsymbol{B}_N=\boldsymbol{R}_N(\boldsymbol{I}_2\otimes\boldsymbol{B}_{N/2})\end{cases} \tag{4.15}$$

$\boldsymbol{B}_N$ 的作用是进行比特翻转，$\boldsymbol{R}_N$ 的作用是对反转后的比特索引值进行排列。例如给定一个 $N=8$ 的比特索引向量 $\boldsymbol{v}_1^N=(1,2,3,4,5,6,7,8)$，经过比特翻转运算后得到新的索引向量 $\boldsymbol{v}_1^N=(1,5,3,7,2,6,4,8)$，其比特翻转操作运算示意图如图 4.12 所示。

在图 4.12 中，我们把输入向量 $\boldsymbol{u}_1^8$ 可表示为 $\boldsymbol{u}_1^8=(u_1,u_2,u_3,u_4,u_5,u_6,u_7,u_8)$，因为 $\boldsymbol{u}_1^8\boldsymbol{B}_8=\boldsymbol{u}_1^8\boldsymbol{R}_8(\boldsymbol{I}_2\otimes\boldsymbol{B}_8)$，比特翻转首先是对输入向量 $\boldsymbol{u}_1^8$ 进行 $\boldsymbol{u}_1^8\boldsymbol{R}_8$ 变换，则 $\boldsymbol{u}_1^8\boldsymbol{R}_8=(u_1,u_3,u_5,u_7,u_2,u_4,u_6,u_8)$，然后将 $\boldsymbol{u}_1^8\boldsymbol{R}_8$ 分成两个向量 $\boldsymbol{a}_1^4=(u_1,u_3,u_5,u_7)$ 和向量 $\boldsymbol{b}_1^4=(u_2,u_4,u_6,u_8)$。最后对 $(\boldsymbol{a}_1^4,\boldsymbol{b}_1^4)$ 进行 $(\boldsymbol{I}_2\otimes\boldsymbol{B}_4)$ 运算操作，最终结果为 $\boldsymbol{a}_1^4\boldsymbol{B}_4=(u_1,u_5,u_3,u_7)$ 和 $\boldsymbol{B}_1^4\boldsymbol{B}_4=(u_2,u_6,u_4,u_8)$。可以得到 $\boldsymbol{u}_1^8$ 经过比特翻转以后变为 $(u_1,u_5,u_3,u_7,u_2,u_6,u_4,u_8)$。

进行编码运算的时候，可以先不进行比特翻转操作计算，将比特翻转操作放在译码的时候进行，这样做不仅可以降低编译码计算的复杂度，同时又可以得到排好序的译码结果。

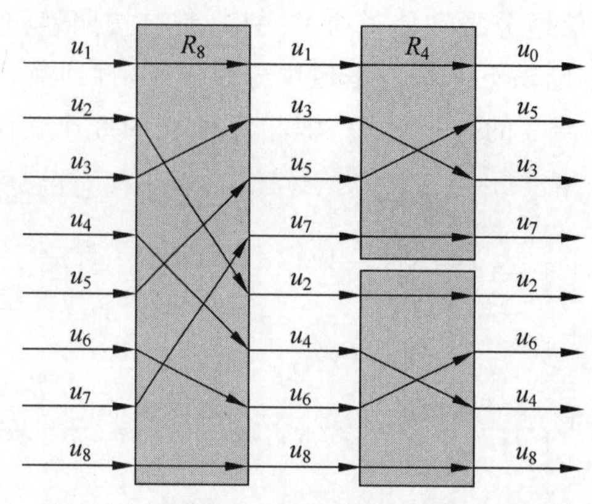

图 4.12　$N=8$ 比特翻转操作运算示意图

2) Polar 码构造

Polar 码是基于信道极化现象来构造的，因为 Polar 码也是线性分组码的一种，所以它的编码形式和其他线性分组码类似，由输入的信息向量和生成矩阵相乘得到。Polar 码编码长度为 $N=2^n$，对于给定的编码长度 N，Polar 码按照如下方式进行编码：

$$\boldsymbol{x}_1^N=\boldsymbol{u}_1^N\boldsymbol{G}_N \tag{4.16}$$

可以将其改写为：

$$\boldsymbol{x}_1^N=\boldsymbol{u}_A\boldsymbol{G}_N(A)\oplus\boldsymbol{u}_{A^C}\boldsymbol{G}_N(A^C) \tag{4.17}$$

其中，$\boldsymbol{G}_N(A)$表示$\boldsymbol{G}_N$的子矩阵符号，在$\boldsymbol{G}_N$中，索引值为A的行组成了$\boldsymbol{G}_N(A)$，$\boldsymbol{G}_N(A^C)$表示$\boldsymbol{G}_N$中除了$\boldsymbol{G}_N(A)$以外所表示的矩阵。若确定了A和$\boldsymbol{u}_{A^C}$，而把$\boldsymbol{u}_A$看作一个自由的变量，那么可以得到从源码$\boldsymbol{u}_A$到$\boldsymbol{x}_1^N$的映射。这个映射也表示一种陪集码，该陪集码不仅有生成矩阵$\boldsymbol{G}_N(A)$且还是一个线性分组码，由向量$\boldsymbol{u}_{A^C}\boldsymbol{G}_N(A^C)$决定，该向量是固定的。称这类码为$\boldsymbol{G}_N$-陪集码。

用参数向量$(N,K,A,\boldsymbol{u}_{A^C})$定义$\boldsymbol{G}_N$-陪集码，其中$K$表示编码的信息位的长度，$A$是信息位的集合，且$A$中元素个数等于$K$，$\boldsymbol{u}_{A^C}$表示冻结位，编码码率为$K/N$。

为了更加具体地说明 Polar 码编码过程，在此给定一个参数向量(8,4,{1,3,5,6},(1,0,1,0))，则其对应的编码码字为：

$$\boldsymbol{x}_1^8=\boldsymbol{u}_1^8\boldsymbol{G}_4=(u_2,u_4,u_7,u_8)\begin{bmatrix}1&1&0&0&0&0&0&0\\1&1&1&1&0&0&0&0\\1&0&1&0&1&0&1&0\\1&1&1&1&1&1&1&1\end{bmatrix}+$$
$$(u_1,u_3,u_5,u_6)\begin{bmatrix}1&0&0&0&0&0&0&0\\1&0&1&0&0&0&0&0\\1&0&0&0&1&0&0&0\\1&1&0&0&1&1&0&0\end{bmatrix} \tag{4.18}$$

在上面给定的参数中，编码长度$N=8$，冻结位的索引集合为{1,3,5,6}，因此可以得出信息位的索引值集合为{2,4,7,8}。这里假定已经完成了索引值集合选择，在实际研究中，如何挑选发送信息位所需的索引值集合的过程就是 Polar 码的构造方法，这在接下来的信息位构造中会进一步描述。给定源码块$(u_2,u_4,u_7,u_8)=(1,1,0,1)$，可以计算得到最终的编码码字为$\boldsymbol{x}_1^8=(1,1,0,0,1,1,1,1)$。上述的编码过程如图4.13所示。

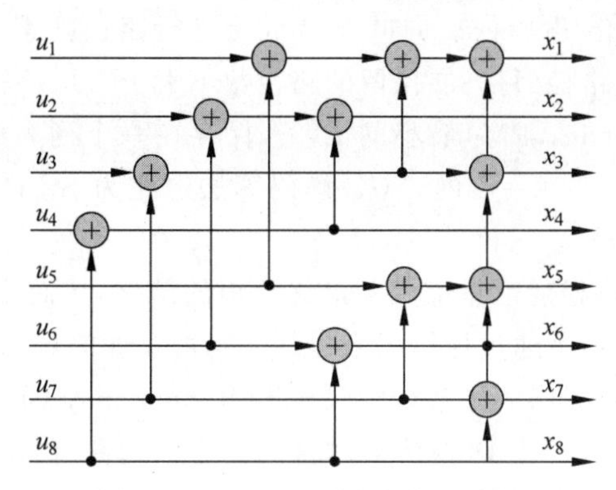

图4.13 Polar码编码结构示意图

3）信息位选择

Polar码编译码算法的一个关键步骤就是如何合理选择信息位和冻结位，使其性能达到最优。根据前面的描述，选择信道容量大的传输信息位的信息，选择信道容量小的传输冻结位，冻结位的信息对于发端和收端来说都是已知的，一般默认规定为"0"。

目前，对于Polar码信息位的选择主要方法有Monte-Carlo方法、密度进化方法等。

4）译码

Polar码编码复杂度低主要是因为采取了递归变换的生成矩阵$\boldsymbol{G}_N$进行编码，而Polar码译码之所以相对译码复杂度低也是因为译码过程同样是一个递归过程，其中常用算法包括串行抵消(Successive Cancellation，SC)等。由Polar Code编码原理可知，Polar码的构造就是一个极化信道的选择问题，而极化信道的选择实际上是按照最优化SC译码性能为标准的。根据极化信道转移概率函数式，各个极化信道并不是相互独立的，而是具有确定的依赖关系的：信道序号大的极化信道依赖于所有比其序号小的极化信道。基于极化信道之间的这一依赖关系，SC译码算法对各个比特进行译码判决时，需要假设之前步骤的译码得到的结果都是正确的。在SC译码算法下，Polar码被证明了是信道容量可达的，因此对Polar码而言，最合适的译码算法是基于SC译码的，这类译码算法能充分利用Polar码的结构，并且同时保证在码长足够长时容量可达。

SC译码算法以对数似然比(Log Likelihood Ratio，LLR)为判决准则，对每一位进行硬判决，按位序号从小到大的顺序依次判决译码。SC译码算法是一种贪婪算法，对码树的每一层仅仅搜索到最优路径就进行下一层，所以无法对错误进行修改。当码长趋近于无穷时，由于各个分裂信道接近完全极化(其信道容量或者为0或者为1)，每个消息位都会获得正确的译码结果，可以在理论上使得Polar码达到信道的对称容量$I(W)$。而且SC译码器的复杂度仅为$O(N\log N)$和码长呈近似线性的关系。然而，在有限码长下，由于信道极化并不完全，依然会存在一些消息位无法被正确译码。当前面$i-1$个消息位的译码中发生错误之后，由于SC译码器在对后面的消息位译码时需要用到之前的消息位的估计值，这就会导致较为严重的错误传递。因此，对于有限码长的Polar码，采用SC译码器往往不能达到理想的性能。

串行抵消列表(Successive Cancellation List,SCL)算法是在 SC 算法的基础上,为了避免错误路径继续传播的问题,通过增加幸存路径数提高译码性能。与 SC 算法一样,SCL 算法依然从码树根节点开始,逐层依次向叶子节点层进行路径搜索。不同的是,每一层扩展后,尽可能多地保留后继路径(每一层保留的路径数不大于 L)。完成一层的路径扩展后,选择路径度量值(Path Metrics,PM)最小的 L 条,保存在一个列表中,等待进行下一层的扩展,参数 L 为搜索宽度。当 $L=1$ 时,SCL 译码算法退化为 SC 译码算法;当 $L \geqslant 2K$ 时,SCL 译码等价于 ML 译码。

SCL 通过比较候选路径的度量值判断最终给出的结果,然而度量值最大的路径并不一定是正确的结果,因此产生了通过检错码来提高译码可靠性的思想,出现了"辅助位+Polar 码"的设计方案,因此出现了循环冗余校验(Cyclic Redundancy Check,CRC)-Polar 方案。

对于 Polar 码而言,在 SCL 译码结束时得到一组候选路径,能够以非常低的复杂度与 CRC 进行联合检测译码,选择能够通过 CRC 检测的候选序列作为译码器输出序列,从而提高译码算法的纠错能力。CRC 辅助的 SCL(CRC-Aided SCL,CA-SCL)译码算法,在信息位序列中添加 CRC 校验位序列,利用 SCL 译码算法正常译码获得 L 条搜索路径,然后借助"正确信息位可以通过 CRC 校验"的先验信息,对这 L 条搜索路径进行挑选,从而输出最佳译码路径。给定 Polar 码码长为 N,CRC 校验码码长为 m,若 Polar 码的信息位长度为 K,编码信息位的长度为 k,如图 4.14 所示,有 $K=k+m$。Polar 码的码率仍然为 $R=K/N$。

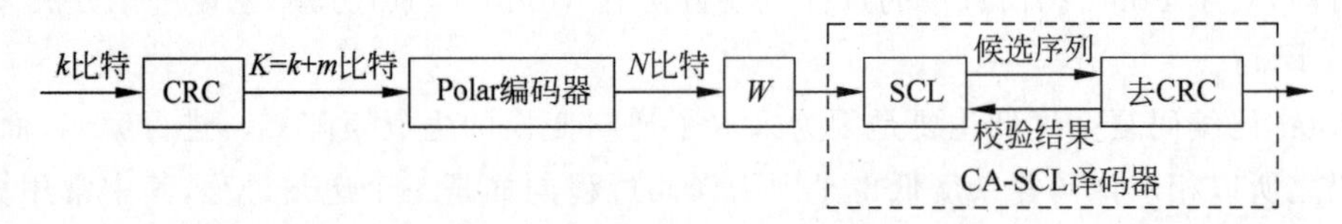

图 4.14 Polar 码与 CRC 辅助(CA)-SCL 译码方案

CA-SCL 译码算法是对 SCL 算法的增强,SCL 的内核不变,只是在 Polar 编码之前给信息位添加 CRC,在 SCL 译码获得候选路径之后,进行 CRC 校验辅助路径选择,以较低的复杂度提升了 Polar 译码性能。

4.3 自适应编码调制

自适应调制编码(Adaptive Modulation Coding,AMC)的系统框图如图 4.15 所示。在 AMC 系统中,收发信机根据用户瞬时信道质量状况和可用资源的情况选择最合适的链路调制和编码方式,从而最大限度地提高系统吞吐率。

由于 AMC 系统是以接收端的瞬时信噪比为判断信道条件好坏的依据,因此需根据系统目标误比特率的要求将信道平均接收信噪比的范围划分为 N 个互补相交的区域,每个区域对应一种传输模式,这样根据当前信道质量,即可进行传输模式之间的切换了。在接收端选择最佳调制方式后,就可以反馈给发送端并重新配置解调译码器。

固定的信道编码方式在信道条件恶化时无法保证数据的可靠传输,在信道条件改善时又会产生冗余,造成频谱资源的浪费。自适应信道编码将信道的变化情况离散为有限状态(如有限状态马尔可夫信道模型),对每一种信道状态采用不同的信道编码方式,因此可以较

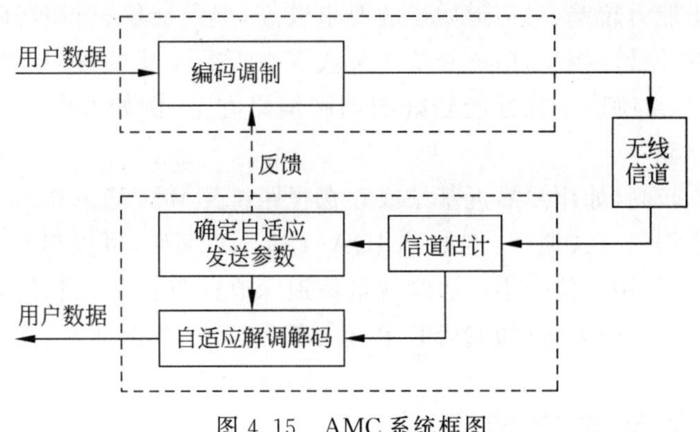

图 4.15 AMC 系统框图

好地兼顾传输可靠性和频谱效率。

对于给定的调制方案,可以根据无线链路条件选择码速率。在信道质量较差的情况下使用较低的编码率,提高无线传输的可靠性;在信道质量好时采用较高编码率,提高无线传输效率。自适应编解码可以通过速率匹配凿孔 Turbo 码来实现。

在图 4.3 中,输入信息序列在被送入第一个分量码编码器的同时,还被直接送至复接器,同时输入序列经过交织器后的交织序列被送入第二个分量码编码器,两个分量码编码器的输入序列仅仅是码元的输入顺序不同。两个分量编码器的输出经过开关单元的删除处理后,与直接送入复接器的序列一起经过复接构成输出编码序列。我们通过下面的例子来说明如何利用删除处理来实现不同码率的编码。

输入信息序列和两个编码器的输出如图 4.16 所示。

输入信息序列	A	B	C	D	E	F	G	H	I	J	K	L
编码器1输出	a_1	b_1	c_1	d_1	e_1	f_1	g_1	h_1	i_1	j_1	k_1	l_1
编码器2输出	a_2	b_2	c_2	d_2	e_2	f_2	g_2	h_2	i_2	j_2	k_2	l_2

图 4.16 输入信息序列和两个编码器的输出

图 4.17 给出了一种 3/4 码率 Turbo 码的生成方法,其基本思路是一次读入三个信息位,然后交替地在两个编码器输出中选择校验位。这样,复接后的序列是由每三个信息位和一个校验位排列组成,这样就能实现 3/4 的码率。

输入信息序列	A	B	C	D	E	F	G	H	I	J	K	L
删除序列1	a_1						g_1					
删除序列2				d_2						j_2		

输出编码序列	A	B	C	a_1	D	E	F	d_2	G	H	I	g_1	J	K	L	j_2

图 4.17 一种 3/4 码率 Turbo 码的生成方法

在实际应用中,不同的编码和调制方式组合成若干种调制编码系统(Modulation and Coding System,MCS)方案供无线通信系统根据信道情况进行选择。拥有高质量的信道条件,将被分配级别较高的调制编码方案(例如 16QAM,3/4 Turbo 码),这种调制编码方案的抗干扰性能和纠错能力较差，对信道质量的要求较高，但是能够赢得较高的数据速率，提高链路的平均数据吞吐量。相反，信道衰落严重或存在严重干扰的噪声，将被分配级别较低，具有较强纠错能力，抗噪声干扰性能较好的调制编码方案（例如 QPSK，1/2 Turbo 码），以保证数据的可靠传输。

当信号质量比较高（如用户靠近基站或存在视距链路）时，基站和用户可以采用高阶调制和高速率的信道编码方式通信，例如：64QAM 和 5/6 编码，可以得到高的峰值速率；而当信号质量比较差（如用户位于小区边缘或者信道深衰落）时，基站和用户则选取低阶调制方式和低速率的信道编码方案（如 QPSK 和 1/4 编码速率）来保证通信质量。

4.4 混合自动重传请求

无线链路质量波动可能导致传输出错，这类传输错误在一定程度上可通过 AMC 予以解决，然而接收机噪声以及不期望的干扰波动带来的影响是无法完全消除的。由于接收机噪声所产生的错误具有随机性，因此用于控制随机错误的 HARQ 技术就变得非常重要。HARQ 可以看作一种数据传输后控制瞬时无线链路质量波动影响的机制，为 AMC 技术提供补偿。

传统的自动重传请求（Automatic Repeat reQuest，ARQ）采用丢弃出错接收包并请求重传的方式。然而，尽管这些数据包不能被正确解码，但其中仍包含了信息，而这些信息会通过丢弃出错包而丢失。这一缺陷可以通过带有软合并的 HARQ 方式来进行弥补。

在带有软合并的 HARQ 中，出错接收包被存于缓冲器内存中并与之后的重传包进行合并，从而获得比其分组单独解码更为可靠的单一的合并数据包。对该合并信号进行纠错码的解码操作，如果解码失败则申请重传。

带有软合并的 HARQ 通常可分为跟踪合并（Chasing Combining，CC）与增量冗余（Incremental Redundancy，IR）两种方式。

跟踪合并每次重传为原始传输的相同副本，每次重传后，接收机采用最大比合并原则对每次接收的信道比特与相同比特之间的所有传输进行合并，并将合并信号发送到解码器。由于每次重传为原始传输的相同副本，跟踪合并的重传可以被视为附加重复编码。由于没有传输新冗余，因此跟踪合并除了在每次重传中增加累积接收信噪比外，不能提供任何额外的编码增益。跟踪合并的过程如图 4.18 所示。

增量冗余方案通常基于低速率码以及通过对编码器的输出进行打孔而实现不同的冗余版本，首次传输只发送有限编码比特实现高速率传输，重传中发送额外的编码比特。增量冗余（IR）每次传输采用与之前传输不同的编码比特集合，编码比特的数目可以与原始传输不同，且可以采用不同调制方式。

增量冗余方案的示例如图 4.19 所示，假设基本码为 1/4 速率码，将 1/4 码率的基本码划分成 3 个冗余版本，首次传输只发送第一个冗余版本，从而得到 3/4 编码速率。一旦出现解码错误并请求重传时则发送额外的比特，即第二个冗余版本，得到 3/8 编码速率。如果还不能正确解码，则发送剩余的比特（第三个冗余版本），则经过三次接收合并后的编码速率为 1/4。增量冗余方案除累积信噪比外，每次重传还会带来编码增益，与跟踪合并相比，在初始编码速率较高时会带来更大的增益。

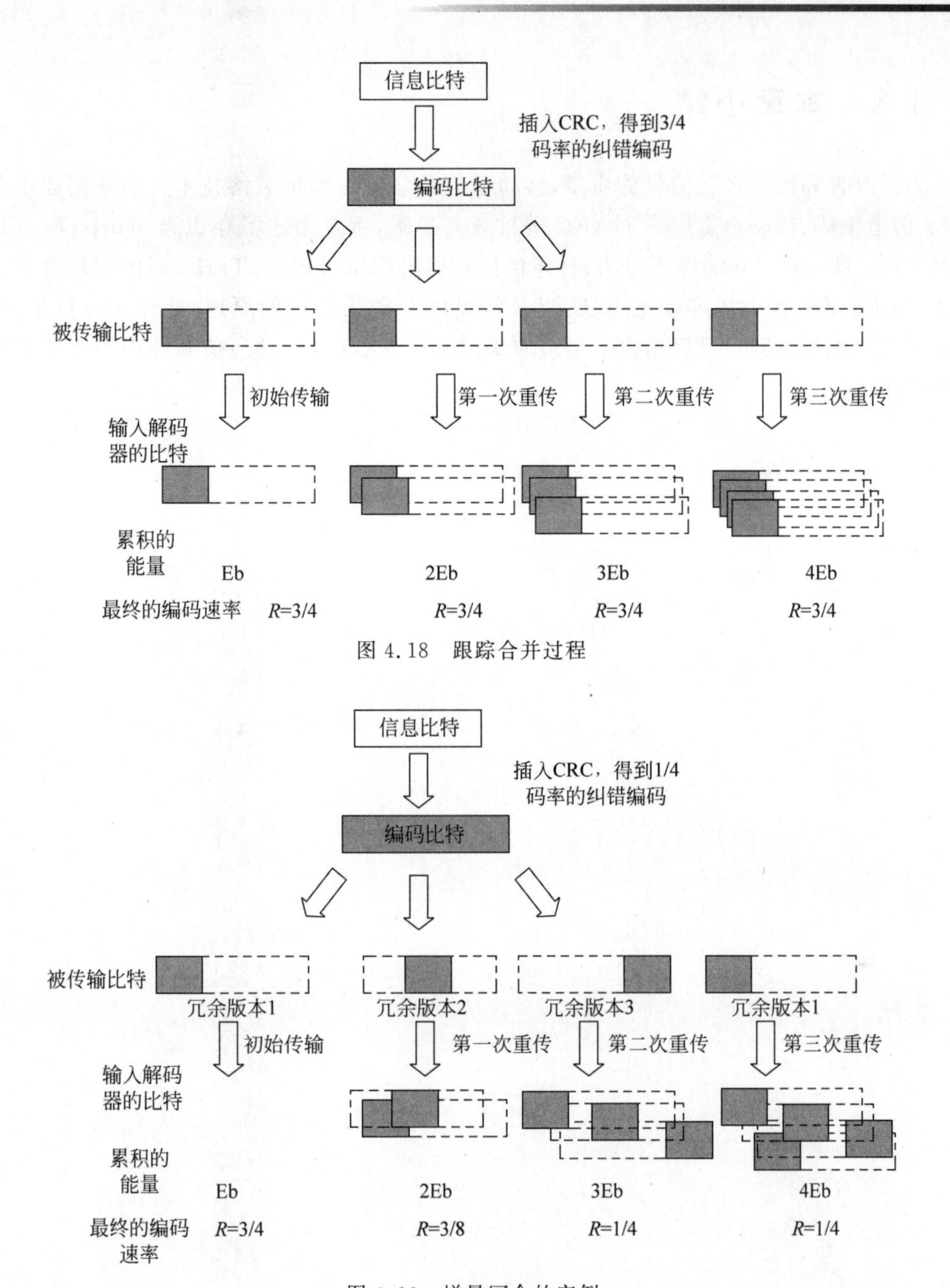

图 4.18 跟踪合并过程

图 4.19 增量冗余的实例

采用增量冗余方案时，首次传输所用编码需要在其单独使用时以及与第二次传输编码合并时都能够提供良好性能，该要求在后续重传时也同样需要保持。由于不同冗余版本通常是通过对低速率基本码进行凿孔来产生的，因此在设计删除矩阵时需要满足高速率编码也可作为任何低速率编码的一部分的条件。

无论采用跟踪合并还是增量冗余，带有软合并的 HARQ 都将通过重传间接地降低误码率，因此被视为间接的链路自适应技术。

4.5 本章小结

为了改善和提高接收信号的质量，移动通信必须使用到抗衰落技术。本章阐述了分集接收、信道编码、链路自适应和 HARQ 等抗衰落技术，重点阐述了卷积码、Turbo 码、LDPC 码和 Polar 码的原理和编译码方法，具体包括卷积码的编译码器、Turbo 码的原理和各部分组成，LDPC 码的校验矩阵构造方法，以及常见的编译码算法的原理，此外还分析了 Polar 码的原理和编码方案。最后给出了自适应编码和 HARQ 在移动通信系统中的重要作用和实现过程。

第5章 多天线技术

CHAPTER 5

主要内容

本章介绍了移动通信系统中的多天线技术，从TD-SCDMA采用的智能天线入手，重点阐述了常用的MIMO技术，包括空时分组码，空间复用技术和混合预编码技术。此外，还介绍了大规模MIMO技术和混合波束赋形技术以及智能反射面和轨道角动量技术。

学习目标

通过本章的学习，可以掌握如下几个知识点：

- 多天线技术概述；
- 智能天线技术；
- STBC/SFBC；
- 分层空时码；
- 预编码技术；
- 混合波束赋形技术。

知识图谱

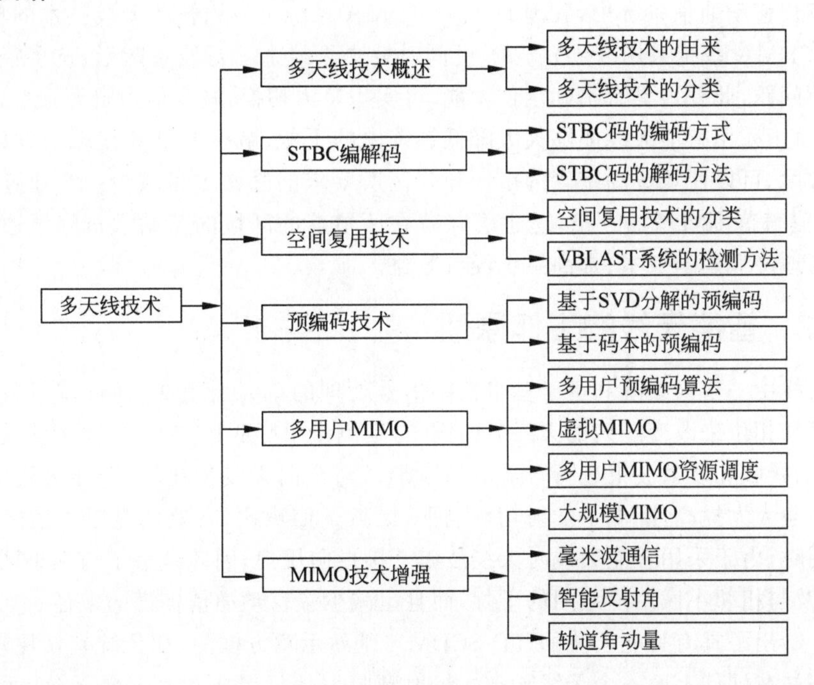

5.1 多天线技术概述

在移动数据不断增长的背景下，人们对通信质量提出了更高的要求。天线是提高移动通信系统性能的关键技术，随着移动通信技术的飞速发展，系统越来越复杂，对天线性能的要求也越来越高。本章重点介绍 TD-SCDMA 的智能天线技术，以及 LTE 和 5G 移动通信系统中的 MIMO 及其增强技术。

5.1.1 智能天线的基本概念

智能天线又称自适应天线阵列，能够判定信号的空间信息（比如传播方向）并且可以根据此信息进行空域滤波。智能天线能够实现信号源的定位和跟踪，在抗多径衰落和抑制干扰方面发挥重要的作用，能最大限度地有效利用频谱资源。

早期智能天线的研究主要集中在军事领域，尤其是雷达领域，目的是在复杂的电磁环境中有效地识别和跟踪目标。随后，智能天线在信道扩容和提高通信质量等方面具备的独特优势吸引了众多的专家学者，许多研究机构相继开展了针对智能天线的研究计划，也为智能天线的迅速发展奠定了基础，应用范围扩展到了声音处理、跟踪扫描雷达、射电望远镜和移动通信系统等领域。

智能天线在数字增强无线通信（Digital Enhanced Cordless Telecommunications，DECT）和个人手持电话系统（Personal Handy-phone System，PHS）等系统中已得到了应用，DECT、PHS 都是基于 TDD 方式的移动通信系统，欧洲在 DECT 基站中进行智能天线实验时，采用和评估了多种自适应算法，并验证了智能天线的功能。日本在 PHS 系统中的测试表明，采用智能天线可减少基站数量。

在第三代移动通信系统中，我国的 TD-SCDMA 系统是应用智能天线技术的典型范例。我国 TD-SCDMA 系统采用 TDD 方式，可同时解决天线上下行波束赋形、抗多径干扰和抗多址干扰等问题，此外还具有精确定位功能，可实现接力切换，减少信道资源浪费。

综上，由于采用智能天线能够大大降低系统内的干扰、减少基站和终端的发射功率、提高接收灵敏度，可以使业务高密度的市区和郊区所要求的基站数目减少。在业务量较少的乡村，无线覆盖范围将增加一倍，这也意味着在所覆盖的区域的基站数目降至通常情况的1/4，将显著地降低运营成本、提高系统经济效益。

5.1.2 智能天线的工作原理

智能天线由一个天线阵和基于基带数字信号处理的单元所组成，通过调节各阵元信号的加权幅度和相位来改变阵列的天线方向图，自动测量出呼叫用户方向，将天线波束指向用户，对基站的接收和发射波束进行自适应的赋形。与全向天线相比较，智能天线上、下行链路的天线增益大大提高，降低了发射功率电平，提高了信噪比，有效地克服了信道传输衰落的影响。同时，由于采用智能天线时天线波瓣直接指向用户，因此减小了与本小区内其他用户之间、以及与相邻小区用户之间的干扰，而且也减少了移动通信信道的多径。

图 5.1 给出了具有智能天线的 TD-SCDMA 基站示意方框图，和传统基站比较，具有智能天线的基站在硬件上由一个天线阵和一组射频收发信机组成了其射频部分，而基带信号

处理部分的硬件则基本相同。射频收发信机须使用同一个本振源，以保证此组收发信机是相干工作的。

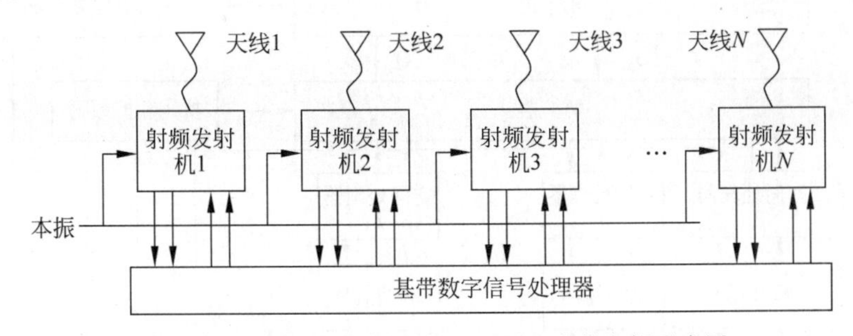

图 5.1 具有智能天线的 TD-SCDMA 基站方框示意图

使用智能天线时，天线阵的设计应当满足如下要求：能提供此天线所覆盖的区域（全向或者扇区）要求的信号场强；能提供赋形的收发波束（指向用户或者避开干扰），结构要简单，成本要低。综合考虑天线增益和复杂度，第三代移动通信系统中，智能天线的天线单元的数量选在 4～8。另一方面，则要考虑对系统容量提高的问题。在单天线全向工作时（无智能天线），CDMA 系统只能有一半的码道工作，而天线单元数量达到 8 时，智能天线可以使全部码道同时工作。

智能天线的核心在于数字信号处理。智能天线的数字信号处理单元根据一定的准则，使天线阵产生定向波束指向用户，并自动地调整权系数以实现所需的空间滤波。

智能天线的设计目标是在接收时，能够通过对各天线及相连的射频接收机所接收的信号合并，获得更高的信噪比及获取来波方向（Direction of Arrival，DoA）等；在发射时，能够对准来波方向，实现下行波束赋形。DoA 估计的代表算法有 Music 算法、ESPRIT 算法、ML 算法等。自适应波束赋形的目的是通过自适应算法得到最佳加权系数，采用何种算法首先需要考虑自适应准则，主要有最大信干比、最小均方（LMS）误差、最小方差、最大似然等。常用的自适应算法包括：直接抽样协方差矩阵求逆（DMI）算法、LMS 算法、递归最小二乘法（RLS）算法和恒模（CMA）算法等。

1. 上行波束赋形

上行波束赋形信号处理方框图如图 5.2 所示，来自 M 个天线阵子经过射频接收机接收下来的数字（I 和 Q）信号首先进入相干器，对已知的导引信号或者中间码求相关，获得上行同步的偏差，并将此同步偏差信息（SS）放在下一个下行帧内的 SS 位置回传给终端，完成同步 CDMA 的控制。然后信号进入解扩器对每个码道进行解扩，原来每个天线所接收到的信号是多码道的，组合在一起的信号就可以按码道分开，并获得扩频增益。然后，将来自 M 个天线的每一码道的接收信号经空间处理器实现上行波束赋形，对有用信号进行合路同时又抑制干扰和噪声的过程。从每个天线接收到的同一码道的信号也有幅度和相位的差别，根据这些信号的幅度和相位以及天线的几何结构，就可以计算出 DoA 及接收电平（作为上行闭环功率控制的依据）。由此获得的 DoA 及从功率电平得到的功率控制值将用于下一帧的下行波束赋形及功率控制。经过上行波束赋形，智能天线在接收端的作用已经完成，接下来再进行解调、IQ 合路及数据分接，以得到每个用户（码道）的业务信息和随路信令。

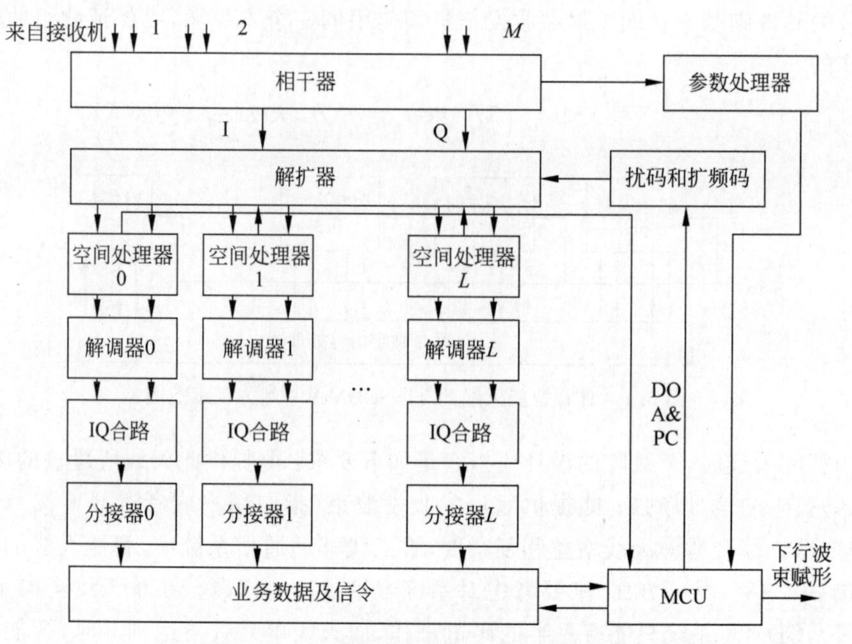

图 5.2　上行波束赋形信号处理方框图

在图 5.2 中,基站收到多个用户终端的不同扩频码的信号,这些信号存在多址干扰、衰落、多径传播和多普勒频移等,还有其他干扰和白噪声。将图 5.2 中所示的第 m 个接收机获得的对第 k 个符号的第 n 个抽样用 $y_m(k,n)$ 表示,则:

$$y_m(k,n)=\sum_{i=1}^{P}a_{i,m}s_i(k)p_i(k,n)+e_m(k,n) \tag{5.1}$$

其中,$s_i(k)$为来自第 i 个终端的第 k 个符号; $p_i(k,n)(n=l,\cdots,L)$为第 k 个符号的扩频码; $a_{i,m}$ 为来自第 m 个天线对来自第 i 个终端的信号的复反映,表示第 i 个终端和天线阵之间的空间特性; $e_m(k,n)$为总干扰。

空间处理器的任务是在同时、同频率并存在严重干扰的条件下恢复 $s_i(k)$信号。空间估值的第一步是解扩,即:

$$x_m^i(k)=\sum_{n=1}^{L}y_m(k,n)p_i(k,n) \tag{5.2}$$

将式(5.2)改写成向量形式:

$$\boldsymbol{X}^i(k)=[x_1^i(k),x_2^i(k),\cdots,x_M^i(k)]^{\mathrm{T}} \tag{5.3}$$

这就是获得了扩频增益并包括噪声和干扰的各码道的信号。

智能天线的第一步是实现其上行波束赋形。将上述来自 M 个天线的信号用一定算法进行合并,以取得最好的接收效果。

在同步 CDMA 系统中,最简单的方法是最大功率合成,即

$$s_{i,\max}(k)=\sum_{j=1}^{M}W_i(j,k)X^i(j,k) \tag{5.4}$$

其中,$W_i(j,k)$表示第 i 个终端第 j 个天线第 k 个符号的上行波束赋形权值,$X^i(j,k)$表示第 i 个终端第 j 个天线第 k 个符号的信号。

最大功率合成算法是一种快速算法，在 TD-SCDMA 系统中，可以在每个子帧内实时完成空间参数估计、实时跟踪用户，适合于工作在快速变化的环境，而且不存在发散问题。此算法可以克服时延在一个码片内（更准确地说是在半个码片内）的多径干扰，但对长时延的多径干扰无能为力，所以在高速移动的环境下，还必须辅助以其他技术（例如联合检测技术）来对抗多径干扰。

因为在处理过程中先对接收信号进行解扩，要求各码道的信号是同时到达，所以最大功率合成算法只适合于同步 CDMA 系统。异步 CDMA 系统无法实现接收信号同步，故解扩的效果将非常差，再进行最大功率合成将非常困难。

在获得上行波束赋形矩阵的同时，就可以根据所使用的天线阵几何结构计算出来波的主瓣方向。有关的计算方法在一般天线技术书籍中都有介绍，这里就不再重复了。

2. 下行波束赋形

为了让用户获得最好的信号，就必须找到一种好的下行波束赋形算法。如图 5.3 所示，对下行发射信号，基站对每一业务信道分别进行数据和信令的复接，然后进行 IQ 分路和调制。这些调制完的信号在下行波束赋形器中进行处理后，再进行数据合路和脉冲成型，并送至 DA 变换器变换为模拟信号，再分配到各个天线发射出去。在本节中，将比较详细地说明图 5.3 中波束赋形器的工作。

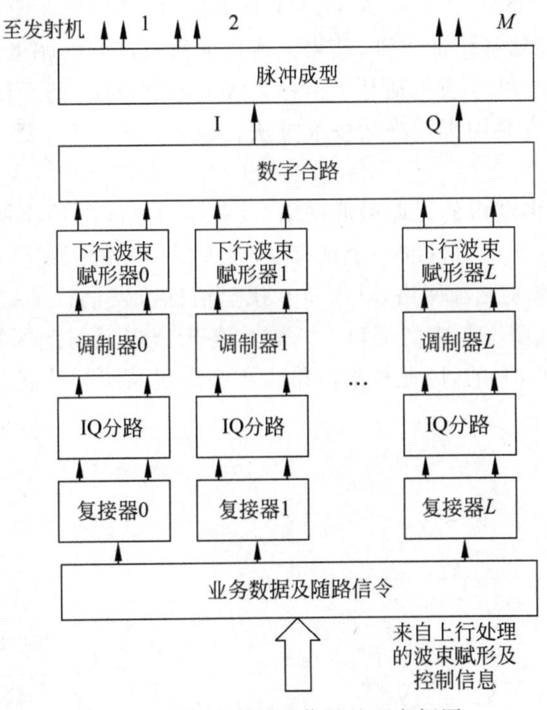

图 5.3 下行波束赋形信号处理方框图

在 TD-SCDMA 系统中，下行波束赋形有多种方法。

(1) 按获得的 DoA 产生对准用户方向的波束。这种方法形成的波束受环境影响小，对用户位置不灵敏，不仅可以用在 TDD 系统，也可用于 FDD 系统，故获得广泛应用。这种方法的缺点是不能利用上行波束赋形的优点，例如克服短时延多径的优势等。使用这种方法，下行波束赋形矩阵完全由天线阵的几何结构确定。

(2) 根据上行波束赋形，发射一个和上行波束完全相同的下行波束，也就是说直接将上行波束赋形矩阵用于下行波束赋形。在 TDD 系统中，由于上下行使用相同的载波频率，上下行电波传播特性是相同的，故上行波束赋形所获得的增益及对抗短时延多径的优势都自动在下行波束赋形中得到体现，可充分发挥 TDD 系统使用智能天线的优势。

(3) 对于某些特殊需要(例如在特殊角度上必须限制发射功率等)，可以根据获得的 DoA 发射特殊的下行波束。

5.1.3 智能天线的校准

智能天线系统在工程实际中的一个主要问题就是校准。图 5.4 所示是具有智能天线的无线基站的示意图，由天线阵、连接每天线单元至射频收发信机的馈线及基带处理单元构成。来波方向指对于基站(天线阵)的方向，根据天线口面的场分布，由图 5.4 中 A 面的相位和幅度确定。但是，在处理每条链路和测量来自每条链路的接收信号的幅度和相位是在数字基带(C 面)，设定各链路的发射信号的幅度和相位也是在 C 面。由于从 A 面到 C 面，各链路的特性(包括天线阵元、馈线、收信机及发信机)是不可能完全相同的，如果没有一个校准过程来获得这些链路之间的差别，智能天线就不能正常工作。

智能天线的校准就是获得图 5.4 中每一条接收链路从 C 面到 A 面之间的相位和幅度差，以及每一条发射链路从 C 面到 A 面之间的相位和幅度差，以便在基带信号处理(C 面)进行测量和处理时，能够补偿此差别，获得天线口面真正需要的幅度和相位值。

常用的智能天线校准方法包括基于信标天线的校准方法、基于校准网络的校准方法、天线阵自校准方法和收发共用天线阵的校准方法，其中工程中最广泛使用的是基于校准网络的方法。

校准网络是一个多端口的无源微波网络，其各端口之间的传输特性是已知的(或者通过测量确定的)。图 5.5 所示为校准一个具有 N 个天线单元的天线阵，在校准时，我们必须设计一个 $N+1$ 端口的微波无源网络，其端口 0 接至信标收发信机的接口端，其他端口接至各天线阵单元的接口端(图 5.5 中的端口 $1\sim N$)。各天线单元与此网络接口的耦合是比较微弱(通常为 $-20\sim-40$dB)的，因此校准网络将不会干扰系统的性能。

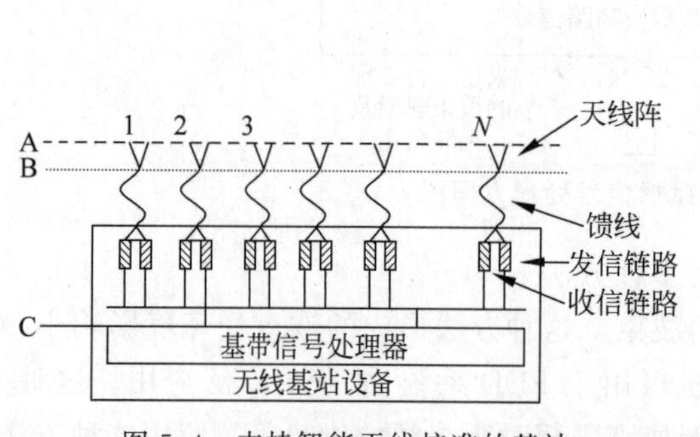

图 5.4 支持智能天线校准的基站

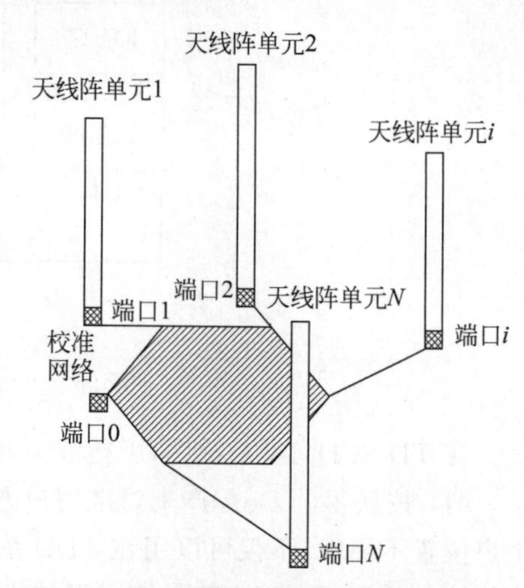

图 5.5 使用校准网络进行天线校准示意图

显然,使用校准网络时,已包含了一个假设:智能天线各单元是完全相同的,也就是说,各个天线单元之间的互耦比较弱。严格地讲,只有在使用圆环形天线阵并保证每个天线阵单元是完全相同的条件下,才可能认为每个天线阵单元相同。如果使用其他结构的天线阵,例如线阵(天线单元排列在一条直线或者曲线上),则由于每个天线单元和其他单元之间的互耦是不同的。在通常使用的智能天线中,因为天线阵单元的间距是比较小(例如,0.5λ 以下)的,互耦非常严重,所以上述假设条件难以满足。

在使用智能天线时,必须具有对智能天线进行实时自动校准的技术。TDD 系统根据电磁场理论中的互易原理,直接利用上行波束赋形系数来进行下行波束赋形。但对实际无线基站,无线收发信机不可能是完全相同的,且其性能将随时间、工作电平和环境条件等因素变化,如果不进行实时自动校准,则下行波束赋形将受到严重影响,不仅不能发挥智能天线的优势,甚至完全不能通信。

5.2 MIMO 技术基础

MIMO 技术由来已久,早在 1908 年马可尼就提出通过使用多根天线来抑制信道衰落,从而大幅度提高信道的容量、覆盖范围和频谱利用率。在 20 世纪 70 年代就有人提出将 MIMO 技术用于通信系统,但是 MIMO 技术对无线通信系统产生巨大推动的奠基工作则是 90 年代由 AT&T Bell 实验室学者完成的。1995 年 Teladar 给出了在衰落情况下的 MIMO 容量;1996 年 Foshini 给出了一种多入多出处理算法——对角-贝尔实验室分层空时(D-BLAST)算法;1998 年 Tarokh 等讨论了用于多入多出的空时码;1998 年 Wolniansky 等采用垂直-贝尔实验室分层空时(V-BLAST)算法建立了一个 MIMO 实验系统,在室内实验中达到了 20(b/s)/Hz 以上的频谱利用率。这些工作受到各国学者的极大注意,并使得 MIMO 的研究工作得到了迅速发展。

随后,MIMO 技术开始大量应用于实际的通信系统,并很快成为了无线通信领域的研究热点。在高信噪比下,MIMO 的信道容量能够成倍地优于单输入单输出(Single Input Single Output,SISO)通信系统。由于 MIMO 在提高频谱效率方面拥有着巨大的潜力,目前 MIMO 技术已应用于多个通信标准与协议,如 3GPPLTE 计划、WLAN 标准(IEEE 802.11n、IEEE 802.11ac)以及 3GPP2 超移动宽带计划(UMB)等。

5.2.1 空时分组码

空时分组码(Space Time Block Coding,STBC)利用码字的正交设计原理将输入信号编码成相互正交的码字,在接收端再利用 ML 检测算法,得到原始信号。由于码字之间的正交性,在接收端检测信号时,只需做简单的线性运算即可,这种算法实现起来比较简单。

无线通信系统中常采用分集技术降低多径衰落影响,分集分为时间分集、空间分集、频率分集、极化分集、场分量分集和角度分集等形式,通过在若干个支路上发射或接收相关性很小的载有同一消息的信号,然后通过合并技术再将各个支路信号合并输出,便可大大提高系统性能。

分集接收是通过多个信道(时间、频率或者空间)接收到承载相同信息的多个副本,将接收到的多路独立不相关信号按不同的规则合并起来，就可以获得分集增益。常用的合并方式有以下几种：选择式合并，最大比值合并和等增益合并。

空时分组码通过在多根发射天线上发送信号而引入分集以实现可靠通信，空时编码是实现发射分集的关键技术，它在发射端引入空间和时间相关，使得接收端获得分集的同时也可以获得编码增益。

1. Alamouti 码

Alamouti 提出了一种在双发射天线的系统中实现发射分集的方法，Alamouti STBC 编码器的原理框图如图 5.6 所示。

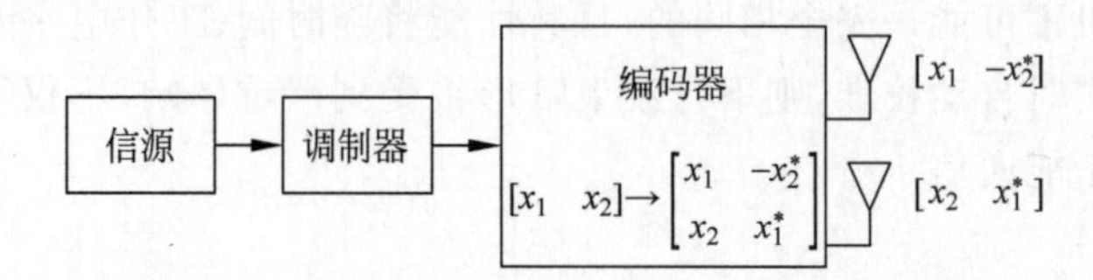

图 5.6 Alamouti STBC 编码器的原理框图

假定采用 M 进制调制方案，首先调制每一组 $m(m=\log_2 M)$ 个信息比特。然后，编码器在每一次编码操作中取两个调制符号 x_1 和 x_2 的一个分组，并将它们映射到发射天线：

$$\boldsymbol{X}=\begin{bmatrix} x_1 & -x_2^* \\ x_2 & x_1^* \end{bmatrix} \tag{5.5}$$

编码器的输出在两个连续的周期从两根发射天线发射出去。在第一个符号周期内，x_1 从第一个天线发射，x_2 从第二个天线发射；在第二个周期内，$-x_2^*$ 从第一个天线发射，x_1^* 从第二个天线发射。

显然，这种方法既在空间域又在时间域进行编码。且天线 1 的发射序列 $\boldsymbol{x}_1=[x_1,-x_2^*]$ 与天线 2 的发射序列 $\boldsymbol{x}_2=[x_2,x_1^*]$是正交的，即满足所说的空时分组码的构造准则。

这种 STBC 的最大优势在于采用最大似然译码准则实现了最大的分集增益，是一种简单有效的空时编码方案，同时也是第一种为发射天线数为 2 的系统提供完全分集的 STBC。

假设接收端只有一根接收天线，两根发射天线到接收天线的信道衰落系数分别为 $h_1(t)$ 和 $h_2(t)$，后面简写为 h_1 和 h_2，且衰落系数在两个连续符号发射周期之间不变，则在接收天线端，两个连续符号周期中的接收信号为：

$$r_1=h_1x_1+h_2x_2+n_1 \tag{5.6}$$

$$r_2=-h_1x_2^*+h_2x_1^*+n_2 \tag{5.7}$$

其中，r_1 和 r_2 分别为两个连续符号周期中的接收信号；n_1 和 n_2 为加性高斯白噪声。

STBC 的译码采用最大似然译码。最大似然译码就是对所有可能的 $\hat{x}_1$ 和 $\hat{x}_2$，从信号调制星座图中选择一对信号$(\hat{x}_1,\hat{x}_2)$，使下面的距离量度最小：

$$\begin{aligned} & d^2(r_1,h_1\hat{x}_1+h_2\hat{x}_2)+d^2(r_2,-h_1\hat{x}_2^*+h_2\hat{x}_1^*) \\ & =|r_1-h_1\hat{x}_1-h_2\hat{x}_2|^2+|r_2+h_1\hat{x}_2^*-h_2\hat{x}_1^*|^2 \end{aligned} \tag{5.8}$$

则最大似然译码可以表示为：

$$(\hat{x}_1,\hat{x}_2)=\arg\min_{(\hat{x}_1,\hat{x}_2)\in C}(|h_1|^2+|h_2|^2-1)(|\hat{x}_1|^2+|\hat{x}_2|^2)+$$
$$d^2(\tilde{x}_1,\hat{x}_1)+d^2(\tilde{x}_2,\hat{x}_2) \tag{5.9}$$

其中,C 为调制符号对$(\hat{x}_1,\hat{x}_2)$的所有可能集合,$d^2(\cdot)$表示欧氏距离的平方,$\tilde{x}_1$ 和 $\tilde{x}_2$ 是通过合并接收信号和信道状态信息构造产生的两个判决统计,表示为:

$$\tilde{x}_1=h_1^* r_1+h_2 r_2^* \tag{5.10}$$

$$\tilde{x}_2=h_2^* r_1+h_1 r_2^* \tag{5.11}$$

则统计结果可以表示为:

$$\tilde{x}_1=(|h_1|^2+|h_2|^2)x_1+h_1^* n_1+h_2 n_2^* \tag{5.12}$$

$$\tilde{x}_2=(|h_1|^2+|h_2|^2)x_2-h_1 n_2^*+h_2^* n_1 \tag{5.13}$$

由上述可知,统计结果 $\tilde{x}_i(i=1,2)$仅仅是 $x_i(i=1,2)$的函数,因此,可以将最大译码准则式分为对于 x_1 和 x_2 的两个独立的译码算法,即:

$$\hat{x}_1=\arg\min_{\hat{x}_1\in S}(|h_1|^2+|h_2|^2-1)|\hat{x}_1|^2+d^2(\tilde{x}_1,\hat{x}_1) \tag{5.14}$$

$$\hat{x}_2=\arg\min_{\hat{x}_2\in S}(|h_1|^2+|h_2|^2-1)|\hat{x}_2|^2+d^2(\tilde{x}_2,\hat{x}_2) \tag{5.15}$$

以上分析都基于一根接收天线的情形,对于有多根接收天线的系统,它与前者类似,只是形式上略有不同。

图 5.7 给出了不同发射天线数(N_t)和接收天线数(N_r)对 Alamouti 方案的误比特率性能的影响。在仿真中,假定发射天线到接收天线的衰落都是相互独立的,并且接收机能够获取完整的信道状态信息,调制方式采用 QPSK。作为对照,图 5.7 中还给出了单发单收系统的性能仿真。

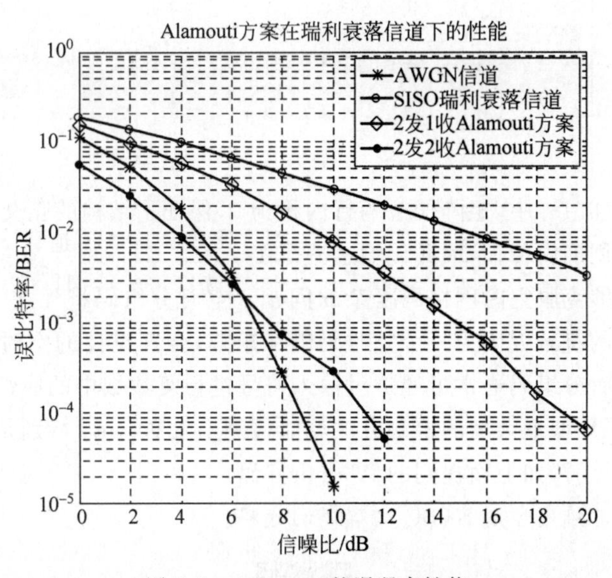

图 5.7　Alamouti 的误码率性能

从图 5.7 中可以看出,2×1 的 Alamouti 发射分集方案相对于单发单收情况的误比特性能有了很大的提高,在误比特率 10^{-2} 处,2×1 的 Alamouti 发射分集方案获得了增益,正是发射分集才有了以上仿真结果。再看 2×2 的 Alamouti 分集方案，相对于 2×1 的 Alamouti 发射分集方案，又有较大的性能改进，在误比特率 10^{-3} 处，2×2 的 Alamouti 分集方案的性能得到提高，这是因为 2×2 的 Alamouti 分集方案存在接收分集的缘故。当然，从单发单收到 2×1、2×2 的分集结构，在性能不断改进的同时，系统发射端和接收端的设备复杂度也在不断增加。

2. 多发射天线的 STBC

Tarokh 等在 Alamouti 研究成果的基础上，根据广义正交设计原理将 Alamouti 的方案推广到多个发射天线的情况。

大小为 N 的实正交设计码字是一个 $N\times N$ 的正交矩阵，其中各元素取值为 $\pm x_1$，$\pm x_2$，…，$\pm x_N$。在数学上正交设计中的问题被称为 Hurwitz-Radon 问题，并且在 20 世纪初就由 Radon 完全解决。但在实际应用中，经常使用的是复信号空时分组码。

Alamouti 码可以看作发射天线数为 2 的复信号空时分组码，其传输矩阵可以表示为：

$$\boldsymbol{X}_2^C=\begin{bmatrix} x_1 & -x_2^* \\ x_2 & x_1^* \end{bmatrix} \tag{5.16}$$

Alamouti 码提供了完全分集 2、全速率 1 的传输。对于 $n_t=3,4$ 的情况，其复传输矩阵为：

$$\boldsymbol{X}_3^C=\begin{bmatrix} x_1 & -x_2 & -x_3 & -x_4 & x_1^* & -x_2^* & -x_3^* & -x_4^* \\ x_2 & x_1 & x_4 & -x_3 & x_2^* & x_1^* & x_4^* & -x_3^* \\ x_3 & -x_4 & x_1 & x_2 & x_3^* & -x_4^* & x_1^* & x_2^* \end{bmatrix} \tag{5.17}$$

$$\boldsymbol{X}_4^C=\begin{bmatrix} x_1 & -x_2 & -x_3 & x_4 & x_1^* & -x_2^* & -x_3^* & -x_4^* \\ x_2 & x_1 & x_4 & -x_3 & x_2^* & x_1^* & x_4^* & -x_3^* \\ x_3 & -x_4 & x_1 & x_2 & x_3^* & -x_4^* & x_1^* & x_2^* \\ x_4 & x_3 & -x_2 & x_1 & x_4^* & x_3^* & -x_2^* & x_1^* \end{bmatrix} \tag{5.18}$$

式(5.17)和式(5.18)中，矩阵任意两行内积为 0，保证了结构的正交性。此时，4 个数据符号要在 8 个时间周期内传输，因此传输速率是 1/2。

空时分组码能够克服空时网格码复杂的问题。空时分组码将无线 MIMO 系统中调制器输出的一定数目的符号编码为一个空时码码字矩阵，合理设计的空时分组码能提供一定的发送分集度。空时分组码通常可通过对输入符号进行复数域中的线性处理而完成。利用这一"线性"性质，采用低复杂度的检测方法就能检测出发送符号，特别是当空时分组码的码字矩阵满足正交设计时，如上面提到的 Alamouti 码。

读者可以扫描二维码查看 STBC 编解码的代码。

5.2.2 MIMO空间复用技术

MIMO信道的衰落特性可以提供额外的信息增加通信中的自由度(degrees of freedom)。如果每对发送和接收天线之间的衰落是相互独立的,则可以产生多个并行的子信道。并行的子信道可以传输不同的信息流,提高传输数据速率,这种传输模式被称为空间复用。

分层空时码是最早提出的一种空时编码方式,其基本原理是将输入的信息比特流分解成多个比特流,独立地进行编码、调制、映射到多条发射天线上。在接收端,采用特殊的处理技术,将一起到达接收天线的信号进行分离,然后送到相应的解码器。分层空时码可认为是一种空间复用技术,其优点是速率变化比较灵活,速率随发送天线数线性增加,常与接近信道容量的二进制编码方式联合使用,如级联码,以提高编码性能。

由于分层空时码是贝尔实验室 Foschini 最先提出的,因此称为 BLAST(Bell Labs Layered Space-Time)技术。理论研究证明,采用 BLAST 技术,系统频谱效率可以随天线个数呈线性增长,也就是说,只要允许增加天线个数,系统容量就能够得到不断提升。鉴于对于无线通信理论的突出贡献,BLAST 技术获得了 2002 年度美国 Thomas Edison 发明奖。

根据子数据流与天线之间的对应关系,空间复用系统主要分为 3 种模式:对角分层空时编码(D-BLAST)、垂直分层空时编码(V-BLAST)以及螺旋分层空时编码(T-BLAST)。

1. D-BLAST

原始数据被分为若干子流,每个子流分别进行编码,子流之间不共享信息比特,每一个子流与一根天线相对应,但是这种对应关系周期性改变,如图 5.8 所示,它的每一层在时间与空间上均呈对角线形状,称为 D-BLAST。D-BLAST 的优点是,所有层的数据可以通过不同的路径发送到接收机端,提高了链路的可靠性。其主要缺点是,由于符号在空间与时间上呈对角线形状,浪费了一部分空时单元,或者增加了传输数据的冗余。

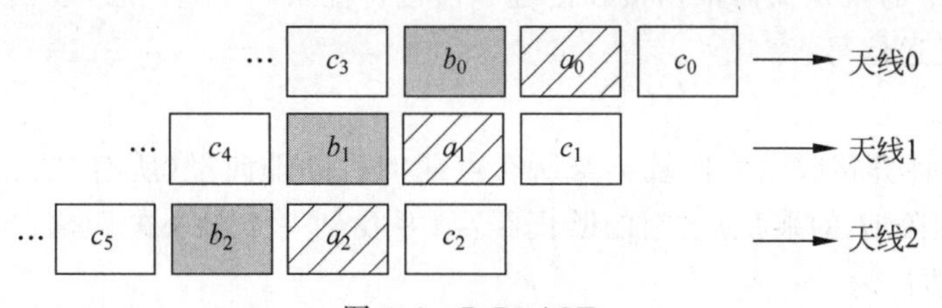

图 5.8 D-BLAST

在数据发送开始时,有一部分空时单元未被填入符号(对应图 5.8 中右下角空白部分),为了保证 D-BLAST 的空时结构,在发送结束时肯定也有一部分空时单元被浪费。如果采用突发模式的数字通信,并且一个突发的长度大于 M(发送天线数目)个发送时间间隔,那么突发的长度越小,这种浪费越严重。它的数据检测需要一层一层的进行,先检测 c_0、c_1、c_2,然后 a_0、a_1、a_2,接着 b_0、b_1、b_2……

D-BLAST 复杂度较高,可处理的长度较短,且边界的对角空时处理会导致效率不高。

2. V-BLAST

V-BLAST 是第一个实现的 BLAST 系统,它采用串行干扰抵消(Successive Interference Cancellation,SIC)方式消除多天线之间的干扰,实现较简单,实用性较强。

V-BLAST 系统框图如图 5.9 所示，$(x_1,x_2,\cdots,x_M)$为发送端发送的数据，$(y_1,y_2,\cdots,y_N)$为接收端接收到得数据，则 V-BLAST 系统输入和输出之间的关系可以表示为：

$$\boldsymbol{y}=\boldsymbol{HX}+\boldsymbol{n} \tag{5.19}$$

其中，$\boldsymbol{H}$ 为信道矩阵，$\boldsymbol{X}$ 为发送的数据向量，$\boldsymbol{y}$ 为接收到的数据向量，$\boldsymbol{n}$ 为噪声。发送端将一个单一的数据流分成 M 个子数据流，每个子数据流被编码成符号串，之后送到各自的发射器，实际上，发射器组成集合是一个向量值发射器，其中的每个元素是从调制星座集中选出的符号。

V-BLAST 采用直接的天线与层的对应关系，即编码后的第 l 个子流直接送到第 l 根天线，不进行数据流与天线之间对应关系的周期改变。如图 5.10 所示，它的数据流在时间与空间上为连续的垂直列向量。

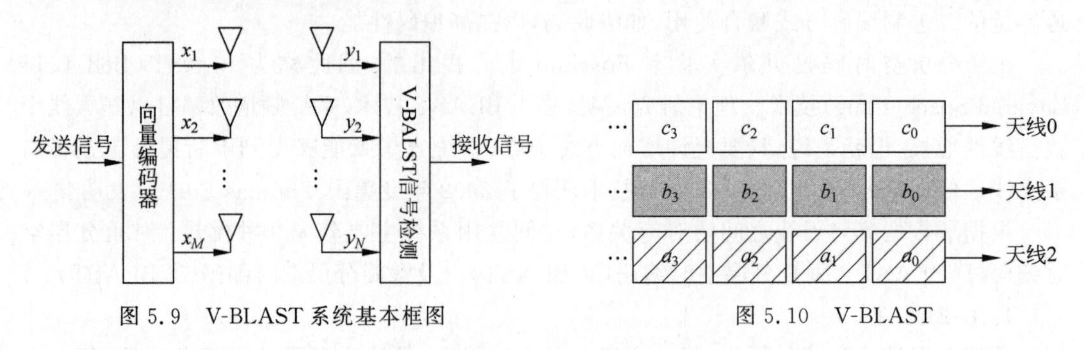

图 5.9 V-BLAST 系统基本框图

图 5.10 V-BLAST

由于 V-BLAST 中数据子流与天线之间只是简单的对应关系，因此在检测过程中，只要知道数据来自哪根天线即可以判断其是哪一层的数据，检测过程简单。

常用的检测技术有 ML 算法、迫零检测(Zero-Forcing detection，ZF)算法、MMSE 算法和串行干扰消除检测算法等。其中，ZF 算法和 MMSE 算法都属于线性检测算法。不论是哪种算法，最根本的就是如何根据接收信号和信道特性来确定每个接收天线的权值，从而最准确地估计出发送信号。

1) ML 算法

ML 算法是计算接收信号向量 $\boldsymbol{y}$ 与所有可能的后处理向量(所有可能的发射信号向量 $\boldsymbol{X}$ 与给定信道矩阵 $\boldsymbol{H}$ 的乘积)之间的欧氏距离，并找到一个最小的距离。ML 检测将发送的信号向量 $\boldsymbol{X}$ 估计为：

$$\hat{\boldsymbol{x}}=\underset{x\in\boldsymbol{\Omega}}{\operatorname{argmin}}\left\|\boldsymbol{y}-\boldsymbol{Hx}\right\|^2 \tag{5.20}$$

其中，$\boldsymbol{\Omega}$ 表示在 n_{T} 个发射天线中所有可能的星座点组合。假如所有可能传送的组合的概率都是相同的，ML 算法需要计算空间中所有星座点数的 n_{T} 次方得到可能的 $\boldsymbol{X}$，然后将选出的最小值作为最大似然解 $\hat{\boldsymbol{x}}$。

ML 算法是对整个搜索空间中进行搜索，其检测性能是最优的，但是利用 ML 算法进行解码时，如果收发双方天线数目多，同时对信号进行的是高阶调制时，调制后星座空间更大，要搜索整个空间的复杂度也相应增加。在星座点数或者天线数目很高的情况下，ML 检测器很难实现，这就局限了 ML 算法的应用。

2) ZF 算法

ZF 算法基于最小二乘估计原理，所谓的迫零是把多个数据流之间的相互干扰完全抑制

掉,从而得到所有期望信号的估计值:

$$\hat{\boldsymbol{x}}=\boldsymbol{H}^{+}\boldsymbol{y}=\boldsymbol{x}+\boldsymbol{H}^{+}\boldsymbol{n} \tag{5.21}$$

其中,$\hat{\boldsymbol{x}}$ 为期望信号 $\boldsymbol{X}$ 的估计值,$\boldsymbol{H}^{+}=(\boldsymbol{H}^{\mathrm{H}}\boldsymbol{H})^{-1}\boldsymbol{H}^{\mathrm{H}}$ 为信道矩阵 $\boldsymbol{H}$ 的伪逆,$[\cdot]^{\mathrm{H}}$ 表示矩阵或向量的共轭转置。由式(5.21)可以看出,虽然完全消除了信号之间的干扰,但没有考虑噪声的影响,有可能放大噪声,而且会因为矩阵 $(\boldsymbol{H}^{\mathrm{H}}\boldsymbol{H})^{-1}$ 中一个很小的特征值会导致很大的误差,造成性能的衰减。

3) MMSE 算法

为了改善 ZF 算法的性能,在设计检测矩阵时可以将噪声的影响考虑进来,这就是 MMSE 算法,它在信号放大作用和抑制作用之间取了折中,使信号估计值与发送信号的均方误差最小,在接收端可以得到发送信号的估计量为:

$$\hat{\boldsymbol{x}}=(\boldsymbol{H}^{\mathrm{H}}\boldsymbol{H}+\sigma_n^2\boldsymbol{I})^{-1}\boldsymbol{H}^{\mathrm{H}}\boldsymbol{y} \tag{5.22}$$

其中,σ_n^2 为噪声方差;$\boldsymbol{I}$ 为单位矩阵。从式(5.22)可以看出,MMSE 算法同时考虑了噪声和干扰的影响,所以性能会有所提高。

4) 排序的连续干扰抵消算法

V-BLAST 算法采用了结合检测顺序优化的逐层阵列加权合并与层间连续干扰抵消(SIC)方式进行接收处理,根据不同的零化准则,可分为 ZF-BLAST 检测方法和 MMSE-BLAST 检测方法。

ZF-BLAST 算法也称 ZF-SIC 算法,其基本思想是每译出一根发送天线上的信号,就要从总的接收信号中减掉该信号对其他信号的干扰,将信道矩阵对应的列迫零后再对新的信道矩阵求广义逆,依次循环译码。在算法中,将每次检测符号的输出信噪比最大化,多空间子信道的相互干扰可以得到有效抑制,从而获得更好的性能。

此外,MMSE 也有相应的排序的连续干扰抵消算法 MMSE-VBLAST(也称 MMSE-SIC),也是消除已检测出的信号对其他未检测出信号的干扰,检测流程基本一致,不同的是加权矩阵优先检测信噪比(SINR)最大的信号支路。由于考虑了噪声的影响,取得了比 ZF-BLAST 检测算法更好的性能。

由上述各算法的原理可知,ML 算法搜索整个调制星座空间,对信号进行高阶调制时,调制星座点数增加,计算复杂度也随着增大。ZF 算法在接收端乘一个滤波矩阵,求一次伪逆,计算复杂度比较低,但是噪声被放大,性能不太理想。MMSE 算法的滤波矩阵本身以接收信号与发送信号的均方误差最小为准则,与 ZF 算法相比,计算复杂度也不算高,性能有所提升,但噪声同样被放大。基于 SIC 的 V-BLAST 算法是在 ZF 和 MMSE 基础上,对比与 ZF 和 MMSE 性能有所改善,计算量与 ZF 和 MMSE 相比只是多求几次滤波矩阵,复杂度也不算高,但是总的性能会受到先检测层信号的影响。

本节对 ML、ZF、ZF-SIC、MMSE 和 MMSE-SIC 几种算法进行仿真及性能分析。在收发天线均为 2、采用 QPSK 调制、信道为瑞利衰落信道情况下,仿真结果如图 5.11 所示。在相同的信噪比条件下,ML 算法的误码率性能是最好的。ZF 算法的误码率最高,MMSE 算法的误码性能居中。非线性检测算法是基于 ZF 与 MMSE 算法改进的,所以采用干扰抵消后算法比未干扰抵消算法的误码性能要好。MMSE-SIC 的算法比 ZF-SIC 算法的误码率要低。

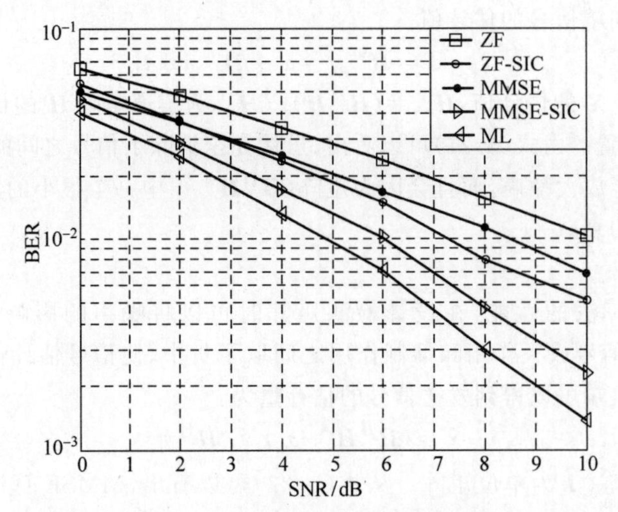

图 5.11 几种经典检测算法的性能

读者可以扫描二维码查看 VBLAST 的代码。

3. T-BLAST

考虑到 D-BLAST 以及 V-BALST 模式的优缺点，提出了 T-BLAST 结构。它的层在空间与时间上呈螺纹状分布，如图 5.12 所示。

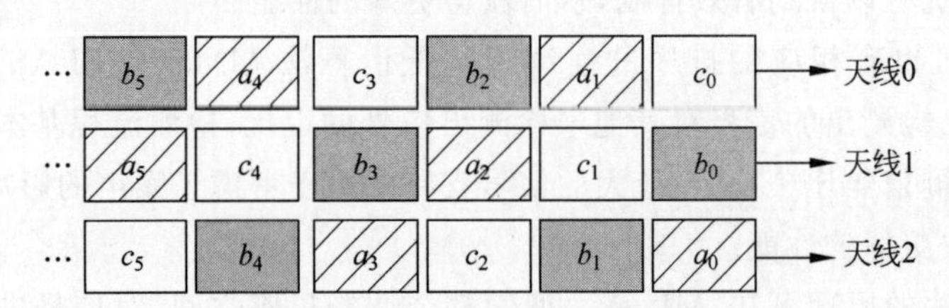

图 5.12 T-BLAST 中数据子流与天线的对应关系

在 T-BLAST 中，原始数据流被多路分解为若干子流之后，每个子流被对应的天线发送出去，并且这种对应关系周期性改变，与 D-BLAST 系统不同的是，在发送的初始阶段并不是只有一根天线进行发送，而是所有天线均进行发送，单从一个发送时间间隔来看，T-BLAST 的空时分布很像 V-BALST，只不过在不同的时间间隔中，子数据流与天线的对应关系发生了周期性改变。T-BLAST 不仅可以使得所有子流共享空间信道，而且没有空时单元的浪费，并且可以使用 V-BLAST 检测算法进行检测。

5.2.3 MIMO 预编码技术

MIMO 系统会受到天线间和用户间干扰的影响，需在发射机和接收机两端采用必要的信号处理技术来提高性能。预编码技术的基本思想是通过矩阵运算把经过调制的符号信息流和信道状态信息进行有机结合，变换成适合当前信道的数据流，然后通过天线发送出去。

预编码技术在简化接收机结构、降低通信误码率、消除用户间干扰等方面有着巨大的应用价值。

预编码可以分为开环预编码和闭环预编码。发送端在无法获知信道状态信息时，可以采用开环预编码传输技术提高系统性能。开环预编码技术采用空时编码、空频编码或多流传输等方式，容易实现，并且不会带来额外的系统开销。闭环预编码的基本原理是在发射端利用得到的信道状态信息（Channel State Information，CSI）设计预编码矩阵对发送信号进行预处理，降低数据流间的干扰。

预编码技术可以根据发送端将占用相同时域和频域资源的多条并行数据流发送给一个用户或多个用户，分为单用户 MIMO 预编码和多用户 MIMO 预编码；也可以根据其中是否引入了非线性运算，分为线性预编码和非线性预编码；线性预编码又可以进一步划分为基于码本的预编码技术和基于非码本的预编码技术。

单用户 MIMO 预编码的系统结构如图 5.13 所示，发送信号 $\boldsymbol{s}$ 经过预编码器 $\boldsymbol{F}$ 完成预编码，然后将预编码之后的信号 $\boldsymbol{x}$ 通过天线发送出去，接收端对接收到的信号 $\boldsymbol{y}$ 进行信号处理得到发送信号的检测值 $\bar{\boldsymbol{s}}$。

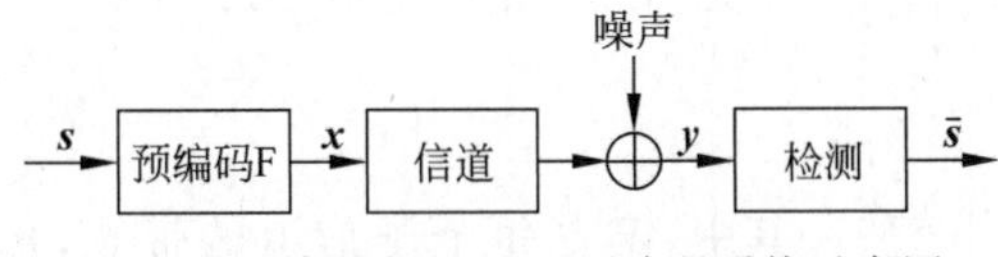

图 5.13　单用户 MIMO 预编码系统示意图

从单用户 MIMO 预编码系统示意图中，可以得到收发信号之间的关系为：

$$\boldsymbol{y}=\boldsymbol{HFs}+\boldsymbol{n} \tag{5.23}$$

其中，$\boldsymbol{H}$ 为信道矩阵，$\boldsymbol{n}$ 为噪声。预编码器的设计就是求解最优的预编码矩阵 $\boldsymbol{F}$，不同的设计准则下，最优的预编码矩阵也不相同。下面首先介绍基于奇异值分解（Singular Value Decomposition，SVD）分解的预编码，然后给出基于码本的预编码。

1. 基于 SVD 分解的预编码

假定 MIMO 系统中有 N 个发射天线，M 个接收天线，则信道矩阵 $\boldsymbol{H}$ 为 $M\times N$ 信道矩阵，根据 SVD 理论，矩阵 $\boldsymbol{H}$ 可以写成：

$$\boldsymbol{H}=\boldsymbol{UDV}^{\mathrm{H}} \tag{5.24}$$

其中，$\boldsymbol{U}$ 和 $\boldsymbol{V}$ 分别是 $M\times M$ 和 $N\times N$ 的酉矩阵，且有 $\boldsymbol{UU}^{\mathrm{H}}=\boldsymbol{I}_M$ 和 $\boldsymbol{VV}^{\mathrm{H}}=\boldsymbol{I}_N$，其中 $\boldsymbol{I}_M$ 和 $\boldsymbol{I}_N$ 是 $M\times M$ 和 $N\times N$ 单位阵。$\boldsymbol{D}$ 是 $M\times N$ 非负对角矩阵，且对角元素是矩阵 $\boldsymbol{HH}^{\mathrm{H}}$ 的特征值的非负平方根。$\boldsymbol{HH}^{\mathrm{H}}$ 的特征值（用 λ 表示）定义为：

$$\boldsymbol{HH}^{\mathrm{H}}\boldsymbol{y}=\lambda\boldsymbol{y},\quad \boldsymbol{y}\neq\boldsymbol{0} \tag{5.25}$$

其中，$\boldsymbol{y}$ 是与 λ 对应的 $M\times 1$ 维向量，称为特征向量。特征值的非负平方根也称为 $\boldsymbol{H}$ 的奇异值，而且 $\boldsymbol{U}$ 的列向量是 $\boldsymbol{HH}^{\mathrm{H}}$ 的特征向量，$\boldsymbol{V}$ 的列向量是 $\boldsymbol{H}^{\mathrm{H}}\boldsymbol{H}$ 的特征向量。矩阵 $\boldsymbol{HH}^{\mathrm{H}}$ 的非零特征值的数量等于矩阵 $\boldsymbol{H}$ 的秩，用 m 表示，其最大值为 $m=\min(M,N)$。则可以得到接收向量：

$$\boldsymbol{y}=\boldsymbol{UDV}^{\mathrm{H}}\boldsymbol{Fs}+\boldsymbol{n} \tag{5.26}$$

引入几个变换 $\bar{\boldsymbol{s}}=\boldsymbol{U}^{\mathrm{H}}\boldsymbol{y}$，$\boldsymbol{x}=\boldsymbol{Fs}$，$\boldsymbol{F}=\boldsymbol{V}$，$\boldsymbol{n}'=\boldsymbol{U}^{\mathrm{H}}\boldsymbol{n}$，则发送信号 $\boldsymbol{s}$ 的检测结果 $\bar{\boldsymbol{s}}$ 可表示为：

$$\overline{s}=\sum s+n' \tag{5.27}$$

对于 $M\times N$ 矩阵 $\boldsymbol{H}$，秩的最大值 $m=\min(M,N)$，也就是说有 m 个非零奇异值。将 $\sqrt{\lambda_i}$ 代入式(5.27)可得：

$$\begin{aligned}\overline{s}_i&=\sqrt{\lambda_i}\,s_i+n'_i, & i&=1,2,\cdots,m\\ r'_i&=n'_i, & i&=m+1,m+2,\cdots,M\end{aligned} \tag{5.28}$$

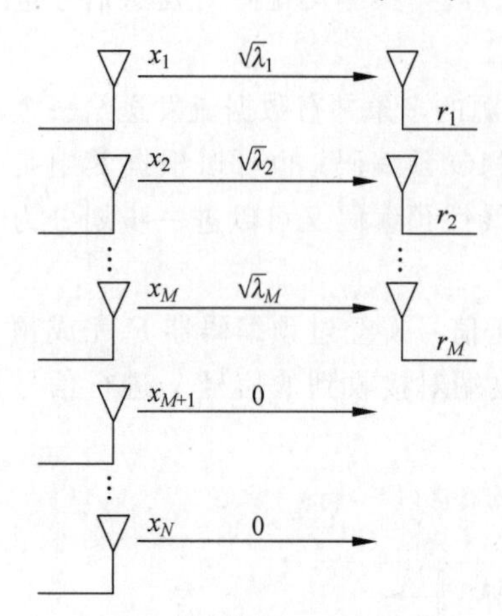

图 5.14　发射天线大于接收天线时的等效 MIMO 信道

通过式(5.28)可以看出等效的 MIMO 信道是由 m 个去耦平行子信道组成的。为每个子信道分配矩阵 $\boldsymbol{H}$ 的奇异值，相当于信道的幅度增益。因此，信道功率增益等于矩阵 $\boldsymbol{H}\boldsymbol{H}^{\mathrm{H}}$ 的特征值。

图 5.14 给出了发射天线 N 大于接收天线 M 情况下的等效信道示意图。

因为子信道是去耦的，所以其容量可以直接相加。在等功率分配的情况下，运用香农容量公式可以估算出总的信道容量(用 C 表示)为：

$$C=W\sum_{i=1}^{m}\log_2\left(1+\frac{P}{N\sigma^2}\right) \tag{5.29}$$

其中，W 是每个子信道的带宽，P 是所有发射天线的总功率。

读者可以扫描二维码查看 SVD 预编码的代码。

2. 基于码本的预编码

基于 SVD 分解的预编码技术是一种非码本预编码方式，在不能有效获取信道矩阵的系统中，常采用基于码本的预编码方案。基于码本的预编码就是接收端和发送端共享同一个已知的码本集合，码本集合中包含多个预编码矩阵，接收端根据信道估计的信道矩阵以某一性能目标在码本集合中选择使系统性能更优的预编码矩阵，再将其码本序号反馈给发送端，发送端根据序号选择预编码矩阵进行预编码。由此，反馈信息只需要码本序号，大大减小了反馈量，节约了带宽，方便了操作。

常用的码本主要有：格拉斯曼码本(Grassmanian Codebook)、基于 Householder 变换的码本和基于离散傅里叶变化(Discrete Fourier Transform，DFT)的码本。其中，格拉斯曼码本的主要思想是最大化码字间的最小距离，以期达到更均匀地量化整个信道空间，但这类方法以完全随机的信道为前提，没有充分考虑实际信道的分布。基于 Householder 变换的码本通过给定的码本向量和 Householder 变换得到预编码矩阵。而基于 DFT 码本的预编码矩阵是酉阵，备选矩阵数量大而生成简单，码字正交性好的特性，码本的算法和实现都比较简单，且能达到良好的性能。下面详细介绍基于 DFT 的预编码码本。

DFT 码本最初用于波束成形中，所有码本输入有相同的幅度，通过相位调整形成相应的波束，其生成的波束几乎在一个圆上均匀分布，且随着基站端天线数的增加，波束半功率波束宽度(Half-Power Beam Width,HPBW)会变得更窄。基于 DFT 的码本产生的各预编码矩阵中的向量两两正交,因此能够有效地抑制多用户 MIMO 系统中的用户间干扰。考虑 $\boldsymbol{W}$ 为包含一系列酉矩阵的码本,码本的大小为 L,即:

$$\boldsymbol{W}=[\boldsymbol{w}_1,\quad \boldsymbol{w}_2,\quad \cdots\quad \boldsymbol{w}_L] \tag{5.30}$$

其中,$\boldsymbol{W}_i$ 为码本中第 i 个酉预编码矩阵,由酉矩阵的性质可知:

$$\boldsymbol{w}_i\boldsymbol{w}_i^{\mathrm{H}}=\boldsymbol{w}_i^{\mathrm{H}}\boldsymbol{w}_i=\boldsymbol{I}_M \tag{5.31}$$

酉码本所有的码字都是酉矩阵,而且由线性代数的子空间理论可知,对于 n 维向量的酉码本,最多只可能包含 n 个正交向量,基于 DFT 的码本通过抽取 DFT 矩阵的前几行组成一个新的矩阵,并在新的矩阵中抽取几个列向量构成所需的码字。N 阶 DFT 矩阵为:

$$\begin{cases} B=\dfrac{1}{\sqrt{N}}\begin{bmatrix} 1 & 1 & \cdots & 1 \\ 1 & W_{N,1} & \cdots & W_{N,N-1} \\ \vdots & \vdots & \ddots & \vdots \\ 1 & W_{N-1}^{N-1} & \cdots & W_{N,N-1}^{N-1} \end{bmatrix}_{N\times N} \\ W_{N,k}=\mathrm{e}^{j\frac{2k\pi}{N}},\quad k=1,2,\cdots,N-1 \end{cases} \tag{5.32}$$

如果基站发射天线数目为 M,采用的码本大小为 L,即码本中包含 L 个 $M\times M$ 的酉矩阵。

DFT 码本的生成过程如下所述。

(1) 生成 $L\times M$ 阶的 DFT 矩阵。

(2) 抽取 DFT 矩阵的前 M 行,此时的列向量集合为:

$$\boldsymbol{C}=[\boldsymbol{c}_1,\quad \boldsymbol{c}_2,\quad \cdots,\quad \boldsymbol{c}_{ML}] \tag{5.33}$$

(3) 通过对列向量进行组合从而生成码本,其中第 i 个酉矩阵可表示为:

$$\boldsymbol{w}_i=\frac{1}{\sqrt{M}}[\boldsymbol{c}_i,\quad \boldsymbol{c}_{i+L},\quad \cdots,\quad \boldsymbol{c}_{i+(M-1)L}] \tag{5.34}$$

也可用公式表示 DFT 码本的构成过程。码本中的第 i 个码字为:

$$\boldsymbol{w}_i=[\boldsymbol{v}_i^1,\quad \boldsymbol{v}_i^2,\quad \cdots,\quad \boldsymbol{v}_i^M] \tag{5.35}$$

其中$\boldsymbol{v}_i^m$ 是 $\boldsymbol{W}_i$ 的第 m 个列向量,则:

$$\boldsymbol{v}_i^m=\frac{1}{\sqrt{M}}[u_i^1,\quad u_i^{2,m},\quad \cdots,\quad u_i^{M,m}]^{\mathrm{T}} \tag{5.36}$$

$$u_i^{m,n}=\exp\left(\frac{2\pi(n-1)}{M}\left(m-1+\frac{i-1}{L}\right)\right) \tag{5.37}$$

例如,当取 $M=2,L=2$ 时,对应的码本空间大小为 2,该码本空间包含以下 2 个预编码矩阵:

$$\frac{1}{\sqrt{2}}\begin{bmatrix} 1 & 1 \\ 1 & -1 \end{bmatrix},\quad \frac{1}{\sqrt{2}}\begin{bmatrix} 1 & 1 \\ j & -j \end{bmatrix} \tag{5.38}$$

对于配置有两根发射天线的单用户 MIMO 系统,LTE 规定的线性预编码矩阵的码本,就是基于以上码本得出的。

在采用预编码的通信系统中,除了设计出码本之外,还要根据一些接收端的判决准则正确选取码本中的最优码字,这样才能真正地提高系统性能,减小误码率。一般的选择准则包括基于性能的选取方式和基于量化的选取方式。基于性能的选取方式即系统根据某种性能指标，遍历码本空间中的预编码矩阵，选择最优的预编码矩阵。常用的性能指标包括：SINR、系统吞吐率、误码率、误块率等。而基于量化的选取方式即系统通过对信道矩阵的右奇异矩阵进行量化，遍历码本空间中的预编码矩阵，选择最匹配的预编码矩阵。该选择方式需要首先对信道矩阵进行SVD分解，再遍历码本空间，从中选取与该信道矩阵的右奇异矩阵误差最小的矩阵。

3. 多用户MIMO预编码

在多用户MIMO下行链路中，基站将发送多个用户的多个数据流，每一个用户在收到自己的信号之外还接收到其他用户的干扰信号，如果发送端能够准确地获知干扰信号，通过在发端进行某种预编码处理，可使有干扰系统的信道容量与无干扰系统的信道容量相同。

对于下行链路的用户干扰消除情况，脏纸编码(Dirty Paper Coding，DPC)作为典型的非线性预编码算法，可以提供比线性预编码高的信道容量。DPC的基本思想是假设发射端预先确知信道间的干扰，那么发射时可以进行预编码来补偿干扰带来的影响。由于脏纸编码方法的编码和解码比较复杂，而且需要知道完整的信道信息，所以在实际中实现起来比较困难。常用的非线性预编码算法主要包括THP(Tomlinson-Harashima)预编码、向量扰动预编码等，在发送数据向量之前进行数据非线性叠加，用以提高数据的传输特性。由于非线性预编码的计算复杂度很高，因此，在实际应用中普遍采用更具实用价值且容易设计的线性预编码技术。常见的多用户线性预编码方法包括迫零预编码和块对角化(Block Diagonalization，BD)预编码。

考虑多用户MIMO预编码系统的下行链路，如图5.15所示，基站有M个天线用于发送经预编码处理的信号，系统中用户数为K，用户k有M_k个接收天线。若所有用户接收到的信号向量为$\boldsymbol{y}$，则$\boldsymbol{y}$可表示为：

$$\boldsymbol{y}=\begin{bmatrix}\boldsymbol{y}_1\\ \boldsymbol{y}_2\\ \vdots\\ \boldsymbol{y}_k\end{bmatrix}=\begin{bmatrix}\boldsymbol{H}_1\\ \boldsymbol{H}_2\\ \vdots\\ \boldsymbol{H}_k\end{bmatrix}\begin{bmatrix}\boldsymbol{F}_1 & \boldsymbol{F}_2 & \cdots & \boldsymbol{F}_k\end{bmatrix}\begin{bmatrix}\boldsymbol{s}_1\\ \boldsymbol{s}_2\\ \vdots\\ \boldsymbol{s}_k\end{bmatrix}+\begin{bmatrix}\boldsymbol{n}_1\\ \boldsymbol{n}_2\\ \vdots\\ \boldsymbol{n}_k\end{bmatrix} \tag{5.39}$$

其中，$\boldsymbol{H}_k$为第k个用户与基站间的信道矩阵，$\boldsymbol{F}_k$为第k个用户的预编码矩阵。

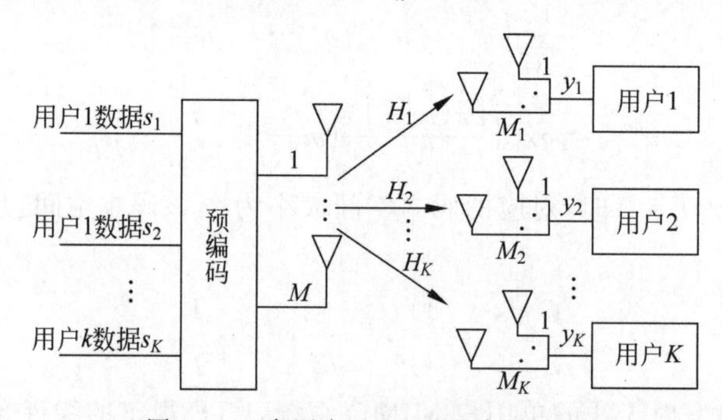

图5.15　多用户MIMO预编码系统

MIMO系统中最简单的预编码算法是迫零预编码算法，在迫零算法中，基站根据用户反馈的信道状态信息为用户计算预编码向量，使得传输给某个用户信号对其他用户构成了零陷，在基站侧就进行数据流的分离，尽可能地消除或降低多用户干扰。假设 K 个用户所对应的下行多用户的空间信道矩阵为 $\boldsymbol{H}=[\boldsymbol{H}_1^{\mathrm{T}} \quad \boldsymbol{H}_2^{\mathrm{T}} \quad \cdots \quad \boldsymbol{H}_K^{\mathrm{T}}]^{\mathrm{T}}$。那么在 ZF 准则下，将信道矩阵 $\boldsymbol{H}$ 的伪逆矩阵作为预编码矩阵，即有：

$$\boldsymbol{F}=\boldsymbol{H}^{\mathrm{H}}(\boldsymbol{H}\boldsymbol{H}^{\mathrm{H}})^{-1} \tag{5.40}$$

使得 $\boldsymbol{FH}=\boldsymbol{I}$，即使得信道完全对角化。通过预编码矩阵的作用可以得到均衡后的等效信道，从而能够在基站端将公共信道干扰全部消除。

块对角化(BD)预编码算法是多用户 MIMO 系统中普遍认可的一种有效的线性的预编码方案。块对角化预编码基于迫零思想，将等效全局信道矩阵转化为块对角化形式。经 BD 预编码后，系统每一个用户的有用信号都被映射到其他所有干扰用户的信道零空间内，从而完全消除多用户间的干扰。

定义矩阵 $\boldsymbol{H}=[\boldsymbol{H}_1^{\mathrm{T}} \quad \boldsymbol{H}_2^{\mathrm{T}} \quad \cdots \quad \boldsymbol{H}_K^{\mathrm{T}}]^{\mathrm{T}}$，$\boldsymbol{F}=[\boldsymbol{F}_1 \quad \boldsymbol{F}_2 \quad \cdots \quad \boldsymbol{F}_K]$，则 BD 预编码的基本思想是通过设计预编码矩阵 $\boldsymbol{F}$，使得 $\boldsymbol{HF}$ 分块对角化，即：

$$\boldsymbol{HF}=\mathrm{diag}(\boldsymbol{H}_1\boldsymbol{F}_1 \quad \boldsymbol{H}_2\boldsymbol{F}_2 \quad \cdots \quad \boldsymbol{H}_K\boldsymbol{F}_K) \tag{5.41}$$

因此，BD 预编码的关键问题是为用户 $k(k=1,2,\cdots,K)$ 寻找恰当的预编码矩阵，使其满足：

$$\boldsymbol{H}_i\boldsymbol{F}_k=0, \quad i\neq k \tag{5.42}$$

对于用户 k，将其所有干扰用户的信道矩阵级联，形成级联矩阵 $\overline{\boldsymbol{H}}_k$ 为：

$$\overline{\boldsymbol{H}}_k=[\boldsymbol{H}_1^{\mathrm{T}} \quad \cdots \quad \boldsymbol{H}_{k-1}^{\mathrm{T}} \quad \boldsymbol{H}_{k+1}^{\mathrm{T}} \quad \cdots \quad \boldsymbol{H}_K^{\mathrm{T}}] \tag{5.43}$$

对 $\overline{\boldsymbol{H}}_k$ 进行 SVD 分解，则有：

$$\overline{\boldsymbol{H}}_k=\overline{\boldsymbol{U}}_k\overline{\boldsymbol{D}}_k[\overline{\boldsymbol{V}}_k^{(1)} \quad \overline{\boldsymbol{V}}_k^{(0)}]^H \tag{5.44}$$

其中 $\overline{\boldsymbol{V}}_k^0$ 的 $(N-\mathrm{rank}(\overline{\boldsymbol{H}}_k))$ 个正交列向量是构成 $\overline{\boldsymbol{H}}_k$ 零空间的标准正交基，这里的 rank(•)表示矩阵的秩，于是有：

$$\overline{\boldsymbol{H}}_k\overline{\boldsymbol{V}}_k^0=\boldsymbol{0} \tag{5.45}$$

因此，由 $\overline{\boldsymbol{V}}_k^0$ 的列向量所构造的用户 k 的预编码矩阵必然满足迫零约束条件。

进一步定义用户 k 的等效信道 $\boldsymbol{H}_{k,\mathrm{eff}}=\overline{\boldsymbol{H}}_k\overline{\boldsymbol{V}}_k^0$，并对其进行 SVD 分解可得：

$$\boldsymbol{H}_{k,\mathrm{eff}}=\boldsymbol{U}_{k,\mathrm{eff}}\boldsymbol{D}_{k,\mathrm{eff}}\boldsymbol{V}_{k,\mathrm{eff}} \tag{5.46}$$

则用户的预编码矩阵表示为：

$$\boldsymbol{F}_k=\overline{\boldsymbol{V}}_k^0\boldsymbol{V}_{k,\mathrm{eff}}\boldsymbol{P}_k^{1/2} \tag{5.47}$$

其中，$\boldsymbol{P}_k$ 为功率分配对角阵，相应地用户 k 的接收矩阵为 $\boldsymbol{U}_{k,\mathrm{eff}}$。

与 ZF 线性预编码方案相比，BD 方案在各个接收端配置有多根天线的情况下更有优势，因为块对角化 BD 方案并不是将接收端的每一根接收天线当作独立用户进行预编码操作，而是利用处于其他 $\overline{\boldsymbol{H}}_k$ 零空间的矩阵 $\boldsymbol{F}_k$ 处理发给各个接收端的信号向量，将一个多用户 MIMO 信道转化成多个并行的或正交的单用户 MIMO 信道。因此，BD 预编码是一种适用于多用户 MIMO 系统的线性预编码方案。

预编码技术的应用形式灵活，具有广泛应用空间。当预编码应用于多天线分集系统时，可以帮助分集系统获得分集增益，从而提高系统的误码率性能；当预编码应用于多天线空间复用系统，预编码技术可以通过使各发射天线上的信号彼此正交来抑制不同天线间的相互干扰，从而使系统的容量性能和频谱利用率得到提高。预编码技术还可以用于多用户系统,使得不同用户间的发射信号彼此正交,从而使系统可以获得更多的用户分集增益,进一步提高系统的数据传输速率。此外,预编码技术还可以与其他多天线技术相结合,进一步改善多天线系统的性能,如空频分组预编码技术、循环延迟分集预编码技术、空时分组预编码技术等。

5.2.4 虚拟 MIMO 和用户配对

在 LTE 上行系统中,还支持一种特殊的 MIMO 技术——虚拟 MIMO。虚拟 MIMO 技术通过动态地将多个单天线发送的用户配对,以虚拟 MIMO 形式发送,如图 5.16 所示。

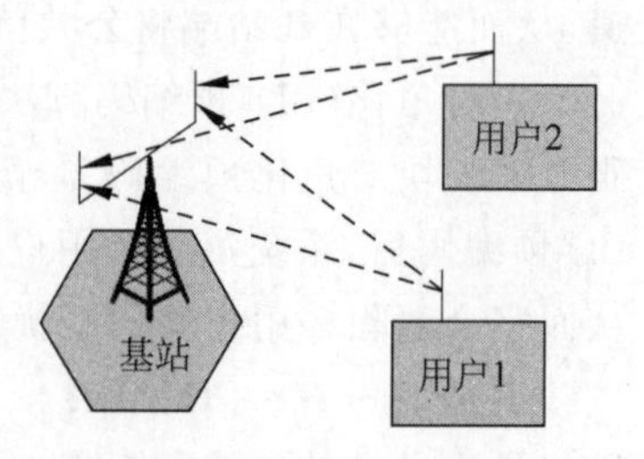

图 5.16 虚拟 MIMO

虚拟 MIMO 是一种多用户 MIMO,属于 SDMA 系统。两个用户配对后,虚拟 MIMO 的信道容量取决于其信道向量构成的信道矩阵。在虚拟 MIMO 中,具有较好正交性的用户可以共享相同的时频资源,从而显著提高了系统的容量。

虚拟 MIMO 主要涉及用户配对、功率控制和分组调度等方面的技术。

1. 用户配对

虚拟 MIMO 系统中,利用多用户的空间分集最大化系统吞吐量或效用函数是调度的关键之一,这就要求选择合适的用户配对形成虚拟 MIMO。下面介绍几种配对方法。

(1) 正交配对,选择信道正交性最大的两个用户进行配对。这种配对方法的优势在于计算复杂度比较低;缺点是只考虑了 MIMO 信道矩阵自身的正交性,却没有考虑配对用户各自的信噪比,即没有考虑干扰、网络规划不当或某些地区深度衰落造成的性能影响。

(2) 随机配对,进行配对的用户随机生成,配对方式简单,计算量小,复杂度低;但是无法合理利用信道矩阵正交特性,从而无法达到最大的信道容量。

(3) 基于路径损耗和慢衰落排序配对,将用户路径损耗与慢衰落值的和进行排序,配对用户为排序后相邻的用户。这种配对方法较简单,复杂度低,在用户移动缓慢、路径损耗和慢衰落缓慢的情况下,用户需要重新配对的频率也会降低,而且因为配对用户路径损耗与慢衰落值的和相近,从而降低了用户产生“远近”效应的可能性。缺点是进行配对的用户信道相关性可能比较高,导致配对用户之间存在较大的干扰。

2. 功率控制

作为 3GPP LTE 系统上行关键技术之一,虚拟 MIMO 无线资源管理技术的研究正在逐步展开。在上行 LTE 系统功率控制技术中,由于小区内用户间相互正交,不存在用户间干扰,消除了像 CDMA 系统中“远近”效应的影响,因此无须采用快速功率控制,而是采用慢速功率控制来补偿路径损耗和阴影衰落,以削弱小区间的同频干扰。

3. 分组调度

调度是为用户分配合适的资源,系统根据用户设备的能力、待发送的数据量、信道质量信息(Channel Quality Indication,CQI)的反馈等因素对资源进行分配,并发送控制信令通知用户。虚拟 MIMO 分组调度算法在提高系统容量的同时,也带来了新的技术挑战。由于用户传输速率会受到与其配对传输的其他用户的影响,分组调度算法须遍历计算所有用户配对组合后的传输速率,并进行比较。这是一个组合优化问题,求解复杂度较高。

经典的调度算法有最大载干比调度算法,轮询调度算法以及基于分数调度算法等。

(1) 最大载干比调度算法：该算法的基本思想是根据基站相应接收信号的载干比预测值，对所有待服务移动设备排序，优先发送预测值高的。

(2) 轮询调度算法(Round Robin，RR)：该算法的主要思想是保证用户的公平性，按照某种给定的顺序，所有待传的非空用户以轮询的方式接收服务，每次服务占用相等时间的无线通信资源。

(3) 基于分数调度算法(Score-Based)：该算法考虑了信道的分布情况和用户的速率，根据用户速率需求和信道条件的折中为用户分配资源。

虚拟 MIMO 技术可以很大地提高系统吞吐量，但是实际配对策略以及如何有效地为配对用户分配资源的问题，都会对系统吞吐量产生很大的影响；而且只有在性能和复杂度两者之间取得一个良好的折中，虚拟 MIMO 技术的优势才能充分发挥出来。

5.3　MIMO 技术增强

5.3.1　大规模 MIMO 技术

大规模 MIMO，也称 Massive MIMO，由贝尔实验室的 Marzetta 在 2010 年提出。他们的研究发现，对于采用 TDD 模式的多小区系统，在各基站配置无限数目天线的极端情况下，多用户 MIMO 具有与单小区、有限数量天线时的不同特征。

在实际大规模 MIMO 中，基站只能配置有限数量天线，通常为几十到几百根，是常见系统天线数量的 1～2 个数量级，在同一个时频资源上同时服务于更多的用户。在天线的配置方式上，天线可以集中配置在一个基站上，形成集中式的大规模 MIMO，也可以是分布式地配置在多个节点上，形成分布式的大规模 MIMO。

大规模 MIMO 的无线通信环境如图 5.17 所示。大规模 MIMO 技术利用基站大规模天线配置所提供的空间自由度，提升多用户间的频谱资源复用能力、各个用户链路的频谱效率以及抵抗小区间干扰的能力，由此大幅提升频谱资源的整体利用率；与此同时，利用基站大规模天线配置所提供的分集增益和阵列增益，每个用户与基站之间通信的功率效率也可以得到进一步显著提升。因此，面对 5G 系统在传输速率和系统容量等方面的性能挑战，大规模 MIMO 技术成为 5G 系统区别于 4G 移动通信系统的核心技术之一。

大规模天线为无线接入网络提供了更精细的空间粒度以及更多的空间自由度，因此基于大规模天线的多用户调度技术、业务负载均衡技术以及资源管理技术将获得可观的性能增益。天线规模的扩展对于业务信道带来巨大的增益，但是对于需要有效覆盖全小区内所有终端的广播信道(BCH)而言，则会带来诸多不利影响。除此之外，大规模天线还需要考虑高速移动场景下信号的可靠和高速率传输问题。

大规模天线技术的潜在应用场景主要包括宏覆盖、高层建筑、异构网络、室内外热点以及无线回传链路等。此外，以分布式天线的形式构建大规模天线系统也成为该技术的应用场景之一。在需要广域覆盖的场景，大规模天线技术可以利用 6GHz 以下(Sub6G)频段；在热点覆盖或回传链路等场景，则可以考虑使用更高频段。针对上述典型应用场景，要根据大规模天线信道的实测结果，对一系列信道参数的分布特征及其相关性进行建模，从而反映出信号在三维空间中的传播特性。大规模 MIMO 技术的应用场景如图 5.18 所示。

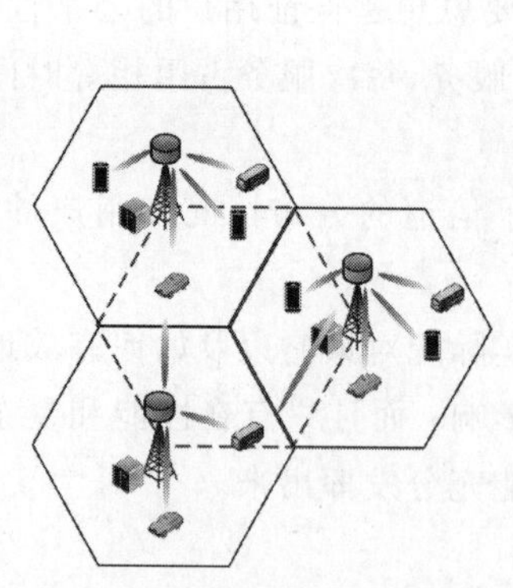

图 5.17 大规模 MIMO 无线通信环境

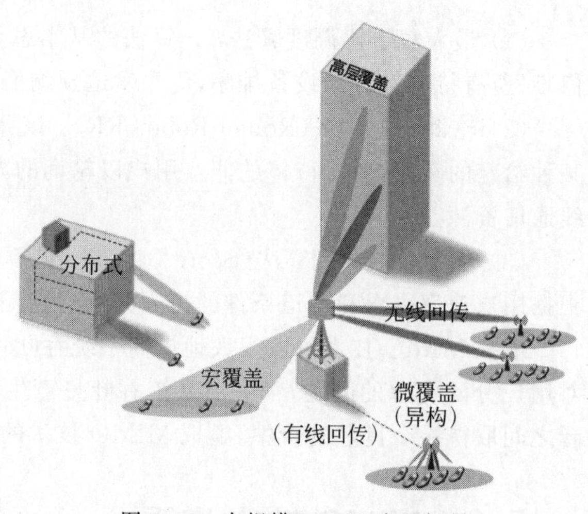

图 5.18 大规模 MIMO 应用场景

信道状态信息测量、反馈及参考信号设计等对于大规模 MIMO 技术的应用具有重要作用。为了更好地平衡信道状态信息测量的开销与精度，除了传统的基于码本的隐式反馈和基于信道互易性的反馈机制之外，分级 CSI 测量与反馈、基于 Kronecker 运算的 CSI 测量与反馈、压缩感知以及预体验式等新型反馈机制也值得考虑。

大规模天线的性能增益主要是通过大量天线阵元形成的多用户信道间的准正交特性保证的。然而，在实际的信道条件中，由于设备与传播环境中存在诸多非理想因素，为了获得稳定的多用户传输增益，仍然需要依赖下行发送与上行接收算法的设计来有效地抑制用户间乃至小区间的同道干扰，而传输与检测算法的计算复杂度则直接与天线阵列规模和用户数相关。此外，基于大规模天线的预编码/波束成形算法与阵列结构设计、设备成本、功率效率和系统性能都有直接的联系。基于 Kronecker 运算的水平垂直分离算法、数模混合波束成形技术，或者分级波束成形技术等可以较为有效地降低大规模天线系统计算复杂度。

当天线数目很大时，大规模 MIMO 采用线性预编码即可达到近似最优容量。因此，我们下面重点阐述大规模 MIMO 常用线性预编码，并进行了对比分析。

大规模 MIMO 系统性能与预编码/波束成形算法有直接的联系。从理论上说，当基站天线数目接近无穷，且天线间相关性较小时，天线阵列形成的多个波束间将不存在干扰，系统容量较传统 MIMO 系统大大提升。此时，最简单的线性多用户预编码，如特征值波束成形(Eigenvalues Beamforming，EBF)、匹配滤波(Matching Filter，MF)、正则化迫零(Regularization Zero Forcing，RZF)等能够获得几乎是最优的性能，且基站和用户的发射功率也可以任意小。

考虑由配置 M 根天线的基站和 K 个单天线用户构成的大规模 MIMO 系统。若 M 根天线到同一用户的大尺度衰落相同，且基站端天线相关矩阵为单位阵，则基站到用户的信道为 $K\times M$ 维矩阵 $\boldsymbol{H}=\boldsymbol{DV}=[\boldsymbol{h}_1,\boldsymbol{h}_2,\cdots,\boldsymbol{h}_k]^{\mathrm{T}}$，其中 $\boldsymbol{D}=\mathrm{diag}(d_1,d_2,\cdots,d_k)$ 表示信道的大尺度衰落信息，$K\times M$ 维矩阵 $\boldsymbol{V}$ 表示信道的快衰落信息，其各元素独立同分布且服从均值为 0、方差为 1 的复高斯分布，M 维行向量 $\boldsymbol{h}_k$ 为基站到用户 $k(k=1,2,\cdots,K)$ 的信道。在大规模 MIMO 系统中，若 $M\gg K$，则有 $(\boldsymbol{HH}^{\mathrm{H}})/M=\boldsymbol{D}^{\frac{1}{2}}[(\boldsymbol{VV}^{\mathrm{H}})/M]\boldsymbol{D}^{\frac{1}{2}}\approx\boldsymbol{D}$，即各用户的信道是渐近正交的。

1. 特征值波束成形算法

特征值波束成形(EBF)利用信道的特征值信息根据一定的准则进行波束成形。准则可以是最大 SINR(MSINR)、MMSE 或线性约束最小方差(LCMV)等,这里以 MSINR 准则为例对特征值波束成形进行分析。

设用户接收端噪声功率为 σ^2,EBF 权值矩阵为 $\boldsymbol{W}_{\mathrm{EBF}}$,则用户 k 的接收端信干噪比(SINR)为:

$$\gamma_k = \frac{[\boldsymbol{W}_{\mathrm{EBF}}]_k \boldsymbol{h}_k^{\mathrm{H}} \boldsymbol{h}_k \operatorname{vec}[\boldsymbol{W}_{\mathrm{EBF}}]_k^{\mathrm{H}}}{\sum\limits_{l=1, l \neq k}^{K} [\boldsymbol{W}_{\mathrm{EBF}}]_k \boldsymbol{h}_l^{\mathrm{H}} \boldsymbol{h}_l \operatorname{vec}[\boldsymbol{W}_{\mathrm{EBF}}]_k^{\mathrm{H}} + \sigma^2} \tag{5.48}$$

其中$[\bullet]_k$ 表示矩阵的第 k 列。

EBF 权值矩阵 $\boldsymbol{W}_{\mathrm{EBF}}$ 应使得 γ_k 最大,对 γ_k 求导并使其导数为 0,可知最优的$[\boldsymbol{W}_{\mathrm{EBF}}]_k^{\mathrm{H}}$ 对应于 $\boldsymbol{h}_k^{\mathrm{H}}\boldsymbol{h}_k$ 的最大特征值 $\lambda_{\max}$,进一步地可得最优特征值波束成形权值矩阵 $\boldsymbol{W}_{\mathrm{EBF}}$。若 $M \gg K$,则此时用户 k 的接收端 SINR 为:

$$\gamma_k = \frac{d_k^2}{\sum\limits_{l=1, l \neq k}^{K} d_l^2 + \sigma^2} \tag{5.49}$$

2. 匹配滤波

基站对 K 个用户的匹配滤波(MF)多用户预编码矩阵为:

$$\boldsymbol{W}_{\mathrm{MF}} = \boldsymbol{H}^{\mathrm{H}} \tag{5.50}$$

若基站发射信号向量为 $\boldsymbol{s}=(s_1, s_2, \cdots, s_K)^{\mathrm{T}}$,$K$ 个用户的接收噪声向量为 $\boldsymbol{n}=(n_1, n_2, \cdots, n_K)^{\mathrm{T}}$,$\boldsymbol{s}$、$\boldsymbol{n}$ 各元素独立同分布且服从均值为 0、方差分别为 1 和 σ^2 的复高斯分布。$M \gg K$ 时,K 个用户的接收信号向量为:

$$\boldsymbol{r} = \boldsymbol{H}\boldsymbol{W}_{\mathrm{MF}}\boldsymbol{s} + \boldsymbol{n} \approx M\boldsymbol{D}\boldsymbol{s} + \boldsymbol{n} \tag{5.51}$$

用户 k 的接收端 SINR 与公式(5.49)相同。

3. 正则化迫零

RZF 多用户预编码在莱斯信道下具有良好的性能,其预编码矩阵为:

$$\boldsymbol{W}_{\mathrm{RZF}} = (\boldsymbol{H}^{\mathrm{H}}\boldsymbol{H} + M\alpha \boldsymbol{I}_K)^{-1}\boldsymbol{H}^{\mathrm{H}} \tag{5.52}$$

其中,α 是正则化系数。当 α 趋近于 0 时就是 ZF 预编码;当 α 趋近于无穷大时就是 MF 预编码。

$M \gg K$ 时,K 个用户的接收信号向量为

$$\boldsymbol{r} = \boldsymbol{H}\boldsymbol{W}_{\mathrm{RZF}}\boldsymbol{s} + \boldsymbol{n} = M\alpha\boldsymbol{D}\boldsymbol{s} + \boldsymbol{n} \tag{5.53}$$

同样,利用正则化迫零预编码时,用户 k 的接收端 SINR 与式(5.49)相同。

由上述分析可知,在基站天线数趋于无穷大且发端天线相关矩阵为单位阵时,EBF、MF 与 RZF 性能相近且接近最优。然而,脱离了这一理想条件,情况则不同。当基站天线相关矩阵为单位阵但天线数目有限时,可以利用大规模随机矩阵理论(RMT)推导得到几种线性多用户预编码算法下的近似系统容量。通过理论分析和仿真表明,在基站天线数有限的情况下,与 MF 和 EBF 算法相比,RZF 算法可以利用更少的天线获得更大的系统容量。

5.3.2 毫米波混合波束赋形

毫米波(millimeter Wave,mmW)具有丰富的空闲频谱资源,能够满足热点高容量场景

的极高传输速率要求，因此称为移动通信的一个重要发展方向。

毫米波通信系统的应用场景可以分为两大类：基于毫米波的小基站和基于毫米波的无线回传(Backhaul)链路。毫米波小基站的主要作用是为微小区提供每秒传输1Gb的数据传输速率，采用基于毫米波的无线回传的目的是提高网络部署的灵活性。在5G网络中，微/小基站的数目非常庞大，部署有线方式的回传链路会非常复杂，因此可以通过使用毫米波无线回传随时随地根据数据流量增长需求部署新的小基站，并可以在空闲时段或轻流量时段灵活、实时关闭某些小基站，从而可以达到节能降耗之效。

毫米波在实际应用中还有很多极具挑战的问题：毫米波传播中的路径损耗大，因此覆盖范围要比6GHz以下(Sub6G)频段小。此外，在毫米波通信中可能出现长达几秒的深衰落，严重影响着毫米波通信的性能。因此毫米波需要与低频段联合组网，低频段承担控制面功能，高频段主要用于用户面的高速数据传输，组网示意如图5.19所示。

图5.19中，工作在6GHz以下的宏基站提供广域覆盖，并提供毫米波频段每秒1Gb数据传输的微小区间的无缝移动。用户设备采用双模连接，能够与毫米波小基站和宏基站建立连接，与毫米波小基站间建立高速数据链路，同时还通过传统的无线接入技术与宏基站保持连接，提供控制面信息(如移动性管理、同步和毫米波微小区的发现和切换等)。这些双模连接需要支持高速切换，提高毫米波链路的可靠性。微基站和宏基站间的回传链路可以采用光纤、微波或毫米波链路。

由于高频段路径损耗大，通常要采用大规模天线，通过高方向性模拟波束成形技术，补偿高路损的影响；同时还利用空间复用支持更多用户，并开发多用户波束搜索算法，增加系统容量。在帧结构方面，为满足超大带宽需求，与LTE相比，子载波间隔可增大10倍以上，帧长也将大幅缩短；在波形方面，上下行可采用相同的波形设计，OFDM仍是重要的候选波形，但考虑到器件的影响以及高频信道的传播特性，单载波也是潜在的候选方式；在双工方面，TDD模式可更好地支持高频段通信和大规模天线的应用；编码技术方面，考虑到高速率大容量的传输特点，应选择支持快速译码、对存储需求量小的信道编码，以适应高速数据通信的需求。

毫米波天线多采用阵列技术提高增益以增强覆盖能力，为了支持多用户多流传输，毫米波系统往往采用混合波束成形的方法，如图5.20所示。

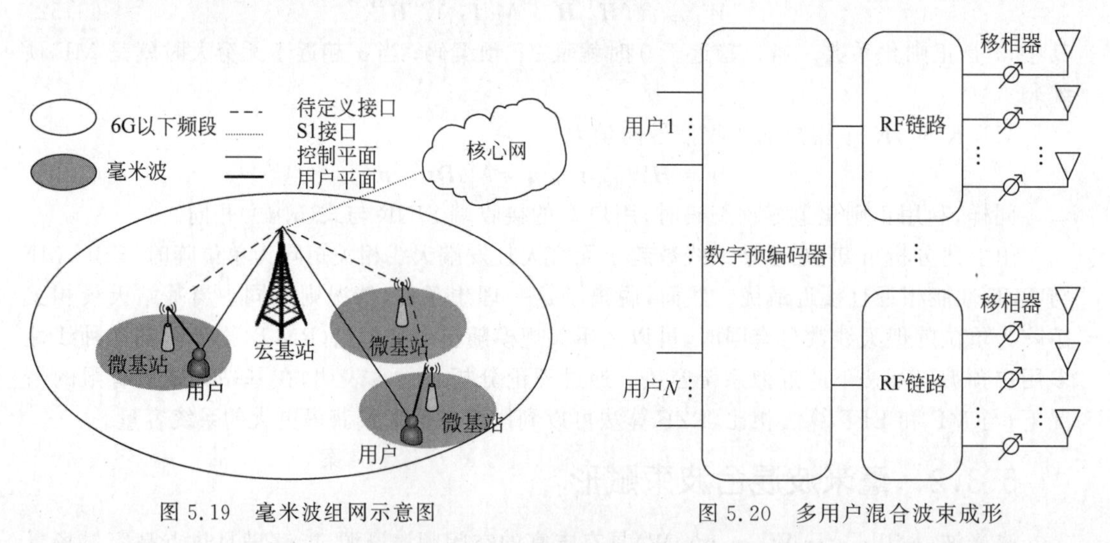

图5.19　毫米波组网示意图

图5.20　多用户混合波束成形

在图 5.20 中，有 $N>1$ 个用户，设计预编码器要考虑如何消除用户间干扰，以最大化系统容量。多用户混合波束成形分为两步：首先得到基站端和相关的用户最佳 RF 波束成形矩阵；然后再从得到的 RF 波束成形矩阵获得的 $\boldsymbol{H}_{\text{eff(multi-user)}}$，计算 MU-MIMO 数字预编码器 $\boldsymbol{P}$。

1. 最佳 RF 波束选择

对于具有渐进式相移值的控制向量，则基站端的 RF 链路和用户端的 RF 链路为 θ 和 δ 的控制向量为：

$$\boldsymbol{w}(\theta)=[1,\exp(\mathrm{j}\pi\sin\theta),\cdots,\exp(\mathrm{j}(N_{\mathrm{BS}}^{\mathrm{RF}}-1)\pi\sin\theta)]^{\mathrm{T}} \tag{5.54}$$

$$\boldsymbol{v}(\delta)=[1,\exp(\mathrm{j}\pi\sin\delta),\cdots,\exp(\mathrm{j}(N_{\mathrm{BS}}^{\mathrm{RF}}-1)\pi\sin\delta)]^{\mathrm{T}} \tag{5.55}$$

为了便于实际操作，我们从 RF 码本集中选择用于基站端和用户端每条 RF 链路的控制向量。对于基站和用户，我们将 RF 码本集的控制向量的数目设为每条链路移相器数，根据 RF 选择方案从中分别选出用于基站 RF 链路的 $N_{\mathrm{BS}}^{\mathrm{RF}}$ 个波束和用户端 RF 链路的 $N_{\mathrm{MS}}^{\mathrm{RF}}$ 个波束。

通过采用 RF 波束码本方法，每个 RF 链路具有固定波束集，与信道响应的有限集相对应，TDD 模式下的信道响应可以通过上行信道探测来测量。通过假定上行(用户端到基站)和下行链路(基站到用户端)信道是互易的，对每一个用户，用于每一个发送机和接收机波束合并的信道响应都在上行信道探测时测量，并在接收端进行校准，基站利用信道信息选择出最优波束用于后续下行链路数据传输。

基站可以采用不同的策略为同时调度的用户选择最佳 RF 波束。由于本书已在第 4 章描述了多用户调度方案，因此这里假定已经选定了同时调度的用户集。我们在这一假定的基础上，给出多用户 RF 波束选择以及数字预编码方案。

图 5.21 考虑了四个不同 RF 波束选择方案。

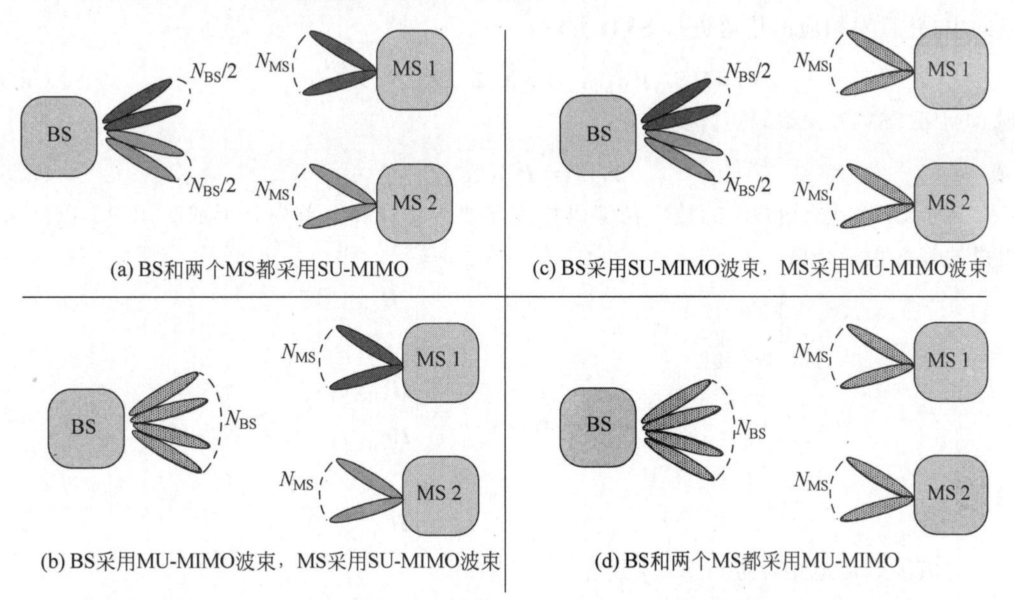

图 5.21　不同的 RF 波束选择方案

在图 5.21 中，方案(d)可以得到最佳多用户容量。对于方案(d)，基站和用户的 RF 波束都以最优的方式从码本中选择出，基站和用户首先计算每一种可能的波束组合对应的 MU-MIMO 容量，然后选择出最优的 RF 波束，并根据相应的等效信道信息计算 MU-MIMO

数字预编码矩阵。然而，这种方案的缺点是随着同时调度用户数增加，需要评估的 RF 波束组合数目会指数增长。因此，在实际中可以考虑(a)、(b)和(c)等低复杂度方案。对于方案(a)，基站为每个用户分配 RF 链路，并选择 RF 波束来优化单用户 MIMO(SU-MIMO)容量。这种方法不考虑用户间干扰，其性能不是很好，但是要评估的 RF 波束组合数最少。对于方案(b)，首先用户采用与方案(a)相同的 RF 波束方式，然后基站进行 RF 波束选择来优化多用户 MIMO(MU-MIMO)容量。与方案(a)相比，这种方案的优点是改进 MU-MIMO 性能，与方案(d)相比，方案(b)具有较低的复杂度低。方案(c)与方案(b)类似，不同的是，该方案基站端采用 SU-MIMO 模式选择 RF 波束，用户采用 MU-MIMO 模式选择波束来优化性能。

2. 计算数字预编码器

在 RF 波束选择之后，根据等效信道矩阵，可以通过 MMSE 和 BD 算法来得到数字预编码矩阵。MMSE 算法使用等效信道矩阵来计算数字预编码矩阵，具体如下：

$$\begin{aligned}\boldsymbol{P}_{\text{MMSE}} &= \boldsymbol{H}^{\text{H}}_{\text{eff(multi-user)}}(\boldsymbol{H}_{\text{eff(multi-user)}}\boldsymbol{H}^{\text{H}}_{\text{eff(multi-user)}} + c\boldsymbol{I})^{-1} \\ &= [\boldsymbol{P}_{\text{MMSE},1}, \boldsymbol{P}_{\text{MMSE},2}, \boldsymbol{L}, \boldsymbol{P}_{\text{MMSE},N_{\text{u}}}]\end{aligned} \tag{5.56}$$

其中，常数 c 是根据等效信道矩阵 $\boldsymbol{H}_{\text{eff(multi-user)}}$ 的范数和噪声协方差来计算得到，$\boldsymbol{P}_{\text{MMSE},i}$ 是用户 i 的 $N_{\text{BS}} \times N_{\text{MS}}$ 数字预编码矩阵。由于矩阵 $\boldsymbol{P}_{\text{MMSE}}$ 的维数是 $N_{\text{BS}} \times N_{\text{MS}} N_{\text{u}}$，最终所需的预编码矩阵 $\boldsymbol{P}$ 的维数是 $N_{\text{BS}} \times N_{\text{s}} N_{\text{u}}$，当数据流数与用户端的 RF 链路数相同时，$\boldsymbol{P}_{\text{MMSE}}$ 是最终预编码矩阵 $\boldsymbol{P}$。但是当数据流数低于用户端的 RF 链路数($N_{\text{s}} \leqslant N_{\text{MS}}$)时，需要从 $\boldsymbol{P}_{\text{MMSE}}$ 提取列向量以得到最终预编码矩阵 $\boldsymbol{P}$，此时可以采用 MMSE(SVD)算法。

MMSE(SVD)算法利用基带信道 SVD 分解，在由 $\boldsymbol{P}_{\text{MMSE},i}$ 生成的子空间中，找出每个用户 i 的最优预编码器。为了实现上述目标，首先将基带信道映射到由 $\boldsymbol{P}_{\text{MMSE},i}$ 生成的子空间中，并且对相应的信道进行 SVD 分解：

$$\text{SVD}(\boldsymbol{H}_{\text{eff},i}\boldsymbol{P}_{\text{MMSE},i}) = \widetilde{\boldsymbol{X}}_i \widetilde{\boldsymbol{\Sigma}}_i [\widetilde{\boldsymbol{Z}}_i^{N_s} \quad \widetilde{\boldsymbol{Z}}_i^{(N_{\text{MS}}-N_s)}]^{\text{H}} \tag{5.57}$$

则 MMSE(SVD)预编码矩阵为：

$$\boldsymbol{P}_i^{\text{final}} = \boldsymbol{P}_{\text{MMSE},i} \widetilde{\boldsymbol{Z}}_i^{(N_s)} \tag{5.58}$$

对于 BD 算法，用户 i 的数字预编码矩阵需要分步计算。首先是形成除用户 i 以外所有用户的等效信道矩阵：

$$\overline{\boldsymbol{H}}_{\text{eff(multi-user,删除用户}i)} = \begin{bmatrix} \boldsymbol{H}_{\text{eff},1} \\ \vdots \\ \boldsymbol{H}_{\text{eff},i-1} \\ \boldsymbol{H}_{\text{eff},i+1} \\ \vdots \\ \boldsymbol{H}_{\text{eff},Nu} \end{bmatrix} \tag{5.59}$$

对该等效信道矩阵进行 SVD 分解：

$$\text{SVD}(\overline{\boldsymbol{H}}_{\text{eff(multi-user,删除用户}i)}) = \overline{\boldsymbol{X}}_i \widetilde{\boldsymbol{\Sigma}}_i \overline{\boldsymbol{Z}}_i^{\text{H}} = \overline{\boldsymbol{X}}_i \widetilde{\boldsymbol{\Sigma}}_i [\overline{\boldsymbol{Z}}_i^{(N_{\text{BS}}-N_0)} \quad \overline{\boldsymbol{Z}}_i^{(N_0)}]^{\text{H}} \tag{5.60}$$

其中 $\overline{\boldsymbol{X}}_i$ 和 $\overline{\boldsymbol{Z}}_i^{\text{H}}$ 是左和右奇异向量的正交矩阵，$\widetilde{\boldsymbol{\Sigma}}_i$ 是以降序排列的奇异值为对角元素的对角矩阵，$\overline{\boldsymbol{Z}}_i^{(N_0)}$ 表示从 $\overline{\boldsymbol{Z}}_i$ 提取的 N_0 列，形成 $\overline{\boldsymbol{H}}_{\text{eff(multi-user,删除用户}i)}$ 的零空间，式(5.60)中假定它已经存在。假定 $N_0 \geqslant N_s$，SVD 实现了用户 i 有效信道在该零空间向量的投影：

$$\mathrm{SVD}(\boldsymbol{H}_{\mathrm{eff},i}\overline{\boldsymbol{Z}}_i^{(N_0)}) = \boldsymbol{X}_i\boldsymbol{\Sigma}_i[\boldsymbol{Z}_i^{(N_s)} \quad \boldsymbol{Z}_i^{(N_0-N_s)}]^{\mathrm{H}} \tag{5.61}$$

最后用户 i 的数字预编码矩阵为：

$$\boldsymbol{P}_{\mathrm{BD},i} = \overline{\boldsymbol{Z}}_i^{(N_0)}\boldsymbol{Z}_i^{(N_s)} \tag{5.62}$$

所有用户的数字预编码矩阵均可通过上述方法得到，形成最终的矩阵 $\boldsymbol{P}$。为了优化性能，可以使用注水算法进行功率分配。

5.4 面向下一代的新型天线技术

5G 引入了大规模 MIMO、毫米波等新技术，但是这些技术仍尚未解决实现复杂度、硬件成本和较大能耗等关键问题。因此，下一代移动通信系统还需要寻找低成本，高频谱和能源效率的解决方案。6G 的新天线技术包括太赫兹天线、龙伯透镜天线、智能反射面、轨道角动量和液态天线等，本节介绍其中的智能反射面和轨道角动量天线。

5.4.1 智能反射面

虽然 5G 的物理层技术能够适应无线环境随时间空间的变化，但信号在传播过程中本质上是随机的，环境中存在诸多不可控制的因素，因此最近有很多学者讨论能否将人造超表面(metasurface)应用到现有的无线通信系统中去，并且已经有一些工作应用了超表面控制通信传输环境。

超表面由亚波长金属或介电散射粒子的二维阵列组成，可以通过不同的方式转换入射到它上面的电磁波。在下一代网络中，智能可调节超表面(Reconfigurable Intelligent Surface，RIS)，或称智能反射面(Intelligent Reflecting Surface，IRS)，成为业界的研究热点，其主要思想是在无线通信环境中引入可调节超表面有效控制入射信号的波形，例如相位、幅度、频率和极化方式，无须复杂的编译码和射频处理操作，创建智能无线环境，实现覆盖增强和能效提升。

基于 IRS 的智能无线环境的工作原理是，可调节超表面上的每个反射元都能灵活控制反射信号相位和幅度等特性，所以对每个反射元进行不同的控制可以实现反射信号的波束赋形，从而实现覆盖的增强。使用超表面实现覆盖增强实质上是一种无源波束赋形。

IRS 改善无线环境的研究方向包括了如何使用 IRS 来重新思考、分析和设计无线网络。比如需要建立信息与传播理论模型，如何估算优化所需的信道并将这些信息反馈给发射机，IRS 与其他新兴技术的集成问题等。

图 5.22 给出了可调节超表面辅助的智能无线网络环境的几种常见场景。图 5.22(a)中，当用户与服务基站之间的直视路径被障碍物阻塞时，可以部署与基站和用户都具有直视路径连接的 IRS 使信号绕过障碍物，从而创建一条虚拟直视路径连接，扩展通信的覆盖范围。图 5.22(b)使用 IRS 改善物理层的安全性，通过在窃听者附近部署 IRS，调整 IRS 的反射信号以抵消窃听者从基站接收到的信号，从而有效地减少信息泄露。图 5.22(c)中，在小区边缘部署 IRS 对相邻小区干扰进行抑制。图 5.22(d)中，IRS 在大规模(D2D)的通信中充当信号反射集线器，通过干扰缓解来支持同时进行的低功率传输。图 5.22(e)中，IRS 可以实现 IoT 中各种设备的同时无线信息和功率传输，其中 IRS 的大口径被用于无源波束赋形从而补偿远距离的功率损耗，提升功率传输的效率。

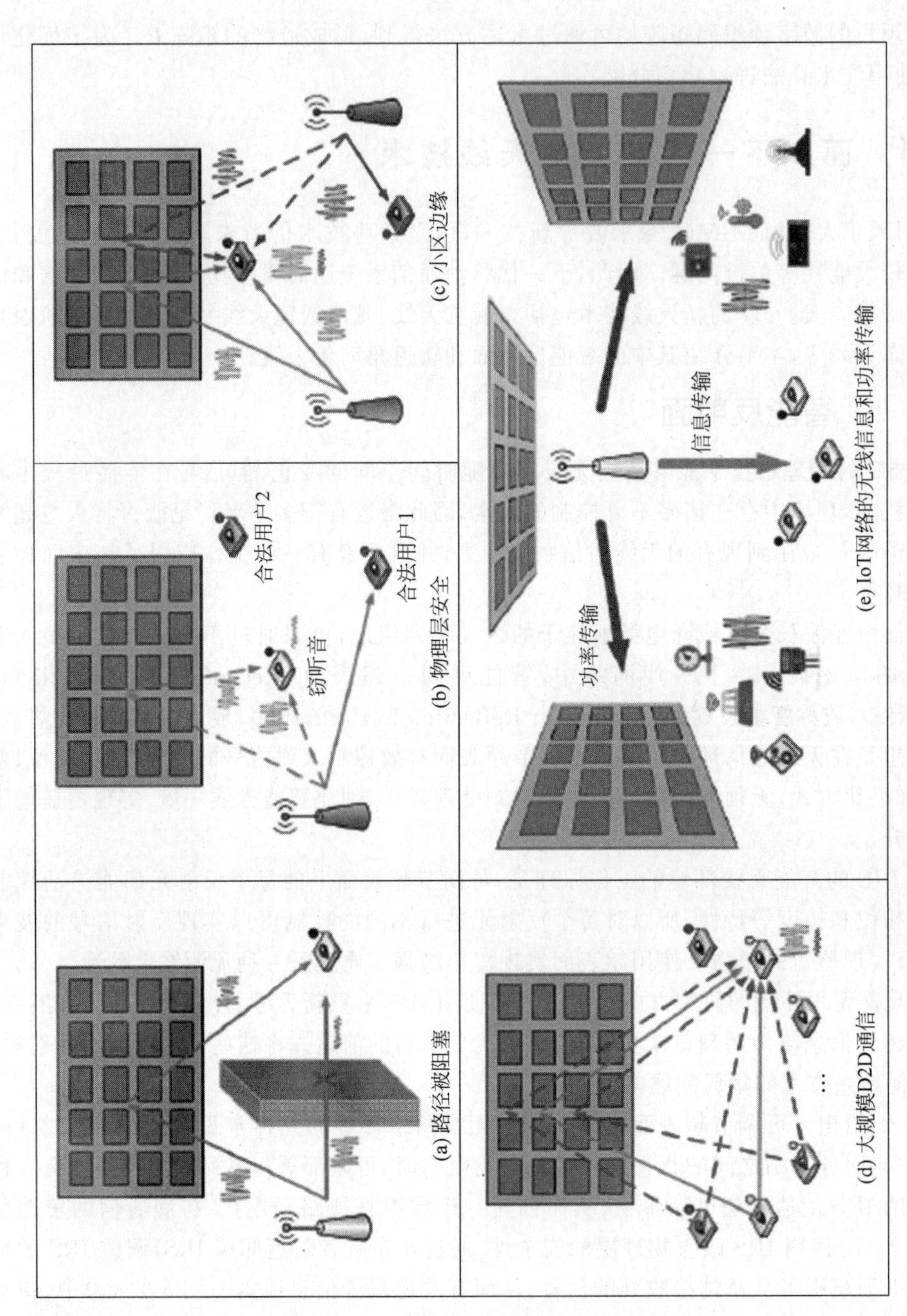

图 5.22 智能反射表面在无线网络中的典型应用

5.4.2 轨道角动量天线阵

提高系统的频谱资源利用率一直都是移动通信技术发展的主要目标。移动通信蜂窝网的系统架构为复用技术提供了广阔舞台，从频分复用、时分复用、码分复用到空分复用等技术，在时域、空域或者码域内划分不同的子信道，一定程度上提高了信道传输效率，但在不拓宽频谱带宽的前提下对于频谱资源利用率的提升仍旧有限。

近些年学术界研究的轨道角动量(Orbital Angular Momentum，OAM)电磁波凭借携带的多种 OAM 模态为移动通信系统提供了一种新型信道复用技术。OAM 描述了电磁波绕传播轴旋转的特性，使电磁波的相位波前呈涡旋状，这种形式的电磁波被称为涡旋电磁波。OAM 模态为 0 时是平面波；不为 0 时，不同模态值的涡旋电磁波彼此正交，可以实现以相同频率但不同 OAM 模态编码的独立信道，提供了无线传输的新复用维度，提升了频谱效率。

如何产生涡旋电磁波束是实现 OAM 通信的关键，也是当前研究的热点。在微波频段，圆形阵列天线是一种产生 OAM 波束的常用方法，并作为各种 OAM 通信实验以及链路分析的基本模型。其中，圆环天线阵列将天线单元等间距分布在同一圆周上，利用阵元之间不同的馈电相位差即可实现不同模式 OAM 波束的产生。另外产生 OAM 波束的方法是平面四臂等角螺旋多模 OAM 天线，以实现在不改变天线结构的前提下，通过具有等幅、不同相位差的馈电方案对端口进行激励，天线能辐射携带不同模式数的 OAM 波束。但是阵列天线馈电网络复杂，产生的 OAM 波束发散角较大，而且产生的 OAM 模式受到阵元个数的限制。贴片天线和行波天线结构简单、易于加工和集成，但是增益低、波束发散角大。反射和透射阵列天线以及超表面天线由于可以改变阵面的相位分布实现波束赋形，也可用来产生 OAM 波束。石墨烯具有电可调性，通过改变外加电压可以改变化学势，影响石墨烯的电导率进而实现石墨烯超表面工作状态的动态调控，因此可以实现 OAM 模式的可重构。2017 年，我国设计出了一款可重构石墨烯反射超表面天线，改变石墨烯贴片大小和化学势，实现了 360°的相移范围，产生了模式可重构的 OAM 涡旋波束。

还有其他很多 OAM 波束形成方法。随着 6G 通信研究的不断深入，对多模、多频/宽带、多极化等 OAM 电磁波束的研究也将进入一个新的阶段。

5.5 本章小结

本章介绍了移动通信系统中的多天线技术，从 TD-SCDMA 采用的智能天线入手，重点阐述了常用的 MIMO 技术，包括空时分组码，空间复用技术和预编码技术，给出了不同 MIMO 技术的分类及性能分析。在此基础上，描述了 MIMO 增强技术，包括大规模 MIMO 技术和毫米波混合波束赋形技术，最后介绍了面向下一代移动通信的智能反射面和轨道角动量技术，全面展示 MIMO 技术的拓展和延伸。

第6章 组网技术

CHAPTER 6

主要内容

本章阐述移动通信系统的组网技术，首先给出蜂窝系统的概述，然后介绍多址接入技术。从第2代移动通信系统的网络结构入手，描述了从第2代到第5代移动通信系统的系统结构演进；还从越区切换和位置管理两个方面阐述了移动通信系统的移动性管理。

学习目标

通过本章的学习，可以掌握如下几个知识点：

- 蜂窝系统基本概念和分类；
- 复用技术的基本概念和分类；
- 多址技术的基本概念和分类；
- 移动通信系统的组成；
- 移动通信网络架构的发展；
- 越区切换的分类；
- 越区切换的控制策略；
- 位置更新的准则。

知识图谱

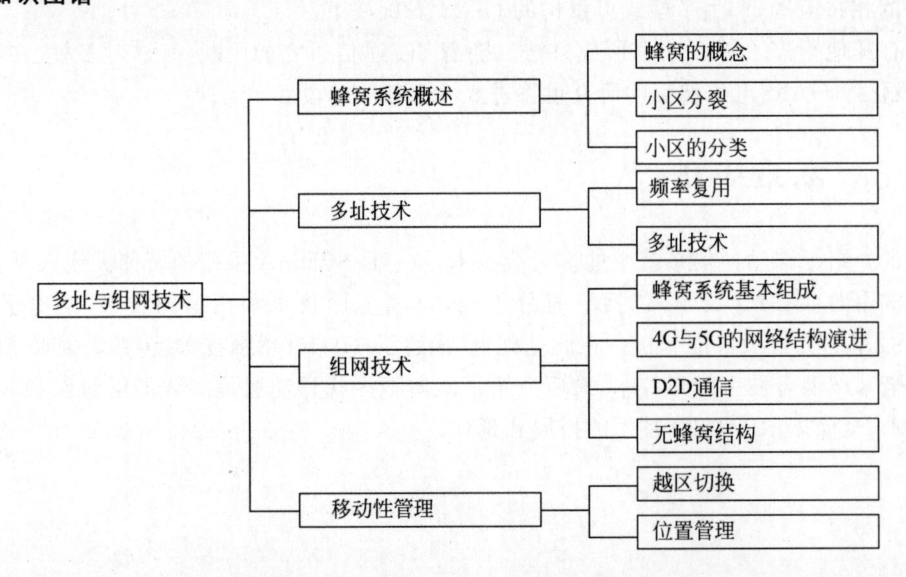

6.1 蜂窝系统概述

移动通信系统需要使用无线电波传播，因此就会受到频率资源的限制，从而导致系统容量有限，无法容纳更多的用户。为了提高移动通信系统的容量，就要从时间、空间、频率等维度入手来提高系统的容量。

早期的移动通信系统是在覆盖区域中心设置大功率的发射机，采用高架天线把信号发射到整个覆盖地区(半径可达几十千米)。这种系统能够同时提供给用户使用的信道数极为有限，远远满足不了移动通信业务迅速增长的需要。此外，传输损耗是随着距离的增加而增加的，并且与地形环境密切相关，无法保证覆盖区域边缘用户的通信质量。这个问题可以用直放站方式进行改善，但直放站又会带来新问题，如不增加系统容量却增加延时等。

为了在服务区实现无缝覆盖并提高系统的容量，可采用多个基站来覆盖给定的服务区，每个基站的覆盖区称为一个小区(cell)。这些小区可以按一定大小的几何图形排列起来，区域的形状可以是正三角形、长方形和正六边形。研究表明，在服务区面积一定的情况下，正六边形相邻区域的中心间隔最大，即覆盖面积一定时，需要最少的小区个数，也就是需要较少的发射站。因此，正六边形小区覆盖相对于四边形和三角形费用少。正六边形构成的网络形同蜂窝，所以把小区制移动通信网称为蜂窝网。

若干个小区可构成区群，单位无线区群的构成应满足以下两个条件：一是单位无线区群之间彼此邻接；二是相邻单位无线区群的同频小区中心间隔距离是一样的。满足以上两个条件的关系式为

$$N = a^2 + ab + b^2$$

其中，N 为构成单位无线区群的正六边形的数目，且 a 和 b 不能同时为零。当 $a=3, b=2$ 时，区群如图 6.1 所示。

根据基站的位置不同，可有两种激励方式：中心激励和顶点激励，如图 6.2 所示。中心激励方式的基站位于正六边形的中心；顶点激励方式的基站位于每个正六边形的 3 个相隔的顶点上。

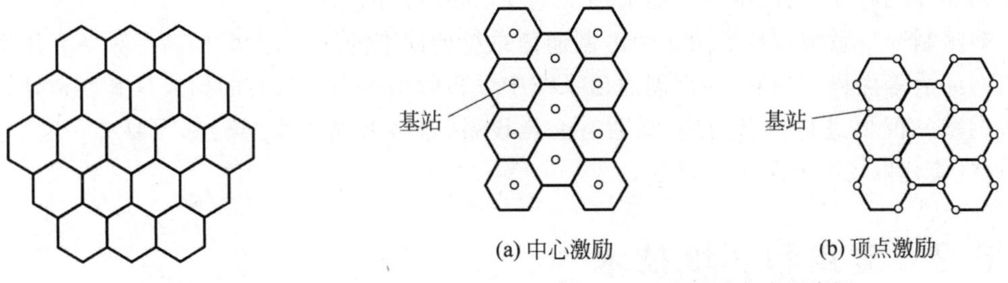

图 6.1 区群的组成

图 6.2 两种激励方式示意图

蜂窝系统中的小区可以分为宏蜂窝小区和微蜂窝小区。传统的蜂窝式网络由宏蜂窝小区(Macrocell)构成，每小区的覆盖半径大多为 1～25km。由于覆盖半径较大，所以基站的发射功率较强，一般在 10W 以上。由宏蜂窝组成的移动通信系统中，每个小区分别设有基站，基站与处于其服务区内的移动台建立无线通信链路。若干个小区组成一个区群，区群内各个小区的基站可通过电缆、光缆或微波链路与移动交换中心相连。移动交换中心通过

PCM 电路与市话交换局相连接。

在实际的宏蜂窝内通常存在着“盲点”与“热点”。盲点是指由于网络漏覆盖或电波在传播过程中遇到障碍物而造成阴影区域等原因,使得该区域的信号强度极弱,通信质量严重下降;热点是指由于客观存在商业中心或交通要道等业务繁忙区域,造成空间业务负荷的不均匀分布。对于以上两“点”问题,往往通过设置直放站、小区分裂等方法加以解决。

直放站(repeater)也叫中继站,在无线电传输过程中起到信号增强的作用。直放站在下行链路中接收基站信号,通过带通滤波器对带通外的信号进行隔离,将滤波信号放大以后,再次发射到待覆盖区域;在上行链路中,直放站接收覆盖区域内的移动台的信号,放大处理后发射到相应基站,从而达到基站与移动台间的信号传递。引入直放站有许多好处,如填补移动通信盲区以实现连续覆盖、室内室外分开覆盖有利于网络优化、吸收室内话务量等。但直放站的使用也会带来新问题,如时延、多径、电路噪声、直放站的自激等。

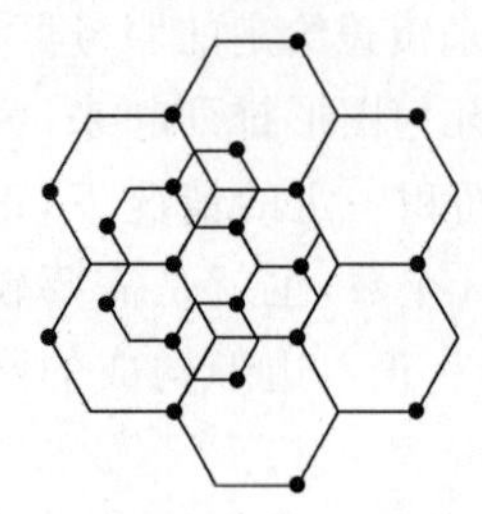

图 6.3　小区的分裂

对于用户密度不均匀的情况,例如:城市中心商业区和居民区的用户密度较高,市郊区的用户密度较低,在用户密度低的市郊区可使小区的面积大一些,而在用户密度高的市中心区可使小区的面积小一些,如图 6.3 所示。

当一个特定小区的话务量增加时,小区可以被分裂为更小的小区,于是就有了微小区(Microcell)和微微小区,通过小区数的增加来增加信道的复用数,从而增加用户容量。

微蜂窝小区是在宏蜂窝小区的基础上发展起来的,覆盖半径大约为 20～300m,发射功率较小,一般在 1W 以下。微小区基站天线置于相对低的地方,如屋顶下方,高于地面 5～10m,传播主要沿着街道的视线进行,信号在楼顶的泄漏小。微小区最初用于加大无线电覆盖,用于宏小区不易覆盖的区域,如地下室、地铁、隧道等,消除宏小区中的“盲点”。此外,由于低发射功率的微蜂窝基站允许较小的频率复用距离(详见 6.2.1 节),增加了单元区域的信道数量,且射频干扰很低,可用于购物中心、会议中心等“热点”覆盖,满足该微小区域质量与容量两方面的要求。在话务量很高的商业街道等地还可采用多层网形式进行连续覆盖,即分级蜂窝结构:不同尺寸的小区重叠起来,不同发射功率的基站紧密相邻并同时存在,使得整个通信网络呈现出多层次的结构。

蜂窝制通信系统容量解决了大区制通信系统所固有的缺点,大大提高了频率利用率,具有组网灵活等优势。当然,蜂窝制通信系统中设备的增多也使系统的构成具有复杂性,如各小区的基站间要进行信息交换,需要有交换设备,且各基站至交换局都需要有一定的中继线,这将使建网成本和复杂性增加。

6.2　复用和多址技术

6.2.1　蜂窝系统的频率复用

蜂窝系统的基本出发点是频率复用,也称为频分复用,就是将用于传输信道的总带宽划分成若干个子频带(或称子信道)以进行信号的传输。频分复用要求总频率宽度大于各个子信道频率之和,同时为了保证各子信道中所传输的信号互不干扰,应在各子信道之间设立保护隔离带。频分复用技术的特点是所有子信道传输的信号以并行的方式工作。

通常，两个小区只要相互之间的空间距离大于某一数值，就可使用相同的频道，这是利用了电波的传播损耗以实现频率复用，提高系统的频谱效率。但是如果频率复用系统设计不合理，会产生严重的干扰，称为共道干扰。

如果两点相距不小于 D 时就不会产生明显的共道干扰，则称 D 为复用空间保护距离。设小区的半径为 R，则称 D/R 为共道干扰抑制因子。根据蜂窝系统的几何关系，设单位区群数的小区数为 k，则有：

$$D/R=\sqrt{3k} \tag{6.1}$$

对于 7/21 复用方式(即 7 个基站，21 个小区使用 21 组频率)，则复用保护距离 D 为：

$$D \geqslant \sqrt{3k}R=7.9R \tag{6.2}$$

同理，对于 4/12 复用方式，$D=6R$；对 3/9 复用方式，$D\approx 5.2R$。

可见，区群内小区数 k 越多，同信道小区的距离就越远，抗同频干扰的性能也就越好。但区群内小区数 k 也不是越大越好。k 增大后，各个小区内的频点数变少，反而使小区的容量下降。所以，k 到底取多少还要综合考虑各方面的因素。

k 的确定与载干比门限有关 $(C/I)_s$，而系统的载波干扰比 C/I 又是由系统所选用的调制方式和带宽来确定的。当蜂窝网络每个区群共有 7 个小区，如图 6.4 所示，基站收发信机采用全向天线，只考虑到第 1 频道组的共道小区的干扰。

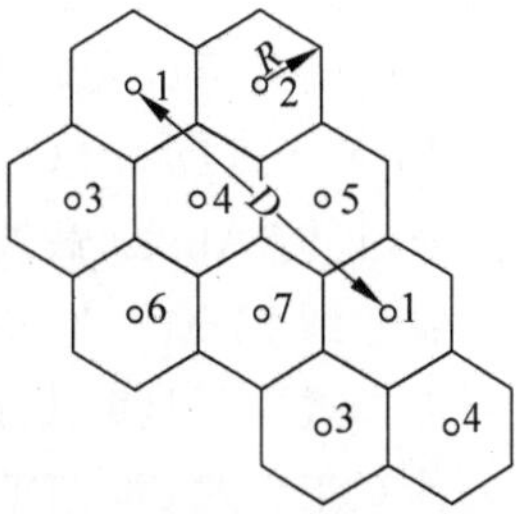

图 6.4 蜂窝网络共道小区分布

此时的载波干扰比 C/I 计算式为：

$$C/I=\frac{C}{\sum_{i=1}^{6} I_i+n} \tag{6.3}$$

其中，I_i 为第 i 频道组的共道干扰电平，共有 6 个；n 为噪声功率。考虑到电波传播损耗为 4 次幂规律，则接收到的信号功率和干扰功率分别为：

$$C=AR^{-4} \tag{6.4}$$

$$I_i=AD^{-4} \tag{6.5}$$

其中，A 为常数。忽略噪声，且 D_i 都相同，则有：

$$C/I=\frac{C}{\sum_{i=1}^{6} I_i+n}=\frac{1}{6}\left(\frac{R}{D}\right)^{-4} \tag{6.6}$$

因此可以保证通信质量的条件为：

$$C/I \geqslant (C/I)_s \tag{6.7}$$

所以有：

$$\frac{1}{6}\left(\frac{R}{D}\right)^{-4} \geqslant (C/I)_s \tag{6.8}$$

可推出：

$$k \geqslant \sqrt{\frac{2}{3}(C/I)_s} \tag{6.9}$$

因此，k 是由 $(C/I)_s$ 所确定的。

实际工程中，频率复用距离的大小还取决于许多因素，包括覆盖率、业务量、基站的位置、衰落和屏蔽、周围的电磁环境等，CDMA 系统中还要考虑软切换增益等，因此频率复用距离的大小需要进行综合性、系统性的计算。

6.2.2 多址接入技术

在实际应用中，同一个小区内需要同时通信的用户不止一个，因此就产生了多址接入技术。

所谓多址方式是指多个用户按照某规定程序共同享用一条传输信道的技术方案。多址方式的选择与移动通信传输的业务种类、系统容量、小区结构、频谱和信道的利用率有着密切的关系。多址技术主要是解决如何使多用户共享系统无线资源的问题。为了做到这一点，在移动通信系统中，就必须对不同的移动台和基站发出的信号赋予不同的特征。使基站能从众多移动台的信号中区分出是哪一个移动台发出来的信号。而各移动台又能识别出基站发出的信号中哪个是发给自己的信号。在无线通信系统中，多址接入方式可以有效地提高频谱资源的利用率，是衡量系统性能的关键技术。

无线电信号可以表达为时间、频率和码型的函数，按照这些参量的分割可以实现的多址连接有 FDMA、TDMA、CDMA 和空分多址(Space Division Multiple Access，SDMA)等方式。此外，还有 Aloha、载波侦听多址接入(Carrier Sense Multiple Access，CSMA)等方式，本章主要介绍 FDMA、TDMA、码分 CDMA 和 SDMA 等多址接入方式。

双工方式主要是解决系统中用户双向通信的问题。频率、时间是两种较好的方式，对应的有两种双工方式，即 FDD 和 TDD。

1. 频分多址

FDMA 方式是采用频率域的正交分隔方法将无线通信的工作频段按一定的要求分成若干部分，每个用户在接入通信时只占用其中之一，其他用户不能占用。FDMA 如图 6.5 所示。早期移动通信模拟系统如 TACS、NMT、AMPS 等都采用这种方式。FDMA 系统的主要特点如下。

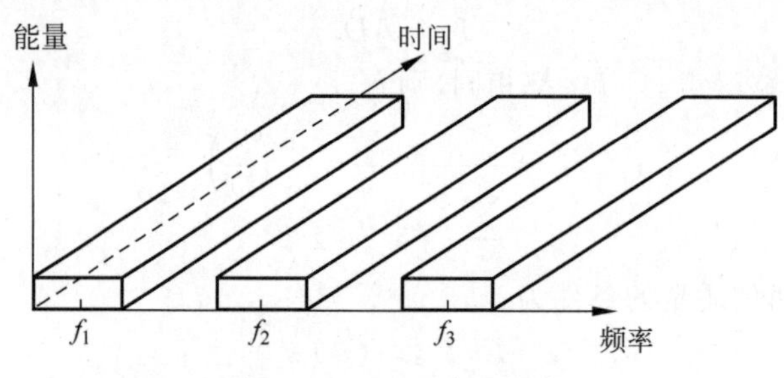

图 6.5 FDMA 多址方式

(1) 每个信道占用一个载频，相邻载频之间的间隔应该满足信号带宽要求。为了在有限的频谱中增加信道数量，希望信道间隔越窄越好。

(2) 符号时间与平均延时扩展相比较大。在 FDMA 系统中，每个信道只传输一路信号，信号带宽一般在 10～30kHz 左右，因此在窄带 FDMA 系统中不需要自适应均衡。

(3) 基站设备复杂庞大，成本高。基站有多少信道，就需要配置多少部收发信机，同时还需要天线公用器，不仅功率损耗大，也容易产生信道间的互调干扰。

(4) 在 FDMA 系统中,越区切换方式为硬切换,一旦分配好通信信道后,基站和移动台的信号都是连续传输的,在越区切换时终端必须先中断和原基站的连接,再切换到新的基站,用新分配的频率进行接续。

(5) 由于每个载波很窄,邻道选择性有限,为消除相邻信道之间的干扰,邻近小区及次邻近小区都不能使用相同的载波频率。这样,在蜂窝移动通信系统中,每隔 11 个小区载波频率才可以重复使用,导致频谱利用率低。

单纯采用 FDMA 的通信系统的频谱效率比较低,但是 FDMA 可以和多载波调制技术相结合,例如 LTE 中采用的 OFDMA。

读者可以扫描二维码观看 FDMA 相关视频。

2. 时分多址

TDMA 是采用时间域的正交分隔方法将无线通信工作的连续时间段分割成周期性的帧,每个帧再分成若干时隙。每个用户在接入通信时,只在一个周期时间内占用所分配的一个或若干个时隙。采用 TDMA 方式时,同步技术在 TDMA 系统中占有重要的地位。TDMA 系统的特点如下。

(1) 突发信号的传输速率随着占用时隙数 N 的增大而提高,一般都在 100kb/s 以上,每个载波占用的带宽较宽,必须采用自适应均衡措施。

(2) TDMA 系统利用不同的时隙来进行通信的发送和接收,所以不需要双工器。即使采用 FDD 双工方式,如果针对一个用户的上下行时隙错开,其终端的收发双工可以用一只收发开关来完成。

(3) 基站设备比较简单。因为 N 个时分信道共用一个载波,只需一部收发信机。

(4) 抗干扰能力较 FDMA 强,故只需要在邻近小区不使用相同载波频率即可。在蜂窝网中每 4~7 个小区载波频率就可复用一次,频谱利用率较高,系统容量比较大。

(5) 越区切换比较简单。在 TDMA 系统中,移动台不是连续传输,所以切换处理有了更多的改进空间。它可以利用空闲时隙来检测其他基站,越区切换可在无信息传输时进行,因而不必中断信息传输。但对通常的 TDMA 系统,仍然使用先中断再连接的硬切换方式。实际应用中,TDMA 系统通常将 TDMA 与 FDMA 技术结合在一起使用,先将工作频段分为若干部分,对每一个部分执行 TDMA。图 6.6 是 TDMA 结合 FDMA 的示意图。在这种方式中,一个帧周期内每个用户只占有一个信道中的一个或几个时间方块(时隙)。TDMA 和 FDMA 相结合的频谱利用率要明显高于 FDMA(大约提高一倍),GSM 系统就是一个典型的例子。

3. 码分多址

CDMA 方式是其信号设计采用波形的正交分离,每个用户信号依靠波形的相关函数的正交性来进行鉴别。也就是说,不同用户的地址码使用不同的正交码,以区分各个用户的信息,避免相互干扰。而在频率、时间和空间上都可能重叠,从而实现多个用户共享空间传输信道资源,并完成入网接续的功能。在系统的接收端必须使用与发送端完全相同的本地地

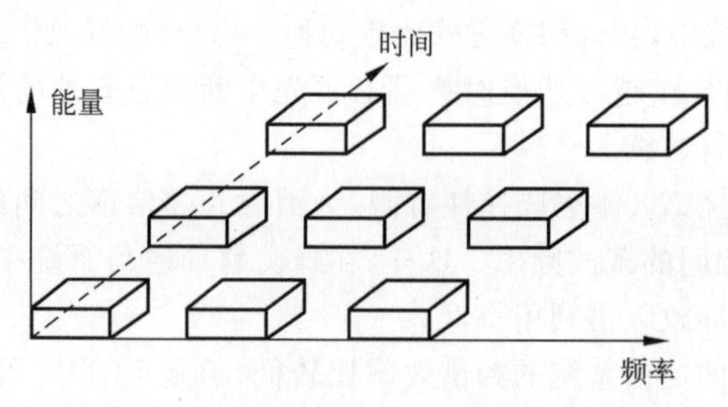

图 6.6　TDMA 与 FDMA 相结合的多址方式

址码来对接收的信号进行相关检测。其他使用不同码字的用户信号因为与本地地址码不同而不能被接收。由于对不同用户信号的传递是通过正交码来隔离，相邻小区又采用不同扰码来区分，故相邻小区可以使用同一载波频率，频率复用系数为 1，所以具有很高的频谱利用率。CDMA 的关键问题是设计出更多的正交地址码，并尽可能地降低系统干扰以提高系统容量。由于 CDMA 多址方式具有抗干扰能力强、频谱利用率高、系统容量大、发射功率谱密度低和易于保密等特点，从 20 世纪 90 年代以来逐步成为最有竞争力的多址方式，第三代移动通信的主流标准都采用 CDMA 方式。

在实际中通常是将 CDMA 与 FDMA、TDMA 结合在一起来使用，形成 FD/TD/CDMA 方式，如图 6.7 所示。这种方式先将工作频段分成若干载波频率，对每一个频带内再进行时分，然后在每个时隙内使用 CDMA。TD-SCDMA 系统采用了这种多址方式。由于 FD/TD/CDMA 方式同时使用了频率分割、时间分割和波形分割，是一种有效的组合方式。

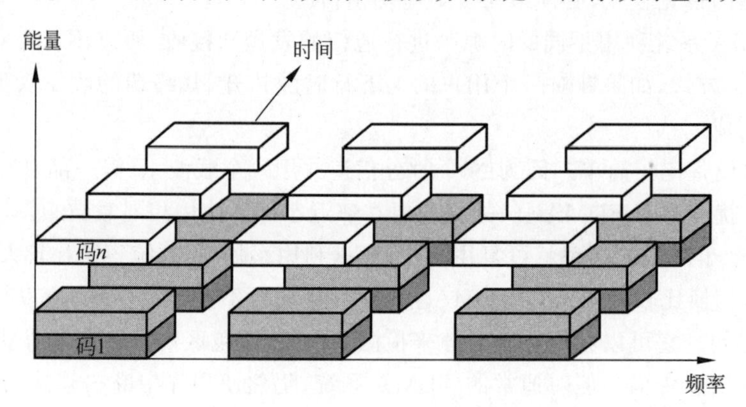

图 6.7　FD/TD/CDMA 方式

4. 空分多址

SDMA 是利用多个不同空间指向天线波束实现空间域的正交分离，将通信覆盖区域分割成多个小区，进行区域间的多址通信。SDMA 的概念最早在卫星通信中提出，在地面移动通信系统中实现 SDMA 的关键技术是“智能天线”。智能天线使用在无线基站，它根据通信中的用户终端的来波方向，自适应地对接收和发射波束赋形，并动态改变天线方向图，自动跟踪用户。这样，对于整个蜂窝小区来说构成了多个空间波束。这些空间波束之间的干扰如果能够足够低就可以重复使用频率、时隙、码等资源，实现 SDMA 通信，最大限度地利用频谱资源。由于地面移动环境复杂，用户又在不停地移动，故这些空间波束的指向也在不断变化，在某一时刻，它们之间可能互不干扰，而另一时刻则可能相互重叠。因此，要实现

SDMA，系统必须配置非常强的快速动态信道分配(Dynamic Channel Allocation，DCA)的能力。

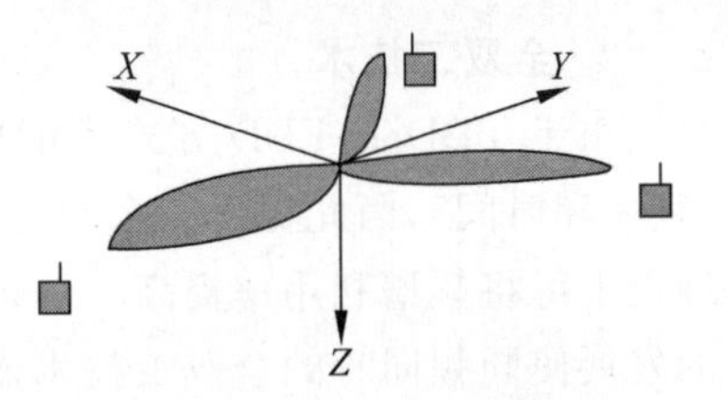

图 6.8 利用智能天线多波束实现 SDMA 方式

图 6.8 是利用智能天线的波束赋形实现 SDMA 的示意图。在第三代移动通信系统中，TD-SCDMA 使用了智能天线，在 FD/TD/CDMA 的基础上又使用了 SDMA 方式，因此在系统容量和抗干扰方面具有突出的优势，并为采用 TDD 模式和波束赋形技术在移动通信系统中的应用和演进奠定了基础。

6.2.3 双工技术

1. 时分双工和频分双工

TDD 采用时间来分离发送信道和接收信道，在时间上它的单方向资源是不连续的，如图 6.9 所示。因为在 TDD 的通信系统中，同一个频率载波在不同时隙下进行发送和接收，彼此之间需要利用一定的保护时间对不同时隙进行分离。FDD 则采用两个相对称的分离频率信道进行信号的接收与发送，这两个信道之间存在保护频段，用作保护间隔，确保分离发送和接收信道，如图 6.10 所示。与 TDD 不同的是，在时间上 FDD 的单方向资源是连续的，在频率上成对存在，依靠频率对上下行链路进行分离。

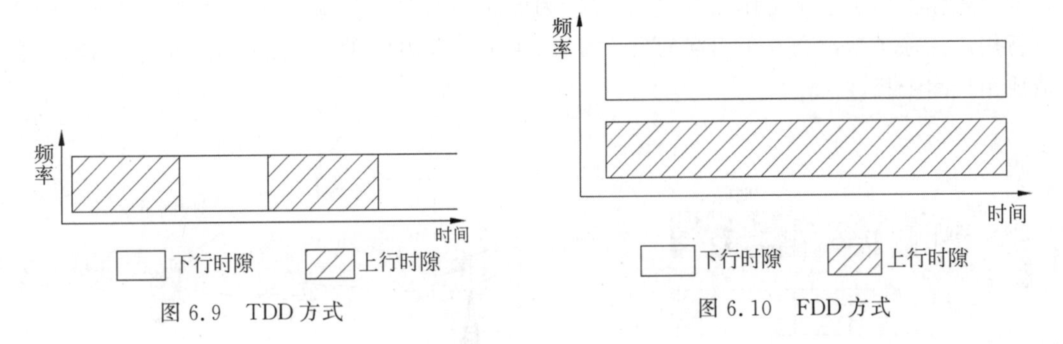

图 6.9 TDD 方式

图 6.10 FDD 方式

TDD 方式信号可以在非成对频段内发送，不需要像频分双工方式所需的成对频段，具有配置灵活的特点。同时，与 FDD 相比，TDD 具有许多优势：能够使用 FDD 无法利用的零散频段，能够充分利用日渐稀缺的频率资源。TDD 系统上下行信号在相同的频段内发送，部分射频单元可以被发送端和接收端所使用，从而有效降低设备成本，还可以充分利用信道的对称性，给信道估计、信号测量以及多天线技术的应用带来明显的好处。通过调整上下行时隙转换点灵活配置上下行时隙，能够支持非对称服务，非常适合于以 IP 分组业务为主要特征的移动蜂窝系统，因此 TDD 方式将在后续的系统演进中扮演更为重要的角色。

与 FDD 相比，TDD 仍然存在一些不足之处：TDD 通信系统收发信道同频，导致系统内与系统间会存在同频干扰，需要预留保护带，导致整体频谱利用率随之下降；由于 TDD 发射时间较短，只有 FDD 的一半左右，从而必须提高发射功率实现与 FDD 相同的数据速率。

2. 全双工技术

由于TDD和FDD方式不能进行同时、同频双向通信,理论上浪费了一半的无线资源(频率和时间),因此提出了全双工技术。全双工技术指同时、同频进行双向通信的技术,在理论上可将频谱利用率提高一倍,实现更加灵活的频谱使用。近年来,器件和信号处理技术的发展使同频同时的全双工技术成为可能,并使其成为5G系统充分挖掘无线频谱资源的一个重要方向。

目前,业界普遍关注的全双工系统主要采用全双工基站与半双工用户混合组网的架构设计,其时隙图如图6.11所示。在第一个时隙上,基站发射给用户1信号,接收用户2的信号;在第二个时隙上,基站发射给用户2信号,接收用户1信号,总共用2个时隙完成了用户1和用户2各一次双工通信。而传统TDD系统则需要至少4个时隙完成,因此其频谱利用率提高一倍。

在同时同频全双工无线系统中,所有发射节点对于非目标接收节点来说都是干扰源。发射机的发射信号会对本地接收机产生很强的干扰。应用于蜂窝网络时还会存在较为复杂的系统内部干扰,包括单个小区内的干扰和多小区间的干扰。

采用全双工基站与半双工终端混合组网的全双工系统如图6.12所示。图6.12中,基站端配置一根发射天线和一根接收天线,两者同时同频工作。由于手机体积和成本等因素的限制,这里考虑手机只配备一根天线并以半双工的方式工作,即每一时刻只能进行接收或者发射操作。由于基站工作在全双工方式,因此能够同时同频地服务一个上行用户和一个下行用户。除了基站全双工引起的自干扰外,由于上行用户和下行用户同时同频工作,也会造成用户间干扰。

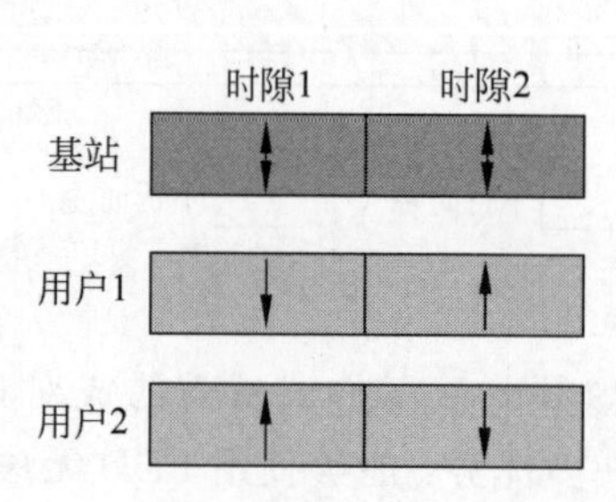

图6.11 全双工基站与用户通信的时隙

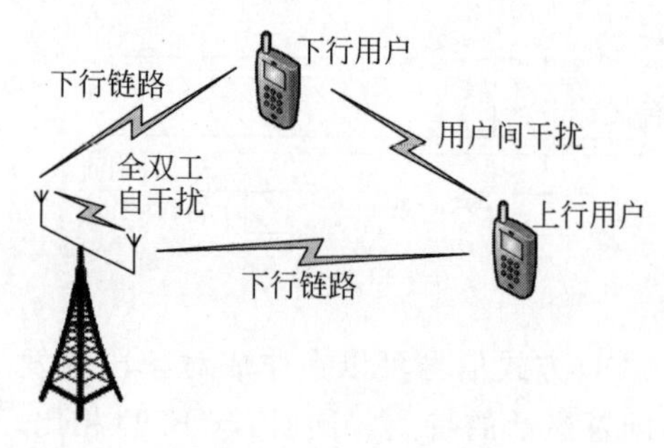

图6.12 全双工蜂窝系统单小区干扰分析

在多小区组网的环境下,全双工蜂窝系统中同样存在传统半双工蜂窝系统内的小区间干扰,包括基站对相邻小区下行用户的干扰,以及上行用户对相邻小区基站的干扰。此外,由于全双工蜂窝系统每个基站都是同时同频地进行收发操作,还面临图6.13所示的用户间干扰以及基站的收发天线之间的全双工自干扰。

用户间干扰可以采用信号处理方法进行抑制,如干扰抑制合并技术;或者通过资源调度,选择距离较远的上行和下行用户减少同时同频传输带来的用户间干扰。小区间干扰抑制可以采用传统的解决办法,如联合多点传输技术和软频率复用等。

全双工的核心问题是如何在本地接收机中有效抑制自己发射的同时同频信号(即自干扰)。为了分析全双工系统的自干扰,图6.14中给出了同频同时全双工节点的结构。基带信号经射频调制,从发射天线发出。同时,接收天线正在接收来自期望信源的信号。由于节

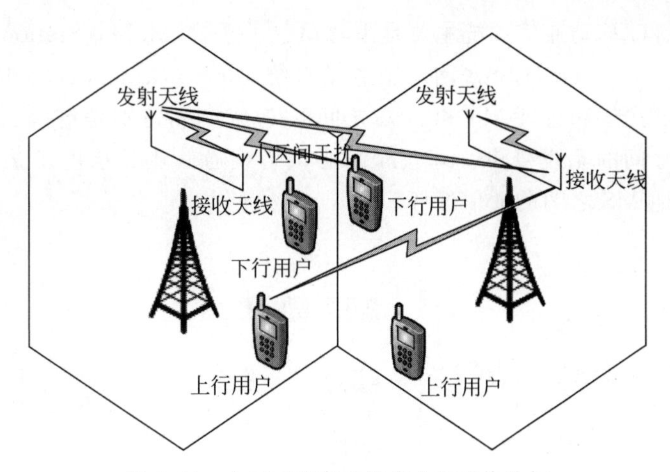

图 6.13　全双工蜂窝系统多小区干扰分析

点发射信号和接收信号处在同一频率和同一时隙上，进入接收天线的信号为节点发射信号和来自期望信源的信号之和，而节点发射信号对于期望的接收信号来说是极强的干扰，这种干扰被称为双工干扰（自干扰）。消除双工干扰对系统频谱效率有极大的影响。如果双工干扰被完全消除，则系统容量能够提升一倍。可见，有效消除双工干扰是实现同频同时全双工的关键。

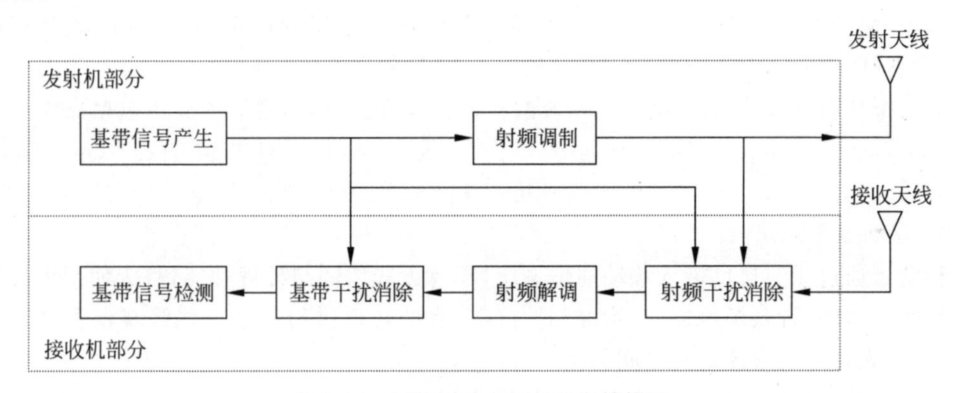

图 6.14　同频同时全双工节点结构图

常见的自干扰抑制技术包括空域、射频域、数字域的自干扰抑制技术。空域自干扰抑制主要依靠天线位置优化、空间零陷波束、高隔离度收发天线等技术手段实现空间自干扰的辐射隔离；射频域自干扰抑制的核心思想是构建与接收自干扰信号幅相相反的对消信号，在射频模拟域完成抵消，达到抑制效果；数字域自干扰抑制针对残余的线性和非线性自干扰进一步进行重建消除。

6.3　移动通信系统网络结构

6.3.1　移动通信系统的组成

移动通信系统从 1G、2G、3G 演进到现在的 4G、5G，总的体系架构还是分为传输、交换、接入 3 部分。下面首先以 2G 移动通信系统为例介绍移动通信系统的基本网络结构，具体如图 6.15 所示。2G 移动通信系统主要是由移动台子系统(Mobile Station,MS)、基站子系统(Base Station Subsystem,BSS)、网络服务子系统(Network Service Subsystem,NSS)等几部分组成。BSS 提供和管理 MS 和 NSS 之间的传输通路,特别是包括了 MS 与移动通信系统的功能实体之间的无线接口管理。NSS 必须管理通信业务承担建立 MS 与相关的公用通信网或与其他 MS 之间的通信任务。

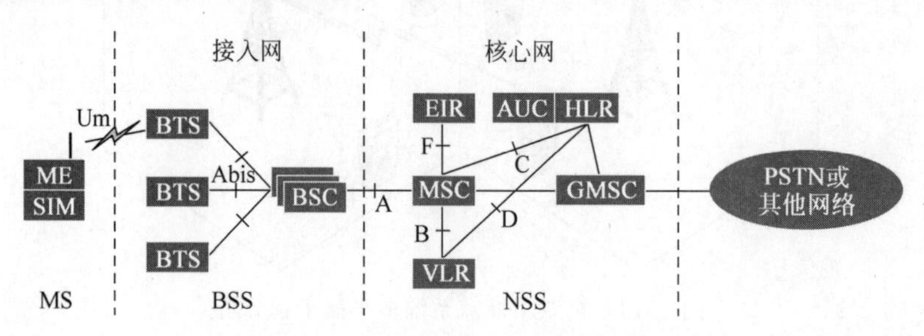

图 6.15 移动通信系统的基本组成

图 6.15 中,BSC(Base Station Controller)是基站控制器; BTS(Base Transceiver Station)是基站收发台; MSC(Mobile Switch Center)是移动交换中心; AUC(AUthentication Center)是鉴权中心; EIR(Equipment Identity Register)是设备识别寄存器; HLR(Home Location Register)是归属位置寄存器; VLR(Visit Location Register)是访问位置寄存器; GMSC(Gateway Mobile Switch Center)是网关移动交换中心; ME(Mobile Equipment)是移动设备; PSTN(Public Switched Telephone Network)是公用电话交换网。

MS、BSS 和 NSS 组成移动通信系统的实体部分,此外移动通信系统还包括操作支持子系统(Operation Support System,OSS),主要设备是操作与维护中心(Operation & Maintenance Center,OMC),负责网络各功能单元监测、状态报告,以及系统的运行维护。

1. 移动台子系统

移动台通过无线接口接入移动通信系统,具有无线传输与处理功能,且为使用者提供完成通话所必需的话筒、扬声器、显示屏和按键等,有的还提供与其他一些终端设备之间的接口,如与个人计算机或传真机之间的接口等。

移动台的另外一个重要的组成部分是用户识别模块(Subscriber Identity Module,SIM 或 User Identity Module,UIM),它包含所有与用户有关的和某些无线接口的信息,认证用户身份所需的所有信息(如鉴权),并执行与安全保密有关的重要信息,防止非法用户进入用户识别模块存储与网络和用户有关的管理数据,只有插入用户识别模块后移动终端才能进网(使用 GSM 标准的移动台都需要插入 SIM 卡、使用 CDMA 标准的移动台都需要插入 UIM 卡)。当处理异常紧急呼叫时,也可以在不用 SIM 卡或 UIM 卡的情况下操作移动台。用户识别模块的应用实现了用户身份的移动性,使用户与移动台可以分离,移动通信系统通过用户识别模块识别移动电话用户的身份,这为将来发展个人通信打下了基础。

SIM 卡中存储的信息包括持片者相关信息、集成电路(Integrated Circuits,IC)卡识别信息、GSM 应用目录、电信应用目录。电信应用目录下又有手机号码、固定拨号数据(短号)、短信、存储数据及其他一些数据。GSM 应用目录下又有鉴权、加密的数据、位置信息、数据、位置状态更新等信息。此外,网络还经常向手机发送广播控制信道(Broadcast Control CHannel,BCCH)信息,手机把这些信息也存储于 SIM 卡。

综上,MS系统是移动系统的用户设备,由两部分组成:移动终端和用户识别卡。移动终端可完成话音编/解码、信道编/解码、信息加密/解密、信息的调制/解调、信息发射/接收等功能。用户识别卡就是“人”,存有认证和管理用户身份所需的所有信息,并能执行一些与安全保密有关的重要信息,以防止非法用户入网。

2. 基站子系统

BSS分为两个部分,一部分是通过无线接口与移动台通信的BTS;另一部分是与移动交换中心相连的BSC。BTS负责无线传输,BSC负责无线资源控制(Radio Resource Control,RRC)与管理。一个BSC根据话务量需要可以控制一个至数十个BTS。一个BSS系统由一个BSC或多个BSC及其控制下的BTS组成。BTS可以直接与BSC相连,也可以通过基站接口设备(Base station Interface Equipment,BIE)接口与远端的BSC相连。

BTS包括无线传输所需要的各种硬件和软件,如发射机、接收机、支持各种小区结构(如全向、扇形等)所需要的天线、连接BSC的接口电路以及收发台本身所需要的检测和控制装置等,属于基站系统的无线部分,由BSC控制,服务于某个小区。

基站收发信机设备的配置需要考虑大量的无线参数,如跳频模式、跳频序列号、负荷门限、测量平均周期等,这些无线参数的合理选取与否关系着整个移动通信网络的通信质量。

BSC是BSS的控制部分,它一端可与一个或多个BTS相连(由业务量的大小决定),另一端与MSC和OMC相连。BSC面向无线网络,在BSS中起交换作用,即各种接口的管理、承担无线资源和无线参数的管理等。

3. 网络子系统

NSS完成移动通信系统的交换功能、用户数据管理和移动性管理、移动用户之间的通信以及移动用户与其他通信网用户之间的通信等。网络子系统NSS包括6个功能单元:MSC、VLR、HLR、AUC、EIR和短消息中心(Short Message Center,SMC)。

MSC完成通话接续、计费、BSS和MSC之间的切换和辅助性的无线资源管理、移动性管理等功能。为了建立至移动台的呼叫路由,每个MSC还要完成查询移动台位置信息的功能,即MSC从VLR、HLR和AUC 3种数据库中取得处理用户呼叫请求所需的全部数据。同时,MSC也负责根据移动台的最新数据更新这3个数据库中相应的用户数据。

还有一种MSC设备是GMSC,可以查询用户的位置信息,并把路由转到移动用户所在的移动交换中心MSC,为网内用户建立通信。

VLR通常与MSC合设,存储移动至MSC所管辖区域中的移动台(称拜访客户)的相关用户数据,包括用户号码、移动台的位置区信息、用户状态和用户可获得的服务等参数。

VLR是一个动态用户数据库。VLR从移动用户的HLR处获取并暂存必要的数据,一旦移动用户离开该VLR的控制区域,则重新在另一个VLR上登记,原VLR将取消该移动用户的所有临时存储数据记录。

HLR是系统的中央数据库,存储有管理部门用于管理移动用户的数据。信息存储主要分为两类:一类是永久性的移动用户参数,如移动用户识别号码、访问能力、用户类别和补充业务等数据;另一类是暂时性的移动用户参数,如移动用户目前所处位置的信息等,以便建立至移动台的呼叫路由。这样,移动用户不管是否位于HLR的服务区域内,HLR均会记录移动用户的所在地信息,以方便通信链路的建立。

AUC专用于移动通信系统的安全性管理。AUC产生鉴权参数组(随机数RAND、符号响应 SRES、加密键 Kc)，用来鉴权用户身份的合法性以及对无线接口上的话音、数据、信令信号等进行加密，防止无权用户接入和保证移动用户通信的安全。因此该设备的主要作用是可靠地识别用户的身份，只允许有权用户接入网络并获得服务。

EIR 存储有关移动台设备的参数，例如移动设备的国际移动设备识别码(International Mobile Equipment Identity number，IMEI)，完成对移动设备的识别、监视、闭锁等功能，以防止非法移动台的使用。EIR 中存有 3 种名单，白名单存储属于准许使用的 IMEI；黑名单存储所有应被禁用的 IMEI，如失窃而不准使用的；灰名单存储有故障的以及未经型号认证的 IMEI，由网络运营者决定。

AUC 和 EIR 都是保密管理方面的设备。

SMC 是提供短消息业务(SMS)功能的实体。短消息中心的作用像邮局一样，对用户的短消息进行接收、存储和转发。通过短消息中心能够更可靠地将信息传送到目的地。如果传送失败，短消息中心在一个规定的时间内保存失败消息直至发送成功为止。

4. 操作支持子系统 OSS

OSS 是完成对 BSS 和 NSS 进行操作与维护管理任务的。OMC 完成对全网进行监控和操作，即对系统的交换实体进行管理，如系统的自检、报警与备用设备的激活、系统的故障诊断与处理、话务量的统计和计费数据的记录与传递. 以及各种资料的收集、分析与显示等。

OSS 的功能实体主要包括有网络管理(NMC)、安全性管理中心(SEMC)、用于用户识别卡管理的个人化中心(PCS)、用于集中计费管理的数据处理系统(DPPS)、管理无线设备的 OMC-R、管理交换设备的 OMC-S 等。OSS 还具备与高层次的电信管理网络(TMN)进行通信的接口功能，以保证移动网络能与其他电信网络一起纳入先进、统一的电信管理网络中，进行集中操作与维护管理。

5. 移动通信系统的网络接口

为了保证不同供应商生产的 MS、BSS 和网络子系统等设备能纳入同一个数字移动通信网运行和使用，以及与其他固定电信网络、数据网络等的互联互通，需要将移动通信系统的网络接口进行定义和标准化。移动通信系统的网络接口数量较多，从位置上来划分可分为移动通信系统的外部接口与内部接口两类。而移动通信系统的内部接口定义分为交换子系统 MSS 内部接口与接入子系统内部接口两类。

移动通信系统与外界的联系可划分为 3 大边界，因而也有了 3 个外部接口。

(1) 用户侧的接口，即 MS 和用户之间的界面，可认为是一个人机界面。

(2) 移动通信系统与其他电信网间的接口，可以将移动通信网作为接入网，接入移动用户与其他电信网用户之间的呼叫，因此须定义移动通信网与其他电信网的接口。

(3) 移动通信系统与运营商的接口，提供对 NSS、BSS 设备管理和运行管理，实现运营商对网络的管理，包括纳入到统一的 TMN 管理的接口。

如图 6.15 给出了移动交换子系统 NSS 的内部接口，具体描述如下。

(1) B 接口：MSC 与 VLR 间接口，MSC 通过该接口向 VLR 传送漫游用户的位置信息、并在呼叫建立时向 VLR 查询漫游用户的有关数据，若 MSC 与 VLR 合并则用内部接口。

(2) C 接口：MSC 与 HLR 间接口，MSC 通过该接口向 HLR 查询被叫移动台的路由信息，HLR 提供路由。

(3) D 接口：VLR 与 HLR 间接口，此接口用于两个位置寄存器之间传送用户数据信息(位置信息、路由信息、业务信息等)。

(4) E 接口：MSC 与 MSC 间接口,用于越区频道转接。该接口要传送控制两个 MSC 间话路接续的常规电话网局间信令。

(5) F 接口：MSC 与 EIR 间接口,MSC 向 EIR 查询移动台设备的合法性。

(6) G 接口：VLR 之间的接口,当移动台由某个 VLR 进入另一个 VLR 覆盖区域时,新老 VLR 通过该接口交换必要的信息,仅用于数字移动通信系统。

(7) MSC 与 PSTN 间的接口。这是常规电话网局间信令接口,用于建立移动网至公用电话网的话路接续。

图 6.15 还给出了移动接入子系统的主要接口：A 接口、Abis 接口和 Um 接口,这些接口的定义和标准化能保证不同供应商生产的移动台、BSS 和网络子系统设备能纳入同一个数字移动通信网中运行和使用。

(1) A 接口定义为网络子系统(NSS)与 BSS 之间的通信接口,从系统的功能实体来说,就是 MSC 与 BSC 之间的互连接口。此接口传递的信息包括移动台管理、基站管理、移动性管理、接续管理等。

(2) Abis 接口定义为 BSS 的两个功能实体 BSC 和 BTS 之间的通信接口,用于 BTS 与 BSC 之间的远端互连。

(3) Um 接口定义为移动台与基站收发信机之间的无线通信的空中接口,传递的信息包括无线资源管理、移动性管理和接续管理等。

6.3.2 移动通信网络架构的演进

1. 3G 移动通信网络结构

20 世纪末,IP 和互联网技术的快速发展改变了人们的通信方式,传统的语音通信的吸引力下降,人们期望无线移动网络也能够提供互联网业务,于是出现了能够提供数据业务的第三代移动通信系统。3G 网络结构如图 6.16 所示,基站由无线网络控制器(Radio Network Controller,RNC)和 BSC 组成。

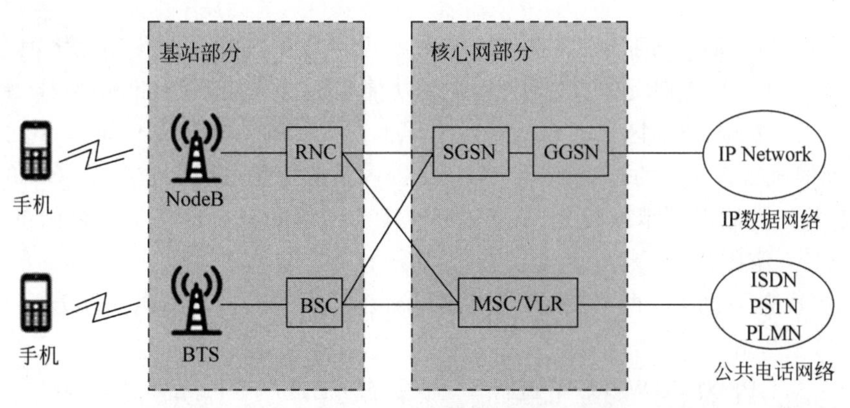

图 6.16　3G 网络架构

3G 阶段有两个很重要的思路变化,一是 IP 化,二是控制面和用户面的分离。随着以太网和 TCP/IP 的不断发展,网线、光纤开始大量投入使用,设备的外部接口和内部通信都开始围绕 IP 地址和端口号进行,因此 3G 网络不仅支持 PSTN 等公共电话网络,而且支持 IP

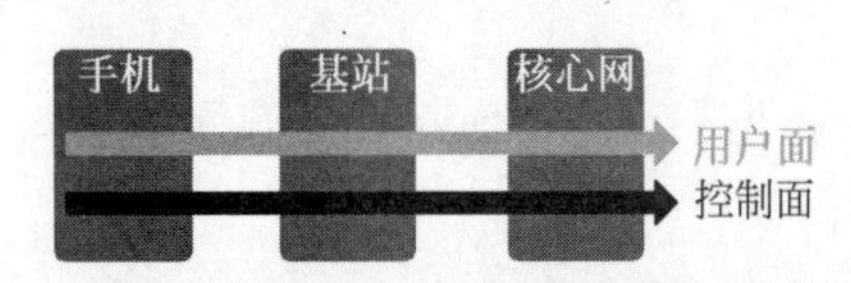

图 6.17　用户面和控制面的分离

核心网。此外，随着网元设备的功能开始细化，不再是一个设备集成多个功能，而是拆分，3G 阶段是分离的第一步，称作承载和控制分离，于是就有了两个面：用户面和控制面，如图 6.17 所示。用户面是用户的实际业务数据，如语音数据、视频流数据等。控制面是为了管理数据走向的信令、命令。在通信设备内部，这两个面就相当于两个不同的系统，2G 移动通信系统用户面和控制面没有明显分开，而 3G 移动通信系统把两个面进行了分离。

从 R7 开始，通过直接隧道（Direct Tunnel）技术将控制面和用户面分离，如图 6.18 所示。在 3G RNC 和网关 GPRS 支持节点（Gateway GPRS Support Node，GGSN）之间建立了直连用户面隧道，用户面数据流量直接绕过服务 GPRS 支持节点（Service GPRS Support Node，SGSN）在 RNC 和 GGSN 之间传输。到了 R8，出现了移动性管理实体（Mobility Management Entity，MME）这样的纯信令节点。

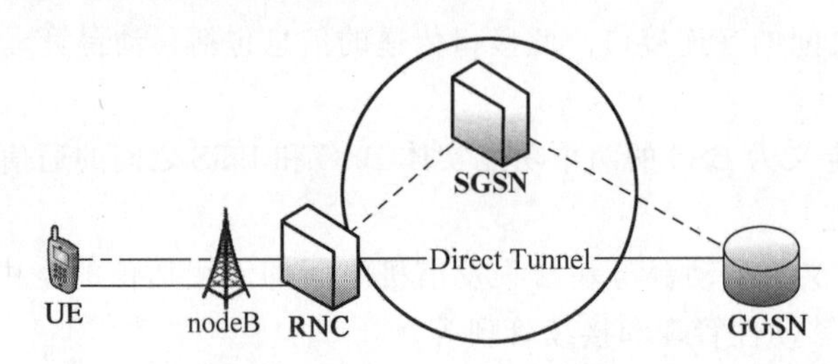

图 6.18　采用 Direct Tunnel 技术的控制面和用户面分离

2. 4G 移动通信网络结构

4G 移动通信系统提供了 3G 网络不能满足的无线网络宽带化，即全 IP 化网络，其数据传输的上行速率可达 20Mb/s，下行速率高达 100Mb/s，基本满足各种移动通信业务的需求。如图 6.19 所示，4G 网络架构中，SGSN 变成 MME，GGSN 的主要功能由服务网关（Serving Gateway，SGW）和分组数据网关（Packet Data Network Gateway Gateway，PGW）实现。

4G EPC 核心网位于网络数据交换的中央，主要负责终端用户的移动性管理，会话管理和数据传输。移动性管理实体（MME）的主要功能是支持非接入层（Non-Access-Stratum，NAS）信令及其安全、跟踪区域（Tracking Area，TA）列表的管理、PGW 和 SGW 的选择、跨 MME 切换时进行 MME 的选择、在向 2G/3G 接入系统切换过程中进行 SGSN 的选择、用户的鉴权、漫游控制以及承载管理、3GPP 不同接入网络的核心网络节点之间的移动性管理，以及 UE 在空闲状态下可达性管理。

为了实现扁平化，4G 网络架构中，基站部分不再有 RNC，其功能一部分给了核心网；另一部分给了基站。

2016 年，3GPP 对 SGW/PGW 进行了一次拆分，把这两个网元都进一步拆分为控制面（SGW-C 和 PGW-C）和用户面（SGW-U 和 PGW-U），称为控制面和用户面分离（Controland User Plane Separation，CUPS）架构，如图 6.20 所示。

控制面和用户面分离还可以让用户面功能摆脱“中心化”的束缚，使其既可灵活部署于核心网（中心数据中心），也可部署于接入网（边缘数据中心），最终实现可分布式部署。

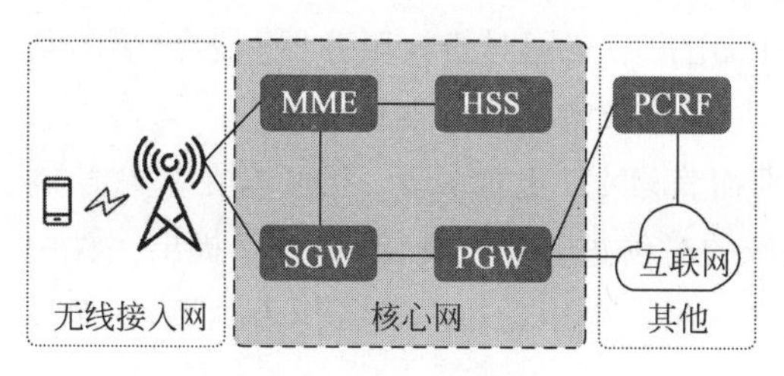

图 6.19 4G 网络架构

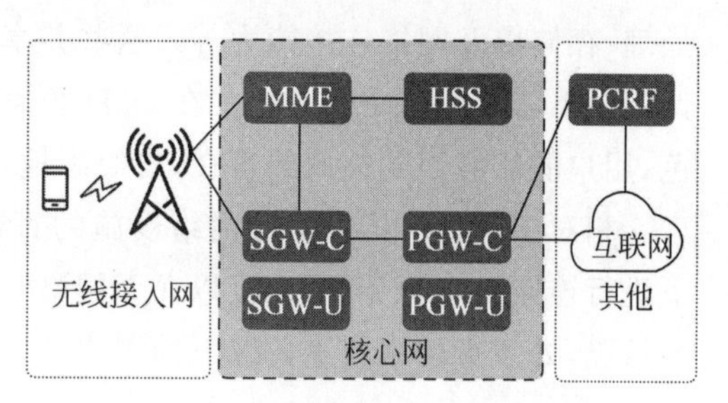

图 6.20 控制面和用户面分离架构

3. 5G 网络架构

随着 5G 移动通信技术的出现和发展，需要用信息技术(Information Technology，IT)的方式来重构网络，而虚拟化打通了开源平台，让更多的第三方和合作伙伴参与进来，从而在已运行多年的成熟的电信网络上激发更多的创新和价值，这也正是下一代移动网络(Next Generation Mobile Networks，NGMN)联盟的愿景：生态、客户和商业模式。于是，网络功能虚拟化(Network Function Virtualization，NFV)的时代到来了。

为了应对新一代信息技术的需求和挑战，5G 网络设计原则为：从集中化向分布式发展，从专用系统向虚拟系统发展，以及从闭源向开源发展。5G 网络的设计原则包括解耦、软件化、开源化和云化。解耦是指软硬件解耦，以及控制面和用户面分离；软件化包括 NFV、软件定义网络(Software Defined Network，SDN)、编排和网络切片等；开源是指软硬件开源，前传、应用程序接口(Application Program Interface，API)开放；全面云化指从设备、网络、业务和运营 4 个方面全面升级基础网络，带来硬件资源池化、软件架构全分布化和运营全自动化的系统优势，使得资源可以得到最大程度的共享，从而实现系统的高扩展性、高弹性和高可靠性。5G 网络架构在第 9 章再进一步阐述。

6.3.3 D2D 通信

D2D 通信是两个对等的用户节点之间直接进行通信的一种通信方式，如图 6.21 所示。

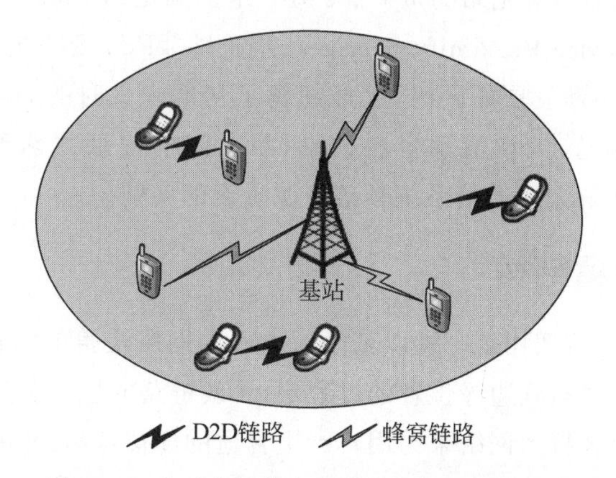

图 6.21 点对点通信中的网络功能和逻辑节点

在由 D2D 通信用户组成的分布式网络中，每个用户节点都能发送和接收信号，并具有自动路由(转发消息)的功能。网络的参与者共享它们所拥有的一部分硬件资源，包括信息处理、存储以及网络连接能力等。这些共享资源向网络提供服务和资源，能被其他用户直接访问而不需要经过中间实体。在D2D通信网络中，用户节点同时扮演服务器和客户端的角色，用户能够意识到彼此的存在，自组织地构成一个虚拟或者实际的群体。

相对于其他不依靠基础网络设施的直通技术而言，D2D更加灵活，既可以在基站控制下进行连接及资源分配，也可以在无网络基础设施的时候进行信息交互，最近又提出一种中继情况，处于无网络覆盖情况下的用户可以把处在网络覆盖中的用户设备作为跳板，从而接入网络。

D2D通信技术在不同的网络中有着不同的应用，比如Ad hoc网络中的P2P(Peer to Peer)、物联网中的M2M(Machine to Machine)等。这些不同名词之间并无较大的本质差别，只是在各自的应用场景下进行了适当调整以满足其特殊的需求。目前的网格网络(Mesh Network)，也称为多跳网络，就是一种由D2D通信用户构成的分布式网络。这里的“多跳”是相对于传统WLAN中，用户相互通信需要访问一个固定的接入点(AP)的“单跳网络”方式而言的。当前的蜂窝网络通信中，用户之间相互通信也必须经过中央节点基站来转接相互之间的消息。

D2D具有明显的技术特征，相比于类似技术，其最大的优势在于工作于许可频段，作为LTE通信技术的一种补充，它使用的是蜂窝系统的频段，通信双方即使增加了通信距离之后，还能保证用户体验质量(QoE)，反而，Wi-FiDirect等技术在增大通信距离之后，势必会存在一定的干扰。由于D2D通信距离相对较短，信道质量较高，能够实现较高的传输速率、较低的时延和较低的功耗，增加手机续航时间。除了以上方面，D2D还可以满足人与人之间大量的信息交互，相比于蓝牙，D2D无需烦琐的匹配，且传输速度更快，相比于免费的WiFi Direct却有更好的QoS保证。

D2D通信作为4G技术中的一项关键技术一直备受关注，3GPP组织从2013年4月的RAN1#72BIS会议开始，着重对D2D技术进行研讨，旨在实现一定距离范围内的用户通信设备直接通信，以降低对服务基站的负荷。3GPP组织制定的Release12版本中，将D2D定义为LTE Deviceto Device Proximity Services，并通过TR36.843技术报告不断完善D2D的标准。D2D通信在不断发展的同时，已经超越了初期定义时的局限性，可以满足多种新兴业务需求，如广告推送，大型活动资料共享，朋友间的信息共享等。5G网络也将普及D2D通信，以适当地缓解无线通信系统频谱资源匮乏的问题。

6.3.4 无蜂窝结构

传统的蜂窝移动通信架构是一种以基站为中心的网络覆盖的结构，在小区中心位置通信效果较好，而在用户移动到边缘位置的过程中，无线链路的性能会急剧地下降。采用虚拟化技术后，终端接入小区将由网络来为用户产生合适的虚拟基站，并由网络来调度基站为用户提供无线接入服务，形成以终端用户为中心的网络覆盖，这样传统蜂窝移动通信网络的基站边界效应将会不复存在，于是出现了无蜂窝(cell-free)网络的概念。

无蜂窝结构也称为去蜂窝结构，基本特性是没有小区的概念，采用用户为中心的方式进行操作，解决蜂窝结构中小区边缘附近的用户会受到来自邻近小区同信道干扰的问题，从而进一步提升整个系统的频谱利用率。无蜂窝结构常常跟 MIMO 技术相结合,如图 6.22 所示。

以上行链路为例,对于无蜂窝系统,由于引入了多小区联合处理,多个用户在多个小区的覆盖范围内构成了多点对多点(MP-2-MP)分布式 MU-MIMO,所有的用户和基站可同时同频工作。这时,基站一侧的多个天线分别来自不同的小区。

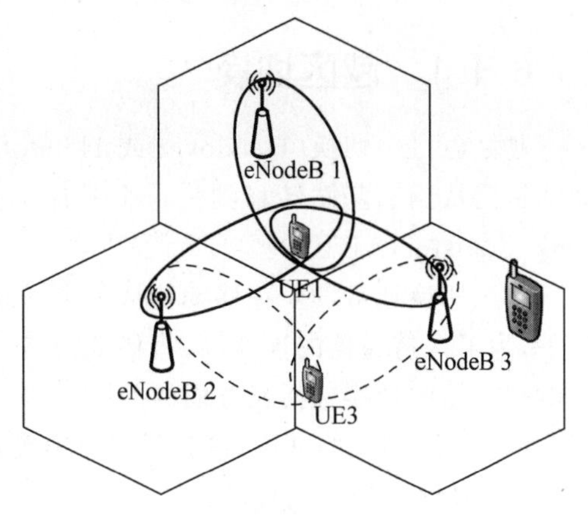

图 6.22 无蜂窝结构示意图

无蜂窝系统另外一个潜在的优越特性是消除了传统蜂窝架构在小区频率复用方面的限制,其小区频率复用因子等于 1,这意味着无蜂窝系统不再受频率资源静态分配的限制,可实现真正意义上的跨小区、全动态的频率资源调配,从而为构建资源调配灵活、频谱利用率更高的 6G 移动通信系统提供支撑。

无蜂窝 MIMO 可进一步与云化无线接入网(Cloud Radio Access Network,C-RAN)相结合。C-RAN 通过在多个基站之间共享一台计算机降低成本,但它也可以实现无蜂窝 MIMO。图 6.23 所示无蜂窝系统的中央处理单元实质上是一台 C-RAN 计算机。

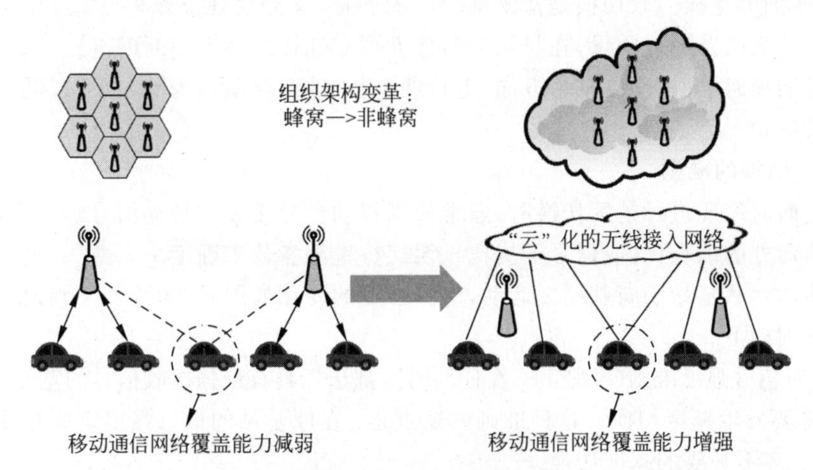

图 6.23 5G 基站虚拟化

分析表明,无蜂窝系统中,基站一侧所需的总发射功率与系统的频谱效率成正比,与归一化信噪比成反比;且当基站一侧的天线数充分多时,增加用户一侧总的天线数将有利于基站总发射功率的减少。

综上可知,未来移动通信系统的频谱效率和功率效率尚不存在理论上的限制。传统蜂窝系统以"时间-频率"域的无线资源开发利用为基础,而大规模协作无蜂窝系统以"时间-频率-空间"域的无线资源开发利用为基础,通过构建无蜂窝系统,可以获得更为优越的频谱和功率效率。构建低能耗、环境友好的移动通信网络将是未来 6G 发展的一个目标。

6.4 移动性管理

6.4.1 越区切换

越区(过区)切换(Handover 或 Handoff)是指将当前正在进行通信的移动台与基站之间的链路从当前基站转移到另一个基站的过程。该过程也称为自动链路转移(Automatic Link Transfer,ALT)。

越区切换通常发生在移动台从一个基站覆盖的小区进入到另一个基站覆盖的小区的情况下,为了保持通信的连续性,将移动台与当前基站之间的链路转移到移动台与新基站之间的链路。越区切换包括三方面的问题。

(1) 越区切换的准则,也就是何时需要进行越区切换;

(2) 越区切换如何控制;

(3) 越区切换时的信道分配。

研究越区切换算法所关心的主要性能指标包括:越区切换的失败概率、因越区失败而使通信中断的概率、越区切换的速率、越区切换引起的通信中断的时间间隔以及越区切换发生的时延等。

越区切换分为两大类:一类是硬切换;另一类是软切换。硬切换是指在新的连接建立以前,先中断旧的连接。软切换是指既维持旧的连接,又同时建立新的连接,并利用新旧链路的分集合并来改善通信质量,在与新基站建立可靠连接之后再中断旧链路。

在越区切换时,可以仅以某个方向(上行或下行)的链路质量为准,也可以同时考虑双向链路的通信质量。

1. 越区切换的准则

在决定何时需要进行越区切换时,通常根据移动台处接收的平均信号强度来确定,也可以根据移动台处的信噪比(或信号干扰比)、误比特率等参数来确定。

假定移动台从基站 1 向基站 2 运动,信号强度的变化如图 6.24 所示。判定何时需要越区切换的准则如下。

(1) 相对信号强度准则(准则 1):在任何时间都选择具有最强接收信号的基站,即图 6.24 中的 A 处将要发生越区切换。这种准则的缺点是:在原基站的信号强度仍满足要求的情况下,会引发太多不必要的越区切换。

(2) 具有门限规定的相对信号强度准则(准则 2):仅允许移动用户在当前基站的信号足够弱(低于某一门限),且新基站的信号强于原基站的信号情况下,才可以进行越区切换。在图 6.24 中,当门限为 Th_2 时,在 B 点将会发生越区切换。

在该方法中,门限选择具有重要作用,如果门限太高取为 Th_1,则该准则与准则 1 相同。如果门限太低取为 Th_3,则会引起较大的越区时延,此时可能会因链路质量较差而导致通信中断。另一方面,它会引起对同道用户的额外干扰。

(3) 具有滞后余量的相对信号强度准则(准则 3):仅允许移动用户在新基站的信号强度比原基站信号强度强很多,即大于滞后余量(Hysteresis Margin)的情况下进行越区切换,如图 6.24 中的 C 点。该技术可以防止由于信号波动引起的移动台在两个基站之间来回重复切换,即"乒乓效应"。

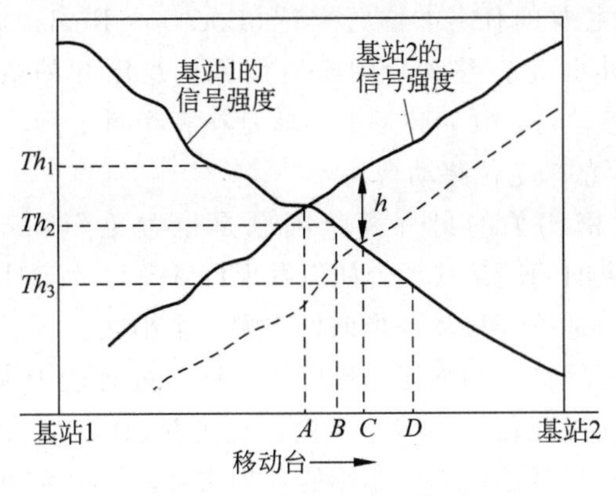

图 6.24 越区切换示意图

(4) 具有滞后余量和门限规定的相对信号强度准则(准则 4)：仅允许移动用户在当前基站的信号电平低于规定门限并且新基站的信号强度高于当前基站给定滞后余量时进行越区切换。

2. 越区切换的控制策略

越区切换控制包括两个方面：一方面是越区切换的参数控制；另一方面是越区切换的过程控制。这里主要讨论过程控制。在移动通信系统中，过程控制的方式主要有三种。

(1) 移动台控制的越区切换。在该方式中，移动台连续监测当前基站和几个越区时的候选基站的信号强度和质量。在满足某种越区切换准则后，移动台选择具有可用业务信道的最佳候选基站，并发送越区切换请求。

(2) 网络控制的越区切换。在该方式中，基站监测来自移动台的信号强度和质量，在信号低于某个门限后，网络开始安排向另一个基站的越区切换。网络要求移动台周围的所有基站都监测该移动台的信号，并把测量结果报告给网络。网络从这些基站中选择一个基站作为越区切换的新基站，把结果通过旧基站通知移动台并通知新基站。

(3) 移动台辅助的越区切换。在该方式中，网络要求移动台测量其周围基站的信号质量并把结果报告给旧基站，网络根据测试结果决定何时进行越区切换以及切换到哪一个基站。

3. 越区切换时的信道分配

越区切换时的信道分配解决新小区如何分配信道这一问题，使得越区失败的概率尽量小。常用的做法是在每个小区预留部分信道专门用于越区切换。这种做法使可用的信道数减少，增加了呼损率，但减少了通话被中断的概率，符合人们的实际需求。

6.4.2 位置管理

在移动通信系统中，用户可在系统覆盖范围内任意移动，为了能把一个呼叫传送到随机移动的用户，就必须有一个高效的位置管理系统来跟踪用户的位置变化。

在第二代移动通信系统中，位置管理采用两层数据库，即 HLR 和 VLR。通常一个公共陆地移动网(Public Land Mobile Networ，PLMN)网络由一个 HLR(存储网络内注册的所有用户的信息，包括用户预定的业务、记账信息、位置信息等)和若干个 VLR(一个位置区由一定数量的蜂窝小区组成，VLR 管理该网络中若干位置区内的移动用户)组成。

位置管理包括两个主要的任务：位置登记（Location Registration）和呼叫传递（Call Delivery）。位置登记的步骤是在移动台的实时位置信息已知的情况下，更新位置数据库（HLR 和 VLR）和认证移动台。呼叫传递的步骤是在有呼叫给移动台的情况下，根据 HLR 和 VLR 中可用的位置信息来定位移动台。

与上述两个问题紧密相关的另外两个问题是位置更新（Location Update）和寻呼（Paging）。位置更新解决的问题是移动台如何发现位置变化及何时报告它的当前位置。寻呼解决的问题是如何有效地确定移动台当前处于哪一个小区。

位置管理涉及网络处理能力和网络通信能力。网络处理能力涉及数据库的大小、查询的频度和响应速度等；网络通信能力涉及传输位置更新、查询信息所增加的业务量和时延等。位置管理所追求的目标就是以尽可能小的处理损耗和附加的业务量，快速确定用户位置，以求容纳尽可能多的用户。

6.4.3 精准定位

随着 5G 时代的到来，物联网和智能化对基于位置的服务提出了更高的要求。在各种无人系统或远程系统（如无人机、无人车船等）中，精确定位是首先须具备的关键技术。此外，在备受关注的工业互联网与 5G 融合的应用场景中，需要为室内环境的机器人及其他制造与搬运装备等随时提供厘米级精确度的位置信息，从而为云端控制的智能制造提供便利。

全球导航卫星系统（Global Navigation Satellite System，GNSS）在开阔的室外场景可以提供 10m 级精确度的位置服务。更进一步地，若通过卫星导航地面基准站为移动用户提供实时动态（Real Time Kinematic，RTK）载波相位差分信息，可使室外 GNSS 的定位服务精确度达到厘米级。但对于室内以及高楼林立的城市密集区来说，难以有效接收 GNSS 信号，较大程度上限制了基于位置的服务（Location Based Services，LBS）的应用。

为了支持城市密集区和室内的高精度定位，5G 新空口 R15 标准通过引入更多样化的参考信号 CSI-RS，为更高精确度的 LBS 技术提供了保证。R16 中对于商业应用的定位要求 80%的 UE 水平定位精度优于 3m（室内）和 10m（室外），垂直定位精度优于 3m（室内和室外）。R17 研究计划将定位增强列为 5G 新空口核心内容之一，其目标是为物联网及车联网（vehicle to everything，V2X）等物联网应用提供厘米级精确度的 LBS 技术。

基于公众移动通信基础设施的定位技术可以概括为两大类：间接定位法和直接定位法。与直接定位法相比，间接定位法更为常见，其基本原理是：运用移动终端至 3 个基站的到达时间（Time of Arrival，ToA）或到达时间之差（Time Difference of Arrival，TDoA），或者运用移动终端至两个基站的到达角度（Angle of Arrival，AoA），再由基站侧 LBS 服务器综合计算移动终端位置。直接定位法最初用于解决多个主动式目标源的定位问题，近年来扩展到解决多基站环境下的移动终端定位问题。该方法利用多个基站至移动终端的无线信道模型，建立有关移动终端位置的 ML 函数，并通过迭代方法求解。直接定位法计算较复杂，但可以提供远优于间接定位法的精准度；在基站采用单天线配置且基站数较多时，定位精确度可达亚米级别，且可以解决严重的多径时延扩展问题。若基站采用大规模天线配置，则定位精确度可得到进一步提升，预期可达厘米级精确定位。直接定位法的另外一种形式是基于多天线信道特征的指纹识别技术，但需要处理的数据量较大。

在下一代移动通信系统的研究中，基于移动通信系统的精确定位技术将进入重要的突破期。网络架构的创新更有助于精确定位的实施,C-RAN、分布式 MIMO 以及无蜂窝构架等技术能够支持基站间的联合处理。随着载频的升高,移动通信信号带宽将从现有 5G 的 100MHz 提高到吉赫兹,多径时延分辨率可与超宽带(Ultra Wide Band,UWB)定位技术相当;此外,基站侧天线阵元数将达到 1000～10 000 个,角度分辨率可达 1°甚至更小;相关技术发展与演进将为厘米级精确定位提供技术可行性。毫米波及太赫兹频段的电波二次反射相对较弱,能够更好地解决多径时延扩展问题,实现精确定位。厘米级精确定位会成为未来移通信系统研究的一个重要分支。

6.5 本章小结

本章阐述移动通信系统的组网技术,首先给出了蜂窝系统的概述,然后介绍了复用和多址接入技术。从 2G 移动通信系统的网络结构入手,描述了从 2G 到 5G 移动通信系统的系统结构演进;此外,还从越区切换和位置管理两个方面阐述了传统移动通信系统的移动性管理,最后还给出了未来移动通信的精准定位需求。通过本章的学习,不仅可以掌握多址接入方式,还能了解移动通信最新的组网技术和移动性管理技术。

第 7 章 第三代移动通信系统

CHAPTER 7

主要内容

本章介绍了 IMT-2000 的基本需求和第三代移动通信的目标，给出了第三代移动通信系统的网络结构，并分别介绍了不同制式的第三代移动通信系统（WCDMA、CDMA2000 和 TD-SCDMA）的无线接入网络（RAN），描述了三种空中接口技术，重点阐述了 TD-SCDMA 的物理层技术并说明了其先进性，最后给出了第三代移动通信系统的演进 HSPA。

学习目标

通过本章的学习，可以掌握如下几个知识点：

- 第三代移动通信目标；
- WCDMA 系统构成及关键技术；
- CDMA2000 系统构成及关键技术；
- TD-SCDMA 系统构成及其关键技术；
- HSPA。

知识图谱

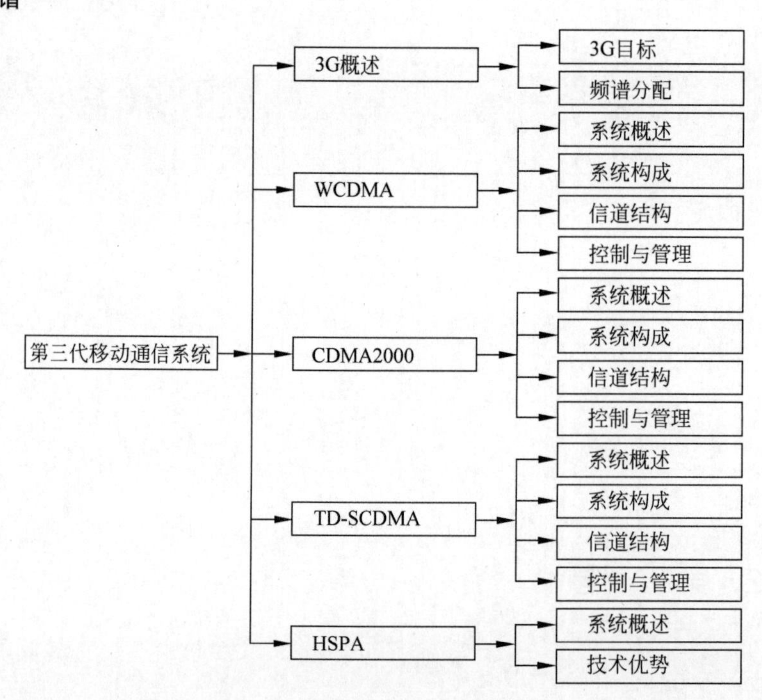

7.1 第三代移动通信概述

7.1.1 目标和要求

20 世纪 80 年代后期，人们开始考虑未来公共陆地移动通信系统（Future Public Land Mobile Telecommunication System，FPLMTS），又称个人通信网（Personal Communication Network，PCN），这就是第三代移动通信网络的前身，目标是实现任何人在任何时间、任何地点，能够以任何方式传送任何信息。1996 年，ITU 将 FPLMTS 正式更名为国际移动通信系统-2000（IMT-2000），即第三代移动通信系统。

第三代移动通信网络由卫星移动通信网和地面移动通信网所组成，将形成一个对全球无缝覆盖的立体通信网络，满足城市和偏远地区各种用户密度条件下的用户需求，如图 7.1 所示。

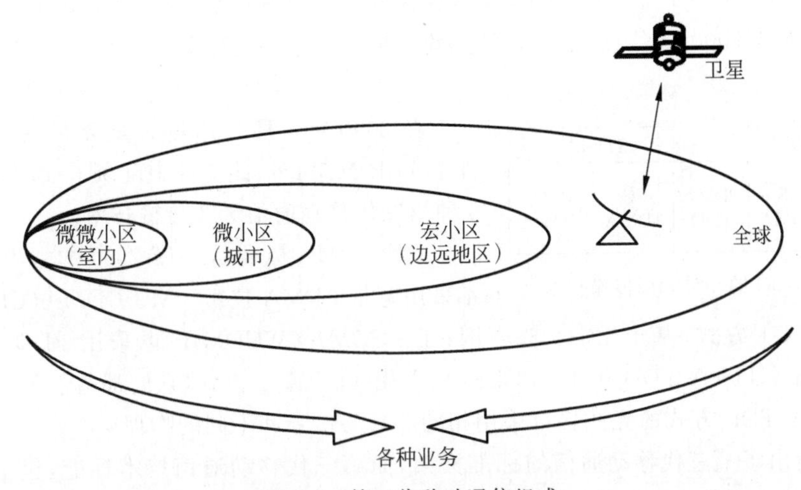

图 7.1　第三代移动通信组成

第三代移动通信系统的最高传输速率在室内环境下至少达到 2Mb/s，室外步行环境至少达到 384kb/s，高速移动环境中至少达到 144kb/s，满足以不同速度移动的（对 TDD 方式最高为 120km/h，FDD 方式最高为 500km/h）用户的需要，提供高质量的话音、高速数据、宽带多媒体及 IP 业务，并有效降低网络设备成本。

在误比特率方面，对于移动话音和视频图像业务，要求 BER$\leqslant 10^{-3}$；对于数据业务，要求无线接入系统的 BER$\leqslant 10^{-6}$。在传输时延方面，第二代移动通信的单向总时延大约为 90ms，其中无线接入部分约为 50ms。由于第三代移动通信系统中多媒体数据业务要求时延的变化范围比较大，并有可能存在一定程度的信道不对称。因此，需要采用具有自适应、软件下载功能的 IMT-2000 终端以增加传输时延方面的适应能力。

此外，第三代移动通信能够与第二代移动通信系统相互兼容，能够实现平滑过渡升级。

7.1.2 第三代移动通信标准化过程

1985 年，ITU-R（CCIR）成立临时工作组，后改为目标工作组 TG8/1，提出研究未来公共陆地移动通信系统（FPLMTS）。1996 年，FPLMTS 被正式更名为 IMT-2000 系统，其含义为：工作在2000MHz频段，最大传输信息速率可达2000kb/s，于2000年投入使用。1997年，TG8/1通过IMT-2000的需求文件ITU-R M.1225，并向全世界征求IMT-2000无线传输技术的建议。

1998年下半年到1999年初，各国代表在TG8/1工作组的组织下对所有建议进行了评估和融合，形成了第三代移动通信家族的概念。1999年3月，TG8/1第16次会议在巴西召开，将IMT-2000无线接口技术分为两大组，即CDMA和TDMA。其中，CDMA按照双工方式又分为FDD直接序列、FDD多载波和TDD，TDMA也被分为类似的3种方式。

1999年5月的多伦多会议上，30多个世界主要无线运营商及10多家设备厂商对CDMA、FDD技术达成了共识，实现了2种宽带CDMA技术（WCDMA与CDMA2000）标准的统一。1999年6月，TG8/1第17次会议在中国首都北京召开，确定了第三代移动通信无线接口最终规范的详细框架，并进一步推进了CDMA技术的融合。

1999年11月5日TG8/1第18次会议在芬兰首都赫尔辛基举行，通过了《第三代移动通信系统（IMT-2000）无线接口技术规范》建议标志着第三代移动通信系统的标准制订进入实质阶段。

CDMA			TDMA	
MC CDMA	DS CDMA	CDMA TDD	SC TDMA	MC TDMA

图7.2 3G的5种无线传输技术

在2000年5月的ITU-R全会上，通过了正式文件ITU-R M.1457，此文件中确认了如图7.2所示的5种第三代移动通信无线传输技术。

3种CDMA标准是IMT-2000的主流标准，它们都采用宽带CDMA技术。MC-CDMA（CDMA2000）采用FDD双工方式，基于IS-41核心网；DS-CDMA（WCDMA）也采用FDD双工方式，CDMA TDD（UTRA-TDD和TD-SCDMA）采用TDD双工方式，它们都基于MAP核心网。两种CDMA TDD方式的无线接口采用相同的高层信令和不同的物理层。

ITU给出了第三代移动通信的标准框架，而第三代移动通信技术标准，包括核心网和无线接入网两大部分，是由两个国际标准组织—第三代合作项目（3GPP）和第三代合作项目2（3GPP2）根据ITU建议来完成的。

我国无线通信标准组（CWTS）是上述两个国际组织的成员，在此基础上我国成立了通信标准化协会（CCSA），CWTS的工作内容也合并到CCSA内，主要参加3GPP的活动。

7.1.3 系统组成

ITU提出第三代移动通信技术时，是设想一个全球统一的标准，但最终发现在多极经济社会环境下很难实现。于是，就提出了“IMT-2000家族”的概念，不再要求无线传输技术的一致性，只要满足以下两个基本条件，就可以认为是“IMT-2000家族”成员。

ITU建议的IMT-2000架构的一个主要特点是将功能模块按依赖无线传输技术的功能和不依赖无线传输技术的功能分离，网络的定义尽可能地独立于无线传输技术，于是有了如图7.3所示的IMT-2000网络及接口示意图。

IMT-2000系统分为终端侧和网络侧。终端侧包括用户识别模块（LTIM）和移动终端（MT），网络侧设备分为无线接入网（RAN）和核心网（CN）。于是，这几个实体之间便形成了一些接口。

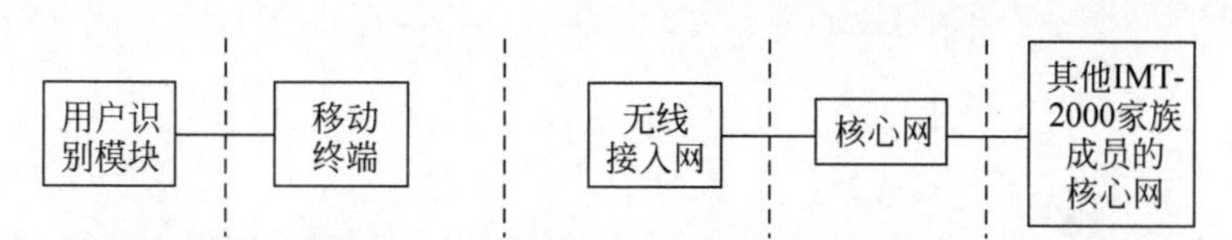

图 7.3　IMT-2000 网络及接口示意图

(1) 用户识别模块接口(UIM-MT)。

(2) 用户与网络之间的无线接口(Um)。

(3) 无线接入网与核心网之间的接口(RAN-CN)。

(4) IMT-2000 家族成员之间互通的网络之间的接口(NNI)。

引入 IMT-2000 家族概念以后,使第三代移动通信标准化工作具有较大的灵活性,可以根据不同无线传输技术分别形成相应的国际标准。也就是说,只要系统在业务和网络能力上满足上述要求,在概念结构上符合 IEEE q.1711 和以上接口规范,都可以成为 IMT-2000 家族成员。这就为 2000 年 ITU-R 全会通过标准建议奠定了基础。

7.1.4　ITU 对第三代移动通信工作频率的规划

1. ITU 对 IMT-2000 的频率分配

图 7.4 给出了 ITU 及欧洲、中国、日本、美国对于 IMT-2000 及其他无线通信业务的频率划分情况。ITU 对 IMT-2000 的频率分配方案如下。

(1) 对于 FDD 方式,频率为 2110～2170MHz/1920～1980MHz,带宽为 60/60MHz。

(2) 对于 TDD 方式,频率为 1885～1920MHz/2010～2025MHz,带宽为 35/15MHz。

(3) 对于 MSS 业务,频率为 2170～2200MHz/1980～2010MHz,带宽为 30/40MHz。

2. 我国第三代移动通信可使用的频率

2002 年 10 月,我国无线电管理委员会依据 ITU 第三代公众移动通信系统频率划分和技术标准,结合我国无线电频谱使用的实际情况,对我国第三代公众移动通信系统频率规划进行了安排,给予 TD-SCDMA 的工作频段共 155MHz(参见图 7.5)。

(1) 主要工作频段。FDD 方式频段为 1920～1980MHz/2110～2170MHz,带宽为 60MHz/60MHz; TDD 方式频段为 1880～1920MHz/2010～2025MHz,带宽为 40MHz/15MHz。

(2) 补充工作频段。FDD 方式频段为 1755～1785MHz/1850～1880MHz,带宽 30MHz/30MHz; TDD 方式频段为 2300～2400MHz(带宽 100MHz),与无线电定位业务共用,均为主要业务,共用标准将另行制定; 卫星移动通信系统工作频段为 1980～2010MHz/2170～2200MHz,带宽 30MHz/50MHz。目前已规划给公众移动通信系统的 825～835MHz/870～880MHz,885～915MHz/930～960 MHz 和 1710～1755MHz/1805～1850MHz 频段(共 85MHz/85MHz 带宽),同时规划为第三代公众移动通信系统 FDD 方式的扩展频段,上、下行频率使用方式不变。

(3) 组建第三代移动通信系统的基本带宽。对 FDD 方式的 WCDMA 技术来讲,其基本带宽为 5MHz/5MHz(对称频段),为了提高覆盖性能,考虑到宏蜂窝、微蜂窝和微微蜂窝的多层组网的模式,则至少需要 3 个频点,即 3x(5MHz/5MHz)的频率。

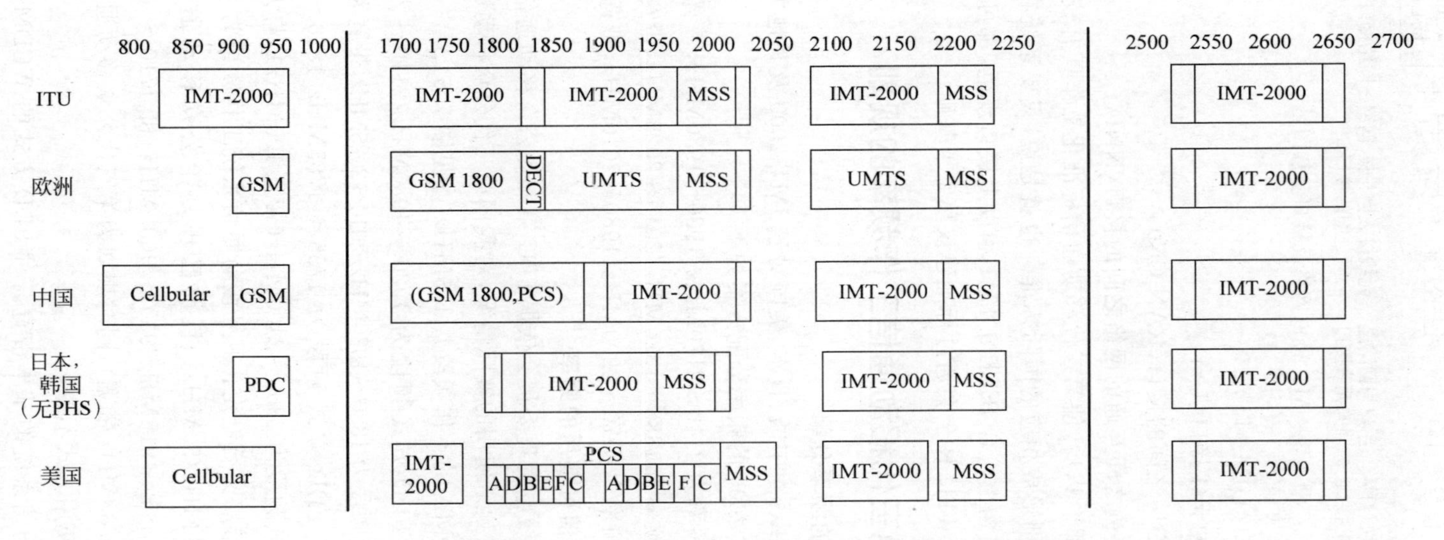

图 7.4　ITU 和欧洲、日本、美国、中国对于 IMT-2000 及无线通信业务频率的划分

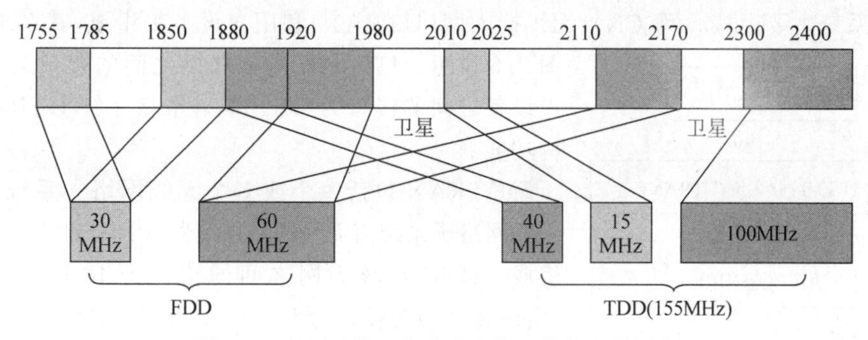

图 7.5　我国对第三代移动通信工作频段的划分

对属于 FDD 方式的 CDMA2000 技术来讲，1x 的基本带宽为 1.25MHz，3x 的基本带宽为 5MHz。如果运营商建设多层网，则也至少需要 3 个频点。所以对于 FDD 方式而言，每个运营商至少需要 15MHz/15MHz 带宽，我国分配给 FDD 的核心频段是 60MHz/60MHz，从频率使用方面讲，最多可支持 4 个全国的第三代移动通信 FDD 移动网络运营商。

对属于 TDD 方式的 TD-SCDMA 来讲，由于该技术每载波的基本带宽为 1.6MHz，考虑到运营商实际组网需求，通常分配频带也以 5MHz 为基准。再考虑数据业务需要占用更多的频率资源，通常运营商至少占用 15MHz 或者 20MHz 的带宽，专用网可使用 5MHz 的带宽。因此看出，TD-SCDMA 的基本带宽窄、频谱利用率高，可以充分利用零碎的工作频段。

7.2　WCDMA

7.2.1　WCDMA 概述

宽带码分多址接入(Wideband CDMA，WCDMA)主要由欧洲 ETSI 和日本 ARIB 提出，它可支持 384kb/s 到 2Mb/s 不等的数据传输速率，系统的核心网基于 GSM-MAP，同时可通过网络扩展方式提供在基于 ANSI-41(美国国家标准协会)的核心网上运行的能力。此外，WCDMA 还可以有效支持电路交换业务(如 PSTN、ISDN)、分组交换业务(如 IP 网际协议)和可变速率话音业务。因此，灵活的无线协议可在一个载波内对同一用户同时支持话音、数据和多媒体业务，通过透明或非透明传输块支持实时、非实时业务。于是用户可以在利用电路交换方式接听电话的同时，以分组交换方式访问 Internet，这样的技术可以提高移动电话的使用效率，突破同一时间只能进行语音或数据传输的限制。

7.2.2　WCDMA 网络结构

WCDMA 也称 UMTS，其功能模块大体可以分为 3 部分：核心网络、业务控制网络和接入网络。核心网络的主要作用是提供信息交换和传输，处理 UMTS 内部所有的话音呼叫、数据连接和交换，以及与外部其他网络的连接和路由选择，由分组交换或 ATM 网络过渡到全 IP 网络，并且与第二代移动通信网络兼容。业务控制网络是为移动用户提供附加业务和控制逻辑，基于增强型智能网实现。接入网络包括与无线技术有关的部分，主要实现无线传输功能。为了分析方便，人们通常将业务控制网络划入核心网络范围，所以

UMTS 系统主要由核心网(CN)、无线接入网(UTRAN)和用户设备来组成,其系统结构如图 7.6 所示。UTRAN 与核心网之间的接口为 Iu,与用户设备之间的接口为 Uu。本书重点介绍 UTRAN 的结构功能。

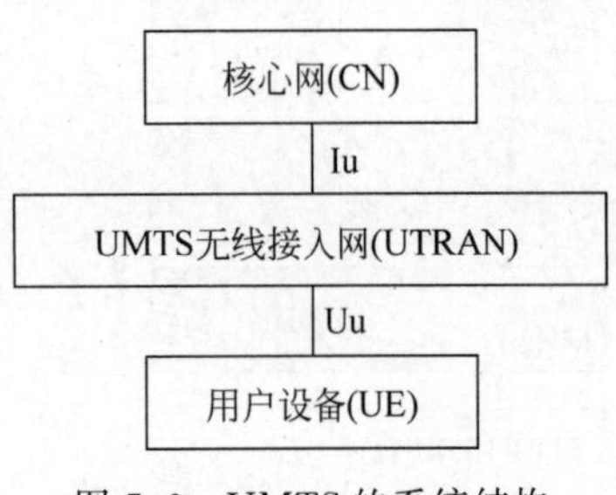

图 7.6 UMTS 的系统结构

UTRAN 包括一个或多个无线网络子系统(RNS)。无线网络子系统由无线网络控制器(RNC)和基站(Node B)组成。RNC 与核心网之间的接口为 Iu 接口,RNC 与 Node B 之间的接口为 Iub,两个 RNC 之间的接口为 Iur。RNC 的主要功能是控制与分配其所管辖的 Node B 的无线资源。Node B 则完成 Iub 和 Uu 接口之间的数据流转换,并承担一部分无线资源管理功能。UTRAN 的结构及各部分之间的接口关系如图 7.7 所示。

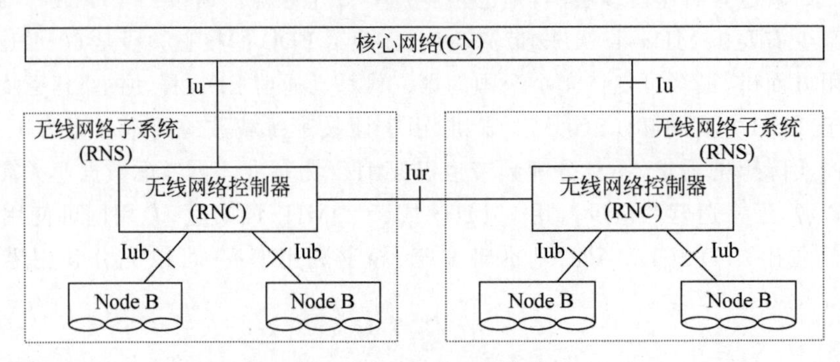

图 7.7 UTRAN 的结构

RNC 主要是用于分配和控制 UTRAN 的无线资源,通过 Iu 接口与移动交换中心(MSC)或服务型通用分组无线业务支持节点(SGSN)相连接,执行用户终端和 UTRAN 之间的 RRC 协议。

Node B 的主要任务是完成空中接口与物理层的相关处理功能,如信道编码、交织、速率匹配及扩频等,同时还执行一些如内环功率控制等无线资源管理功能。

UTRAN 各单元接口的协议结构是按照一个通用的协议模型设计的。其设计的指导思想是,使其层和面在逻辑上保持互相独立,当修改其中某一部分协议时并不影响其他部分。UTRAN 各单元的基本构成及接口如图 7.8 所示。从图 7.8 中可以看出,在水平方向上 UTRAN 的协议结构主要包括无线网络层协议和传输网络层协议。

从垂直方向看,UTRAN 的协议结构包含以下几个层面。

(1) 控制面包括应用协议和传输应用协议的信令承载两部分。应用协议主要包括 Iu 接口中的无线接入网络应用协议(RANAP),Iur 接口中无线网络子系统应用协议(RNSAP)和 Iub 接口中的 Nods B 应用协议(CNBAP)。这些应用协议用于建立起到用户设备的承载,例如在 Iu 接口中的无线接入承载,以及在 Iur、Iub 接口中的无线链路。传输应用协议的信令承载是通过操作维护建立的,它与接入链路控制应用协议(ALCAP)的信令承载可以一样,也可以不一样。

(2) 用户面主要是传输用户发送和接收的所有信息(话音和数据等)。该层面包括数据流和用于这些数据流的数据承载。

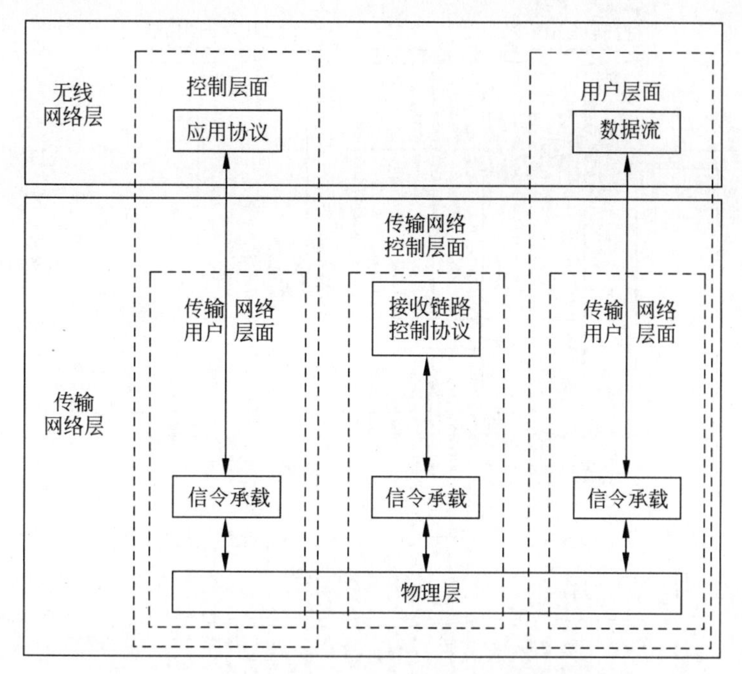

图 7.8　UTRAN 各单元接口的基本结构

(3) 传输网络控制面只在传输网络层，位于控制面和用户面之间，它用于传输层内所有的控制信令，其中包括接入链路控制协议及其所需的信令承载。接入链路控制协议完成用户层面的数据承载。传输网络控制面的引入，使得无线网络层控制面的应用协议完全独立于用户面的数据承载技术。

在传输网络层的用户面中，数据承载的建立过程为：首先在控制面的应用协议进行信令处理，并通过传输网络控制面的接入链路控制协议，触发用户面的数据承载的建立。需要说明的是，并不是所有类型的用户数据承载的建立都需要通过接入链路控制协议。如果没有接入链路控制协议的信令处理，就不需要使用传输网络控制面，而是采用预先设置好的数据承载。并且，接入链路控制协议的信令承载与应用协议的信令承载可能相同，也可能不相同。接入链路控制协议的信令承载通常是通过操作维护(O&M)的操作建立的。

用户面的数据承载和控制面里的应用协议的信令承载都属于传输网络层。但在实际操作中，用户面的数据承载是由传输网络控制面直接控制的，而控制面里的应用协议的信令承载是通过 O&M 的操作来控制的。

7.2.3　WCDMA 协议

无线接口指用户设备(UE)和网络之间的 Uu 接口，自下到上分为三个协议层：物理层(L1)、数据链路层(L2)和网络层(L3)。

整个无线接口的协议结构如图 7.9 所示。在层间接口面上，端到端的通信业务接入点(SAP)用圆圈表示。媒体接入控制(Medium Access Control，MAC)和物理层之间的 SAP 提供传输信道，无线链路控制(Radio Link Control，RLC)和 MAC 之间的 SAP 提供逻辑信道，接入层向上提供通用控制(GC)、通告(Nt)和专用控制(DC)业务接入点。

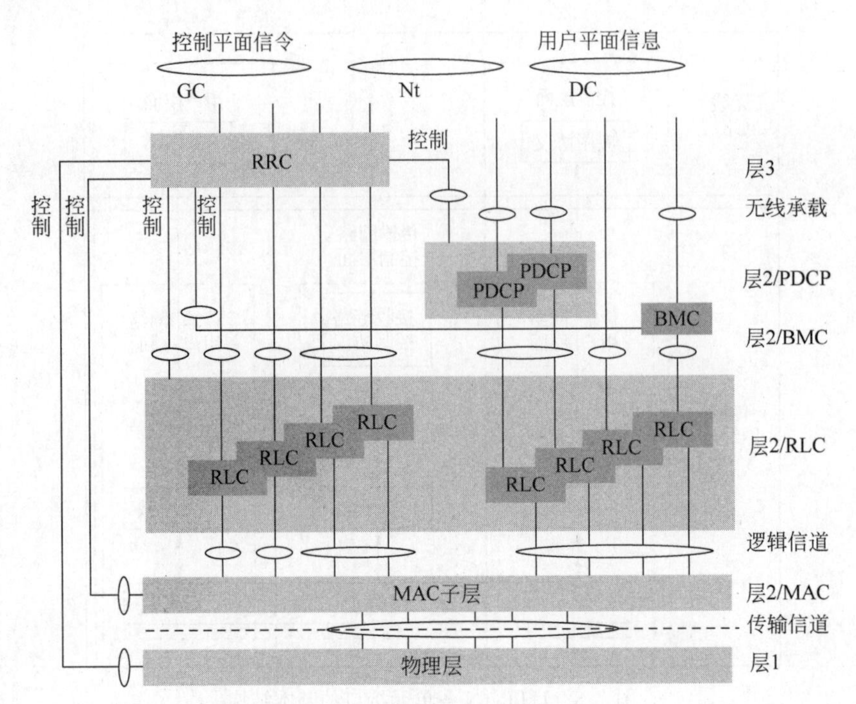

图 7.9　无线接口的协议结构

在控制面，网络层 L3 的最低子层为 RRC 协议，主要处理 UE 和 UTRAN 的第三层控制面之间的信令，包括处理连接管理功能、无线承载控制功能、RRC 连接移动性管理、测量功能和无线资源的管理。

数据链路层 L2 可分为几个子层：在控制面，L2 包含两个子层：MAC 协议和 RLC 协议；在用户面，除了 MAC 和 RLC 外，L2 还包含分组数据会聚协议(PDCP)和广播/组播控制协议(BMC)。MAC 屏蔽了物理介质的特征，为高层提供了使用物理介质的手段，确定物理层提供的资源，RLC 则完成逻辑链路连接的建立、保持和释放。

物理层 L1 是开放式系统互连(OSI)参考模型的最底层，它支持在物理介质上比特流所有需要的操作，完成物理信道的编码、调制及扩频。物理层与 L2 的 MAC 子层和 L3 的 RRC 子层相连，物理层为 MAC 子层提供不同的传输信道，传输信道定义了信息在无线接口上进行传送的方式。MAC 子层为 L2 的 RLC 子层提供不同的逻辑信道，逻辑信道定义了所传送信息的类型。物理信道在物理层进行定义，是承载信息的物理媒介。

1. 物理层协议标准

WCDMA 包括 FDD 与 TDD 两种工作方式。前者工作在覆盖面积较大的范围内，提供中、低速业务；后者主要侧重在业务繁重的小范围内，支持高至 2Mb/s 的业务，下面仅基于 FDD 方式讨论 WCDMA。

WCDMA 信道可分为专用信道(Dedicated CHannel，DCH)和公共信道两大类。专用信道包括业务信道(TCH)、独立专用控制信道(Dedicated Control CHannel，DCCH)和伴随 DCCH。公共信道包括 BCCH、前向接入信道(Forward Access CHannel，FACH)和伴随 DCCH。这些信道通过不同的方式映射到相应的物理信道。

1）上行链路

上行链路有专用物理信道（Dedicated Physical CHannel，DPCH）和公共物理信道（Common Physical CHannel，CPCH）。

DPCH 又分为专用物理数据信道（DPDCH）和专用物理控制信道（DPCCH）。DPDCH 用来承载第二层和更高层的专用数据，DPCCH 用来承载第一层产生的控制信息，它包括用于信道估计的导频信号（Pilot）、功率控制信号（TPC）以及传送格式指示比特（TFI）。

上行链路的 CPCH 只有一种，即物理随机接入信道（Physical Random Access CHannel，PRACH）。移动台仅在相对于所在小区 BCCH 帧边界的一系列给定时间偏置处发起接入尝试，这样的时间偏置称为接入时隙，每个接入时隙都会与其他接入时隙之间有 1.25ms 的时间间隔，以防止接入尝试的相互碰撞。小区中哪些接入时隙可用的消息在 BCCH 中发布。

2）下行链路

下行链路也分为 DPCH 和 CPCH。

DPCH 包含 DPDCH 和 DPCCH，其功能与上行链路相同。

CPCH 包含基本公共控制物理信道（Primary CCPCH，PCCPCH）和辅助公共控制物理信道（Secondary CCPCH，SCCPCH），基本公共物理控制信道用来承载 BCCH，辅助公共控制物理信道用来承载 FACH、寻呼信道（Paging CHannel，PCH）和同步信道（Synchronization CHannel，SCH）。

下行链路的 DPCH 是 DPCCH 和 DPDCH 的时分复用。L2 层及高层的数据与 L1 层的控制信息（TPC、TFI、Pilot）通过时分复用加载到同一条信道上。当总的比特率大于一条物理信道所能承载的最大码速率时，可采用多码传输的方法，即在下行链路发送多个并行的相同的物理信道。此时，L1 控制信息只需要在第一条物理信道发送，其他物理信道在相应的时间段中不发送任何信息。多码传输的另一种方法是每个发送的物理信道的扩频增益不同，此时每条物理信道都需要发送 L1 的控制信息。

下行链路的基本公共控制物理信道（Primary CCPCH，PCCPCH）在承载 BCCH 时，码速固定为 32kb/s，帧结构与 DPCH 的差别是它不包含 TPC 和 TFI，只包含 Pilot 和 DATA。每时隙有 8 比特的 Pilot 和 12 比特的 DATA。

下行链路的 SCCPCH 在承载 FRACH 和 PCH 时，FRACH 和 PCH 分别映射到不同的 SCCPCH。SCCPCH 码速是恒定的，但这里说的恒定，只是对一条 SCCPCH 而言，对于不同的 SCCPC，它的码速可以不同，从而可适应不同的 FRACH 和 PCH 容量。

虽然 SCCPCH 的码速在同一信道中恒定，但对于不同信道却是不同的，这正是它与 PCCPCH 的主要区别，PCCPCH 的码速对每个小区都是相同的。另外，SCCPCH 只在有数据时才发送，且可能只在某个方向发送，而 PCCPCH 却是在整个小区连续发射的。

2. 数据链路层协议

1）MAC 协议

3GPP 无线接口协议体系结构中，MAC 层处在物理层和无线连接控制层之间，向上以逻辑信道的形式为高层提供无差错的帧传输服务，向下利用传输信道使用物理层提供的服务。MAC 协议的工作就是使不同的用户能公平和有效地共享传输介质，因此 MAC 除了要完成逻辑信道和传输信道之间的映射外，还要根据业务情况和传输信道的使用情况进行传输信道的传输格式选择，以提高传输信道的利用率。同时，由于第三代移动通信要向用户提供不同质量要求的多种服务，MAC 必须具有能够管理不同用户和不同服务的接入请求的能力。

MAC 子层结构由 3 个逻辑实体组成，分别为 MAC-b、MAC-c/sh 和 MAC-d，这几个实体的功能在 7.4.2 节再介绍。

2）RLC 协议

RLC 层为用户和控制数据提供分段和重传业务。每个 RLC 实体由 RRC 配置并以透明模式（TM）、非确认模式（UM）和确认模式（AM）三种模式进行操作。其中，透明模式数据传输是指发送高层协议数据单元（Protocol Data Unit，PDU）而不增加任何协议信息，非确认模式数据传输是指发送高层 PDU 而不保证传递到对等端实体，确认模式数据传输是指发送高层 PDU 并保证传递到对等端实体。在控制平面，RLC 层向上层提供的业务为信令无线承载（SRB），在用户面，RLC 向上层提供的业务为无线承载（RB）。

RLC 将不同长度的高层 PDU 进行分段，使之成为较小的 RLC 负荷单元（PU），并在对端对其进行重组。若一个 RLC 业务数据单元（（Service Data Unit，SDU）的内容不能填满一个 RLC PU，则下一个 RLC SDU 的第一段可能放在该 RLC PU 中与前一个 RLC SDU 的最后一段连接在一起。当连接不适用并且剩余要发送的数据不能填满一个完整的 RLC 协议数据单元（Protocol Data Unit，PDU）时，剩余数据将用填充比特填满。同时，RLC 还具有协议错误检测和恢复的功能，并可在 RLC 层的非透明模式中执行加密，防止捕获未经允许的数据。

3）分组数据汇聚协议

WCDMA 支持多种网络层协议，对用户而言，这些协议都是透明的，也就是说，新的网络层协议应能在 UTRAN 中传输而无须改变 UTRAN 协议，因此 UTRAN 实体应能透明传输高层的分组。分组数据汇聚协议（Packet Date Convergence Protocol，PDCP）正是执行该功能的实体，它向高层提供的业务主要是在确认、非确认和透明 RLC 模式下发送和接收网络 PDU。

4）广播/多播控制（BMC）协议

BMC 是仅在用户面存在的数据链路层的子层，它在 RLC 之上，L2/BMC 子层对包含 BMC 在内的所有服务都是透明的。BMC 向高层提供的业务是（广播/多播接入点（BM-SAP）在无线接口用户平面提供广播/多播发送业务，它以透明或非确认模式发送公共用户数据。

3. 无线资源控制协议

RRC 层对无线资源的分配进行控制并发送有关信令。UE 与 UTRAN 之间的大多数控制信令是 RRC 消息，RRC 消息包含建立、修改和释放 L2 与 L1 协议实体所需的全部参数，RRC 允许 MAC 层实现用户的无线资源分配，RRC 使用下层进行的测量并决定可用的无线资源。

UTRAN RRC 与 UE RRC 之间需要进行测量报告，本地控制与测量将通过 RRC 与低层的控制接入点处理。RRC 层主要有以下功能实体。

（1）路由功能实体（RFE）：处理高层到不同的移动管理/连接管理实体（UE 侧）或不同的核心网控制域（UTRAN 侧）的路由选择。

(2) 广播控制功能实体(BCFE)：处理广播功能。该实体用于发送一般控制接入点(GC-SAP)所需要的RRC业务，能使用低层透明模式接入点和非确认模式接入点提供的服务。

(3) 寻呼即通告功能实体(PNFE)：控制寻呼空闲模式的UE。该实体用于发送通告接入点所需要的RRC业务。

(4) 专用控制功能实体(DCFE)：处理特定UE的所有功能。该实体用于发送专用控制所需要的RRC业务。

(5) 共享控制功能实体(SCFE)：控制物理下行共享信道(PDSCH)和物理上行共享信道(PUSCH)的分配。该实体用于TDD模式下，协助专用控制功能实体发送所需的PRC业务。

(6) 传输模式实体(THE)：处理RRC层内不同实体和RLC提供的接入点之间的映射。

UE和UTRAN之间大部分的控制信令是由RRC层进行处理的，处理过程可分为四大类：RRC连接管理过程、RB控制过程、RRC连接移动和测量过程。

7.3 CDMA2000

7.3.1 CDMA2000概述

CDMA2000的标准化工作由3GPP2负责，其标准体系和WCDMA标准体系最大的不同在于WCDMA标准的每个版本的体系结构都强调的是全系统的统一发展，而CDMA2000的核心网、UTRAN被划分成相对独立的模块，每个模块通常按照自己的发展道路演进，尽可能地避免依赖其他模块，这就确保了它的平滑演进。

CDMA2000标准的主要工作放在UTRAN和空中接口方面，核心网方面更多地借鉴3GPP、IETF等协议。CDMA2000标准核心网的发展可以大致分为4个阶段，分别是phase0、phase1、phase2、phase3。phase0网络由传统电路域和分组域组成，如同CDMA2000 1x的网络结构，电路域主要实体是MSC，分组域主要实体是PDSN；phase1保持了与phase0阶段相同的网络结构和协议族，增加了与分组域数据相关的功能，丰富业务功能；phase2是核心网向IP演进的开始，类似于3GPP的R4，引入了软交换，电路域主要实体MSC分为MSCe和MGW，提高了电路域的承载效率；phase3实现了真正的全IP网络，类似于3GPP的R5、R6，提出了IMS子系统和分组数据子系统。CDMA2000标准具有良好的兼容性，CDMA2000的标准演进和技术发展现状如图7.10所示。

CDMA2000 1x原意是指CDMA2000的第一阶段(速率高于IS-95，低于2Mb/s)，在3G领域泛指前向信道和反向信道均用码片速率1.2288Mchip/s的单载波直接序列扩频方式。它可以方便地与IS-95(A/B)后向兼容，实现平滑过渡。1999年发布Release 0版本。2000年发布Release A版本。基于Release 0的1x系统支持分组数据业务，峰值速率可以达到153.6kb/s，1x Release A版本可以达到307.2kb/s。

CDMA2000 3x是指前向信道和反向信道的码片速率均是单载波直接序列扩频方式1.2288Mchip/s的3倍，其前向信道有3个载波，每个载波均采用1.2288Mchip/s直接序列扩频，故前向信道采用多载波扩频方式；其反向信道则采用码片速率为3.6864Mchip/s

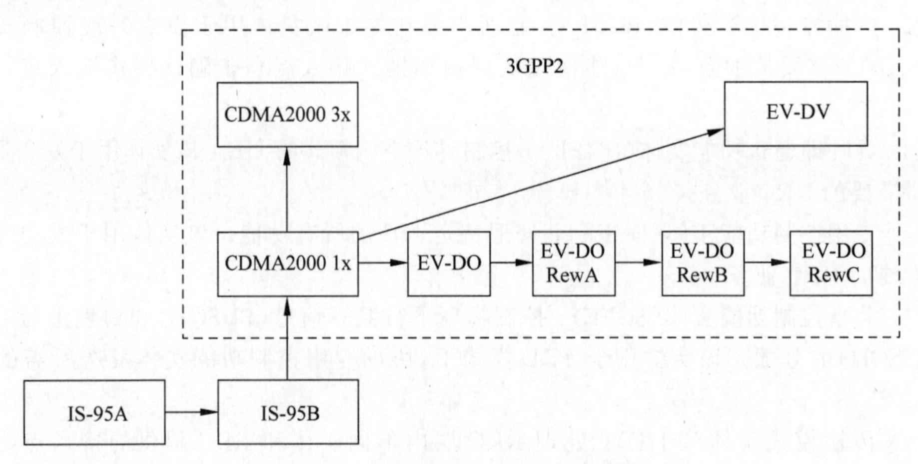

图 7.10 CDMA2000 的标准演进图

(1.2288Mchip/s 的 3 倍)的直接扩频。CDMA2000 3x 的信道带宽为 3.75MHz(单载波信道带宽 1.25MHz 的 3 倍),因为 CDMA2000 3x 实现复杂,因此许多开发商对 CDMA2000 1x EV 更感兴趣。

CDMA2000 1x EV 是在 CDMA2000 1x 基础上进一步提高速率的增强体制,采用高速率数据技术,能在 1.25MHz(同 CDMA2000 1x)带宽内提供 2Mb/s 以上的数据业务,是依托在 CDMA2000 1x 基础上的增强型 3G 系统。除基站信号处理部分及用户手持终端不同外,它能与 CDMA2000 1x 共享原有的系统资源。CDMA2000 1x EV 的演进分为两个阶段,第一个阶段称为 CDMA2000 1x EV-DO,第二个阶段称为 CDMA2000 1x EV-DV。

CDMA2000 1x EV-DO(Data Only)采用将数据业务和语音业务分离的思想,在独立于 CDMA2000 1x 的载波上向移动终端提供高速无线数据业务,在这个载波上不支持话音业务。CDMA2000 1x EV-DO 有 3 个版本。Rel 0 于 2002 年 10 月发布,针对高速分组数据传输的特点,在前向链路上采用了诸如前向最大功率发送、动态速率控制、AMC、HARQ、快速调度等多项技术,前向链路速率可达 2.46Mb/s;而对于反向链路上的数据传输和 CDMA2000 1x 基本相同。Rev A(前向最高速率 3.1Mb/s,反向最高速率 1.8Mb/s)于 2004 年 4 月发布,提高了反向速率。Rev B 标准于 2006 年第 1 季度发布,支持高达 20MHz 的带宽,支持绑定多达 15 个 1.25MHz 载频(2x,…,15x),峰值速率达 73.5Mb/s,具有更高的频谱效率、低终端功耗和更长的电池寿命。

CDMA2000 1x EV-DV(Data and Voice)克服了 CDMA2000 1x EV-DO 在资源共享以及组网方面的缺陷,重新将数据业务和语音业务合并到一个载波中,使频率资源得到了有效利用。1x EV-DV 系统将语音和数据业务合并在一个载波中实现,其网络结构仍然是传统的网络结构。1x EV-DV 有 2 个版本:Rev C 和 Rev D,可完全后向兼容 CDMA2000 1x。Rev C 主要改进和增强了 CDMA2000 1x 的前向链路,前向峰值速率达到 3.1Mb/s;Rev D 则改进和增强了反向链路,反向峰值速率达到 1.8Mb/s。相比于 CDMA2000 1x,CDMA2000 1x EV-DV 可以提供更高的数据速率和更完善的 QoS 机制。

本书重点围绕 CDMA2000 1x EV-DO Rev A 展开 CDMA2000 的学习。CDMA2000 1x EV-DO Rev A 能够在 1.25MHz 的单载频上提供 3.1Mb/s 的峰值数据速率,对 IP 协议提供有力的支持,能适应有突发性大数据量需求的应用场合,支持可视电话、VoIP 业务、Push-to-

Connect(PTC)和即时多媒体通信、移动游戏和基于 BCMCS 等业务，方便用户在任何时间、任何地点同 Internet/Intranet 交互。

7.3.2 CDMA2000 1x 网络架构

CDMA2000 1x EV-DO 分配的频率是国际电联分给 IMT-2000 的 FDD 频段：1920～1980MHz/2110～2170MHz，另外还有补充频段：1755～1785MHz/1850～1880MHz，上下行各占用 60MHz+30MHz(对称频段)。1x EV-DO 系统使用一个独立的 1.25MHz 载频来提供数据业务，不和语音业务共享资源，控制实现简单；针对数据业务对时延和抖动不敏感，能容忍一定差错的特点，采用 Turbo 编码，以最大化系统吞吐量；去掉了话音业务的 QoS 限制，针对数据业务提供了多级 QoS；结构设计和主流的 IP 骨干网相容，网络侧无论硬件还是软件均无须针对无线侧做任何改动；可以和 IS-95、CDMA2000 1x 系统共基站，可以重用原系统的射频设备，实现系统的平滑升级，用户借助双模式接入终端(Access Terminal，AT)，可以分别获得最优的语音和数据业务。

CDMA2000 1x EV-DO 技术仅支持数据业务，采用基于 IP 网的结构，网络结构如图 7.11 所示。

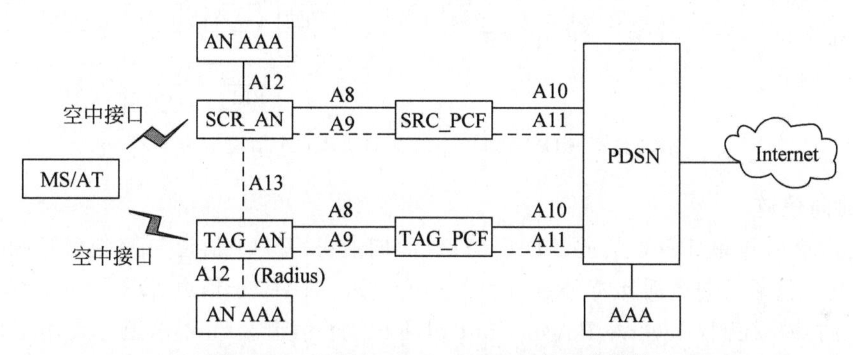

图 7.11 CDMA2000 1x EV-DO 的网络结构

图 7.11 中 AT 是接入终端，对于数据业务来说，终端的形式可以是多种多样的，并且数据处理部分和数据收发部分可分开。CDMA2000 的基站被称为接入网络(Access Network，AN)。当接入终端发生切换时，源接入网络和目标接入网络分别被叫作 SRC_AN 和 TAG_ AN。PCB 和 PDSN 的功能与 CDMA2000 1x 系统相同。AAA 负责对用户进行认证，AN AAA 完成 AN 级的认证功能。

图 7.11 中的接口主要包括空中接口、A8/A9 接口、A12/A13 接口。A8/A9 接口、A10/A11 接口的功能与 CDMA2000 1x 相同，A12 和 A13 接口是新增的。其中 A12 为 SCR_AN 与 AN AAA 间的接口，只传送信令，主要完成 AN 级的认证功能，同时 AN AAA 向 AN 返回 AT 在 A8/A9 接口、A10/A11 接口需要使用的国际移动用户识别码(IMSI)。A13 接口也是信令接口，主要用于不同 AN 间切换时，交换 AT 的相关信息。

1x EV-DO 保持了与 CDMA2000 1x 在设计和网络结构上的兼容性。在无线射频部分，1x EV-DO 具有与 CDMA2000 1x 相同的码片速率、带宽、发射功率及基带成形滤波器系数等，升级时可以直接使用 CDMA2000 1x 的射频部分。但 1x EV-DO 的基带处理算法与 1x 不完全兼容，1x EV-DO 单模终端不能在 CDMA2000 1x 网络中通信，同样

CDMA2000 1x 单模终端也不能在 1x EV-DO 网络中通信。在组网方面，对于只需要分组数据业务的用户，1x EV-DO 可以单独组网，此时的核心网配置可采用基于 IP 的、较为简单的网络结构；对于同时需要语音、数据业务的用户，可以与 CDMA2000 1x 联合组网，同时提供语音与高速分组数据业务，不过这时用户终端需要采用同时支持 1x EV-DO 与 CDMA2000 1x 的双模终端。

7.3.3 CDMA2000 1x EV-DO Rev A 物理信道的结构

从信道结构来看，CDMA2000 1x EV-DO 信道分为前向信道和反向信道，如图 7.12 所示。

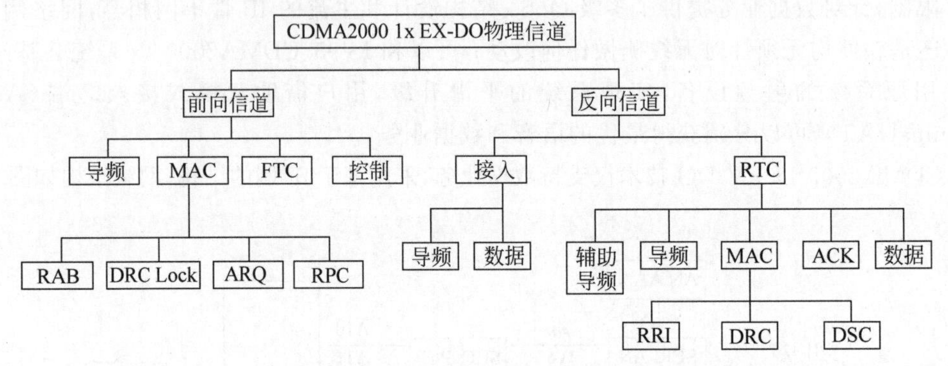

图 7.12 CDMA2000 1x EV-DO Rev A 信道结构

1. 前向信道

前向信道由导频(Pilot)信道、MAC 信道、前向业务(FTC)信道与控制(CC)信道组成。MAC 信道又包括反向激活比特(Reverse Activity Bit，RAB)子信道、DRC Lock 信道、ARQ 信道与反向功率控制(Reverse Power Control，RPC)子信道。Pilot 信道主要用于系统捕获及 Pilot 信道质量测量。MAC 信道中 RAB 子信道用于指示 AT 是否提高或降低传输速率；RPC 信道则负责对反向链路进行功率控制，调整 AT 的功率；ARQ 子信道指示是否已解调反向包；DRC Lock 信道指示 AT 是否成功锁定 DRC 子信道，用于表征反向信道质量。CC 信道主要负责向 AT 发送控制消息，诸如信道分配消息、速率极值消息等，其功能类似于 CDMA2000 1x 中的寻呼信道。FTC 信道进一步划分为 FTC 前导(Preamble)、数据(Data)两部分。FTC 主要负责向 AT 发送业务数据，会话建立后的参数配置消息也在 FTC 信道发送。

前向信道采用时分复用方式，所有属于同一最佳服务扇区的用户共享唯一的数据业务信道。峰值数据速率可达 3.072Mb/s；没有功率控制的概念，AN 在任何时候以全功率发射，并根据 AT 的反馈信息进行动态速率控制；采用虚拟软切换，当 AT 接收数据时，只接收激活集中一个扇区发送的数据，AT 按照一定的策略选择最佳服务扇区；采用调度算法，动态调度分组数据的传输。

图 7.13 显示了前向信道时隙的结构，可以看出每个时隙包含 2048 个码片，每个时隙长 (80/3)/16=5/3ms，码片速率为 16×2048/(0.080/3)=1.2288Mchip/s，同 IS-95/CDMA2000 1x 中的码片速率相同。前向信道的帧长为 80/3ms，每帧包含 16 个时隙，即每秒含 3/0.080=37.5 个帧，37.5×16=600 个时隙。

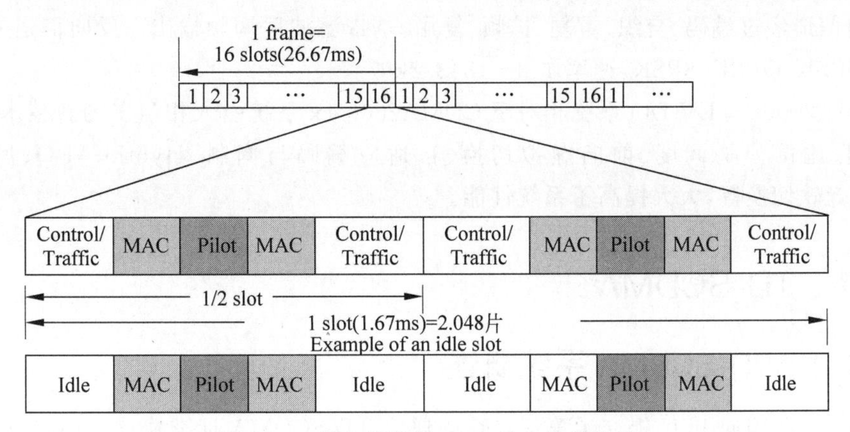

图 7.13 前向信道以 TDM 为主的帧结构

前向信道采用时分复用方式,避免了码分复用方式导致的同扇区多用户干扰和低速用户分享系统功率导致的资源利用率下降等问题。

基站根据前向信道数据分组的大小和速率等参数,在 1～16 个时隙内完成传送。有数据业务时,业务信道时隙处于激活状态,各信道按一定顺序和码片数进行复用;没有数据业务时,业务信道时隙处于空闲状态,只传送 MAC 信道和导频信道。

由图 7.13 可见,每半个时隙含 1024 个码片,其中包括 96 个码片的导频,占据在半时隙的中央,MAC 信息则每半个时隙 2 次,每次 64 个码片,分别在导频的前后。图的上半部分显示的是激活的时隙,其中不仅有导频和 MAC 信息,还包括前向控制信道和业务信道的信令与分组数据;下半部分显示的是空闲的时隙,上面没有数据流的传输。

前向业务信道上的数据经过编码、扰码、交织、QPSK/8PSK/16QAM 调制、序列重复、和解复用后形成 16 对并行码流,每一对码流用 16 阶 Walsh 函数以码速率进行扩频,产生符号速率为 76.8kb/s 的码符号,所有的 16 对码符号将一起求和形成速率为 1.2288Mchip/s 的单独一对码流送往基带滤波器后调频输出。在前向信道采用 Turbo 编码,支持传输。

2. 反向信道

反向信道包括接入信道和反向业务信道(RTC)。接入信道包括一个导频信道和一个数据信道,AT 通过在该信道上发送接入探测信号尝试和 AN 建立业务。RTC 信道由反向导频信道、辅助导频信道、MAC 信道、响应信道(ACK)与数据(Data)信道构成。其中反向 MAC 信道又包括反向速率指示(Reverse Rate Indicator,RRI)信道、数据速率控制(Data Rate Control,DRC)信道和数据资源控制(Data Source Control,DSC)信道。导频子信道用于反向信道估计和反向功率控制;辅助导频子信道用于反向信道负载估计;媒体接入子信道包括 RRI、DRC、DSC;ACK 子信道指示是否已解调前向分组数据,对收到的前向分组数据进行确认,根据正确与否发送 ACK/NAK;数据子信道发送用户业务信息。在反向物理信道中,将 DRC 信道、ACK 信道和 DSC 信道归于前向反馈信道,用于反向链路对前向信道的反馈。

反向信道采用码分复用方式,峰值数据速率可达 1.8432Mb/s;采用快速动态功率控制和速度控制对反向链路的负荷进行调节;采用软切换,可同时向多个扇区发送数据,通过反向导频进行相干解调。

反向信道经过编码、交织、重复、扩频、复用、基带滤波后调频输出。反向信道的调制方式可为 BPSK、QPSK、8PSK，速率 4.8～1843.2kb/s。

CDMA2000 1x EV-DO 系统相对于 CDMA2000 1x 系统引入相当多的新技术，如前向时分复用、比例公平调度、前向虚拟切换、自适应编码与调制、Hybrid-ARQ、反向链路 ARQ、无缝软切换等，大大提高了系统性能。

7.4 TD-SCDMA

7.4.1 TD-SCDMA 系统概述

1998 年，我国向 ITU 提交了第三代移动通信 TD-SCDMA 标准建议。1999 年 11 月在芬兰赫尔辛基举行的 ITU-R 会议上，TD-SCDMA 标准提案被写入第三代移动通信无线接口技术规范的建议中。2000 年 5 月世界无线电行政大会正式批准接纳 TD-SCDMA 为第三代移动通信国际标准之一(M.1457 IMT-2000 R-SPEC)，这是我国第一次向国际上完整地提出自己的电信技术标准建议。

TD-SCDMA 采用 TDD 方式，服务于不对称的数据业务，同时兼顾话音、多媒体等对称业务。我国在 20 世纪 90 年代已经掌握了诸如智能天线、接力切换、同步 CDMA 等技术，并拥有大量的知识产权，为 TD-SCDMA 无线传输技术奠定基础。由于智能天线(SA)、同步 CDMA(SCDMA)和软件无线电(SR)等术语的英文第一个字母均是 S，故取名为 SCDMA。

TD-SCDMA 标准有关工作和欧洲 UTRA TDD 建议的物理层进行融合，如使用联合检测技术，修改了帧结构，补充了大量的链路仿真，并完善了高层信令，从而使 TD-SCDMA 无线传输技术在各方面更为成熟。2001 年 3 月，TD-SCDMA 成为 3GPP R4 的组成部分，从而形成了完整的 TD-SCDMA 第三代移动通信国际标准。

TD-SCDMA 系统中采用了一系列技术措施，包括应用 TDD 方式支持对称及非对称业务；多址接入综合使用了 CDMA、TDMA、FDMA 以及 SDMA 方式，能充分利用空间频率资源；采用了特殊的帧结构以适合于智能天线及同步 CDMA 等技术；采用智能天线和联合检测技术，有效地克服了多径衰落；在相邻小区之间采用动态信道分配技术，降低了小区间的干扰，扩大了系统容量；同时采用软件无线电技术对所有基带数字信号进行处理，简化了硬件设备，降低了成本。

7.4.2 TD-SCDMA 空中接口

TD-SCDMA 系统与其他第三代移动通信系统在网络结构方面是完全相同的，主要由两部分构成：CN 和 UTRAN，符合 IMT-2000 标准。

TD-SCDMA 系统的协议结构与 UTRAN 完全相同，分为 3 个协议层：物理层(L1)、数据链路层(L2)和网络层(L3)。TD-SCDMA 系统的 L2 和 L3 也与 3GPP 的 FDD 和 UTRA TDD 系统保持一致，仅在 L1 层与其他系统之间有所区别。

1. L3 层

L3 层处理 UE 和 UTRAN 之间在第三层控制层面的信令以及和更高层(如核心网)之

间的关系，包括处理连接管理、无线承载控制、RRC连接移动性管理和测量等功能。大多数UE和UTRAN之间的控制信令是RRC消息，包含所有用来建立、修改和释放低层协议实体的参数和所有高层信令（如移动管理、连接管理等）。

2. L2层

L2层分为MAC子层和RLC子层。L2为高层提供使用物理介质的手段，高层以逻辑信道的形式传输信息。

MAC子层结构如图7.14所示，它由3个逻辑实体组成。

(1) MAC-b处理BCH。在每个UE中有一个MAC-b实体，在UTRAN中(位于Node B)对每一个小区有一个MAC-b实体将逻辑信道BCCH映射至传输信道BCH。

(2) MAC-c/sh处理公共信道和共享信道。在每个UE中有一个使用共享信道的MAC-c/sh实体，在UTRAN中(位于CRNC)对每个小区有一个MAC-c/sh实体。MAC-c/sh直接将逻辑信道BCCH、PCCH、CCCH、CTCH和SHCCH(对于TDD系统的共享信道控制信道)映射至相应的传输信道，如PCH、FACH、随机接入信道(RACH)、上行共享信道(USCH)、下行共享信道(DSCH)。同时MAC-c/sh还可以向用户提供附加传输能力，如DSCH和USCH都能够为某一特定用户传输信息。而且DCCH和专用业务信道(CDTCH)的某些信息也会通过MAC-c/sh映射到相应的信道。这种映射关系是由MAC-c/sh和MAC-d之间的接口完成的。

(3) MAC-d处理分配给一个处于连接模式的UE的DCH，直接将DCCH和几个DTCH映射至相应的DCH。在每个UE中有一个MAC-d实体，在UTARN中，每一个UE有一个MAC-d。

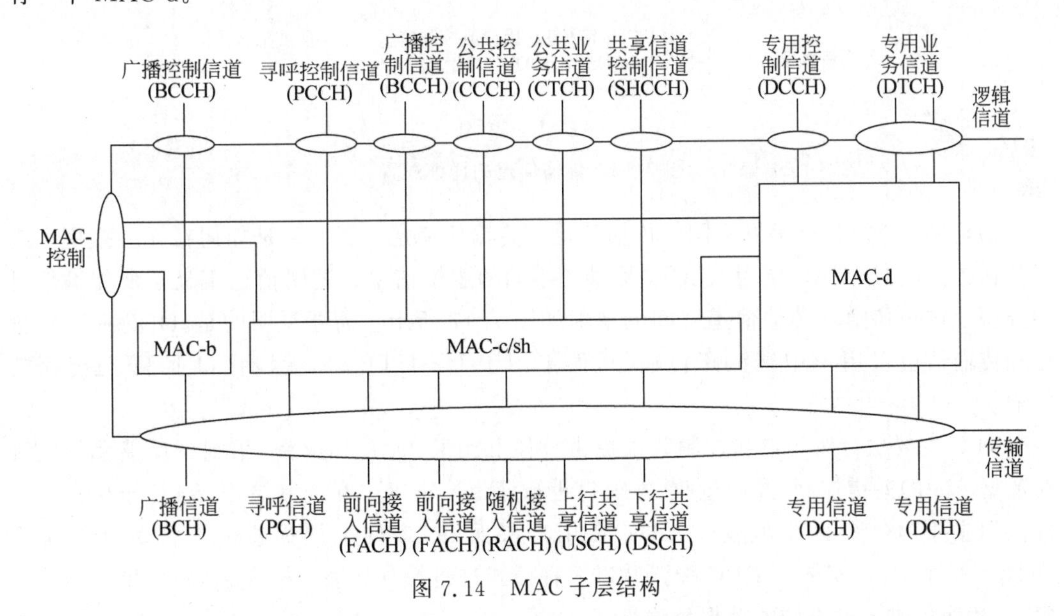

图7.14　MAC子层结构

逻辑信道是MAC子层向上层提供数据传输服务的接口。逻辑信道类型集合对应于MAC提供的不同类型的数据传输业务。根据其传输信息的类型，可以将逻辑信道分为两大类：控制信道(CCH)，用于传输控制层面信息；业务信道(TCH)，用于传输用户层面信息。逻辑信道类型的详细配置如图7.15所示。

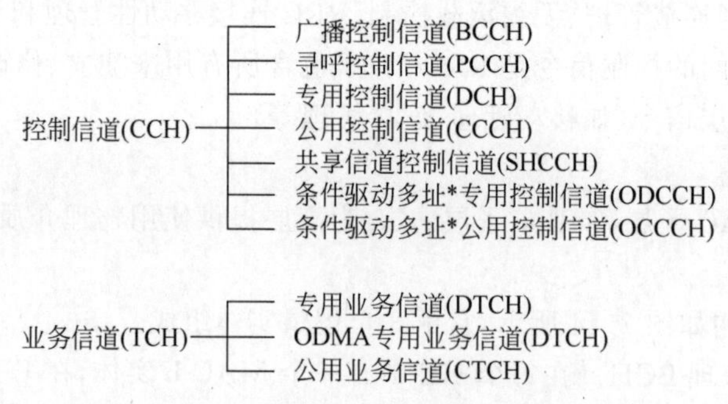

图 7.15 两种逻辑信道的配置

传输信道是物理层向 MAC 子层提供服务的接口。根据其传输信息的不同可以分为两类，即公用传输信道和专用传输信道。公用传输信道是为整个小区或小区中的某一组用户所公用；而专用传输信道采用了特定的扩频码、扰码，为某个用户所专用。关于传输信道的详细配置如图 7.16 所示。

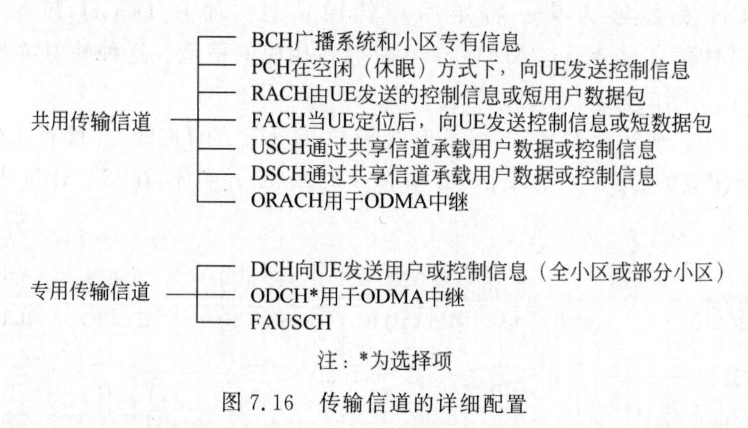

图 7.16 传输信道的详细配置

物理层为 MAC 层提供不同的传输信道。传输信道定义了信息是如何在无线接口上进行传输的。同时，MAC 层为 RLC 层提供了不同的逻辑信道。逻辑信道定义了所传输信息的类型。逻辑信道和传输信道之间的映射如图 7.17 所示。需要说明的是，ODMA 逻辑信道和传输信道仅用于中继链路传输中，而不用于 UE-UTRAN 无线接口上、下行链路的传输。

RLC 主要执行对用户和控制数据提供分段和组装，加密和解密，用判决反馈重传实现对数据单元的差错控制，并通过收、发窗口进行流量控制等。在控制层面，RLC 子层向上层提供的业务为信令无线承载（SRB）；在用户层面，RLC 向上层提供的业务为无线承载（RB）。每个 RLC 实体由 RRC 配置并以 3 种模式进行操作：透明模式、非确认模式和确认模式，从而提供 3 种不同的数据传输模式。

3. 传输信道与物理信道的映射

物理层向上层提供数据传输业务，所有这些业务均是通过传输信道的承载，并由 MAC 子层的接口来执行的。高层的数据通过传输信道映射到物理层的物理信道上。物理层既支持传输宽带业务所使用的多种速率的传输信道，又要能够把多种业务复用到同一个连接中。

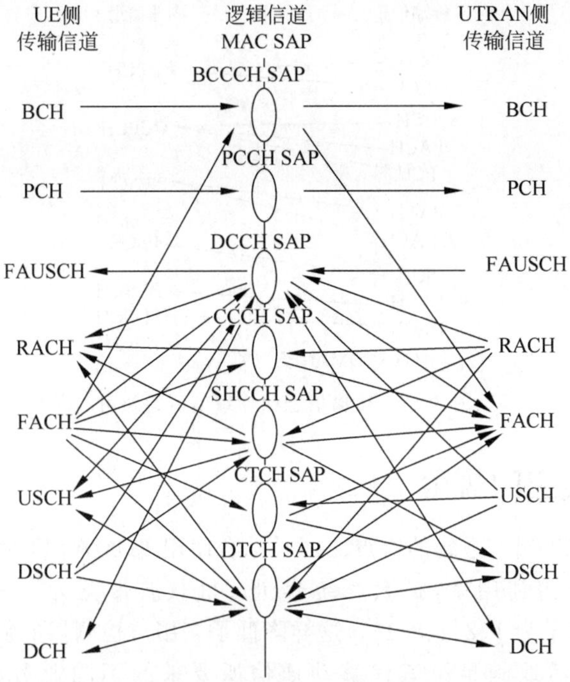

图 7.17　用户设备侧逻辑信道、UTRAN 侧逻辑信道与传输信道的映射

每一个传输信道都有一个传输格式指示(TFI)信息，物理层将同一时刻到达的各传输信道的 TFI 组合成传输格式组合指示(TFCI)，用来通知接收机当前帧的传输信道接收机从解调后的 TFCI 信息判断出当前信道的传输格式，从而能够正确解调所接收的信息。

关于传输信道在前面已经进行过详细介绍，物理层和 MAC 层的接口处将完成第二层中的传输信道到物理层中物理信道的映射。在表 7.1 中描述了各个信道的类型和功能。图 7.18 给出了用户层面内数据在物理层中的传输链路，即由传输信道到物理信道的映射过程。

表 7.1　传输信道及其向物理信道的映射

传输信道	物理信道	类型和方向	用　　途
DCH	PDCH	专用：上下行	对一个用户的控制和信息(整个小区或部分小区)
BCH	CCPCH	公用：下行	广播系统及小区专用信息
FACH	CCPCH	公用：下行	系统知道用户的位置、时间、用户传输的控制信息或短用户数据包
PCH	CCPCH	公用：下行	至用户的控制信息，特别是在用户终端在等待模式(休眠)下所必须
RACH	PRACH	公用：上行	来自一个用户的控制信息或短用户数据包
USCH	PUSCH	公用：下行	多个用户按时间分别使用于用户数据和控制信息的共用信道
SCH	DwPTS	公用：下行	系统同步
DSCH	PDSCH	公用：下行	向多个用户分时传输专用用户数据的共同信道

图 7.18 比较直观地表达出各个传输信道与物理信道之间的映射关系。在这里，物理信道包括 DPCH、公用控制物理信道(CCPCH)、随机接入物理信道(PRACH)、同步物理信道(PSCH)、寻呼指示信道(PICH)等。需要说明的是，同步物理信道和寻呼指示信道没有对应的传输信道。

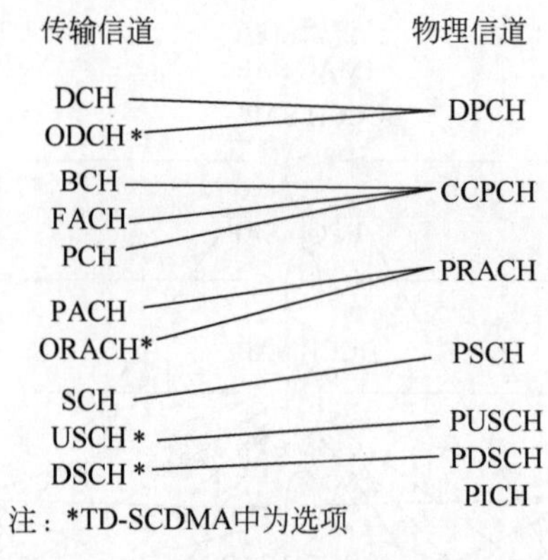

图 7.18　传输信道向物理信道的映射

7.4.3　无线空口规范

如前所述，TD-SCDMA 系统的特点之一是综合使用 FDMA，TDMA，CDMA 和 SDMA 多址技术，以提高频谱利用率，扩大系统容量。每载波带宽为 1.6MHz。码片速率为 1.28Mchip/s(扩频因子为 1、2、4、8、16)，这样降低了多用户检测器的复杂度，可以采用联合检测技术，也能够灵活地满足第三代移动通信所要求的不同业务数据的传输速率，从 4.8kb/s，384kb/s 到 2Mb/s 等。TD-SCDMA 与 FDD 的重要区别是使用了 SDMA 和 TDMA 技术。关于 SDMA 的主要功能是由智能天线来完成，在后面章节中将详细介绍。采用 TDMA 的目的是为了适应未来第三代移动通信业务发展的需要，便于传输非对称的数据业务。同时，为了提高系统性能，TD-SCDMA 还采用了先进的智能天线和联合检测技术。因此，必须对其 TDMA 帧结构进行特殊的设计。

1. 帧结构

帧结构是决定物理层很多参数和程序的基础。TD-SCDMA 的物理信道在时间上分为 4 层结构：超帧、无线帧、子帧和时隙，如图 7.19 所示。每个无线帧长 10ms。对于 TD-SCDMA 系统，由于采用了智能天线而对其帧结构必须进行优化调整，为了随时(每 5ms)掌握用户的位置，进一步将每个无线帧分为两个 5ms 的子帧，从而缩短了每一次上下行周期的时间，以缩短波束成形、同步控制及功率控制的周期，提高系统的性能。

从图 7.19 中看出，将每一个子帧再细分为 7 个业务时隙(TS0～TS6)和 3 个特殊时隙——下行导引时隙(DwPTS)、上行导引时隙(UpPTS)和保护时隙(GP)。在特殊时隙中，DwPTS 用于初始小区搜索及下行同步；保护间隔(GP)用于 DwPTS 与 UpPTS 之间的保护，也是一个固定的上下行切换点；而 UpPTS 执行随机接入或切换时进行上行同步。每个业务时隙可以支持 1～16 个相互正交的不同码型突发业务脉冲同时传输。TS0 必须是下行时隙，而 TS1 在一般情况下是上行时隙。时隙 TS2～TS6 既可以是上行时隙，也可以是下行时隙，根据所传输的业务(对称与不对称)种类来决定。中间由一个可变动的切换点将上、下行时隙隔开。通过切换点的变动可以调整上下行时隙的数量比例，以适应传输各种业务(对称与不对称)的需要。

1) 特殊时隙

由于采用 TDD 方式，又采用同步 CDMA 技术，基站和终端之间电波传播又需要时间，因此 TD-SCDMA 在每一个子帧里都设有特殊时隙，以实现 TDD 及同步 CDMA 的功能。

TD-SCDMA 系统设计了下行导引时隙 DwPTS，它处于一个固定的位置，基站发射 DwPTS 时没有本网内的干扰，便于终端可以非常容易地搜索到该时隙。DwPTS 包括 32chip 的 GP 和 64chip 的下行同步码（SYNC-DL），其中 32chip 的 GP 是用来防止 TS0 的多径信号对 DwPTS 的干扰；而 SYNC-DL 是一个正交码组序列，共有 32 种，用于区分不同的基站。这样，终端通过搜索 DwPTS 就方便地实现小区搜索，并同时获得下行同步。此外，SYNC-DL 码还让终端实现了初步的频率跟踪。

上行导引时隙 UpPTS 包括 128chip 的上行同步码（SYNC-UL）和 32chip 的 GP，其中 GP 用来保护 TS1 不受 UpPTS 的多径干扰，而 SYNC-UL 是一个正交码组序列，共有 256 种，按一定算法随机分配给不同用户。UpPTS 是用户终端的导引信号，主要用作随机接入。

UpPTS 和 DwPTS 之间的保护间隔（GP）用于区分上、下行时隙，使距离较远的终端能实现上行同步。

2）突发结构

TD-SCDMA 业务时隙里的突发结构包括数据信息块 1、数据信息块 2、同步偏移（SS）、传输格式合成指示（TFCI）、发射功率控制（TPC），训练序列（中间码）和保护间隔（GP），如图 7.19 所示。

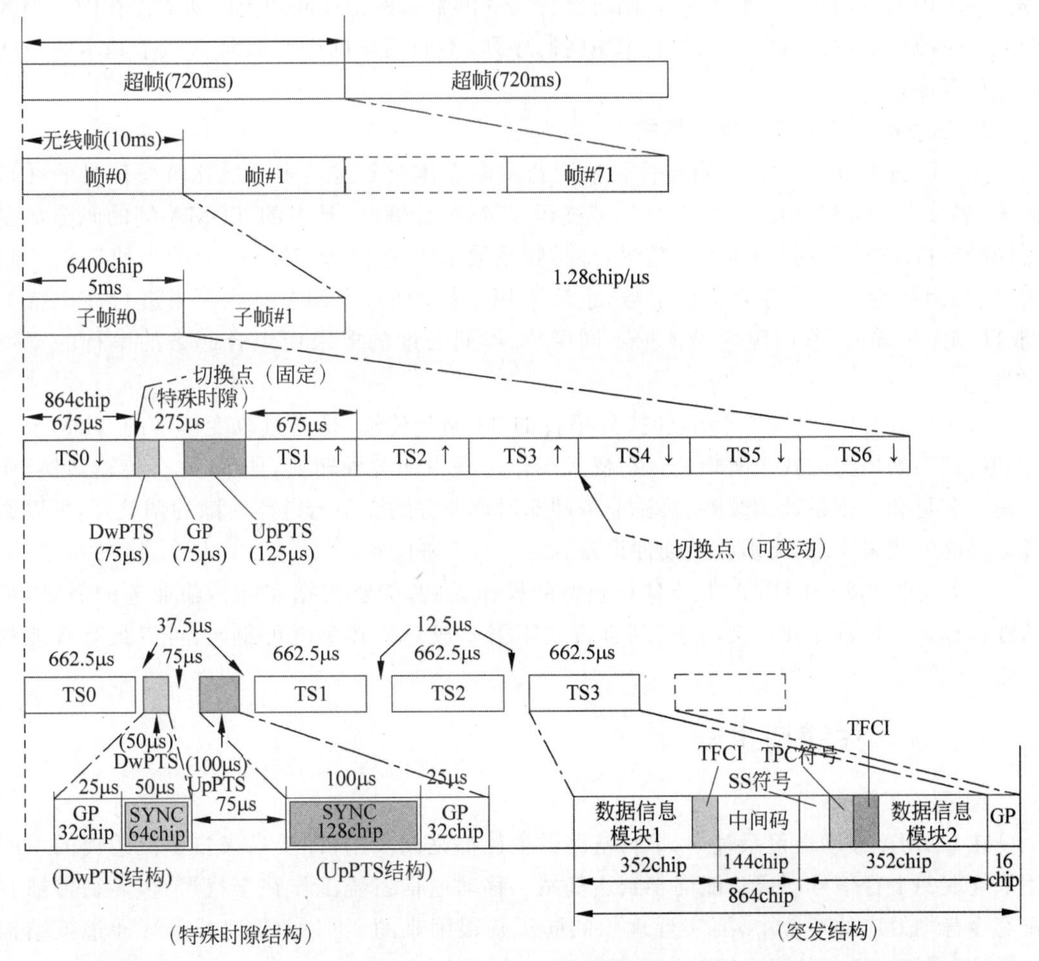

图 7.19 TD-SCDMA 的帧结构、保护时隙大小及突发结构、DwPTS 结构、UpPTS 结构

数据信息块所包含的符号数与扩频因子(SF)有关,扩频因子可取1、2、4、8、16。

TD-SCDMA突发结构提供了传送物理层控制信令的可能,包括传输格式合成指示(TFCI)、发射功率控制(TPC)和同步偏移(SS)。控制信令在相应物理信道的数据部分发送,即物理层控制信令和数据比特具有相同的扩频操作。TFCI和TPC在原理上与FDD相同,TFCI用于指示传输的格式,TPC用于功率控制。SS是TD-SCDMA系统中所独有的,用于实现上行同步。对于每个用户,完整的TFCI信息将在每10ms无线帧里发送一次。编码后的TFCI符号在子帧内和数据块内都是均匀分布的。TFCI的发送是由高层信令配置的。对于每个用户,TPC信息在每5ms子帧里发送一次,这就使TD-SCDMA系统可以进行快速功率控制。SS信息在每5ms子帧里发送一次,用于终端时序调整。上行突发中没有SS信息,但是SS位置予以保留。

3) 训练序列

如图7.19所示,由144chip组成的训练序列(中间码)形成长度为128位的128个基本训练序列,分成32组,以对应32个同步码;每组为4个不同的基本训练序列,即每个基站可选择4个不同的基本训练序列。利用训练序列做相关运算得到对移动信道的估值,然后对每个时隙中的所有信号同时进行联合检测(多用户检测或干扰抵消),区分相同小区里在相同时隙内的不同用户。训练序列同时执行功率测量和保持反向同步的功能。在同一小区的同一时隙内的用户具有相同的基本中间码序列,不同用户的中间码是由一个基本的中间码经循环移位后而产生。

2. 基于帧结构的系统操作模式

在TD-SCDMA系统中,对于像传输话音和多媒体业务这类多个低比特率信号的并行传输,多采用CDMA模式。当多个信号进行CDMA传输时,基本的TDMA帧的时隙最多可同时支持16个不同的CDMA信号(即扩频系数最大为16)。对于串行的高速率信号的传输,如因特网和其他分组交换信号,系统采用不扩频的TDMA模式。当进行高比特率的TDMA传输时,其时隙内是依据不同用户、不同长度的要求而组合起来的串行的宽带信号。

系统从并行的CDMA传输转换到串行的TDMA传输,是通过改变基本的TDMA时隙和帧结构的填充方式来实现的。在模式操作过程中的各种转换,如串/并行传输转换、业务速率变化和扩频系数的改变、对称业务和非对称业务的上下行链路时隙的调整等,可以通过软件的方式来实现,无须改变硬件设备。

由此可见,TD-SCDMA系统具有独特的操作模式,能够根据实际传输业务的需求,灵活地选择各种传输模式。又由于TDD方式不需要成对的频率就可组网,可以最有效地利用频率资源。

7.4.4 关键技术

1. 同步CDMA

在CDMA移动通信系统中,下行链路的主径都是同步的,即要求来自不同距离的不同用户终端的上行信号(每帧)能同步到达基站。移动通信系统工作在干扰严重、多径传播并具有多普勒效应的环境中,要实现理想的同步是很困难的。TD-SCDMA系统通过帧结构的设计和开环/闭环的同步控制来实现CDMA上行同步。

在用户终端随机接入时，用户终端从接收到的DwPTS，可以获得基站要求的UpPTS的到达时刻。但是，用户终端并不知道与基站的距离，因而也不能准确地知道应当在什么时刻发射UpPTS。故在随机接入时，只能用开环控制的方法，根据所接收到的DwPTS的信号强度来估计距离，从而获得估计的发射提前量。

在UpPTS中，只有要求随机接入的信号，一般干扰比较小。当基站获得此信号后，将首先确定其到达时刻和所要求同步的时刻之差、确定所接收到的功率电平和所需电平之差以及此信号的到达方向，并将此同步和功率控制信号在下一个下行帧的FACH中传送至终端（闭环控制）。然后，终端将根据此控制信号，在指定的RACH中实现上行同步并完成接入。

由于用户终端是移动的，它和基站的距离也是变化的。所以在整个通信过程中，基站将不间断地检测其上行帧中中间码的到达时刻，并对终端的发射时刻进行闭环控制，以保证可靠的同步。

上行同步能够保证CDMA码道正交，从而降低码道间的干扰、增加系统容量并简化硬件设备，提高系统性能。实验证明，如果能保证上行和下行一样，每个码道的主径能同时到达，即实现上行同步，则可使无线基站的接收机得到简化。特别是考虑到配置智能天线的基站，基带信号处理本来就很复杂，简化接收处理是很重要的。因此，在TD-SCDMA系统中，选择了同步CDMA，并在产品设备中开发了相应的技术。

从理论上分析，同步CDMA可使系统容量提高一倍。但是在实际工作时，多径传播是必然存在的，理想的同步是不可能实现的，所以同步CDMA对系统容量的改善要比理论分析低一些。

2. 联合检测技术

与其他移动通信系统一样，CDMA系统也要遇到多径衰落问题，因此必须采用抗多径衰落的技术来减少其影响。CDMA系统中常用的抗多径衰落技术有Rake接收技术、智能天线技术、联合检测技术等。

联合检测是多用户检测（MUD）技术的一种，其定义是：综合考虑同时占用某个时间段的所有用户或某些用户，消除或减弱其他用户对任一用户的影响，并同时检测出所有用户或某些用户的信息的一种方法。联合检测的基本思想是通过挖掘有关干扰用户的信息（包括信号到达时间、使用的扩频序列、信号幅度等）来消除多址干扰，进而提高信号检测的准确性。

TD-SCDMA所使用的联合检测的基本原理组成图如图7.20(a)所示。基站接收机接收移动终端发来的信号后，分别送给匹配滤波器和信道估计单元。与此同时，一些预先编好的码也分别发送到匹配滤波器、信道估计单元和联合检测单元，进行信号处理。匹配滤波器将所接收的信号与得到的编码信号进行比较，若两者匹配，则产生如图7.20(b)中的②所示的功率高峰，再经过联合检测单元中的数字信号处理（DSP）软件处理，将多址干扰和ISI完全消除，在输出端得到具有较高SINR的信号。通过联合检测，可使信号的动态范围达到20dB。由于减小了多址干扰，在理想情况下可使系统容量提高近3倍，相当于用1/3的载波带宽就能达到相应的频谱效率。关于联合检测算法的具体实现方法有多种，分为非线性算法、线性算法和判决反馈算法等3大类。从实际实现角度考虑，在TD-SCDMA系统中常采用线性算法，即迫零线性块均衡（ZF-BLE）算法。

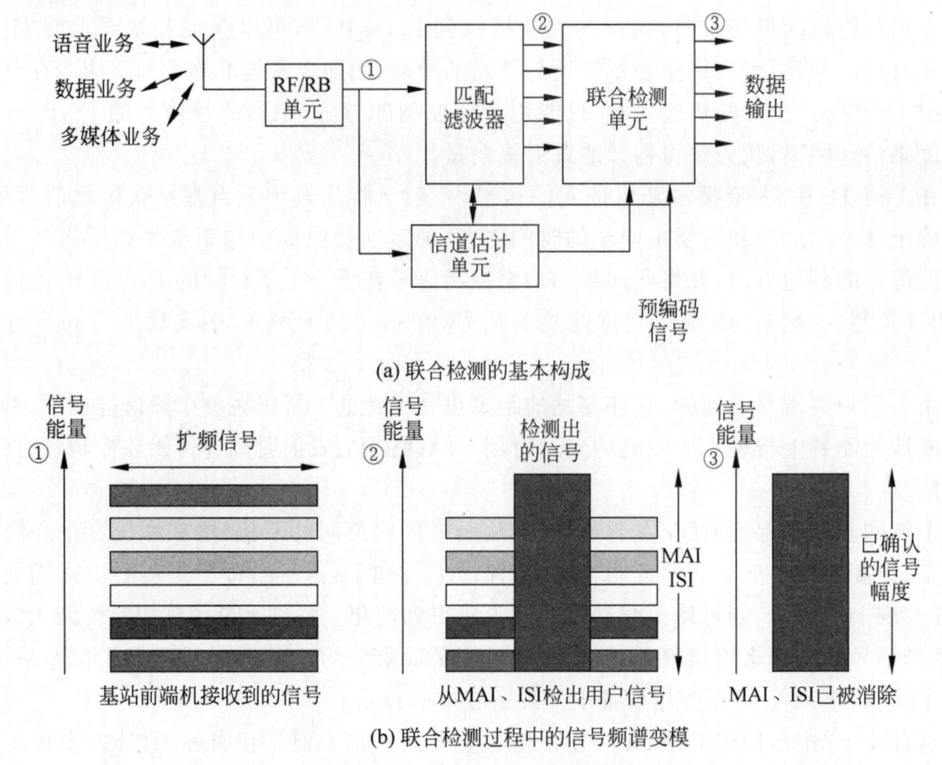

(a) 联合检测的基本构成

(b) 联合检测过程中的信号频谱变模

图 7.20 TD-SCDMA 系统联合检测的基本原理

联合检测是针对在 CDMA 模式中多个平行传送信号的一种高效率的检测方法，可以消除 ISI 和多址干扰，使频谱利用率得到显著提高，但是联合检测只在用户数量相对较低的情况下才有效。TD-SCDMA 的最大扩频系数为 16，即每个时隙内最多只有 16 个用户，因此降低了联合检测的计算量和信号处理的复杂度，获取了更高的用户业务量。而 WCDMA 的扩频系数超过 100，使用联合检测时的复杂度高。

TD-SCDMA 系统还可以采用智能天线技术和联合检测技术相结合的方法，使得在计算量未大幅增加的情况下，上下行均能实现波束赋形，又能得到联合检测抗干扰的效果。TD-SCDMA 系统智能天线技术和联合检测技术相结合的方法如图 7.21 所示。

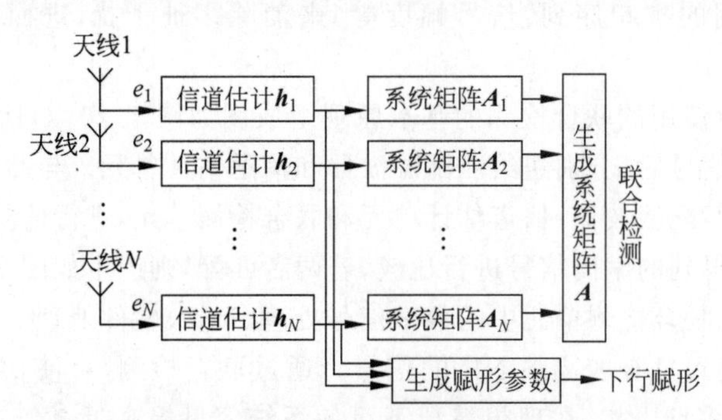

图 7.21 智能天线和联合检测技术结合流程示意图

3. 无线资源管理的基本概念

移动通信系统中，无线资源是指用来承载无线链路信息的资源单元，主要包括频率资源、时隙资源、码资源、功率资源和空间域资源。通常，CDMA 系统集成频率和码道两种资源，无线资源管理主要包括接纳控制、功率控制、数据包调度、负荷拥塞控制、切换控制等，这里主要描述功率控制和切换控制。

1）接纳控制

CDMA 系统存在软容量特性，系统容量和通信质量可以互换。通过接纳控制技术，保证尽量多的接入新用户，并且维持链路质量。通常的接纳控制算法有基于干扰预测、基于功率预测和基于码道门限几种。

2）功率控制

在 CDMA 移动通信系统中，由于通信环境的限制和许多因素的影响，将会使各个用户的通信信号功率变化很大，相互之间形成较强的干扰，严重影响通信质量，并大大降低系统容量。为此，需要使移动终端与基站之间的通信信号电平基本保持在一定的范围之内，就必须采用功率控制技术。CDMA 系统采用开环功率控制和闭环功率控制技术。

开环功率控制主要应用于随机接入过程中。当终端发起呼叫时，首先根据接收到基站发射的广播信号功率，估计下行信道衰落；然后根据下行信道衰落估计上行信道损耗，进而估算终端初始发射功率。为了保证终端接入，还需要加上一定的余量。

快速闭环功率控制根据实时测量的信噪比与目标信噪比进行比较，产生功率控制(TPC)命令发送出去，对端根据接收的 TPC 进行发射功率调整。如果测量的信噪比高于目标信噪比，则产生功控命令降低发射功率；若低于目标信噪比则产生功控命令调高发射功率。快速闭环功率控制除了能够克服远近效应外，还能够抵抗终端移动带来的损耗变化以及阴影衰落，对于低速移动终端的快衰落有一定的抵抗作用。

在 CDMA 系统中，如果用户处于恶劣的无线环境下，当无线链路质量恶化后，它将不断提升自己的发射功率，造成对其他用户的强干扰以及系统的负荷增加，其他用户也会随之提升自己的发射功率，形成恶性循环，使整个系统质量严重恶化。这就像鸡尾酒会上，大家各自谈话时声音越来越大，故称之为“鸡尾酒会”效应。对于 CDMA 系统，应该避免“鸡尾酒会”效应的发生，因此引入了外环功率控制。

外环功率控制的主要功能是对闭环和开环功率控制的管理，包括设定功率控制范围，设定初始目标信噪比，对目标信噪比进行调整等。为了避免鸡尾酒会效应，需要控制终端发射功率范围。由于各链路的误块率(BLER)在不同的信道环境下存在差异，因此，可通过检测接收端的误块率，动态地调整内环功率控制中的目标信噪比 S/I_{target}，从而维持链路在射频信道环境变化时有相对稳定的传输质量。

外环功率控制主要克服由于信道特性变化而引起链路性能的改变。如果目标信噪比设置得偏高则浪费系统资源，偏低则无法满足业务的服务质量(QoS)要求。由于系统容量对于目标信号比的设置较为敏感，所以，外环功率控制调整步长小，调整范围也相对较小。

3）负荷拥塞控制

由于 CDMA 系统为干扰受限系统，随着用户数的增加，系统接收总功率随之提高。系统容量达到极限容量 50%时，噪声提升达到 3dB；当用户数接近极限用户数时，系统接收功率急速上升，从而使系统性能不稳定，甚至会导致系统因无法正常工作而崩溃。为保证系统的稳定性，需要引入系统负荷控制。当系统发生拥塞后，需要进行拥塞处理，使系统尽快恢复正常，同时开启拥塞恢复检测；当系统拥塞恢复后，进行拥塞恢复的相关处理。

4）切换控制

在蜂窝移动通信系统中，当通话中的终端从一个小区移动到另一个小区，或由于无线传输、业务负荷调整、激活操作维护、设备故障等原因，为了保证通信的连续性，系统要将该终端与原来的小区建立的无线链路转移到新的小区内，这称为越区切换，简称切换。越区切换主要有以下 3 种。

硬切换技术：第二代移动通信系统采用硬切换技术，当终端转移小区时，先断开与原小区的连接，再和新的小区建立连接。在硬切换中，如果由于某些原因（如干扰过大、信道资源紧张等）终端不能很快地与新的小区建立链路连接，会引起掉话的现象。

软切换技术：采用软切换的移动通信系统中，当终端需要与一个新的基站建立联系时，并不中断与原基站的连接，在切换的过程中同时与 2 个或者多个基站保持连接，直到确保该终端到达一个小区并建立可靠连接后，才断开该终端与其他基站的连接。软切换可以有效地提高切换的可靠性，减少切换过程中造成的掉话。同时，由于软切换在客观上起到了宏分集的作用，因此可以在一定程度上提高通信质量。不过软切换也有一些缺点，例如会导致硬件设备的增加。

接力切换技术：接力切换是 TD-SCDMA 系统的核心技术之一，通过与智能天线和上行同步等技术的有机结合，巧妙地将软切换的高成功率和硬切换的高信道利用率综合到一起，有效地提高系统性能。

TD-SCDMA 的独特之处是使用了智能天线能够获得用户终端的方位（DOA），采用同步 CDMA 技术能够获得用户终端与基站间的距离。结合这两个信息，基站就可以确定用户终端的具体位置，从而为接力切换奠定了技术基础。

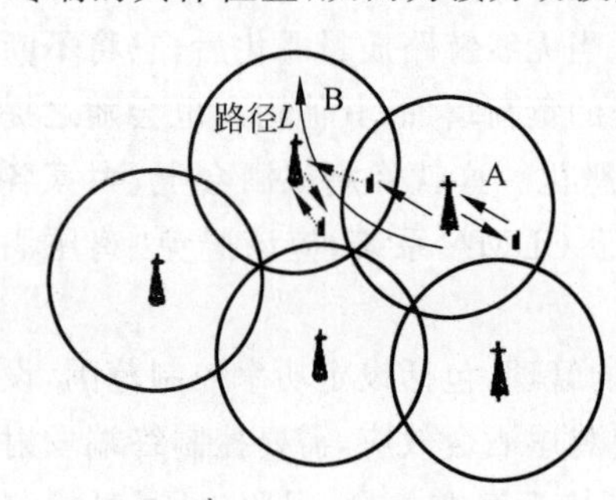

图 7.22　用户终端在蜂窝移动通信网内移动示意图

接力切换的设计思想是利用上行预同步技术（即 UE 可提前获取切换后的上行信道发送时间和功率信息），在由原基站向目标基站转移通信链路时，首先将上行链路转移到目标小区，在一段时间内 UE 继续利用原基站和 UE 之间的下行链路进行通信，在确保 UE 与目标基站建立了有效和可靠的上行链路通信后，再将下行链路转移到目标小区，进而完成接力切换过程。如图 7.22 所示，处于小区 A 中的用户终端正在与小区 A 中的基站进行通信，并沿路径 L 移动到小区 B。在接力切换前，用户终端与基站 A 之间的信号和信令的传输链路如图 7.22 中的实线箭头线所示。当用户终端移动到小区 A、B 的边缘处时，开始执行接力切换，用户终端与基站 A 仍然保持下行链路通信（图 7.22 中的实线箭头线），但上行链路通信转移到目标基站 B（图 7.22 中的虚线箭头线）。随着用户终端的移动，一旦和基站 B 建立了可靠的上行链路后，立即建立下行通信链路，同时撤销与原基站 A 之间的下行链路，宣告接力切换结束。

接力切换与软切换的区别在于：接力切换时 UE 与 Node B 之间始终只存在一条无线链路（切换过程中 UE 与原小区只有下行链路，与目标小区只有上行链路）；而在软切换时 UE 与 Node B 之间至少存在两条无线链路。接力切换的另外一个特点是可以在不同载波频率之间完成，而软切换则必须要求两个小区使用相同的载波频率。接力切换与硬切换的区别在于：接力切换利用上行预同步技术将上下行链路分别转移到目标基站，而硬切换是将上下行链路同时转移到目标基站。

7.5 HSPA

WCDMA 的 R99 和 R4 系统能够提供的最高上下行速率分别为 64kb/s 和 384kb/s，为了能够与 CDMA 1x EV-DO 抗衡，WCDMA 在 R5 规范中引入了高速下行分组接入(HSDPA)，在 R6 规范中引入了高速上行分组接入(HSUPA)，HSDPA 和 HSUPA 合称为高速分组接入(High-Speed Packet Access，HSPA)。

(1) HSDPA 在下行链路上能够实现高达 14.4Mb/s 的速率。通过新的自适应调制与编码以及将部分无线接口控制功能从无线网络控制器转移到基站中，实现了更高效的调度以及更快捷的重传，HSDPA 的性能得到了优化和提升。

(2) HSUPA 在上行链路中能够实现高达 5.76Mb/s 的速度。基站中更高效的上行链路调度以及更快捷的重传控制成就了 HSUPA 的优越性能。

7.5.1 HSDPA

为了适应多媒体服务对高速数据传输日益增长的需要，第三代移动通信合作项目组(3GPP)公布了一种新的高速数据传输技术，称为高速下行分组接入技术(High Speed Downlink Packet Access，HSDPA)，该技术属于第三代移动通信技术的延伸。HSDPA 主要是通过引入高速下行共享信道(High-Speed Downlink Shared Channel，HS-DSCH)增强空中接口，并在 UTRAN 中增加相应的功能实体来完成的。HSDPA 协议结构如图 7.23 所示，从底层来看，主要是引入 AMC 和 HARQ 技术增加数据吞吐量。从整体构架上看，主要是增强 Node B 的处理功能，在 Node B 的 MAC 层中引入一个新的 MAC-hs(Medium Access Control-high speed)实体，专门完成 HS-DSCH 的相关参数和 HARQ 协议等相关处理，在高层和接口加入相关操作信令。

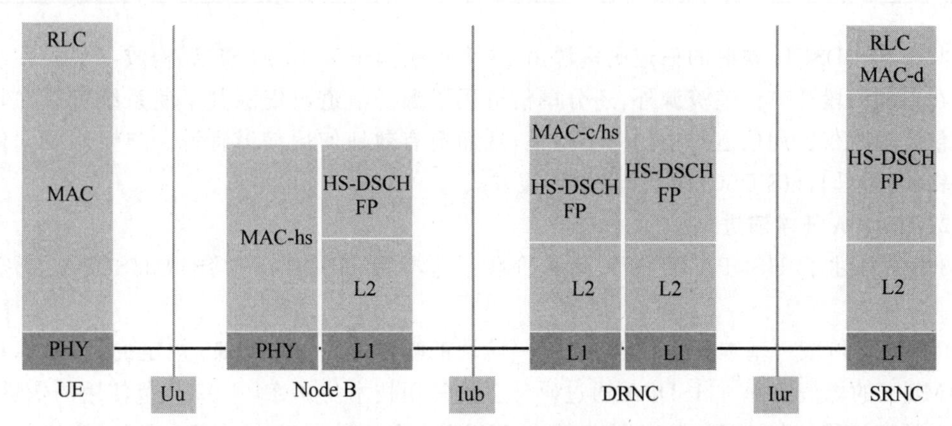

图 7.23 HSDPA 协议结构

由于开放了新的 HS-DSCH，加上强化了本身的传输技术，包括优化数据分组传送调度及出现错误时的传送程序、采用较短帧长以加快分组传送调度、加入递增冗余减少重新传送对接口的负担等，令 HSDPA 的数据下载速度最高可达 14.4Mb/s，理论上可以比 3G 技术快 5 倍，比 GPRS 技术快 20 倍。

1. HSDPA 原理

UMTS R5 版本高速数据业务增强方案充分参考了 CDMA2000 1x EV-DO 的设计思想与经验，新增加一条高速 HS-DSCH，同时还采用了一些更高效的自适应链路层技术。共享信道使得传输功率、PN 码等资源可以统一利用，根据用户实际情况动态分配，从而提高了资源的利用率。自适应链路层技术根据当前信道的状况对传输参数进行调整，如快速链路调整技术、结合软合并的快速混合重传技术、集中调度技术等，从而尽可能地提高系统的吞吐率。

基于演进考虑，HSDPA 设计遵循的准则之一是尽可能地兼容 R99 版本中定义的功能实体与逻辑层间的功能划分。在保持 R99 版本结构的同时，在 Node B(基站)增加了新的 MAC 实体 MAC-hs，负责调度、链路调整以及 HARQ 控制等功能。这样使得系统可以在 RNC 统一对用户在 HS-DSCH 信道与专用数据信道 DCH 之间进行切换管理。

HSDPA 引入的信道使用与其他信道相同的频点，从而使运营商可以灵活地根据实际业务情况对信道资源进行灵活配置。HSDPA 信道包括 HS-DSCH 以及相应的下行共享控制信道(HS-SCCH)和上行 DPCCH(HS-DPCCH)。HS-SCCH 承载从 MAC-hs 到终端的控制信息，包括移动台身份标记、HARQ 相关参数以及 HS-DSCH 使用的传输格式，这些信息每隔 2ms 从基站发向移动台。移动台使用 HS-DPCCH 向基站报告下行信道质量状况并请求基站重传有错误的数据块。表 7.2 对 HSDPA 专用传输信息通道和实体信息通道进行了定义。

表 7.2 HSDPA 专用传输信息通道和实体信息通道

上下行	缩略语	名 称	功 能
下行	HS-DSCH	高速下行共享信道	用户面业务共用的传输信道
	HS-SCCH	高速共享控制信道	公共控制信道，包括 UE 标识等信息
上行	HS-DPCCH	高速 DPCCH	HARQ ACK/NACK 消息及信道质量消息反馈信道

共享 HS-DSCH 映射的信道码资源由 15 个扩频因子为 16 的 SF 码构成。不同移动台除了在不同时段分享信道资源外，还分享信道码资源。信道码资源共享使系统可以在较小数据包传输时仅使用信道码集的一个子集，从而更有效地使用信道资源。与专用数据信道使用软切换不同，HS-DSCH 间使用硬切换方式。

2. HSDPA 技术演进

3GPP 描述了 HSDPA 的三个发展阶段：基本型 HSDPA、增强型 HSDPA、新空中接口。

(1) 第一阶段—基本型 HSDPA。第一阶段的功能是由 3GPP R5 规定的，其目标是实现 14Mb/s 的峰值速率。HSDPA 通过码分多址复用技术与 3GPP R99 规范使用的信道，共享成对频率波段。与 3GPP R99 规范相比，HSDPA 第一阶段的主要变化在于，增加了 3 个新的物理信道、HS-PDSCH 使用自适应调制(QPSK/16QAM)和 Turbo 编码技术、引入一个新的 MAC 实体 MAC-hs 来控制 HS-DSCH、HARQ 协议。

(2) 第二阶段—增强型 HSDPA。第二阶段的功能由 3GPP R6 规范定义，其目标是将峰值数据速率提高到30Mb/s左右。为了进一步改进HSDPA的覆盖范围、系统输出和频谱效率，第二阶段引入了波束赋形技术、发射分集和空时编码、MIMO系统三种多天线传输技术。

(3) 第三阶段—新空中接口。第三阶段的功能由3GPP R7定义，为实现更高的传输速率，HSDPA技术进一步引入OFDM、64QAM等新技术，以提供更高的速率。

3. HSDPA的关键技术

HSDPA技术的思路和目标是提高网络的传输效率和频谱效率，以满足3G对高速数据传输的业务需求。HSDPA的关键技术主要有以下几点。

(1) 除了WCDMAR99中的QPSK调制以外，HSDPA还引入了16QAM调制，峰值速率是QPSK的两倍。

(2) ARQ就是一次数据传输失败时要求重传的一种传输机制。ARQ包括停等方式(Stop and Wait，SW)重传、后退N(Go Back N，GBN)步方式重传、选择重传(Selective Repeat，SR)方式、N信道AW方式重传。HDSPA在现有的RLC ARQ的基础上，在物理层引进了HARQ。

(3) 调度算法控制着共享资源的分配，在很大程度上决定了整个系统的行为。分组调度算法的衡量指标是系统效率和服务公平性。分组调度算法有Round Robin算法、最大C/I算法以及公平算法。HDSPA分组调度直接由Node B控制，由新增的实体MAC-hs来完成，负责为多个用户分配HS-DSCH资源(时隙和码字)，以达到最大化利用系统资源的目的。

(4) 快速链路调整技术。数据业务与话音业务具有不同的业务特性。话音通信系统通常采用功率控制技术来抵消信道衰落对于系统的影响，以获得相对稳定的速率，而数据业务相对可以容忍延时，可以容忍速率的短时变化。因此HSDPA不是试图去对信道状况进行改善，而是根据信道情况采用相应的速率。由于HS-DSCH每隔2ms就更新一次信道状况信息，因此，链路层调整单元可以快速跟踪信道变化情况，并通过采用不同的编码调制方案来实现速率的调整。

(5) 快速蜂窝选择(Fast Cellular Selection，FCS)是为HSDPA推荐使用的。使用FCS，UE能指示一个最好的小区用于下行链路。确定最好的蜂窝不仅要基于无线信号传播的条件，还要考虑激活集中小区的功率和码字空间的资源。一般而言，同时有很多小区处于激活集，但只有最适合的小区基站允许发送，这样可以降低干扰提高系统容量。

(6) HSDPA中引入了2ms TTI，相比10ms TTI，大大减少了空中接口的传输时延，并且UE和Node B相应的处理时延也大大降低，可以更好地配合HARQ和基站快速调度的实施，提高系统的吞吐量。另外，采用2ms TTI带来的快速反应可以显著提高响应速度，从而大大提高用户终端的服务质量，使系统提供类似于实时视频、流媒体等多媒体服务成为可能。

通过以上对HSDPA技术的综合分析，可以看到，HSDPA通过采用一系列新的技术大大提高了无线网络的效率和数据传输的速率，显著降低了数据传输时延和每比特传输成本，提供了更高的网络可用性。HSDPA基于R99/R4的网络架构，实现网络的平滑过渡，通过软件升级实现HSDPA，从而提高了RAN的硬件利用率，极大降低了运营商的网络建设成本。对用户而言，HSDPA带来了下行高速的数据传送、更短的服务反应时间和更加可靠的服务，大大提高了客户体验。

7.5.2 HSUPA

在引入 HSDPA 技术大幅提高下行链路的数据传输速率和吞吐量之后，为满足上行速率要求更高的业务发展需求，3GPP 进一步开展了上行链路增强技术的研究。

高速上行分组接入(High Speed Uplink Packet Access，HSUPA)即是 3GPP 协议体系在 R6 版本中引入的无线侧上行链路增强技术。HSUPA 通过采用多码传输、HARQ、基于 NodeB 的快速调度等关键技术，使得单小区最大上行数据吞吐率达到 5.76Mb/s，大大增强了 WCDMA 上行链路的数据业务承载能力和频谱利用率。

与 HSDPA 类似，HSUPA 引入了 5 条新的物理信道 E-DPDCH、E-DPCCH、E-AGCH、E-RGCH、E-HICH 和两个新的 MAC 实体 MAC-e 和 MAC-es，其定义如表 7.3 所示。HSUPA 把分组调度功能从 RNC 下移到 Node B，实现了基于 Node B 的快速分组调度，并通过 HARQ、2ms 无线短帧及多码传输等关键技术，使得上行链路的数据吞吐率最高可达到 5.76Mb/s，大大提高了上行链路数据业务的承载能力。HSUPA 协议结构如图 7.24 所示。

表 7.3 E-DCH 传输信息通道和实体信息通道定义

	缩略语	名 称	功 能
上行	E-DPDCH	增强 DPDCH	E-DCH 用来传输用户数据的物理信道
	E-DPCCH	增强 DPCCH	与 E-DPDCH 有关的控制信道，为 Node-B 提供怎样解码 E-DPDCH 的相关信息
下行	E-AGCH	绝对授权信道	提供了高于 UE 应该采用的 DPDCH(与 DCH 有关)的电平的绝对功率电平
	E-RGCH	相对授权信道	向 UE 指明是提高、降低还是使 E-DCH 的发送功率电平保持不变
	E-HICH	HARQ 确认指示信道	Node-B 用来把 HARQ ACK/NACK 消息发回 UE

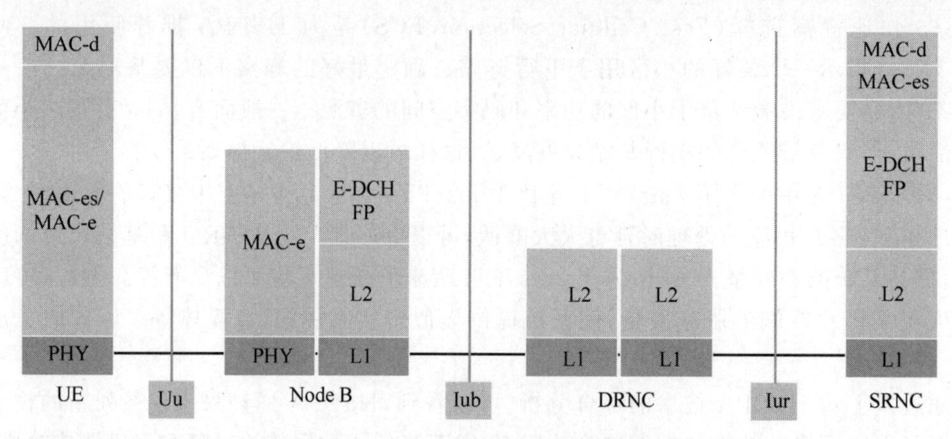

图 7.24 HSUPA 协议结构

1. HSUPA 技术演进

HSUPA 的目标是在上行方向改善容量和数据吞吐量，降低专用信息通道中的延迟。

3GPP 规格提供的主要增强功能是定义了一条新的传输信息通道，称为增强专用信息通道(E-DCH)。Rel 99 DCH 和 E-DCH 可以共存，因此用户可以享受在 DCH 上传统的 R99 语音服务的同时，利用 HSUPA 在 E-DCH 进行突发的数据传输。在理论上 HSUPA 的用户峰值速率可达到 5.8Mb/s，这一目标将分阶段完成，在第一阶段 HSUPA 网络将首先支持 1.4Mb/s 的上行峰值速率，在接下来的阶段逐步支持 2Mb/s 以及更高的上行峰值速率。

与 HSDPA 一样，E-DCH 同时依赖物理层和 MAC 层实现改进。但其中的区别在于 HSUPA 没有导入新的调制方案，而是使用为 WCDMA 指定的现有调制方案 QPSK。因此，HSUPA 也没有实现 AMC。表 7.4 比较了 HSDPA 和 HSUPA 间的明显类似之处和区别。

表 7.4 HSDPA 与 HSUPA 特性比较

特　　点	HSDPA	HSUPA
峰值数据速率/(Mb/s)	14.4	5.6
调制方案	QPSK，16QAM	QPSK
TTI/ms	2	2(可选)/10
传输信道类型	共享	专用
自适应调制和编码(AMC)	是	否
HARQ	支持增量冗余；HS-DPCCH 中的反馈	支持冗余增量；DPCH 中的反馈(E-HICH)
分组调度	下行调度(用于容量分配)	上行调度(用于功率控制)
软切换支持(用户面)	否(在下行中)	是

HSUPA 向后充分兼容于 3GPP 的 WCDMA R99。这使得 HSUPA 可以逐步引入到网络中。R99 和 HSUPA 的终端可以共享同一无线载体。并且 HSUPA 不依赖 HSDPA，也就是说没有升级到 HSDPA 的网络也可以引入 HSUPA。

2. HSUPA 的关键技术

HSUPA 和 HSDPA 都是 WCDMA 系统针对分组业务的优化，HSUPA 采用了一些与 HSDPA 类似的技术，但是 HSUPA 并不是 HSDPA 简单的上行翻版，HSUPA 中使用的技术考虑到了上行链路自身的特点，如上行软切换，功率控制，和 UE 的 PAR(峰均比)问题。HSDPA 中采用的 AMC 技术和高阶调制。

(1) 物理层混合重传。在 WCDMA R99 中，数据包重传是由 RNC 控制下的 RLC 重传完成的。在 AM 模式下，RLC 的重传由于涉及 RLC 信令和 Iub 接口传输，重传延时超过 100ms。在 HSUPA 中定义了一种物理层的数据包重传机制，数据包的重传在移动终端和基站间直接进行，基站收到移动终端发送的数据包后会通过空中接口向移动终端发送 ACK/NACK 信令，如果接收到的数据包正确则发送 ACK 信号，如果接收到的数据包错误就发送 NACK 信号，移动终端通过 ACK/NACK 的指示，可以迅速重新发送传输错误的数据包。由于绕开了 Iub 接口传输，在 10msTTI 下，重传延时缩短为 40ms。在 HSUPA 的物理层混合重传机制中，还使用到了软合并(soft combing)和增量冗余技术，提高了重传数据包的传输正确率。

(2) 基于 NodeB 的快速调度(NodeB Scheduling)。在 WCDMA R99 中，移动终端传输速率的调度由 RNC 控制，移动终端可用的最高传输速率在 DCH 建立时由 RNC 确定，RNC

不能根据小区负载和移动终端的信道状况变化灵活控制移动终端的传输速率。基于 Node B 的快速调度的核心思想是由基站来控制移动终端的传输数据速率和传输时间。基站根据小区的负载情况，用户的信道质量和所需传输的数据状况来决定移动终端当前可用的最高传输速率。当移动终端希望用更高的数据速率发送时，移动终端向基站发送请求信号，基站根据小区的负载情况和调度策略决定是否同意移动终端请求。如果基站同意移动终端的请求，基站将发送信令提高移动终端的最高可用传输速率。当移动终端一段时间内没有数据发送时，基站将自动降低移动终端的最高可用传输速率。由于这些调度信令是在基站和移动终端间直接传输的，所以基于 NodeB 的快速调度机制可以使基站灵活快速地控制小区内各移动终端的传输速率，使无线网络资源更有效地服务于访问突发性数据的用户，从而达到增加小区吞吐量的效果。

(3) 2ms TTI 和 10ms TTI。WCDMA R99 上行 DCH 的传输时间间隔(Transmission Time Interval，TTI)为 10ms、20ms、40ms、80ms。在 HSUPA 中，采用了 10ms TTI 以降低传输延迟。虽然 HSUPA 也引入了 2ms TTI，进一步降低传输延迟，但是基于 2ms TTI 的短帧传输不适合工作于小区的边缘。

7.5.3 HSPA+

在 3GPP R7 规范中，HSPA 的功能得到了进一步的增强，这就是所谓的增强型高速分组接入技术(High-Speed Packet Access+，HSPA+)，又名：HSPA Evolution 或 Internet HSPA(I-HSPA)，在 3GPP R7 中定义，是 HSPA 的强化版本，其演进如图 7.25 所示。HSPA+比 HSPA 的速度更快，性能更好，技术更先进，同时网络也更稳定，是 LTE 技术运用之前的最快的网络。

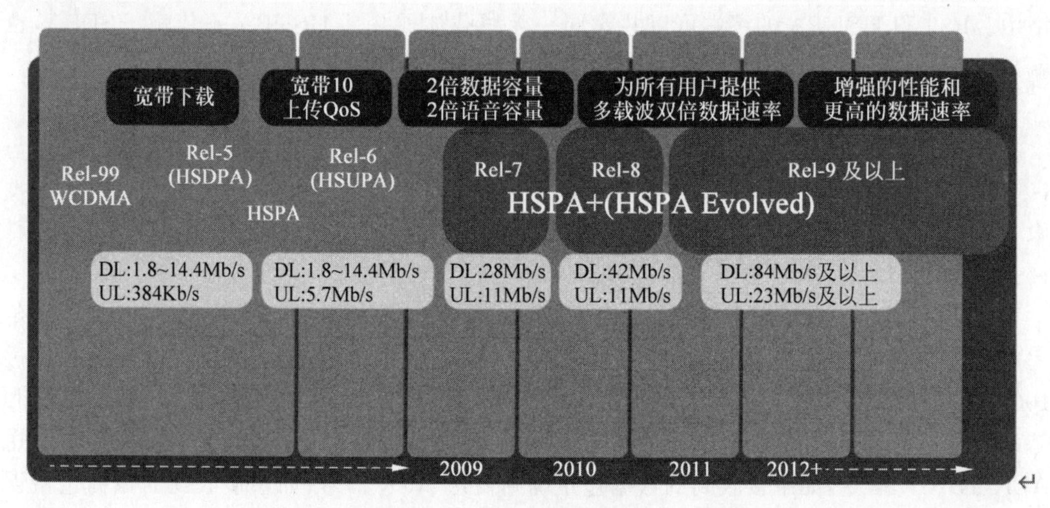

图 7.25 HSPA+演进

HSPA+是 HSPA 的演进版本，是上下行能力增强的一项技术，在 FDD 系统中，上下行资源是分开处理的，因此 HSPA+的终端类别要分别从上下行两个角度进行。从标准定义的角度，HSPA+的下行业务信道是 HS-DSCH，HSPA+的上行业务信道是 E-DCH，因此上行的终端类别可称为 HSUPA 终端类别，也不同于 3GPP R6 中的 HSUPA 终端类别。

HSPA＋采用了更高阶的调制，下行引入 64QAM，上行则引入 16QAM。这都使数据速率有了大幅的提高。R7 还引入了 MIMO 技术，结合更高速的调制技术，HSPA＋提供 HSPA 的数据传输率达到下行 42Mb/s 以及上行 23Mb/s，这种技术被称为 DC-HSPA＋。

7.6 本章小结

本章介绍了 IMT-2000 的基本需求和第三代移动通信的目标，给出了第三代移动通信系统的网络结构，并分别介绍了不同制式的第三代移动通信系统（WCDMA、CDMA2000 和 TD-SCDMA）的 UTRAN，描述了三种空中接口技术，重点阐述了 TD-SCDMA 的物理层技术并说明了其先进性，最后给出了第三代移动通信系统的演进 HSPA。

第8章 LTE和LTE-Advanced系统

CHAPTER 8

主要内容

本章介绍和分析了演进分组系统的网络体系架构，描述网络接口及无线接口协议。重点阐述了LTE的无线传输规范，包括LTE的帧结构、双工模式、信道及其映射关系等，详细介绍了上下行无线传输(EPS)过程，包括小区搜索、随机接入、资源映射、数据传输以及小区间干扰抑制等技术。最后还描述了LTE-Advanced及其物理层的技术增强。

学习目标

通过本章的学习，可以掌握如下几个知识点：

- EPS概念及体系架构；
- LTE帧结构；
- LTE信道及映射关系；
- LTE无线传输过程；
- LTE-Advanced技术增强。

知识图谱

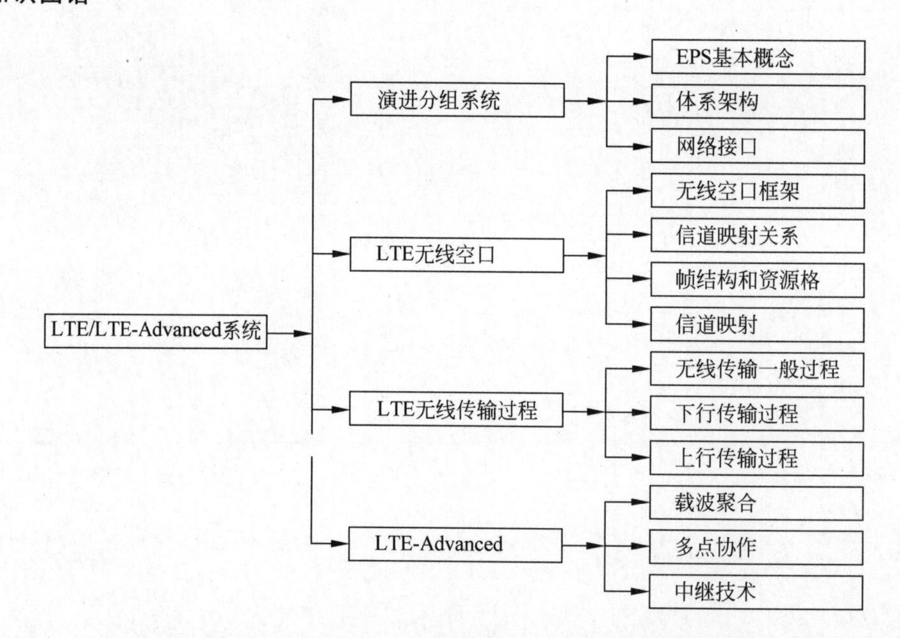

8.1 4G 网络体系架构

8.1.1 基本概念

3GPP 提出了完整的新一代网络演进架构—EPS，目标是制定一个具有高数据率、低时延、高安全性和 QoS 保障的系统，支持多种无线接入技术。EPS 系统由 LTE 和 SAE 组成。

LTE 是 3GPP 标准化组织在无线接入领域的演进技术，与演进的 EUTRAN 相对应。LTE 的演进版本称为 LTE-A 或 LTE＋，是 4G 的无线接入网络，业界也把 LTE＋看成是 4G 网络的指代名称。

SAE 是 3GPP 标准化组织定义的与 LTE 相匹配、基于全 IP 技术构建的演进分组核心网规范。演进的 EPC 是 SAE 在 4G 移动通信网络的核心网具体形式。

值得注意的是，LTE 和 SAE 是 3GPP 的项目名称，而 EPC 和 EUTRAN 是网络的名称，通常情况下可以认为 SAE 和 EPC、LTE 和 EUTRAN 是等价的。这几个术语及相互关系如表 8.1 所示。

表 8.1 术语及相互关系

EPC	Evolved Packet Core	演进的分组核心网	仅指核心网
EUTRAN	Evolved Universal Terrestrial Radio Access Network	演进的 EUTRAN	仅指无线侧
SAE	System Architecture Evolution	系统架构演进	仅指核心网，等同于 EPC
LTE	Long Term Evolution	长期演进	仅指无线侧，等同于 EUTRAN
EPS	Evolved Packet System	演进分组系统	等同于 EPC＋EUTRAN

在实际应用中，随着 4G 移动通信技术的不断发展，业界已经习惯将 LTE 作为 4G 技术的代称。因此，本章介绍的 LTE 网络体系架构是对 EPS 的一个整体描述，在此基础上重点阐述 EUTRAN 的接口和协议的分层结构。

8.1.2 EPS 体系架构

图 8.1 给出了一个简化的 EPS 体系结构，描述了 EUTRAN 和 EPC 的组成以及用户信令和数据接口。EPC 主要由移动性管理设备（Mobility Management Entity，MME）、服务网关（Serving Gateway，SGW）、分组数据网关（PDN Gateway，PGW）等组成，其中 SGW 和 PGW 在逻辑上是相互独立的功能实体，在物理上两者可以通过不同的设备来实现，也可以合二为一。

MME 为控制面功能实体，临时存储用户数据的服务器，负责管理和存储用户 UE 的相关信息，比如 UE 用户标识、移动性管理状态、用户安全参数，为用户分配临时标识。同时 MME 还负责对用户进行鉴权，处理 MME 和 UE 之间的所有非接入层消息。

SGW 为用户面实体，负责用户面数据路由处理，终结处于空闲状态的 UE 的下行数据，管理和存储 UE 的承载信息，比如 IP 承载业务参数和网络内部路由信息。

PGW 是负责 UE 接入 PDN 的网关，为用户分配 IP 地址，执行安全过滤，并基于用户的请求找到匹配的 PDN 网络，完成用户数据的路由转发。用户在同一时刻能够接入多个

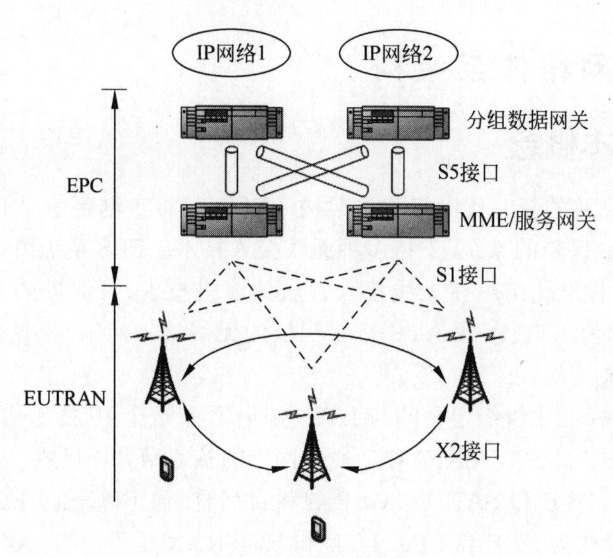

图 8.1　EPS 体系架构

PDN，同时是 3GPP 和非 3GPP 接入系统的移动性锚点。

此外，EPC 还包括存储签约信息的归属用户服务器(Home Subscriber Server，HSS)和策略控制单元(Policy and Charging Rules Function，PCRF)。HSS 存储并管理用户签约数据，包括用户鉴权信息、位置信息及路由信息。PCRF 功能实体主要根据业务信息、用户签约信息以及运营商的配置信息产生控制用户数据传递的服务质量(Quality of Service，QoS)规则以及计费规则。该功能实体也可以控制接入网中承载的建立和释放。

在基本的 EPS 网络架构中，EUTRAN 只涉及一个网元——演进型基站(evolved Node Basestation，eNodeB)，可以简写成 eNB。

EPC 系统能够支持多种接入技术，既能和现有 3GPP 的 2G 和 3G 系统进行互通，也能支持非 3GPP 网络(例如 WLAN)的接入。

图 8.1 还给出了 EPS 中几种最常用的接口：X2 接口、S1 接口和 S5 接口。除了图 8.1 给出的接口外，EPS 中还包括 S6a、S8、S11、SGi 等接口。

在 EUTRAN 中，X2 接口是 eNodeB 间的网状接口。定义 X2 接口的主要目的是当用户移动时，分组在各 eNodeB 间进行转发，可以降低分组丢失率(丢包率)。

S1 接口是 eNodeB 和 MME/服务网关间的接口。当把 MME 和服务网关分离开时，S1 接口就可以划分为两个部分：S1 用户平面(S1-U)接口发送 eNodeB 和服务网关之间的用户数据；S1 控制面(S1-C)接口只发送 eNodeB 和 MME 之间的控制信令。

从 EPS 系统的处理过程看，在上行用户业务传输中，eNodeB 将用户的数据发送给 SGW。SGW 通过 S1-U 接口接收用户 IP 报文，并通过 S5/S8 接口发送给 PGW。PGW 通过 SGi 接口连接到外部 PDN 网络。

每个 eNodeB 都会通过 S1-C 接口连接到 MME，MME 需要处理 EPC 相关的控制面的信令消息，包括对用户的移动性管理消息、安全管理消息等。MME 还需要基于终端用户的签约数据对用户进行管理。出于此目的，MME 需要通过 S6a 接口从 HSS 获取用户的签约信息。

服务网关可以通过 S5 接口连接到不同的 PGW,EPC 用户通过 S5 接口可以连接到几个不同的 IP 网络。

MME 和 SGW 之间控制面的信令则通过 S11 逻辑接口交互,通过该接口,MME 可以和 SGW 一起完成 EPS 承载的建立并维护其状态。

EPC 与 3G 核心网相比有很大区别,可以归纳如下。

(1) 核心网不再有电路域,EPC 成为移动运营商的基本承载网络。

(2) 承载全 IP 化。在 3G 分组域中,Gr、Iu-Ps 接口有多种不同的承载方式,2G、3G 核心网分组域与无线接入网之间是多种承载方式并存的,即 TDM/ATM/IP 同时存在。随着 EPC 网络的部署,网络结构采用全 IP 承载,即用 IP 完全取代传统 ATM 及 TDM。

(3) 扁平化架构,减少了端到端的延迟。3GPP 将无线侧和相关网元功能进行合并,其中将 UTRAN 网络中的 NodeB 和 RNC 的功能进行了合并,由一个新网元 eNodeB 实现,eNodeB 是 LTE 中的基站。而在 EPC 核心网,用户面处理网元 SGW 和 PGW 均为网关产品,因此主流厂商均支持 SGW 和 PGW 在硬件上合设,合设之后称为系统架构演进网关(System Architecture Evolution Gateway,SAE-GW)。因此,用户在使用数据业务时,数据流经 LTE/EPC 网络时,只要经过 eNodeB 和 SAE-GW 两个节点,这样减少了设备处理所带来的时延,提升了用户体验。

(4) 控制面和用户面的分离。由于 EPC 网络对传统 SGSN 的功能进行了拆分,这使得运营商在网络部署时更加灵活,并且由于用户面网关可以实现分布式部署,大大减少了用户上网的延迟。

8.1.3 EUTRAN 网络接口

本节主要描述关于 EUTRAN 的 S1 接口和 X2 接口。这两个接口具有相同的网络接口模型,如图 8.2 所示。

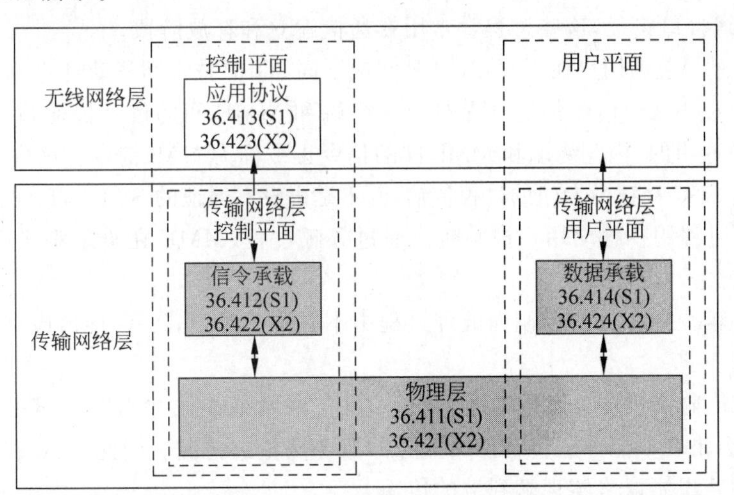

图 8.2 EUTRAN 网络接口模型

与 3G 的 UTRAN 网络接口模型相类似,EUTRAN 模型也包括无线网络层和传输网络层。无线网络层包括接口的上层协议,而传输网络层只表示无线网络层传输的方式,两层之间是独立的。

EUTRAN 采用垂直独立层次结构，每一个接口被进一步分为用户面和控制面。用户面发送用户数据，包括纯用户数据（话音或是视频）和应用层的信令（SIP、SDP 和 RTCP 分组），不同的数据分组只是简单发送到传输网络层，而不进行任何处理，因而图 8.2 中用户面的无线网络层的功能模块是空白的。控制面涉及所有严格与接口相关的消息和过程，包括切换管理或是承载管理的控制信令。

物理层作为传输网络层的一部分，对用户面和控制面来说是共用的。用户面和控制面使用不同的协议集，定义了不同的独立传输协议栈和承载。控制面信息要求安全、可靠、分组丢失少；而用户面信息要求路由协议简单，对安全要求低于控制面信息。

EUTRAN 接口是完全开放的，意味着 S1 和 X2 接口的所有细节已经由 3GPP 定义好了，任何一个设备制造商都要遵循该接口规范。也就是说，不同厂商制造的 eNodeB 可以用于同一个网络中，并且可以互联互通。

尽管 S1 接口介于接入网和核心网之间，但是最后还是被划分在接入网的范围内，这是由于 S1 接口支持的许多功能都符合 EUTRAN 的特征，比如说用户移动或是无线承载管理。

1. S1 接口

S1-U 接口主要传输 eNodeB 和服务网关之间的用户数据。S1-U 接口利用简单的"GTP over UDP/IP"传输协议对用户数据进行封装。在 S1-U 接口上没有任何流量控制、差错控制或是其他保证数据传输的机制。

GPRS 隧道协议（GPRS Tunnel Protocol，GTP）是从 2G/GPRS 和 3G/UMTS 网络继承而来的。在 2G/GPRS 网络中，GTP 用于 GPRS 节点（SGSN 和 GGSN）间的传输。在 3G/UMTS 中，GTP 用在 Iu-PS 接口上（在 RNC 和 SGSN 之间）。

S1-C 接口是一个信令接口，支持 eNodeB 和 MME 间的一系列信令功能和过程。所有的信令处理过程可以被划分为 4 个主要过程，具体功能如下。

(1) 承载的处理过程涉及承载建立、修改和释放。在 S1 接口的范围内，承载对应于会话的 S1 和无线接口路径，这些过程常常用在通信建立和释放阶段。

(2) 切换过程包括用户在不同 eNodeB 间或不同 3GPP 技术间移动时的 S1 接口的功能。

(3) 非接入（NAS）信令传输过程对应于终端和 MME 间的信令传输，对基站来说这种信令的传输是透明的，因此终端和 MME 间的信令也被称为 NAS 信令。这些信令非常重要，所以都是通过 S1-C 接口由专门的过程传输，而不是由没有保证的 S1-U GTP 接口来传输。

(4) 寻呼过程用在移动用户被叫时。通过寻呼过程，MME 在给定小区内请求 eNodeB 寻呼终端。

为了避免信令的重传和控制面处理过程中不必要的时延，S1-C 接口应该在高层提供一种可靠性保证。

UDP/IP 传输在很多时候是不可靠的，而且传输网络往往并不完全属于无线网络运营商所有，从而会出现不能保证传输网络业务的服务质量的情况。因此 S1-C 接口要充分利用可靠的传输网络层协议来实现端到端的传输。

在 UMTS 标准的 R5 版本中，引入了一个新的功能，即接入网节点和核心网节点间可以更加灵活地互连，打破了以往的体系结构。在 EPS 标准中引入了该功能，被称为 S1 的灵活组网方式（S1-flex）。

如图 8.3 所示，S1-flex 允许一个 eNodeB 连接到多个 MME 或是服务网关。为了描述简单，MME和服务网关合并称为MME/服务网关，但是MME和服务网关可以独立地使用S1-flex技术。图8.3还引入了池域(Pool Area,PA)的概念，指终端移动时不需要改变它的服务核心网节点的区域，由预先定义的eNodeB组成。PA域可以重叠，MME和服务网关可以为一个或多个PA域服务。

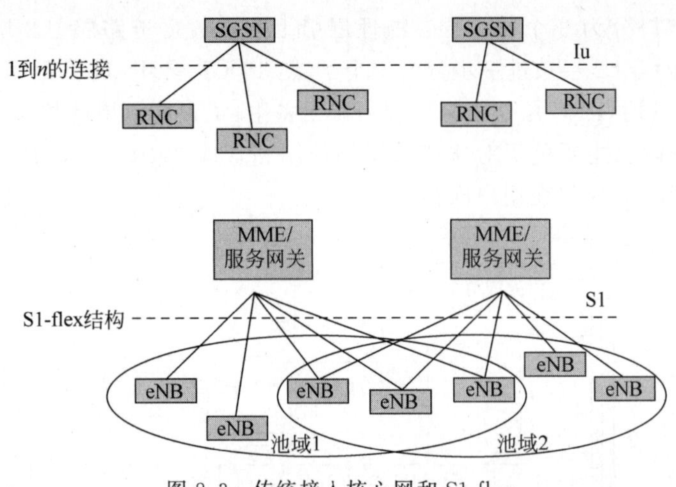

图8.3 传统接入核心网和S1-flex

尽管一个eNodeB可以同多个MME相连，但是一个终端只能同时和一个MME相连，这是由于用户会话通常在一个核心网MME节点的控制下进行。

S1-flex还有以下优势。

(1) 通过核心网节点扩展业务，S1可以减少切换过程(在连接模式)或是跟踪区域更新过程(在空闲模式)所涉及的核心网内节点数。只要终端仍然处于同一PA域，这项功能就可保持MME与移动节点的连通。所以，S1-flex降低了HSS负荷。

(2) S1-flex有助于定义由不同运营商共享的网络结构。例如，在EUTRAN网络中，在一定地理区域的一组eNodeB可以同时由两个不同的运营商运作。这时，当一个用户发送初始注册请求时，eNodeB能够向MME转发初始注册消息，该MME指的是用户的网络运营商。

(3) S1-flex使得网络更具鲁棒性，当一个核心网节点出现故障时，可以通过同一个PA域内的其他节点为用户提供服务。

2. X2接口

X2用户平面(X2-U)接口主要在eNodeB间传输用户数据。这个接口只在终端从一个eNodeB移动到另一个eNodeB时使用，来实现数据的转发。X2-U接口充分利用了S1-U接口上的GTP隧道协议。

X2控制平面(X2-C)接口是一个信令接口，支持一系列eNodeB间的功能和信令流程。X2-C的处理步骤有限，并且与用户移动有关，目的是在eNodeB间传递用户上下文消息。

另外，X2-C接口支持负载指示，该过程的主要目的是向相邻的eNodeB发送负载状态指示信令。3GPP标准中并没有给出负载状态指示信令的实现细节。这个过程的目的是支持负载平衡管理或是最优化切换门限和切换判决。

eNodeB间的信令传递与S1-C接口一样都要求可靠的传输，因此X2-C接口也是在IP层上使用SCTP传输层协议来保证可靠传输的要求。

8.2 无线空口协议

8.2.1 无线空口协议框架

LTE 无线空口分为 3 个协议层：物理层(L1 层)、数据链路层(L2 层)和网络层(L3 层)，如图 8.4 所示。L2 层被进一步分为 3 个子层：PDCP 层、RLC 层和 MAC 层。L3 层包括 RRC 层和 NAS 层，RRC 层位于基站或用户设备中，负责接入层的控制和管理；NAS 层位于移动管理实体内，主要负责对非接入层的控制和管理。RRC 层和 RLC 层可分为控制面和用户面，而 PDCP 层仅在用户面存在。

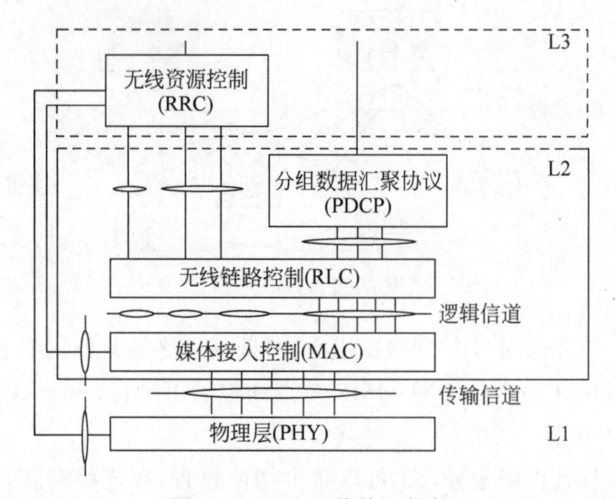

图 8.4 LTE 无线接口框架

物理层位于无线接口协议的最底层，由上行物理信道和下行物理信道组成。物理层通过传输信道为 MAC 层提供服务，而 MAC 层实现逻辑信道向传输信道的映射，通过逻辑信道为上层提供数据传送业务。逻辑信道描述了信息的类型，即定义了“传输的是什么”；传输信道描述了信息的传输方式，即定义了“信息是如何传输的”；物理信道则用于物理层具体信号的传输。

8.2.2 信道及映射关系

EUTRAN 要能够传输高速数据并提供较低的延迟，并且要有差错控制机制。此外还要考虑不同业务的不同 QoS 保证，话音和数据流可以接受一定的无线传输的丢帧，而交互式的应用(比如网页浏览)则不同，可以使用端到端的重传帮助恢复无线传播带来的错误。

EUTRAN 规范引入了三种类型的信道：逻辑信道(Logical Channel，LC)主要目的是用来考虑传输什么；传输信道(Transport Channel，TC)主要目的是用来考虑如何传输；物理信道(Physical Channel，PC)。

1. 逻辑信道

逻辑信道对应于无线接口协议和上层间的数据传输业务。通常有两种类型的逻辑信道：控制信道(用来传输控制平面信息)和业务信道(用来传输业务平面信息)。这两种类型的信道对应不同类型的信息流。

EUTRAN 逻辑控制信道包括以下部分。

(1) BCCH 是一种下行公共信道,网络使用 BCCH 在小区内向终端广播 EUTRAN 系统信息。用户通过这些信息得知为其提供服务的小区运营商,并且得到小区的公共信道的配置,以及如何接入网络等信息。

(2) 寻呼控制信道(Page Control CHannel,PCCH)也是一种下行公共信道,在一些情况下用来在小区内向终端发送寻呼信息,例如移动用户被叫情况下。

(3) 公共控制信道(Common Control CHannel,CCCH)是一种专用信道,当没有可用的 RRC 连接时,CCCH 用于用户和 EUTRAN 间的通信。一般来说,CCCH 信道用在通信建立阶段。

(4) 多播控制信道(Multicast Control CHannel,MCCH)用于从网络向终端发送多媒体广播和多播业务(Multimedia Broadcast Multicast Service,MBMS)。

(5) DCCH 是一种终端和网络间的点对点的双向控制信道。在 DCCH 上下文中,控制信息只包括 RRC 和 NAS 信令,不包括应用层的控制信息(比如 SIP 或 RTCP)。

EUTRAN 逻辑业务信道包括以下部分。

(1) 专用数据信道(Dedicated Traffic CHannel,DTCH)是一种终端和网络间的点对点双向信道。用来传输用户数据,包括数据和应用层信令。

(2) 多播数据信道(Multicast Traffic CHannel,MTCH)用于从网络向一个或多个终端发送数据,是点对多点的数据信道。MTCH 信道与 MBMS 业务密切相关。

2. 传输信道

传输信道定义了怎样传输数据。例如,传输信道定义了怎样避免出现传输错误、信道编码种类、CRC 校验和交织以及数据分组的大小等。所有这些信息被称为“传输格式”。传输信道可以划分为两类：下行传输信道(从网络到终端)和上行传输信道(从终端到网络)。

EUTRAN 下行传输信道包括以下部分。

(1) 广播信道(Broadcast CHannel,BCH)与 BCCH 逻辑信道相关。BCH 具有预先定义好的传输格式,并且格式固定。

(2) PCH 与 PCCH 有关。

(3) 下行共享信道(DownLink Shared CHannel,DL-SCH)用于传输下行用户控制信息和业务数据。

(4) 多播信道(Multicast CHannel,MCH)传输 MBMS 集中控制信息。

EUTRAN 上行传输信道包括以下部分。

(1) 上行共享信道(UpLink Shared CHannel,UL-SCH)用于传输上行用户控制信息和业务数据。

(2) 随机接入信道(Random Access CHannel,RACH)用于支持有限控制信息的特定传输信道,例如通信建立过程中的控制信息或是当 RRC 改变时的控制信息。

3. 物理信道

物理信道是传输信道的真正实现。EUTRAN 中的物理信道仅在物理层应用,包括下行物理信道和上行物理信道。

EUTRAN 的下行物理信道包括以下部分。

(1) 物理下行共享信道(Physical Downlink Shared CHannel,PDSCH)传输下行用户数据和高层信令。

(2) 物理下行控制信道(Physical Downlink Control CHannel,PDCCH)传输下行所需的调度信息。

(3) 物理多播信道(Physical Multicast CHannel,PMCH)传输多播或广播信息。

(4) 物理广播信道(Physical Broadcast CHannel,PBCH)传输系统信息。

(5) 物理控制格式指示信道(Physical Control Format Indicator CHannel,PCFICH)通知用户终端(User Equipment,UE)为 PDCCH 分配的 OFDM 符号。

(6) 物理 HARQ 指示信道(Physical HARQ Indicator CHannel,PHICH)传输基站对上行传输的 ACK/ NACK 应答,与 HARQ 机制有关。

EUTRAN 的上行物理信道包括以下部分。

(1) 物理上行共享信道(Physical Uplink Shared CHannel,PUSCH)传输上行用户数据和高层信令。

(2) 物理上行控制信道(Physical Uplink Control CHannel,PUCCH)传输上行控制信息,包括对下行传输的 ACK/NACK 应答以及与 HARQ 有关的信令。

(3) 物理随机接入信道(PRACH)由用户向网络发送随机接入信号以便接入网络。

除了物理信道外,物理层还使用了其他物理信号,包括参考信号(在下行链路的每个天线端口发送)和同步信号(分为主同步信号和辅同步信号)。

4. 信道映射

图 8.5 说明了逻辑信道、传输信道和物理信道之间的映射关系。

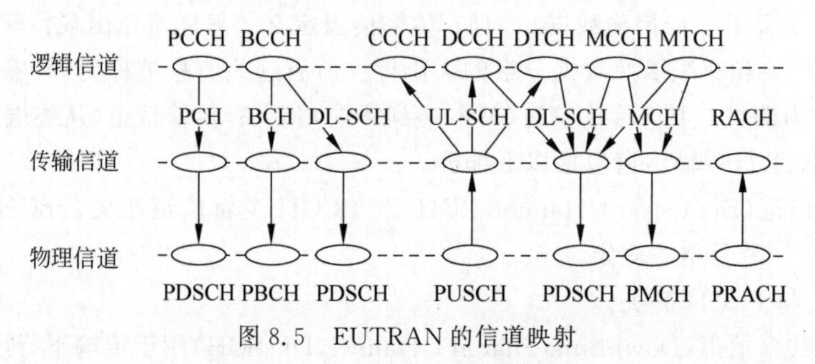

图 8.5 EUTRAN 的信道映射

BCCH 逻辑信道具有特殊的传输特征,因此信道映射也很特殊。BCCH 的系统信息由两部分构成。

(1) 固定格式的重要系统信息,需要周期性更新,这些信息映射到 BCH。

(2) 动态的系统信息,其重要性不如固定格式系统信息,带宽和重复周期比较灵活,这些信息映射到 DL-SCH。

另外,一些逻辑信道映射到传输信道时可以有多种选择。通常,在多小区 MBMS 业务中,MCCH 和 MTCH 信道映射到 MCH 信道,而当 MBMS 业务只为单个小区服务时,MCCH 和 MTCH 信道就映射到 DL-SCH 信道。

其他的物理信道(PUCCH、PDCCH、PCFICH 和 PHICH)并不携带来自上层的数据(例如 RRC 信令或用户数据)。这些信道只用于物理层传输与物理资源块(PRB)有关的或是与 HARQ 有关的信息。因此这些信道没有映射到任何一个传输信道。

RACH 也是一种特殊的传输信道,没有对应的逻辑信道。因为 RACH 只传输 RACH 前导信息(终端向网络发送用来请求接入的前导数据)。一旦网络允许终端接入并且为其分配了上行资源，就不再使用RACH信道了。

读者可以通过扫描二维码观看视频LTE信道映射。

8.2.3 帧结构

LTE支持2种帧结构：类型1和类型2。

1. 帧结构类型1

帧结构类型1适用于全双工和半双工的FDD模式。如图8.6所示，每个无线帧长10ms，一个无线帧包括20个时隙，序号为0～19，每个时隙长0.5ms。一个子帧定义为两个连续时隙。对FDD，在每10ms的间隔内，10个子帧可用于下行链路传输也可用于上行链路传输，上下行传输通过不同的频域隔离。半双工FDD操作中，用户不能同时发送和接收，而全双工FDD中没有这种限制。

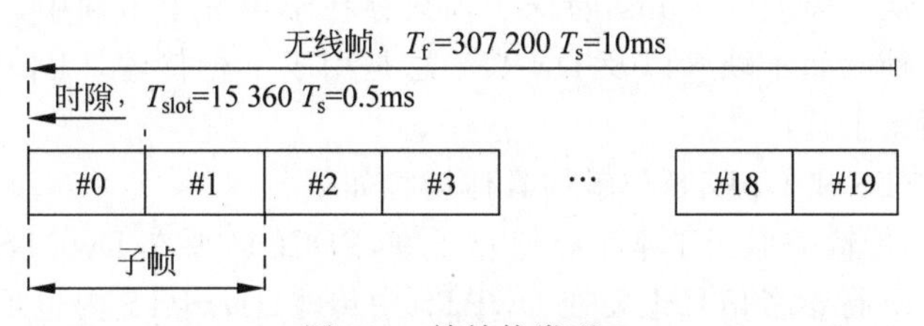

图8.6 帧结构类型1

LTE还定义了传输时间间隔(TTI)。基本TTI周期是时隙周期的2倍，即1ms，包括14个OFDM符号。对于下行链路来说，几个子帧可以合并成一个更长的TTI，这样有可能降低高层协议开销。这种TTI周期可以通过高层信令用半静态的方式动态调整，或是由基站以更为动态的方式控制。

2. 帧结构类型2

帧结构类型2适用于TDD模式。如图8.7所示，每个无线帧长10ms，由2个长为5ms的半帧组成。每个半帧由5个长为1ms的子帧组成，也可以说每个无线帧分为8个长度为1ms的子帧以及2个包含下行链路导频时隙(DwPTS)、保护间隔(GP)和上行导频时隙(UpPTS)的特殊子帧。DwPTS、GP和UpPTS的长度也为1ms。子帧1和6都包含DwPTS、GP和UpPTS，其他子帧则由2个时隙构成。

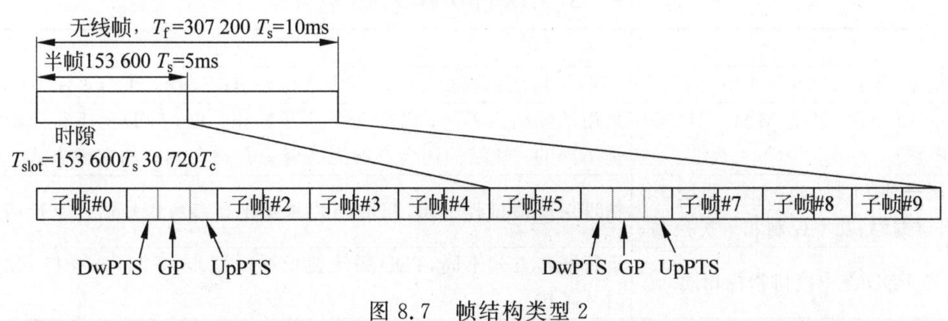

图8.7 帧结构类型2

表 8.2 给出了上下行子帧切换点设置，对一个无线帧中的每个子帧，“D”表示专用于下行传输的子帧，“U”表示专用于上行传输的子帧，“S”表示用于 DwPTS、GP 和 UpPTS 这三个域的特殊子帧。DwPTS 和 UpPTS 的长度是可配置的，但是 DwPTS、GP 和 UpPTS 总的长度为 1ms。

表 8.2　上下行子帧切换点设置

上行-下行配置	下行-上行转换点周期/ms	子帧号									
		0	1	2	3	4	5	6	7	8	9
0	5	D	S	U	U	U	D	S	U	U	U
1	5	D	S	U	U	D	D	S	U	U	D
2	5	D	S	U	D	D	D	S	U	D	D
3	10	D	S	U	U	U	D	D	D	D	D
4	10	D	S	U	U	D	D	D	D	D	D
5	10	D	S	U	D	D	D	D	D	D	D
6	5	D	S	U	U	U	D	S	U	U	D

如果下行到上行转换点周期为 5ms，特殊子帧在子帧 1 和子帧 6 的 2 个半帧中都存在；如果下行到上行转换点周期为 10ms，特殊子帧只存在于第一个半帧中，子帧 6 只是一个普通的下行子帧。子帧 0 和子帧 5 以及 DwPTS 总是用于下行传输。UpPTS 和紧跟于特殊子帧后的子帧专用于上行传输。

特殊时隙 DwPTS 和 UpPTS 传输的具体内容如下所示。

(1) DwPTS 的传输类似于正常下行链路子帧，PDCCH 要在 DwPTS 中传输，占用 1 到 2 个 OFDM 符号；下行参考信号也要在 DwPTS 中传输；DwPTS 内也可以发送下行数据，DwPTS 中发送的用户数据和其他下行链路子帧无关。

(2) UpPTS 时隙内不进行上行控制信令和数据的传输，用户设备只能使用 UpPTS 来发射探测参考信号或 RACH 信号。随机接入需要 UpPTS 占用 2 个 OFDM 符号长度。当 UpPTS 时隙只分配一个 OFDM 符号时，只能传送探测参考信号。

3. 不同双工模式的区别

TDD 能够利用零散频段，且可以通过调整上下行时隙转换点支持非对称服务。此外，由于上下信道一致性，发送端和接收端可以公用部分射频单元，从而有效降低设备成本。不过由于 TDD 通信系统收发信道同频会导致系统内和系统间的同频干扰，需要预留保护带，因此导致整体频谱利用率随之下降；此外，由于 TDD 发射时间较短，只有 FDD 的 1/2 左右，从而必须提高发射功率来实现发送数据的增大。

LTE TDD 与 LTE FDD 的比较如表 8.3 所示。

表 8.3　LTE FDD/TDD 的比较

相同点	不同点
高层信令，包括 NAS 和 RRC 的信令	TDD 采用同一频段分时进行上下行通信；FDD 上下行占用不同频段
L2 用户面处理，包括 MAC、RLC 及 PDCP 等	采用的帧结构不同；FDD 上下行子帧相关联，TDD 上下行子帧数目是不同的；帧结构还会影响无线资源管理和调度的实现方式
物理层基本机制，如帧长、调制、多址、信道编码、功率控制和干扰控制	物理层反馈过程不同，TDD 可以根据上行参考信号估计下行信道
TDD 与 FDD 空中接口指标相同	下行同步方式不同，TDD 系统要求时间同步；FDD 在支持 eMBMS 时才考虑

LTE TDD 下行链路和 FDD 系统一样，也包含相同的 6 种下行物理信道。

(1) SCH：P-SCH 位于 DwPTS 的第三个 OFDM 符号处，S-SCH 位于子帧 0 的最后一个符号上，两者之间间隔 2 个符号长度。

(2) PRACH：短 PRACH 信道位于 UpPTS 时隙内，长 PRACH 信道位于正常子帧中。

(3) 探测参考信号(SRS)：UpPTS 根据其符号长度包含 1 或 2 个探测参考信号，探测参考信号也能在正常子帧中发射。

(4) 专用参考信号(DRS)：对于 TDD 用户来说，必须具备专用参考信号。

8.2.4 资源块

资源块(Resource Block，RB)为空中接口物理资源分配单位，用于描述物理信道到资源粒子的映射。以下行传输为例介绍 LTE 的资源块，如图 8.8 所示。N_{RB}^{DL} 的数目由该小区的下行传输带宽决定，应满足 $N_{RB}^{min,DL} \leqslant N_{RB}^{DL} \leqslant N_{RB}^{max,DL}$，其中 $N_{RB}^{min,DL}=6$，$N_{RB}^{max,DL}=100$，分别对应下行传输的最小和最大带宽。

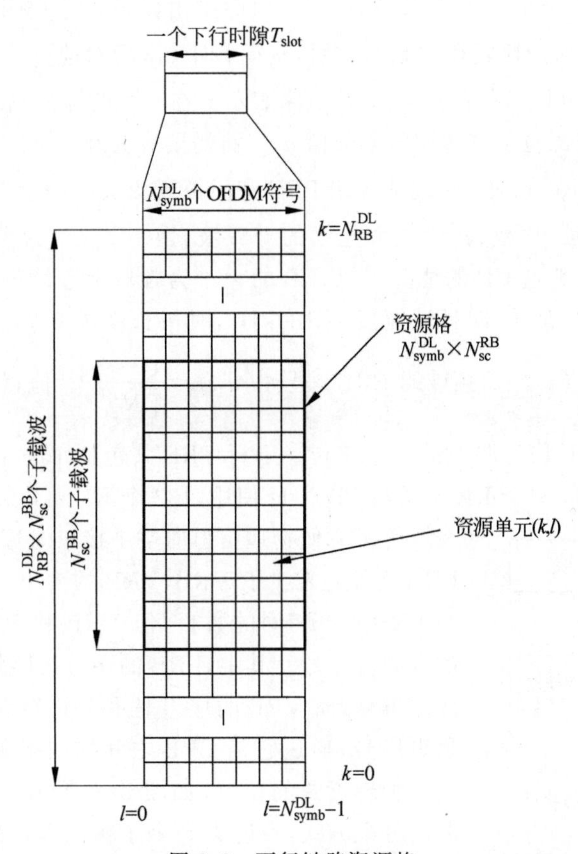

图 8.8 下行链路资源格

一个时隙中的 OFDM 符号个数取决于 CP 长度和子载波间隔。具体的对应关系见表 8.4。

表 8.4 不同 CP 对应的下行 PRB 参数

配置		N_{sc}^{RB}	N_{symb}^{DL}
普通 CP	$\Delta f=15$kHz	12	7
扩展 CP	$\Delta f=15$kHz		6
	$\Delta f=7.5$kHz	24	3

在多天线的传输情况下，每一个天线端口定义一个资源格。天线端口实际上可由单路物理天线端口和多路物理天线端口的组合来实现，并由相关的参考信号进行定义，即所支持的天线端口取决于小区的参考信号配置。

(1) 小区专用参考信号，与非移动广播单频网络发送有关，支持 1、2 或 4 天线配置，即需要分别实现序号 $p=0$，$p=\{0,1\}$ 和 $p=\{0,1,2,3\}$ 的情况。

(2) 多播广播单频网(MBSFN)参考信号与 MBSFN 发送相关，在天线端口 $p=4$ 发送。

(3) 仅支持帧结构类型 2 的用户指定参考信号，在天线端口 $p=5$ 发送。

天线端口 p 上资源格中的最小单元称为资源粒子(Resource Element，RE)，它在时域上是一个符号、在频域上是一个子载波，在一个时隙中由 (k,l) 唯一标识，$k=0,1,\cdots,N_{RB}^{DL}$，$l=0,1,\cdots,N_{symb}^{DL}$ 分别是频域和时域的索引，资源粒子 (k,l) 对应一个复调制符号 $a_{k,l}$，天线端口 p 的资源粒子 (k,l) 的值用复数 $a_{k,l}^{(p)}$ 来表示。在一个时隙的物理信道或物理信号中不用于发送信息的资源粒子其对应的复数值 $a_{k,l}$ 将需要置为 0。

LTE 定义了两种资源块：物理资源块 PRB 和虚拟资源块 VRB。PRB 是时域为 N_{symb}^{DL} 个连续的 OFDM 符号，频域为 N_{sc}^{DL} 个连续的子载波，由 $N_{symb}^{DL}\times N_{sc}^{DL}$ 个 RE 组成。对于 15kHz 子载波间隔和普通 CP 的情况，1 个 RB 的大小为频域上连续的 12 个子载波和时域上连续的 7 个 OFDM 符号，即频域宽度为 180kHz，时域长度为 0.5ms，相当于一个时隙。一个时隙中资源粒子 (k,l) 在频域的 PRB 编号为 $n_{PRB}=\left\lfloor\frac{k}{N_{SC}^{RB}}\right\rfloor$。值得注意的是，基站是以一个 TTI 即两个 PRB 作为调度的最小单位。下行 PRB 共包括 168 个 RE，其中 16 个 RE 预留给参考信号使用，20 个 RE 预留给 PDCCH 使用，132 个 RE 可以被用来传输数据。

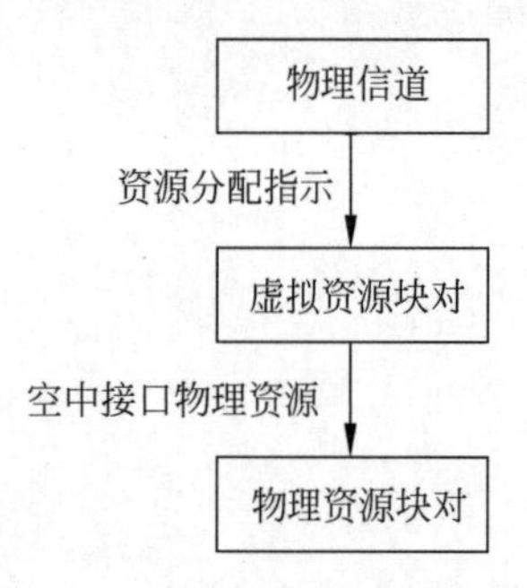

图 8.9 基于 VRB 的资源分配

为了方便物理信道向空中接口时域物理信道的映射，在 PRB 之外还定义了 VRB，VRB 的大小与 PRB 相同，且 VRB 与 PRB 具有相同的数目，但 VRB 和 PRB 分别对应有各自的资源块序号。其中，PRB 的序号按照频域的物理位置进行顺序编号，而 VRB 的序号是系统进行资源分配时所指示的逻辑序号，通过它与 PRB 之间的映射关系来进一步地确定实际物理资源的位置，如图 8.9 所示。VRB 主要定义了资源的分配方式，长度为一个子帧的 VRB 是物理资源分配信令的指示单元。

此外，协议规定了 2 种类型的 VRB，分为集中式和分布式。集中式 VRB 直接映射到 PRB 上，即资源块按照 VRB 进行分配并映射到 PRB 上，对应 PRB 的序号等于 VRB 序号，一个子帧中两个时隙的 VRB 将映射到相同频域位置的两个 PRB 上即占用若干相邻的

PRB；而分布式VRB采用分布式的映射方式，即一个子帧中两个时隙的VRB将映射到不同频域位置的两个PRB上即占用若干分散的PRB，并且一个子帧内的两个时隙也有着不同的映射关系，即具有相同逻辑序号的分布式VRB对将映射到两个时隙不同的PRB上，通过这样的机制实现“分布式”的资源分配。分布式的方式相对于集中式可获得额外的频率分集增益，但是同时会导致同步误差以及多普勒频移等问题。

8.3 LTE无线传输过程

8.3.1 下行传输过程

LTE的物理层传输信道包括物理下行共享信道（PDSCH）、物理广播信道（PBCH）、物理多播信道（PMCH）、物理控制格式指示信道（PCFICH）、物理下行控制信道（PDCCH）和物理HARQ指示信道（PHICH）。此外还包括下行参考信号和同步信号。

LTE下行各信道的基带处理一般过程如图8.10所示，包括比特级处理、调制、层映射、预编码以及针对各个物理天线端口的资源映射和OFDM信号生成的过程。

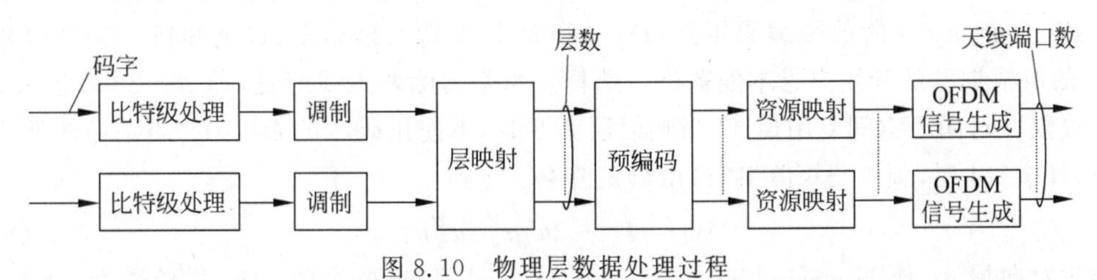

图8.10 物理层数据处理过程

比特级处理主要完成信道编码过程，增加比特数据的冗余度，用来抵抗无线信道质量对比特数据的影响。比特级处理包括CRC、码块分割、信道编码、速率匹配、码块级联和加扰等过程。下面以PDSCH为例阐述调制、层映射、预编码以及针对各个物理天线端口的资源映射等过程。

1. PDSCH传输过程

在PDSCH中，数据调制将比特数据映射为复数调制符号，增加比特数据传输效率。PDSCH可以采用QPSK、16QAM和64QAM调制。

调制后进行层映射，LTE中每个独立的编码与调制器的输出对应一个码字，根据信道和业务状况，下行传输最多可以支持两个码字。码字数和层数不是一一对应的，码字数总是小于等于层数。最多只能控制两个码字的速率，但传输层数可以是1、2、3、4，因此就定义了从码字到层的映射。层映射分为单天线发射、空间复用和发射分集三种方式下的层映射。每个发送码字的复值调制符号$d^{(q)}(0), d^{(q)}, \cdots, d^{(q)}(M_{\text{symb}}^{(q)}-1)$将被映射到各层$x(i)=[x^{(0)}(i) \quad x^{(1)}(i) \quad \cdots \quad x^{(v-1)}(i)]$，$i=0,1,\cdots,M_{\text{symb}}^{\text{layer}}-1$，$v$表示映射层数，$M_{\text{symb}}^{\text{layer}}$表示每层的调制符号数。

层映射的输出是预编码模块的输入，预编码模块的输出称为码字。预编码也分单天线发射、空间复用和发射分集等方式下的预编码。

（1）单天线发射时，无需预编码，即：

$$y^{(p)}(i)=x^{(0)}(i) \quad (i=0,1,\cdots,M_{\text{symb}}^{\text{ap}}-1) \tag{8.1}$$

其中，$p\in\{0,4,5\}$是发射的天线端口数目，$M_{\text{symb}}^{\text{ap}}=M_{\text{symb}}^{\text{layer}}$。

(2) 与层映射相同，LTE空间复用支持基站端两天线或四天线配置。空间复用的预编码仅与空间复用的层映射结合起来使用。空间复用支持2或者4天线端口，即可用的端口集合分别为 $p\in\{0,1\}$或者 $p\in\{0,1,2,3\}$。该方式分为无延迟循环延时分集(Cyclic Delay Diversity，CDD)的预编码模式和针对大延迟CDD的预编码模式。无延迟CDD按以下模式进行预编码：

$$\begin{bmatrix} y^{(0)}(i) \\ \vdots \\ y^{(p-1)}(i) \end{bmatrix} = \boldsymbol{W}(i)\cdot\begin{bmatrix} x^{(0)}(i) \\ \vdots \\ x^{(v-1)}(i) \end{bmatrix} \tag{8.2}$$

其中，$\boldsymbol{W}(i)$是 $p\times v$ 阶的预编码矩阵，$i=0,1,\cdots,M_{\text{symb}}^{\text{ap}}-1$，$M_{\text{symb}}^{\text{ap}}=M_{\text{symb}}^{\text{layer}}$。

大延迟CDD按以下模式进行预编码：

$$\begin{bmatrix} y^{(0)}(i) \\ \vdots \\ y^{(p-1)}(i) \end{bmatrix} = [\boldsymbol{W}(i)\cdot\boldsymbol{D}(i)\cdot\boldsymbol{U}]\cdot\begin{bmatrix} x^{(0)}(i) \\ \vdots \\ x^{(v-1)}(i) \end{bmatrix} \tag{8.3}$$

其中，$\boldsymbol{W}(i)$是 $p\times v$ 阶的预编码矩阵，$\boldsymbol{D}(i)$和 $\boldsymbol{U}$ 是支持大延迟CDD的矩阵。预编码矩阵 $\boldsymbol{W}(i)$的值根据基站和用户码本配置进行选择。当基站侧两天线配置，即 $p=2$ 时，按表8.5进行设置。对闭环空间复用模式，当映射层为2时，不使用码本的索引0。当基站侧四天线配置，即 $p=4$ 时，预编码矩阵 $\boldsymbol{W}(i)$由母矩阵 $\boldsymbol{W}_n$ 得到：

$$\boldsymbol{W}_n=\boldsymbol{I}_4-2\boldsymbol{u}_n\boldsymbol{u}_n^{\text{H}}/\boldsymbol{u}_n^{\text{H}}\boldsymbol{u}_n \tag{8.4}$$

即通过对向量 $\boldsymbol{u}_n$ 作Householder变换，得到Householder矩阵 $\boldsymbol{W}_n$，$\boldsymbol{W}_n$ 的阶数为 4×4。这里 n 是码本索引，即可选的预编码母矩阵索引。

表8.5 两天线配置时预编码码本

码本索引	层数 v	
	1	2
0	$\frac{1}{\sqrt{2}}\begin{bmatrix}1\\1\end{bmatrix}$	$\frac{1}{\sqrt{2}}\begin{bmatrix}1&0\\0&1\end{bmatrix}$
1	$\frac{1}{\sqrt{2}}\begin{bmatrix}1\\-1\end{bmatrix}$	$\frac{1}{2}\begin{bmatrix}1&1\\1&-1\end{bmatrix}$
2	$\frac{1}{\sqrt{2}}\begin{bmatrix}1\\\text{j}\end{bmatrix}$	$\frac{1}{2}\begin{bmatrix}1&1\\\text{j}&-\text{j}\end{bmatrix}$
3	$\frac{1}{\sqrt{2}}\begin{bmatrix}1\\-\text{j}\end{bmatrix}$	—

虽然码本计算的复杂度不是很高，但从长期性而言，每次实时计算码本仍不如一次预先计算或存储，更能节省系统资源。预编码时，只需提供映射层数 v 和码本索引idxCodeBook两个参数，从预先加载的码本表中直接取用即可。

(3) 同前面所述发射分集方式时的层映射，LTE支持基站端两天线或四天线配置的发射分集。因发射分集方式的层映射要求映射层数 v 和天线端口数目 p 相等,故预编码模块输入的层数也是2层或4层。现针对基站端不同天线数配置,对不同的预编码处理进行分别叙述。当基站侧两天线配置,即 $p=2$ 时,预编码处理为:

$$\begin{bmatrix} y^{(0)}(2i) \\ y^{(1)}(2i) \\ y^{(0)}(2i+1) \\ y^{(1)}(2i+1) \end{bmatrix} = \frac{1}{\sqrt{2}} \begin{bmatrix} 1 & 0 & \mathrm{j} & 0 \\ 0 & -1 & 0 & \mathrm{j} \\ 0 & 1 & 0 & \mathrm{j} \\ 1 & 0 & -\mathrm{j} & 0 \end{bmatrix} \cdot \begin{bmatrix} \mathrm{Re}(x^{(0)}(i)) \\ \mathrm{Re}(x^{(1)}(i)) \\ \mathrm{Im}(x^{(0)}(i)) \\ \mathrm{Im}(x^{(1)}(i)) \end{bmatrix} \tag{8.5}$$

即:

$$\begin{bmatrix} y^{(0)}(2i) & y^{(0)}(2i+1) \\ y^{(1)}(2i) & y^{(1)}(2i+1) \end{bmatrix} = \frac{1}{\sqrt{2}} \begin{bmatrix} x^{(0)}(i) & x^{(1)}(i) \\ -(x^{(1)}(i))^* & (x^{(0)}(i))^* \end{bmatrix} \tag{8.6}$$

当基站侧四天线配置,即 $p=4$ 时,预编码处理为:

$$\begin{bmatrix} y^{(0)}(4i) & y^{(0)}(4i+1) & y^{(0)}(4i+2) & y^{(0)}(4i+3) \\ y^{(1)}(4i) & y^{(1)}(4i+1) & y^{(1)}(4i+2) & y^{(1)}(4i+3) \\ y^{(2)}(4i) & y^{(2)}(4i+1) & y^{(2)}(4i+2) & y^{(2)}(4i+3) \\ y^{(3)}(4i) & y^{(3)}(4i+1) & y^{(3)}(4i+2) & y^{(3)}(4i+3) \end{bmatrix}$$

$$= \frac{1}{\sqrt{2}} \begin{bmatrix} x^{(0)}(i) & x^{(1)}(i) & 0 & 0 \\ 0 & 0 & x^{(2)}(i) & (x^{(3)}(i)) \\ -(x^{(1)}(i))^* & (x^{(0)}(i))^* & 0 & 0 \\ 0 & 0 & -(x^{(3)}(i))^* & (x^{(2)}(i))^* \end{bmatrix} \tag{8.7}$$

$p=4$ 的原理与两天线配置发射分集预编码实现过程的原理相同,只是增加了输入数据层数。

读者可以扫描二维码观看视频LTE中的MIMO技术。

2. PDCCH传输过程

PDCCH承载调度以及其他控制信息。调度控制信息是指上下行传输信道所占用的频率资源位置和大小,采取的多天线发射方式,以及终端上行功率大小。终端通过这些资源位置信息,在准确的位置上获取PDSCH的参数,或者在对应资源上进行PUSCH的发射。

一个物理控制信道在一个或者多个连续的控制信道元素(Control Channel Element, CCE)上进行传输,其中,一个控制信道元素对应于9个资源组(REG)。在一个子帧中可以传输多个PDCCH。一个PDCCH包含 n 个连续的控制信道元素,从第 i 个控制信道元素开始,满足 $i \bmod n=0$。

物理下行控制信道支持4种格式,表8.6给出了每种格式所包含的控制信道元素(CCE)数、物理下行控制信道比特数和资源组数。

表 8.6 PDCCH 支持的格式

PDCCH 格式	CCE 数	PDCCH 比特数	REG 数
0	1	72	9
1	2	144	18
2	4	288	36
3	8	576	72

PDCCH 采用 QPSK 调制方式。PDCCH 在与传输物理广播信道相同的天线端口上传输。物理下行控制信道对应一个码字，相应的层数 v 与实际用于物理信道传输的天线端口数目 p 相等，即 $v=p$。各种天线配置情况下的层映射和预编码可参考 PDSCH 的情况。

3. PCFICH

PCFICH 总是位于子帧的第一个 OFDM 符号上，用来指示一个子帧中 PDCCH 在子帧内占用符号个数，即 PDCCH 的时间跨度。PCFICH 的大小是 2 比特，其承载信息是控制格式指示(Control Format Indicator，CFI)。

PCFICH 采用 QPSK 调制，与 PBCH 在相同的天线端口上进行传输。各种天线配置下的层映射和预编码也可参考 PDSCH 的情况，需要说明的是：多天线端口的情况下，PCFICH 只能采用发射分集传输模式，只传输一个码字。

4. PHICH

LTE 中，PHICH 承载的是 1 比特 PUSCH 信道的 HARQ 的 ACK/NACK 应答信息，其承载的信息称为 HARQ 指示(HARQ Indicator，HI)。HI＝1 表示 ACK，HI＝0 表示 NACK。

多个 PHICH 信道可以映射在同一组资源粒子中，形成 PHICH 组，同一 PHICH 组中的各个 PHICH 由不同的正交序列区分。PHICH 采用 BPSK 调制。

5. 下行参考信号

下行链路参考信号的目的是对下行链路信道质量进行测量，实现终端相干解调或检测所需的下行链路信道估计以及小区搜索和初始化信息获取等功能。

LTE 在 Rel-8 中定义了 3 种参考信号：小区指定参考信号(Cell-specific Reference，CRS)，MBSFN 参考信号，用于 PDSCH 解调的用户指定参考信号(UE-Specific Reference Signal)。在 LTE 后续版本中，还陆续增加了用于定位参考信号，CSI 参考信号和 EPDCCH 的解调参考信号。本节仅介绍 Rel-8 中涉及的用户指定参考信号和小区指定参考信号。

在时域和频域要设计导频或参考符号，这些导频符号在时间和频率上有一定间隔，确保能够正确地进行信道插值。当信道条件允许(时间弥散不大的情况)时，分别在普通 CP 和扩展 CP 每个时隙的第 5 和第 4 个 OFDM 符号处每隔 6 个子载波插入主参考符号。参考符号的排列图案是长方形的。如果信道条件较差(时间弥散较大的情况)，还需要插入辅参考符号，这两组参考符号可以按对角的方式排列，这样就能够获得接收端用于信道估计的最佳时频参考符号插入图案，如图 8.11 所示。连续子帧间参考信号的频域位置可以变化。

对于高阶 MIMO 的多天线发送，尤其是波束成形情况下，给定波束应该使用专门的导频符号。此外，还要考虑用户指定导频符号。

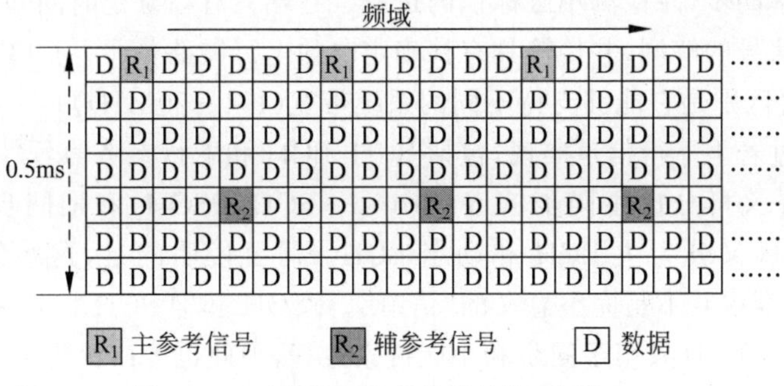

图 8.11　下行链路参考信号结构(普通 CP)

小区指定参考信号通过天线端口(0～3)中的一个或多个发送。每个下行链路天线端口都要发送一个小区指定参考信号。

小区指定参考信号序列 $r_{m,n}$ 由二维正交序列符号 $r_{m,n}^{\mathrm{OS}}$ 与二维伪随机序列符号 $r_{m,n}^{\mathrm{PRS}}$ 的乘积构成：$r_{m,n}=r_{m,n}^{\mathrm{OS}}\times r_{m,n}^{\mathrm{PRS}}$。二维序列 $r_{m,n}$ 是一个复数序列，定义为 $r_{m,n}^{\mathrm{OS}}=[s_{m,n}]$，$n=0,1,m=0,1,\cdots,N_r$，其中 N_r 表示参考信号占据第几个 OFDM 符号，$[s_{m,n}]$是矩阵 $\boldsymbol{S}_i$ 的第 m 行第 n 列的元素，定义为：

$$\boldsymbol{S}_i^{\mathrm{T}}=\underbrace{\left[\bar{\boldsymbol{S}}_i^{\mathrm{T}}\quad \bar{\boldsymbol{S}}_i^{\mathrm{T}}\quad \cdots\quad \bar{\boldsymbol{S}}_i^{\mathrm{T}}\right]}_{\left\lceil \frac{N_r}{3}\right\rceil 次重复},\quad i=0,1,2 \tag{8.8}$$

其中，

$$\bar{\boldsymbol{S}}_0=\begin{bmatrix}1 & 1\\ 1 & 1\\ 1 & 1\end{bmatrix},\quad \bar{\boldsymbol{S}}_1=\begin{bmatrix}1 & \mathrm{e}^{\mathrm{j}4\pi/3}\\ \mathrm{e}^{\mathrm{j}2\pi/3} & 1\\ \mathrm{e}^{\mathrm{j}4\pi/3} & \mathrm{e}^{\mathrm{j}2\pi/3}\end{bmatrix},\quad \bar{\boldsymbol{S}}_2=\begin{bmatrix}1 & \mathrm{e}^{\mathrm{j}2\pi/3}\\ \mathrm{e}^{\mathrm{j}4\pi/3} & 1\\ \mathrm{e}^{\mathrm{j}2\pi/3} & \mathrm{e}^{\mathrm{j}4\pi/3}\end{bmatrix} \tag{8.9}$$

分别对应正交序列 0、1 和 2。

LTE 规范中有 $N_{\mathrm{OS}}=3$ 个不同二维正交序列，$N_{\mathrm{PRS}}=170$ 个不同的二维伪随机序列。每个小区能够识别一个正交序列和伪随机序列的唯一组合，这样可以有 $N_{\mathrm{OS}}\times N_{\mathrm{PRS}}=510$ 个小区唯一识别码。

小区指定参考信号仅是为 $\Delta f=15\mathrm{kHz}$ 情况下定义的。

6. OFDM 信号产生

一个时隙中的 OFDM 符号应该按照 l 递增的顺序发送。一个下行链路时隙中，OFDM 符号 l 在天线端口 p 发送的时间连续信号 $s_l^{(p)}(t)$定义为：

$$s_l^{(p)}(t)=\sum_{k=-\lfloor N_{\mathrm{RB}}^{\mathrm{DL}}N_{\mathrm{SC}}^{\mathrm{RB}}/2\rfloor}^{-1} a_{k(-),l}^{(p)}\cdot \mathrm{e}^{\mathrm{j}2\pi k\Delta f(t-N_{CP,l}T_s)}+\sum_{k=1}^{\lceil N_{\mathrm{RB}}^{\mathrm{DL}}N_{\mathrm{SC}}^{\mathrm{RB}}/2\rceil} a_{k(+),l}^{(p)}\cdot \mathrm{e}^{\mathrm{j}2\pi k\Delta f(t-N_{CP,l}T_s)} \tag{8.10}$$

其中，$0\leqslant t<(N_{\mathrm{CP},l}+N)\times T_s$，$k(-)=k+\lfloor N_{\mathrm{RB}}^{\mathrm{DL}}N_{\mathrm{SC}}^{\mathrm{RB}}/2\rfloor$，$k(+)=k+\lceil N_{\mathrm{RB}}^{\mathrm{DL}}N_{\mathrm{SC}}^{\mathrm{RB}}/2\rceil-1$，$N_{\mathrm{CP},l}$ 是 CP 长度，而 N 表示 OFDM 时域数据长度。子载波间隔 $\Delta f=15\mathrm{kHz}$ 时，$N=2048$；子载波间隔 $\Delta f=7.5\mathrm{kHz}$ 时，$N=4096$。

若终端要接入到 LTE 系统，必须首先进行小区搜索过程。小区搜索过程就是终端与小区取得时间和频率同步，并检测小区标识的过程。终端只有在确定时间和频率参数后，才能实现对下行链路信号的解调，并传输具有精确定时的上行链路信号。LTE 的小区搜索过程与 3G 系统的主要区别是它能够支持不同的系统带宽（1.4～20MHz）。

小区搜索通过若干下行信道实现，包括 SCH、BCH 和下行参考信号(RS)。随着功能的进一步划分，SCH 又可分成主同步信道(Primary SCH，PSCH)和辅同步信道(Secondary SCH，SSCH)，BCH 又分为主 BCH 和动态 BCH。需要说明的是，这些信道除了主 BCH 外，其他信道在标准中并不是完整意义的"信道"。PSCH 和辅 SCH 仅存在于 L1，而不用来传送 L2/L3 控制信令，且只用于同步和小区搜索过程，因此也可以称为主同步信号(PSS)和辅同步信号(SSS)。PSCH 和 SSCH 用来获取帧同步信息和下行链路频率；BCH 承载小区/系统指定信息。实际上终端至少需要获得下面的系统信息。

(1) 小区的整个发送带宽；

(2) 小区 ID；

(3) 当 SCH 没有直接给出帧同步信息时(SCH 可以在每个无线帧发送一次或多次)，终端需要得到无线帧的同步信息；

(4) 小区天线配置信息(发送天线数)；

(5) BCH 带宽的信息(可以定义多个 BCH 发送带宽)；

(6) 与 SCH 或 BCH 有关的子帧 CP 长度信息。

在 LTE 系统中，需要识别 3 个主要的同步：第一是符号同步，也就是符号定时的捕获，通过它来确定正确的符号起始位置，例如设置 FFT 窗口位置；第二是载波频率同步，需要它来减少或消除频率误差的影响，其频率误差是由本地振荡器在发射端和接收端间的频率不匹配和终端移动导致的多普勒偏移造成的；第三是采样时钟同步。

7. 下行资源调度及链路自适应

用户必须用信道质量指示(Channel Quality Indicator，CQI)向基站报告一个资源块或一组资源块的信道质量。CQI 是在 25 或 50 的倍数个子载波带宽上测量的，它是影响时频调度选择、链路自适应、HARQ、干扰管理以及下行链路物理信道的功率控制的关键参数。

在 LTE 的下行链路 HARQ 使用 N 通道停等式(Stop-and-Wait，SW)协议，采用基于增量冗余的 HARQ 方法，每次重传的信息基本上是不一致的。例如，在分组采用 Turbo 编码时，每次重传校验码的比特数相对于系统码是不同的。显然，这种解决方案要求用户设备有很大的存储空间。在实际中，每一次重传发送的不同编码可以"实时"完成，也可以同时进行编码并且保存在缓存中。

HARQ 可以分为同步和异步两类。异步 HARQ 可以根据空中接口条件提供灵活的调度重传机制。同步 HARQ 指的是对于某个 HARQ 进程来说其重传时刻是固定的。

在下行链路，LTE 使用基于增量冗余的自适应、异步 HARQ 方案。基站的调度器根据用户的 CQI 报告选择发送时间和属性来发送新数据或进行重传，实现链路自适应和时频资源调度等功能。

基站调度器(对于单播发送)在给定时间内动态地控制分配的时频资源。下行链路信令通知用户已经分配了什么样的资源和相应的发送格式。调度器可以动态选择最佳的复用策略，例如集中式或分布式分配。在给定子帧内采用哪种发送复用方式的依据主要包括最小和最大数据速率、移动用户间可以共享的可用功率、业务的 BER 目标需求、业务的时延需求、服务质量参数和测量、缓存在基站中准备调度的净荷、重传、来自用户的CQI报告、用户睡眠周期和测量间隔/周期、系统参数，例如带宽和干扰大小等，此外还应该考虑如何降低控制信令开销，例如预先配置调度时刻以及对会话业务进行分组。由于信令的限制，在同一TTI内只能调度给定的移动用户数。

图8.12显示了基站中与分组调度有关的不同实体间的相互作用，目的是在较短的往返路径时延内根据信道条件实现快速调度。数据发送的基本可用时频资源是PRB，由固定数目的相邻OFDM子载波组成，表示频域的最小调度单位。整个调度过程的控制实体是分组调度器，它可以与链路自适应模块进行协商获得某个用户数据速率的估计。链路自适应可以利用用户的频率选择CQI反馈和此前发送的ACK/NACK，来保证第一次发送的数据速率估计能够满足一定的误块率(BLock Error Rate，BLER)目标需求。在链路自适应存在不确定性时，链路自适应处理中的偏移计算模块可以进一步稳定误块率性能。偏移计算模块在以子帧为间隔的CQI报告中提供基于用户的自适应偏移，以便降低偏移CQI错误对链路自适应性能的影响。调度器的主要目标是在一定的负载条件下，在时间和频域上使用调度策略来优化小区吞吐量。HARQ管理器为接下来的HARQ重传提供缓存状态信息和发送格式。

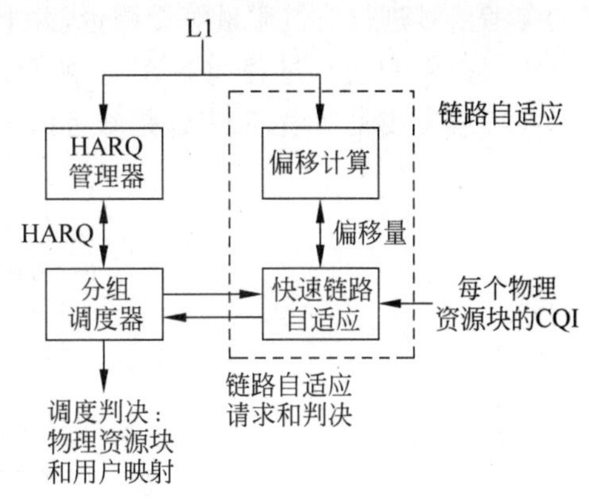

图8.12 分组调度框架

在各种不同的调度策略中，有两种策略经常使用，即公平分配方案和比例分配方案。

(1) 公平分配方案：在每一个移动终端(在下行链路或上行链路)分配相同数目的可用PRB。仅当小区中用户的数目改变(切换)时，每个用户分配的PRB数目才会发生改变。

(2) 比例分配方案：用户带宽根据信道条件来自适应改变，同时尽可能地通过功率控制来匹配所需信噪比。

8. 小区搜索过程

终端与LTE网络能够进行通信之前，首先需要寻找网络中的一个小区并获取同步。然后需要对小区系统信息进行接收和解码，以便可以在小区内进行通信和其他正常操作。一旦系统信息被正确解码，终端就可以通过所谓的随机接入过程接入小区。本节主要阐述小区搜索过程。

终端不仅需要在开机时进行小区搜索，为了支持移动性，还需要不停地搜索相邻小区，取得同步并估计该小区信号的接收质量，相邻小区的接收质量与当前小区有关，之后进行评估，从而决定是否需要执行切换(当终端处于连接模式)或小区重选(当终端处于空闲模式)。

LTE的小区搜索过程可归纳为以下两种情况。

(1) 初始同步：凭借初始同步，终端检测LTE小区并对所有需要登记的信息进行解码。例如，当终端接通或失去与服务区的连接时，需要进行初始同步。

(2) 新小区识别：当终端已经连接到LTE小区且正在检测新的相邻小区时，执行新小区识别。在此情况下，终端向服务区上报新小区相关的测量，准备切换。这种小区识别是周期性重复的，直到服务区质量重新满足，或终端移动到另一小区为止。

在两种情况中,同步过程不仅通过 PSS 和 SSS 信号的检测实现时间和频率同步,而且还提供终端物理层小区 ID 和 CP 长度,通知终端该小区所使用的是 FDD 还是 TDD。

终端在初始同步过程中除检测同步信号外,还对 PBCH 进行解码,从而得到关键系统信息。终端在新小区识别过程中不必对物理广播信道进行解码,它只是基于来自新检测小区的参考信号进行信道质量等级测量,并上报给服务小区。

小区搜索和同步过程如图 8.13 所示,图中给出了终端每个阶段所确定的信息,RSRP 表示参考信号接收功率,RSRQ 是参考信号接收质量。

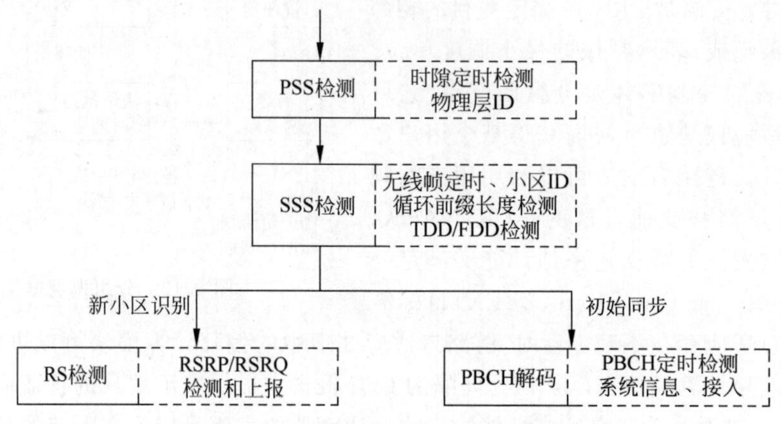

图 8.13 小区搜索过程每个阶段得到的信息

通过主同步信号,终端可以得到该小区的 5ms 定时并由此获知 SSS 位置。此外,还可以获得小区标识组中的小区标识。然而终端还不能检测出小区组标识,只是把小区标识的可能数目从 504 降低到 168。一旦检测出主同步信号就可以获知辅同步信号的位置,从而使终端可以获得帧定时(给定 PSS 所发现的位置,存在两个不同可选项 FDD 和 TDD)以及小区组标识(168 个可选项)信息。

此外,对于终端来说,通过来自一个单独辅同步信号的接收来实现这些是可能的。原因在于,当终端在其他载波上搜索小区时,搜索窗口不会大到能够覆盖一个以上的辅同步信号。如果是初始同步(此时终端还没有驻留或连接到一个 LTE 小区),在检测完同步信号之后,终端会解码 PBCH,以获取最重要的系统信息。

为此,每个辅同步信号都可以携带 168 个不同的值以对应 168 个不同的小区组标识。此外,对一个子帧内的两个辅同步信号(SSS_1 在子帧 0,SSS_2 在子帧 5 中)一系列有效的值是不同的,这意味着终端可以通过一个单独辅同步信号的检测,确定接收到的是 SSS_1 还是 SSS_2,从而可以确定帧定时。

一旦终端捕获到帧定时和物理层小区标识,就可以确定小区特定参考信号,进行信道估计,并对携带最基本系统信息的广播信道进行解码。如果是识别相邻小区,终端并不需要解码 PBCH,而只需要基于最新检测到的小区参考信号来测量下行信号质量水平,以决定是进行小区重选还是切换。此时终端会通过参考信号接收功率(RSRP)将这些测量结果上报给服务小区,以决定是否进行切换。

下行同步信号用于支持物理层小区搜索,实现用户终端对小区的识别和下行同步。LTE 物理层的同步信号主要包括主同步信号和辅同步信号。

对于 TDD 和 FDD 而言，主同步信号和辅同步信号的结构是完全一样的，但在帧中时域位置不同。

(1) 在 FDD 情况下，主同步信号在子帧 0 和 5 的第一个时隙的最后一个符号中发送；辅同步信号与主同步信号在同一子帧同一时隙发送，但辅同步信号位于倒数第二个符号中，比主同步信号提前 1 个符号；

(2) 在 TDD 情况下，主同步信号在子帧 1 和 6(即 DwPTS 内)的第 3 个符号内进行发送；而辅同步信号在子帧 0 和 5 的最后一个符号中发送，比主同步信号提前 3 个符号。

图 8.14 是 FDD 方式下主同步信号和辅同步信号时域结构，图 8.15 是 TDD 方式下主同步信号和辅同步信号时域结构；同步信号周期性进行传输，每个 10ms 无线帧传输两次。FDD 小区内，主同步信号总是位于每个无线帧第 1 和第 11 个时隙的最后一个 OFDM 符号上，使得终端在不考虑 CP 长度下获得时隙边界定时。辅同步信号直接位于主同步信号之前。

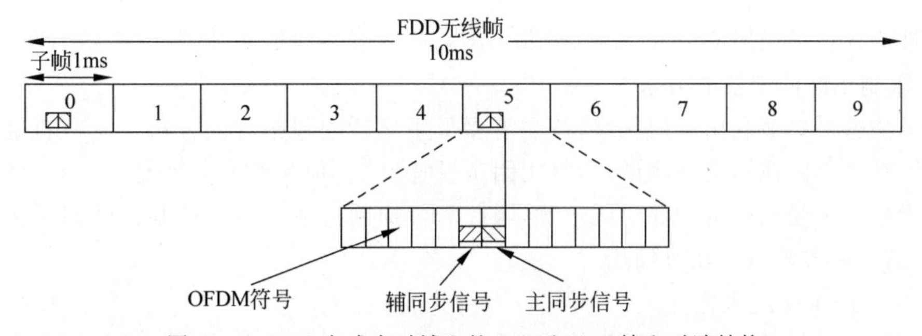

图 8.14 FDD 方式在时域上的 PSS 和 SSS 帧和时隙结构

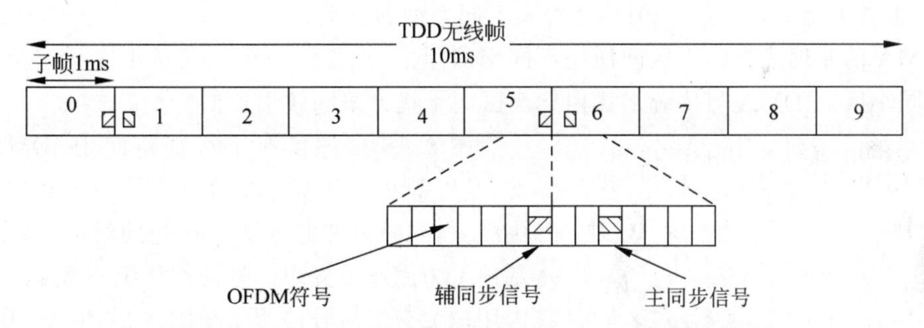

图 8.15 TDD 方式在时域上的 PSS 和 SSS 帧和时隙结构

假设信道相干持续时间远大于一个 OFDM 符号周期，可利用主同步信号和辅同步信号的相关性进行相干检测。TDD 小区内，主同步信号位于每个无线帧第 3 个和第 13 个时隙上，从而辅同步信号比主同步信号提前 3 个符号；当信道相干时间远大于 4 个 OFDM 符号时间时，主同步信号和辅同步信号就可以进行相干检测。

辅同步信号的确切位置取决于小区所选择的 CP 长度。在小区检测阶段，CP 长度对于终端来说是未知的，可以在两个可能的位置通过盲检查找到辅同步信号。

在特定小区里，主同步信号在每个发送它的子帧里的位置是相同的，而每个无线帧里的两个辅同步信号对于每个无线帧会以指定的方式变化位置发送，这样使得终端可以识别 10ms 无线帧的边界位置。

PBCH承载广播信道包含的系统信息。BCH包含的信息位于系统信息块(SIB)的主信息块(MIB)中,并且按照预先定义好的固定格式在整个小区覆盖范围内广播。

主信息块在物理广播信道上传输,包含了接入LTE系统所需的最基本信息,包括有限个基本的且频繁传输的参数,以便从小区获得其他信息。其中关于物理层的参数有下行系统带宽、发射天线数、PHICH配置和系统帧序号(SFN)等。具体内容如表8.7所示。

表8.7 BCH包含的基本信息参数

基本信息参数	长度/比特
下行系统带宽	4
发射天线数	1或2
系统帧序号(有特别说明除外)	10
PHICH持续时间	1
PHICH资源大小指示信息	2

物理广播信道采用QPSK调制,调制后数据送入层映射模块,映射到不同的天线端口。

9. 限制小区间干扰的方法

为了能够最好地利用可用频谱,往往需要采用复杂的频率规划方法。通常希望频率规划是能够在各小区使用全部频谱,即复用因子设置为1。但是在这种情况下,OFDM系统的小区边缘用户会受到严重的邻小区干扰,因此需要抑制这些干扰。抑制小区间干扰的方法有3种,这3种方法可以联合使用。

1) 小区间干扰随机化

小区间干扰包括小区指定的加扰(在信道编码和交织后使用(伪)随机加扰)、小区指定的交织(也称为交织多址接入(IDMA))和不同类型的跳频方法。

IDMA的原理是在邻小区间使用不同交织图案,于是用户可以通过小区指定交织器来区分不同小区。IDMA与传统加扰白化小区间干扰方案的效果类似。

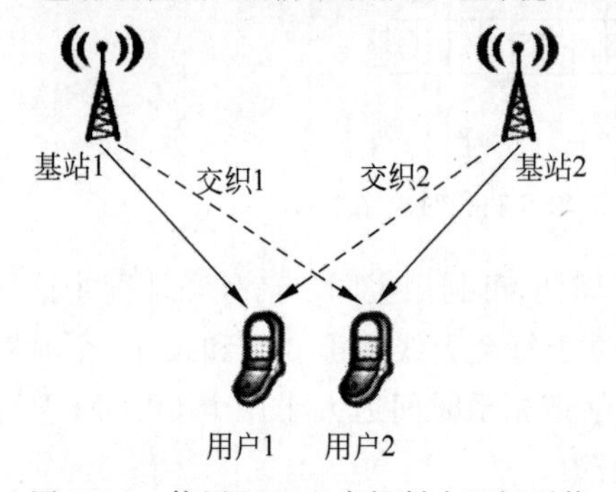

图8.16 使用IDMA来抑制小区间干扰

图8.16描述了在下行链路使用IDMA的情况,其中基站1和基站2分别为用户1和用户2提供服务,同时为它们分配了相同的时频资源。假定基站1为用户1交织信号使用交织图案1,而基站2为用户2交织信号使用交织图案2,用户1和用户2可以通过不同的交织器来识别2个基站的信号。

2) 小区间干扰抵消

干扰抵消的根本目的是在用户上得到比处理增益更能提高性能的干扰抑制。例如,用户可以通过使用多天线进行干扰抑制,也可以采用基于检测的干扰抵消方法,还可以采用IDMA来实现小区间干扰抵消。

假定用户能够对来自基站1和基站2的信息进行迭代译码,可以采用迭代译码技术抵消干扰。考虑2小区的情况,在第一次迭代中,在小区1实现用户译码。假定在译码后,帧中的某个信息比特相对来说不够可靠(LLR小),信息比特被重新编码,把不可靠的信息比

特变换到 N 个不可靠编码比特。在经过小区 1 的重交织后，N 个不可靠的编码比特经过加扰并分布到不同的位置。于是通过从接收信号中减去小区 1 的信号就可以得到小区 2 的信号。在干扰抵消后，小区 1 的 N 个不可靠编码比特影响小区 2 某个数据帧的相应比特，但是接下来小区 2 信号要发送到小区 2 的解交织器。如果 2 个小区使用相同交织图案，N 个不可靠的信息将重新组合到一起。但是如果使用 IDMA，小区 2 与小区 1 使用不同的交织器，因此帧中的 N 个不可靠比特将扰乱并分布到其他位置，在第二次迭代时能够得到对上述 N 个不可靠比特较好的检测。

3）小区间干扰协调或避免

在用户与基站间的测量的基础上（CQI、路径损耗和平均干扰等），以及在不同网络节点间（基站间）交换的测量基础上，可以达到更好的下行链路分配，从而实现干扰避免。例如可以采用如图 8.17 所示的软频率复用。该方案的边缘用户采用复用因子为 1/3 的主带宽频率，达到较高发送功率和较高的 SNR；剩余的频谱和功率分给中心用户。

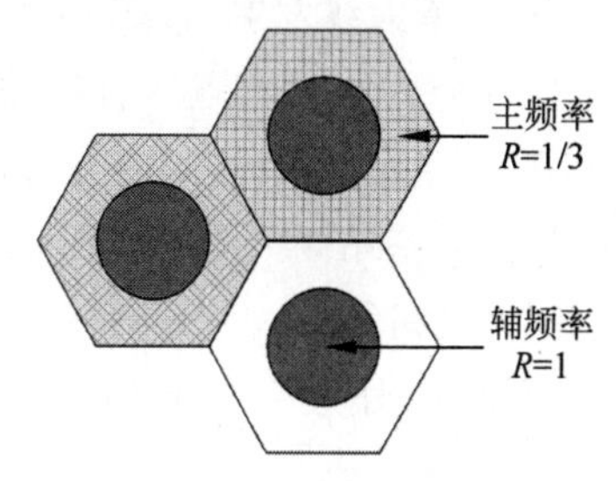

图 8.17 软频率复用

8.3.2 上行传输过程

LTE 定义了三种物理信道：物理上行共享信道（PUSCH）、物理上行控制信道（PUCCH）和物理随机接入信道（PRACH）。PUSCH 用于上行链路共享数据传输；PUCCH 在上行链路的预留频带发送，用来承载上行链路发送所需的 ACK/NACK 消息、CQI 消息及上行发送的调度请求；PRACH 主要用于随机接入网络的过程，本节重点讲述 PUSCH、PUCCH 以及上行参考信号。

1. PUSCH 传输过程

LTE PUSCH 的基带处理过程包括加扰、调制映射、层映射、预编码、资源映射，以及 SC-FDMA 信号产生等，具体流程如图 8.18 所示。

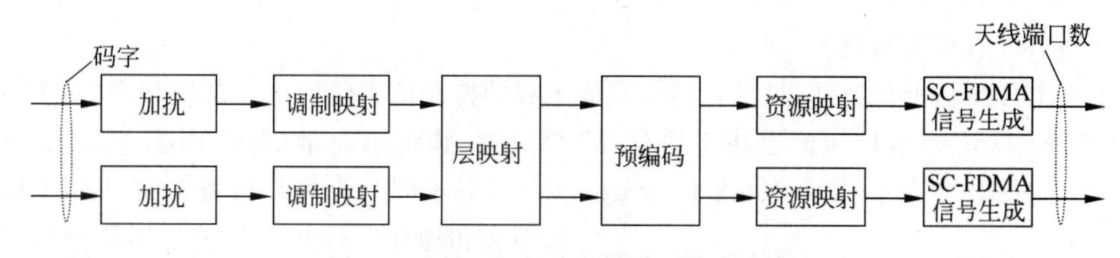

图 8.18 物理上行共享信道基带处理流程

1）加扰

在一个子帧的 PUSCH 上传输比特块 $b(0),\cdots,b(M_{\text{bit}}-1)$，其中 M_{bit} 为一个子帧中 PUSCH 上传输的比特数，在调制之前需要使用一个用户指定的扰码序列 $c(i)$ 进行加扰，生成加扰后的比特块 $\tilde{b}(0),\tilde{b}(1),\cdots,\tilde{b}(M_{\text{bit}}-1)$。

2）调制

对于 PUSCH，可以使用 QPSK、16QAM 或 64QAM 调制方式将加扰比特 $\tilde{b}(0),\tilde{b}(1),\cdots,\tilde{b}(M_{\text{bit}}-1)$ 调制成复值符号块 $d(0),d(1),\cdots,d(M_{\text{symb}}-1)$。

3）层映射

每个码字的复值符号块被映射到一到两层。码字 q 的复值符号块 $d(0),d(1),\cdots,d(M_{\text{symb}}-1)$ 被映射到 $\boldsymbol{x}(i)=[x^{(0)}(i)\quad x^{(1)}(i)\quad \cdots\quad x^{(v-1)}(i)]^{\mathrm{T}},i=0,1,\cdots,M_{\text{symb}}^{\text{layer}}-1$，$v$ 是层的数目，$M_{\text{symb}}^{\text{layer}}$ 是每层的调制符号数目。

层映射分单天线发射和空间复用两种方式下的层映射，不同的发射模式，其码流数、层数以及映射关系各有不同。

（1）单天线发射时，码字个数为 1，映射层数为 1，层映射函数为：$x^{(0)}(i)=d^{(0)}(i)$，$M_{\text{symb}}^{\text{layer}}=M_{\text{symb}}^{(0)}$，即将输入直接输出。

（2）空间复用时，最多允许两个码字，映射层数 v 须满足 $v\leqslant p$，由上层调度器给出具体数目，p 为基站侧天线端口数目，可为 2 或 4。

4）预编码

预编码分为单天线发射预编码和空间复用预编码两种。设层映射模块的输出为 $\boldsymbol{x}(i)=[x^{(0)}(i)\quad \cdots\quad x^{(v-1)}(i)]^{\mathrm{T}}$，映射的层数为 v，天线端口数为 p。预编码后的输出为 $\boldsymbol{y}(i)=[\cdots\quad y^{(p)}(i)\quad \cdots]^{\mathrm{T}},i=0,1,\cdots,M_{\text{symb}}^{\text{ap}}-1$，$p$ 为天线端口索引，$M_{\text{symb}}^{\text{ap}}=M_{\text{symb}}^{\text{layer}}$，上标 ap 表示天线端口，则不同的预编码过程如下：

（1）单天线发射时，无需预编码，即：

$$y^{(p)}(i)=x^{(0)}(i)\quad (i=0,1,\cdots,M_{\text{symb}}^{\text{ap}}-1,M_{\text{symb}}^{\text{ap}}=M_{\text{symb}}^{\text{layer}})\tag{8.11}$$

（2）空间复用时，与层映射相同，支持基站侧两天线或四天线配置，对应的天线端口数分别为：$p\in\{20,21\}$ 和 $p\in\{40,41,42,43\}$。按以下模式进行预编码：

$$\begin{bmatrix} y^{(0)}(i)\\ \vdots \\ y^{(p-1)}(i)\end{bmatrix}=\boldsymbol{W}(i)\cdot\begin{bmatrix} x^{(0)}(i)\\ \vdots \\ x^{(v-1)}(i)\end{bmatrix}\tag{8.12}$$

其中，$\boldsymbol{W}(i)$ 是 $p\times v$ 阶的预编码矩阵，$i=0,1,\cdots,M_{\text{symb}}^{\text{ap}}-1,M_{\text{symb}}^{\text{ap}}=M_{\text{symb}}^{\text{layer}}$。预编码矩阵 $\boldsymbol{W}(i)$ 的值根据基站和用户码本配置进行选择。

2. PUCCH 传输过程

PUCCH 传输上行物理层控制信息，可能承载的控制信息包括上行调度请求、对下行数据的 ACK/NACK 信息和信道状态信息（CSI）反馈、预编码向量信息（Pre-coding Matrix Indication，PMI）或者秩指示（Rank Indicator，RI）。对于同一个用户设备来讲，PUCCH 永远不会和物理上行共享信道使用相同的时频资源传输。

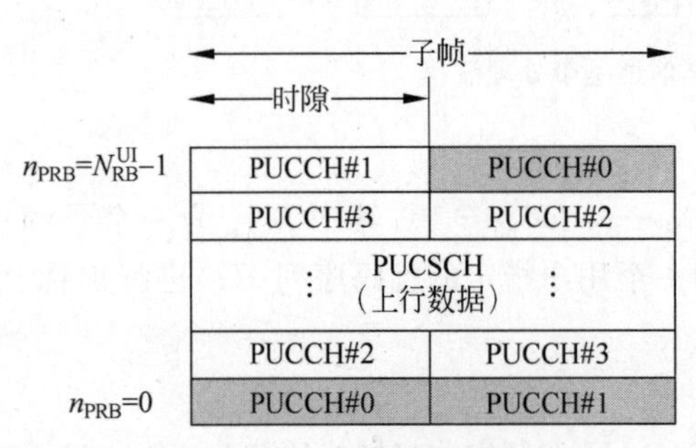

图 8.19 PUCCH 的传输方法

PUCCH 在时频域上占用 1 个资源块对，采用时隙跳频方式，在上行频带的两边进行传输，如图 8.19 所示，而上行频带的中间部分用于上行共享信道的传输。

根据所承载的上行控制信息的不同，LTE 物理层支持不同的 PUCCH 格式，采用不同的调制方法，PUCCH 格式有 6 种，如表 8.8 所示。

表 8.8 PUCCH 格式

PUCCH 格式	发送的上行控制信息	调 制 方 式	每帧的比特数
1	调度请求	N/A	N/A
1a	ACK/NACK	BPSK	1
1b	ACK/NACK	QPSK	2
2	CQI	QPSK	20
2a	CQI+ACK/NACK	QPSK+BPSK	21
2b	CQI+ACK/NACK	QPSK+QPSK	22

3. 上行参考信号

LTE 物理层定义了两种上行参考信号。

(1) 解调参考信号(Demodulation RS,DMRS)指的是终端在上行共享信道或者上行控制信道(PUSCH/PUCCH)中发送的参考信号,用于基站接收上行数据/控制信息时进行解调的参考信号。该信号与 PUSCH 或者 PUCCH 传输有关。

(2) 探测参考信号(Sounding RS,SRS)指的是终端在上行发送的用于信道状态测量的参考信号,基站通过接受该信号测量上行信道的状态,相关的信息用于对上行数据传输的自适应调度。在 TDD 的情况下,由于同频段上下行信道的对称性,通过对上行 SRS 的测量还可以获得下行信道状态的信息,可用于辅助下行传输。该信号与上行共享信道或者上行控制信道(PUSCH/PUCCH)传输无关。

DMRS 和 SRS 使用相同的基序列集合,LTE 使用恒包络零自相关(Constant Amplitude Zero Auto-Corelation,CAZAC)特性的序列作为上行参考信号(DMRS/SRS)序列。对于长度大于或等于 36(对应传输带宽大于或等于 3RB 的情况)的参考信号序列,使用长度为质数的 ZC(Zadoff-Chu)序列生成基序列,以保证良好的自相关和互相关特性;对于长度为 12 或者 24(对应传输带宽等于 1RB 或 2RB 的情况)的参考信号序列,LTE 定义了基于 QPSK 的基序列,由计算机生成并获得接近 ZC 序列的自相关和互相关特性。

LTE 标准中将上行参考信号的基序列分成 30 个组,根据参考信号序列长度的不同,每个参考信号包含 1 个或者 2 个基序列。对于长度不大于 60 的参考信号,每个参考信号包含 1 个基序列;对于长度大于等于 72 的,每个参考信号包含 2 个基序列。参考信号序列是由基序列循环移位得到的。

参考信号可以采用分布式或集中式的方式发送。在通常情况,可以在频域利用频分复用的方式实现正交的上行链路参考信号。此外,参考信号的正交性也可以在码域实现,即在连续子载波集上的几个参考信号是通过码分复用实现的。由于 ZC 序列具有良好的自相关和互相关特性,小区内可以使用单个 ZC 序列不同相位偏移的方法来实现码分复用,在相邻小区上行参考信号可以基于不同的 ZC 序列来实现。

4. SC-FDMA 生成

为了解决 OFDMA 功率峰均比的问题,上行链路发送的基本方案是单载波频分多址接入(SC-FDMA),使用 CP 保证上行链路用户间的正交性,并且能够在接收端支持有效的频域均衡。这种产生频域信号的方法有时也称为离散傅里叶变换扩展 OFDM(Discrete Fourier Transform Spread Orthogonal Frequency Division Multiplexing,DFT-SOFDM),如图 8.20 所示。这种方法与下行链路 OFDMA 方案具有高度的一致性,可以和 OFDMA

方案使用很多相同的参数，例如时钟频率等。

在 SC-FDMA 方案中，子载波映射通过在高端或低端插入适当的 0 来决定使用哪一部分频谱来发送数据。在每一个 DFT 的输出，插入 $L-1$ 个 0 样点。$L=1$ 时映射相当于集中式发送，即 DFT 的输出映射到连续子载波上发送。当 $L>1$ 时采用的是分布式发送，可以认为是一种在集中式发送的基础上获取额外频率分集的方案。频率分集可以通过 TTI 内和 TTI 间的跳频来实现。虽然上行链路原来也计划使用分布式映射，但 LTE 标准已经决定仅使用集中式映射降低频率偏移带来的用户间干扰。子载波映射及其频谱如图 8.21 所示。

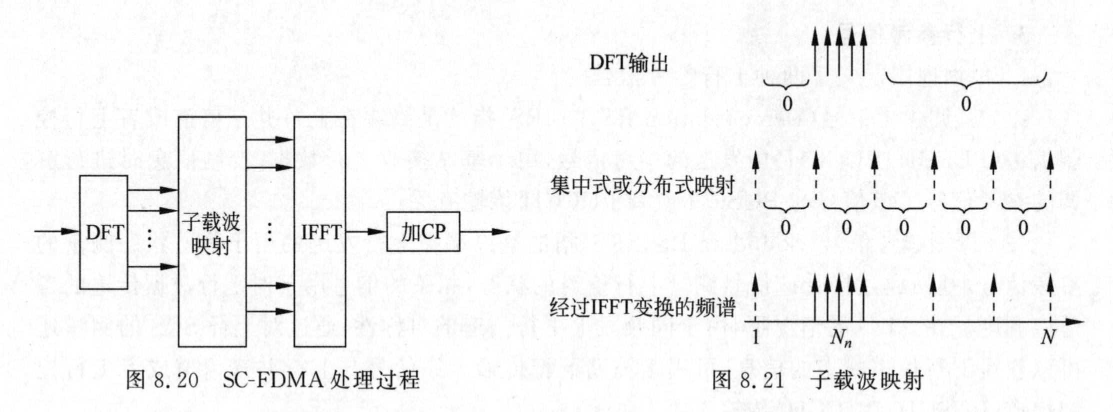

图 8.20 SC-FDMA 处理过程　　图 8.21 子载波映射

SC-FDMA 在子载波映射前增加了一个 DFT 模块，把调制数据符号转化到频域，即将单个子载波的信息扩展到分配给用户使用的子载波上，每个子载波都包含了全部符号的信息。SC-FDMA 与 OFDMA 的差别如图 8.22 所示。

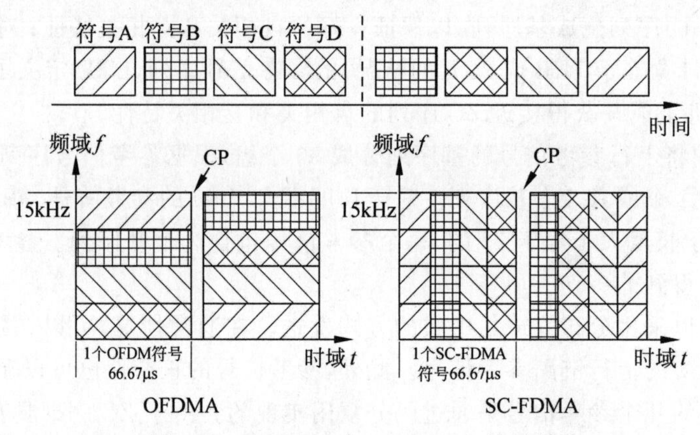

图 8.22 OFDMA 与 SC-FDMA 的区别

对于 OFDMA，每个符号映射到不同子载波上，对应的时域信号就会有很多信号的叠加，导致 PAPR 高。而对于 SC-FDMA，每个符号经过 DFT 扩展到各个子载波上，也就是说每个符号在各个子载波上都有信息承载，其时域符号呈现单载波特性，所以具有低 PAPR 的特点。

5. 上行调度与链路自适应

基站通过下行链路控制信令通知用户为其分配的资源和传输格式。在一个子帧中将哪些用户的传输进行复用的判决依据包括要求的服务类型(BER、最小和最大数据速率以及时延等)、服务质量参数和测量、重传次数、上行链路信道质量测量、用户能力、用户睡眠周期和测量间隔/周期、系统参数,例如带宽和干扰大小/图案等。上行链路自适应方案如图 8.23 所示。

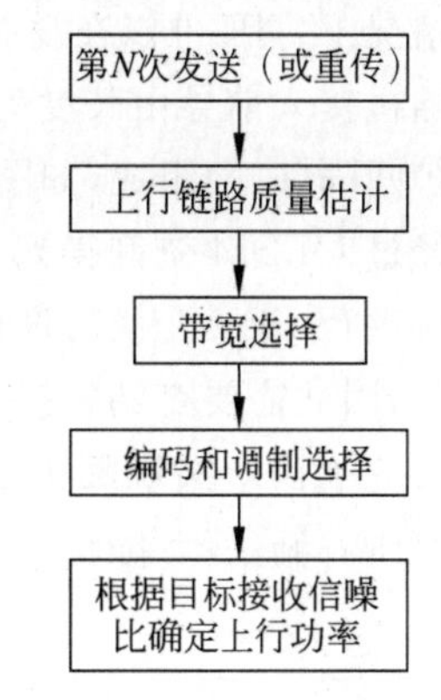

图 8.23 上行链路自适应过程

在 3GPP 最终确定支持用户和基站间的 ARQ 结构,核心网络服务网关不再实现 ARQ 功能。LTE 采用了无需额外 HARQ 反馈开销而得到高可靠性的方法,通过两级重传的方式,使用外层的 ARQ 对 HARQ 反馈错误导致的错误进行补偿。增加 ARQ 协议的好处是通过在异步状态下发送一个经过 CRC 的序列号报告,提供更加可靠的反馈机制。

LTE 的 SC-FDMA 上行链路标准中,主要采用同步非自适应 HARQ。同步非自适应 HARQ 的主要优点是降低控制信令开销,降低 HARQ 操作的复杂性,并为软合并控制信息提供可能性。在同步 HARQ 时,每一次重传时的上行链路特征应该与第一次发送时的链路特征保持相同。

为了抵消不同用户间的传输时延,使不同用户上行信号到达基站的时间对齐,降低小区内干扰,用户从基站接收时间提前量(Time Advangcing,TA)命令,调整上行 PUCCH、PUSCH 和 SRS 的发射时间。此时,来自用户的上行链路无线帧比相应的下行链路无线帧 i 发送提前 $N_{\mathrm{TA}}\times T_{\mathrm{s}}$s。图 8.24 给出了 TA 的上下行链路定时关系。

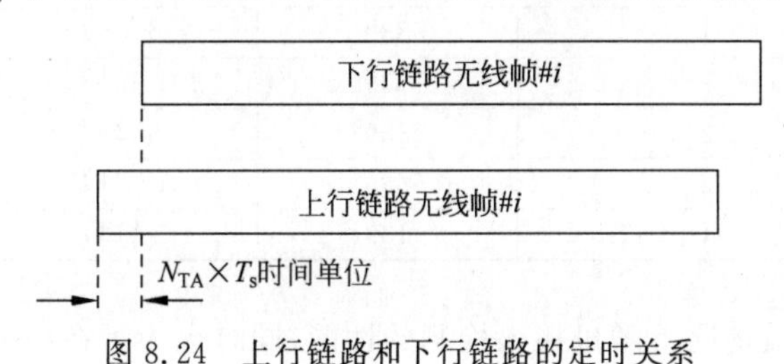

图 8.24 上行链路和下行链路的定时关系

6. 随机接入过程

图 8.25 给出了常见的随机接入过程,eNodeB 负责响应带有定时信息和资源分配信息的非同步随机接入前导,UE 收到响应后发送调度请求(可能需要一些额外的控制信令或数据)。

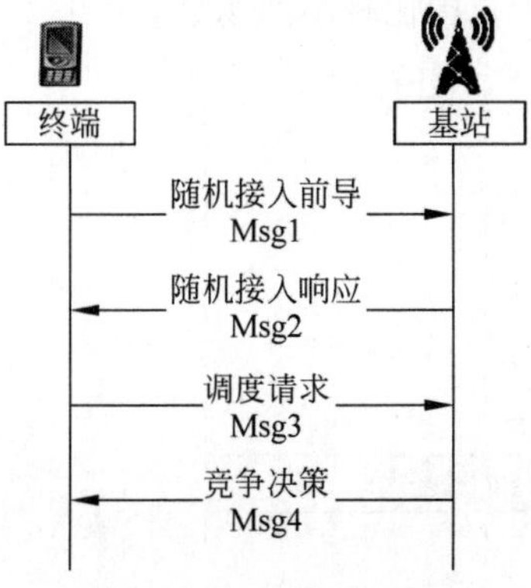

终端
基站
随机接入前导 Msg1
随机接入响应 Msg2
调度请求 Msg3
竞争决策 Msg4

图 8.25 随机接入过程

一旦接收到一个来自 UE 的随机接入前导(Msg1),网络判断 UE 是否需要一个定时提前(Timing Advance,TA)调整。如果需要,则向 UE 发送一个包含 TA 的指示信号,用于调整当前上行传输的定时。

UE 接收到 Msg2,根据其中的 TA 指示对上行传输定时的调整。

UE 使用共享数据信道或 PRACH 在分配的时频资源上发送调度请求消息。

随机接入信道处理过程可以是同步和非同步的。在同步处理的情况下，UE 上行链路与 eNodeB 是同步的，可以减少接入处理过程的时延。同步随机接入过程的最小带宽等于上行链路的传输带宽，但是也可以采用更宽的带宽。在非同步情况下，UE 可以在没有与 eNodeB 进行预先同步时发送随机接入前导。

随机接入前导由长度为 T_{CP} 的 CP、长度为 T_{SEQ} 的前导序列(Sequence)和长度为 T_{GT} 的保护间隔(GT)组成，如图 8.26 所示。前导序列可以看成是 OFDM 符号，由 Zadoff-Chu 序列经过 OFDM 调制得到。CP 的作用与常规 OFDM 符号的 CP 作用相同，都是为了确保接收端进行 FFT 变换后进行频域检测时减少干扰。在进行前导码传输时，由于还未建立上行同步，因此需要在随机接入前导码后预留一定的 GT，以避免对其他用户干扰。当使用一个预留的子帧来实现随机接入时，$T_{SEQ}=0.8\text{ms}$，$T_{CP}=0.1\text{ms}$，则 $T_{GT}=0.1\text{ms}$ 的保护间隔。对所有帧结构，随机接入前导在频域占用对应于 $N_{BW}^{RA}=72$ 个子载波的带宽。

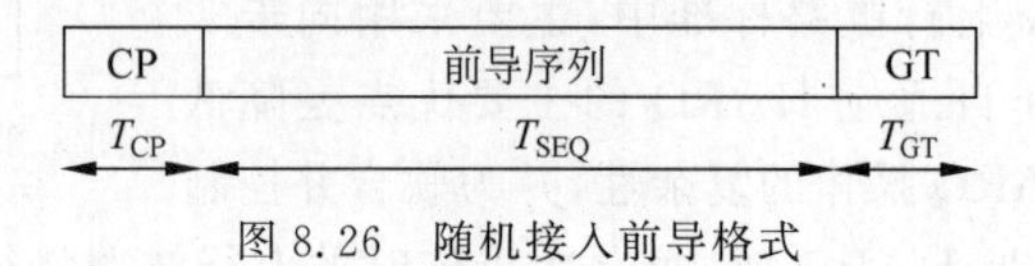

图 8.26 随机接入前导格式

根据不同的使用场景(例如小区半径、链路预算等)，LTE 支持 5 种随机接入信号格式，不同的格式有不同的时间长度，如表 8.9 所示，其中 $T_s=1/(1500\times2048)$s。

表 8.9 物理随机接入信号格式

随机接入信号格式	分配的子帧数	序列长度	T_{CP}	T_{SEQ}
0	1	839	$3168T_s$	$24\,576T_s$
1	2	839	$21\,024T_s$	$24\,576T_s$
2	2	839	$6024T_s$	$2\times24\,576T_s$
3	3	839	$21\,024T_s$	$2\times24\,576T_s$
4(仅用于 TDD Type2)	UpPTS	139	$448T_s$	$40\,962T_s$

为了保证不同覆盖情况下随机接入检测的性能，同时也为了在小覆盖情况下，节省随机接入信道开销，LTE 系统中给出了 5 种不同的随机接入前导码结构。每种结构在时域上的长度有所差别，不过其在频域上都占用 6 个前导码(即 72 个子载波)。具体结构如图 8.27 所示。格式 0～3 是 TDD 系统和 FDD 系统所共有，而格式 4 为 TDD 系统所独有，该序列仅仅在特殊时隙 UpPTS(上行导频时隙)内发送，主要用于覆盖范围比较小的场景。

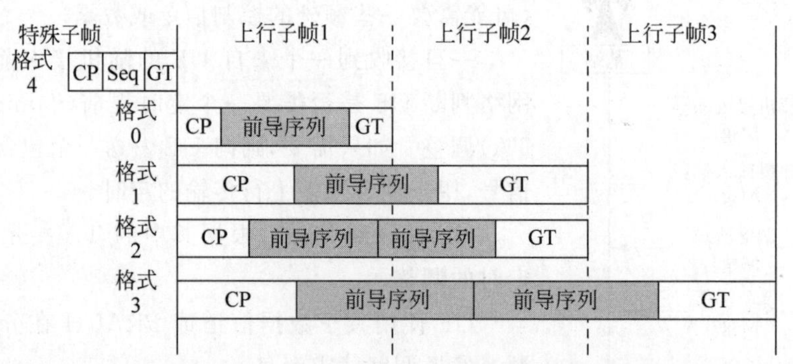

图 8.27 LTE 系统中 5 种不同的前导码结构示意图

8.3.3 eMBMS

1. eMBMS 架构

随着移动通信技术的发展，将会出现更加丰富的多媒体消息、视频点播、音乐下载和移动电视等大流量、高速率的数据业务。为了满足上述业务需求，3GPP 组织提出多媒体组播与广播业务（Multimedia Broadcast Multicast Services，MBMS）。MBMS 是 3GPP 在其 Rel-6 规范中定义的功能，能够向一个小区内所有用户（广播）或特定用户组中的用户（多播）发送相同信息，是手机电视业务的技术基础。

3GPP 在 TS 36.300 R8 中定义了演进的多媒体广播多播业务（evolved Multimedia Broadcast Multicast Services，eMBMS）的基本特征，并未完成整体的标准化。直到 LTE R9 标准才真正支持 eMBMS 技术，不仅详细定义了 eMBMS 涉及的每个实体，而且还定义了接口间的消息交互过程。图 8.28 所示为 LTE R9 中给出的 eMBMS 的逻辑架构。

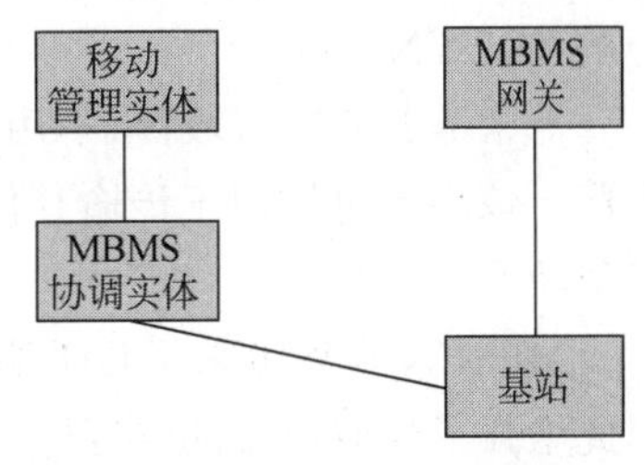

图 8.28 eMBMS 逻辑架构

3GPP 定义了一个控制平面实体，称为 MBMS 协调实体（MBMS Coordination Entity，MCE），确保在给定 MBSFN 区域内所有基站间分配相同的资源块。MCE 的任务是正确配置基站上的 RLC/MAC 层，从而实现多播广播单频网（Multimedia Broadcast Single Frequency Network，MBSFN）过程。

2. 多播广播单频网

单频网（Single Frequency Network，SFN）的概念最早是由 3GPP R7 提出的，每个多播小区采用自己的工作频段和扰码，这意味着即使多个小区广播相同的内容，它们的信号会由于使用了不同的扰码而相互干扰。在 SFN 网络的 UTRAN 中，多个小区使用的是相同的扰码和工作频段，此时 HSDPA 终端可以合并多个类似多径效应的信号，得到至少 3dB 的网络容量增益。但是，为了使每一个信号都落入终端的接收窗内（即不超过会产生干扰的 CP 长度），基站需要有精确的同步机制，例如基于 GPS 系统的同步机制。

在 LTE 中，eMBMS 传输可以在单个小区或多个小区实现。在多个小区的情况中，小区和数据内容是同步的，这样在终端可以对来自多个基站的功率进行软合并。这个叠加的信号在终端看起来就像多径，称为单频网络。LTE 可以配置成 SFN 来传输 MBMS 业务，称为多播广播单频网（MBSFN）。MBMS 与 MBSFN 的服务区域如图 8.29 所示。

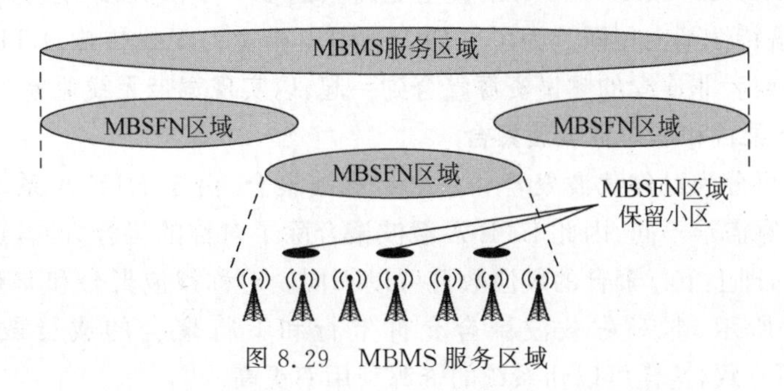

图 8.29 MBMS 服务区域

所有 eNodeB 能被同步并进行 MBSFN 传输的网络区域被称为 MBSFN 同步区域(MBSFN Synchronization Area)。一个 MBSFN 同步区域支持一个或多个 MBSFN 区域(MBSFN Area)。在一个给定的频段上,一个 eNodeB 只能属于一个 MBSFN 同步区域。MBSFN 同步区域与 MBMS 服务区的定义无关。

MBSFN 区域由 MBSFN 同步区域内的一组小区组成,这些小区被一起协调以实现 MBSFN 传输。除 MBSFN 区域保留小区(MBSFN Area Reserved Cell)外,MBSFN 区域内的所有小区都有益于 MBSFN 传输。UE 可能只需要关注所配置的 MBSFN 区域的子集,例如,当 UE 知道其感兴趣的 MBMS 服务在哪个 MBSFN 区域内传输时,它只需要关注对应的 MBSFN 区域。

一个 MBSFN 区域内,不用于该区域的 MBSFN 传输的小区被称为 MBSFN 区域保留小区。该小区可被用于传输其他服务,但在分配给 MBSFN 传输的资源(子帧)上,要限制其发射功率。

MBSFN 传输带来了几个明显的好处:由于 UE 可以利用接收自多个小区的信号能量,因此增强了接收信号的强度,尤其是同一 MBSFN 传输中的不同小区之间的边界信号强度;由于接收自邻居小区的信号是有用的信号而不是干扰信号,因此降低了干扰水平,尤其是同一 MBSFN 传输中的不同小区之间的边界的干扰水平;增加了分集来对抗无线信道上的衰弱。由于信号接收来自多个物理位置分离的小区,从而使得整个聚合的信道呈现出较高的时间弥散性,或者说频率选择性强的特点。

8.4 LTE-A 系统的增强技术

本节从载波聚合、多点协作和中继技术几个方面阐述 LTE-Advanced 增强技术。

8.4.1 载波聚合技术

载波聚合是将不连续的频谱资源聚合到一起,从而提高传输速率。载波聚合在其他通信系统(比如 EV-DO)中已经使用。载波聚合的引入能够合并分散的频谱块,解决移动通信系统带宽的需求,是 LTE-Advanced 的最重要技术之一。

2007 年世界无线电大会将 3.4GHz、3.6GHz 等频谱分给了 LTE,以确保 LTE 之后的系统在全球有更多的可用频谱。如今 LTE 虽然频谱资源丰富,但是候选频段分布比较复杂,包括了 400MHz,800MHz,2.5GHz 甚至更高频的多个零散频段,各个频段之间相互间隔较大,并且频谱特性不大相同。为了支持 100MHz 带宽的无线传输,LTE-A 中载波聚合技术把多个连续或者非连续的频谱资源整合到一起,以实现宽带无线业务。

1. 对称载波聚合和非对称载波聚合

载波聚合还可分为对称载波聚合和非对称载波聚合,由于 LTE-A 系统对上行和下行的传输速率和带宽需求不同,因此 LTE-A 载波聚合除了对称的聚合方式,还支持上下行非对称的聚合方式,即上下行聚合的载波数目可以不同。对称载波聚合和非对称载波聚合的方式如图 8.30 所示,非对称载波聚合允许上行和下行聚合的成员载波(Component Carrier,CC)数不一致,这样可以让系统的资源利用率更高。

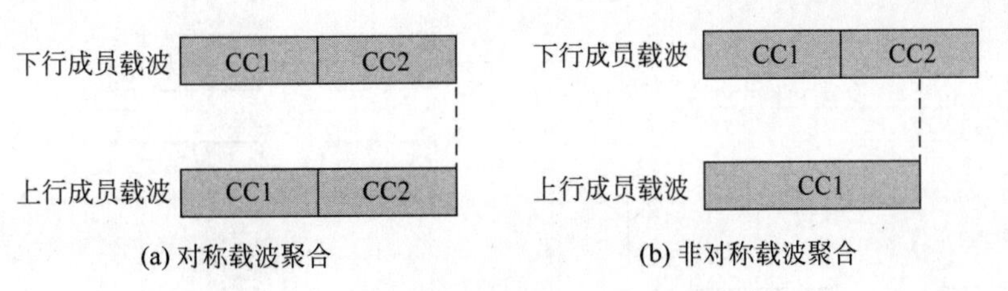

图 8.30 对称载波聚合和非对称载波聚合

与对称载波聚合相比，非对称载波聚合更加灵活，但是 FDD 模式传输中，资源调度、HARQ 反馈等处理会较为复杂。在 TDD 模式中，可通过上下行时隙配置来实现非对称传输。

2. 物理层聚合和 MAC 层聚合

在 LTE-Advanced 系统中，载波聚合的方式分为在 MAC 层聚合和在物理层聚合。

如图 8.31 示，MAC 层的载波聚合是指系统中成员载波的数据流在 MAC 层进行聚合。在这种方案中，给每个成员载波分配一个独立的传输块，有独立的链路自适应技术，可以给它配置独自的传输参数，例如传送等级、传输功率、编码方案、码率等等。另外，分配给每个成员载波单独的混合自动重传(HARQ)进程和物理层，可以单独对每个成员载波的传输块进行反馈。

在物理层聚合中，各成员载波上的数据流聚合在物理层完成，多个成员载波可以使用统一的物理过程，例如所有载波需要统一的 AMC、HARQ 和 ACK/NAK 反馈、资源调度等。如图 8.32 所示。

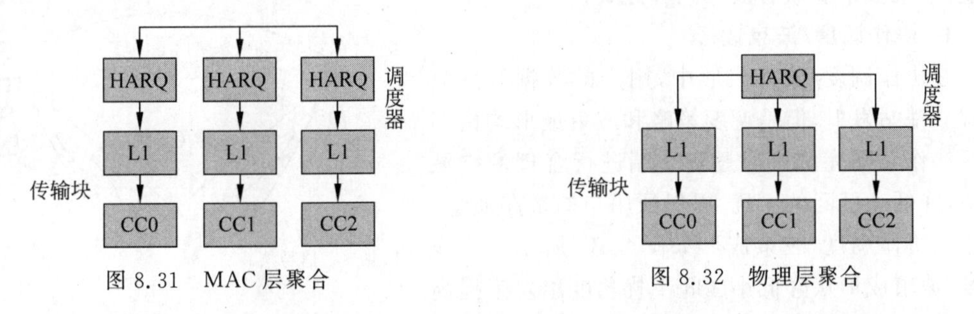

图 8.31 MAC 层聚合

图 8.32 物理层聚合

MAC 层聚合便于链路自适应和 HARQ 的实现，并且考虑了与 LTE 系统的后向兼容性，但是总开销在聚合前后并没有变化。物理层聚合带来的频率分集增益和编码增益作用不明显，但 HARQ 重传是在所有的载波上进行的，减少了传输块个数和 HARQ 过程，大大减小了系统的开销。

3. 直接宽带聚合和多载波聚合

在 LTE-Advanced 系统中，载波聚合方式可以分为直接宽带聚合和多载波聚合。直接宽带聚合是指通过较大的 IFFT 变换把数据调制在聚合的载波上发射出去，只需要一个射频链路。对于不连续的频带资源，在 IFFT 变换中补零构成一个连续的频谱，如图 8.33 所示。

多载波聚合方式是指每个用于聚合的成员载波分别进行信道编码和调制，在射频端进行聚合后发送出去，需要多个 IFFT 变换和射频链，如图 8.34 所示。

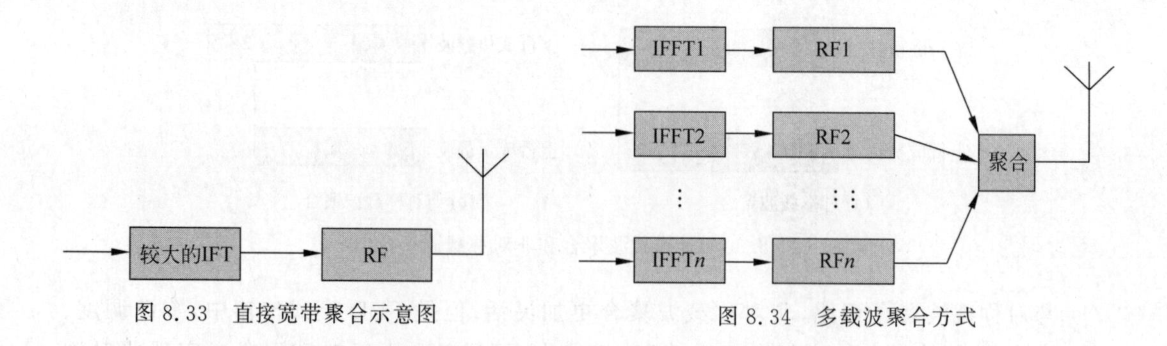

图 8.33 直接宽带聚合示意图

图 8.34 多载波聚合方式

8.4.2 多点协作技术

多点协作(Coordinated Multiple Point,CoMP)是 LTE-Advanced 系统扩大网络边缘覆盖、保证边缘用户服务质量的重要技术之一。在进行多点协作时,各传输节点之间共享必要的数据信息及信道状态信息,从而实现多个传输节点共同协作为用户服务。

多点协作技术分为上行和下行两部分。上行多点协作技术主要为多点协作接收问题,其实质是多基站信号的联合接收问题,对现有的物理层的标准改变较小。下行多点协作则是发送问题,通过不同小区间的基站共享必要的信息,使多个基站通过协作联合为用户传输数据,将从前小区间的干扰转变为协作后用户的有用信息,或者通过基站间协调调度将小区间干扰减小,提高接收 SINR,从而可以有效地提高系统的频谱效率。

从不同的角度出发,多点协作系统的分类有所不同,根据干扰处理的角度可以分为协作调度/波束成形和联合处理两种方式。

1. 协作调度/波束成形

在协作调度/波束成形中,用户的数据信息只从服务基站发射,但是调度策略和波束成形均由多小区协作共同完成。通过基站端进行合理的空域调整,降低小区间的干扰,以保证用户的链路质量,多小区协作调度/波束成形如图 8.35 所示。协作调度/波束成形从降低小区间干扰角度出发来提高用户的服务质量。

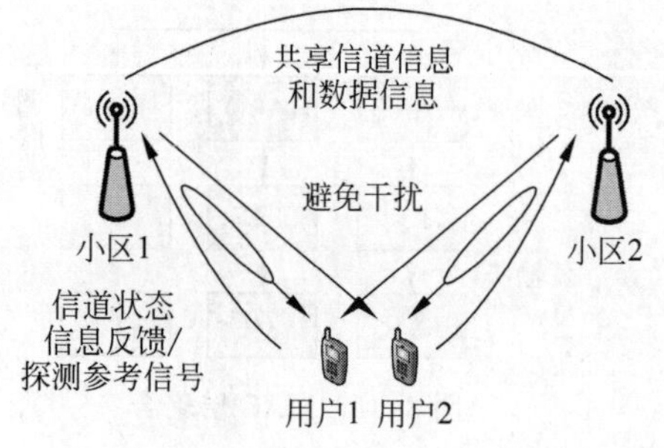

图 8.35 协作调度/波束成形示意图

在协作调度/波束成形方案中,参与多点协作的基站构成协作集合。对于一个特定的用户,用户数据只能来自其协作集合中的一个传输点。通过协作集合中各个传输节点的协作,对用户资源进行调度或者是对用户进行波束成形,以尽可能地避免不同小区用户在使用时频资源上的冲突和减小相邻小区间的干扰,以达到改善小区用户性能,提高系统吞吐量的目的。图 8.35 中用户 1 和用户 2 的服务小区分别为小区 1 和小区 2,当两个用户距离比较近时,两个用户接收到的信号就有可能发生强烈的相互间干扰,当应用协作调度/波束成形技术时,两个小区可以协调调度分配给用户 1 和用户 2 的时间/频率资源,用户 1 和用户 2 使用不同的时频资源,避开干扰,或者在分配相同的时间/频率资源后,对两个用户进行波束成形处理,小区 1 在对用户 1 波束成形时,在用户 2 方向产生零陷,降低对用户 2 的干扰,同理小区 2 对用户 2 进行波束成形,减小对用户 1 的干扰。

在该方式下,协作集合中的多个传输节点间需要共享信道信息,以便协作集合能够根据信道信息情况对用户进行协作调度或波束成形。由于用户接收的数据信息仅来自其服务小区,因此该方式不需要共享用户的数据信息。

2. 联合处理

联合处理将原来相邻小区的同频干扰信号转化为用户的有用信号。在进行 CoMP 联合处理操作时,用户数据和信道状态信息在各传输节点之间共享,各传输节点通过联合预编码等方式向用户传输数据信息。三小区联合处理如图 8.36 所示。

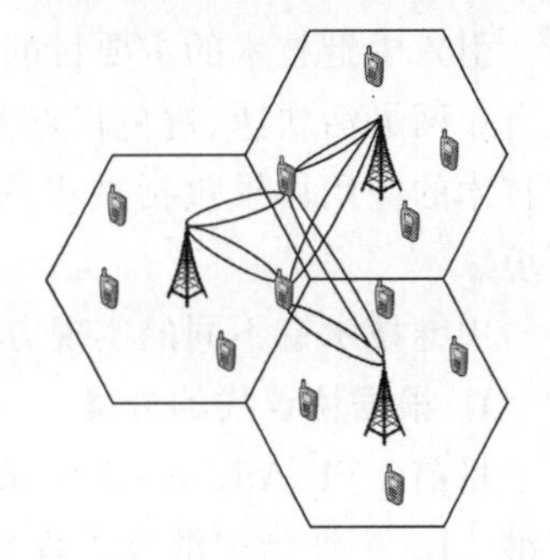

图 8.36　三小区联合处理示意图

8.4.3　中继技术

中继技术通过在现有基站站点的基础上增加中继站的方案来实现增加站点及天线密度的目的,新增加的中继站点和固有基站站点通过无线信道进行连接。LTE-Advanced 系统中,中继技术为解决系统覆盖、提升系统吞吐量等问题提供了很好的解决方案。

通过使用中继技术,在数据传输的过程中,发送端首先将数据传送至中继站,再由中继站转发至目的节点,缩短用户和天线间的距离,从而达到改善链路质量的目的,这样便可有效提升系统的数据传输速率和频谱效率。中继技术在理论上可以提升系统性能,但也会带来潜在的问题,例如,在为网络插入一个新节点的同时,也带来了新的干扰,使得系统的干扰结构更加复杂化。因此引入中继站后,与其相关的控制信道、公共信道、物理过程等也需要进行重新设计。

图 8.37 给出了引入中继技术的网络和传统蜂窝网络的区别。在图 8.37(a)中,信号经发送端发出之后,直接通过无线链路传输至接收端。而中继技术则是通过在基站和移动用户之间增加一个或者多个中继节点来实现信号的传输,即实现了无线信号的“多跳”传输,如图 8.37(b)所示。信号在通过发送端发出之后,需经过中继节点的处理后才会转发至接收端,该处理操作可以是简单的信号放大,也可以是经过解码后的转发,具体视场景而定。中继的部署引入了新的无线链路,如图 8.37(b)所示,基站和中继之间的链路被称为回传链路,基站与用户之间的链路称为直传链路,中继与中继所服务用户之间的链路称为接入链路。与此同时,直接由基站服务的用户称为宏小区用户(Macro-User Equipment,M-UE),由中继进行服务的用户称为中继小区内用户(Relay-User Equipment,R-UE)。

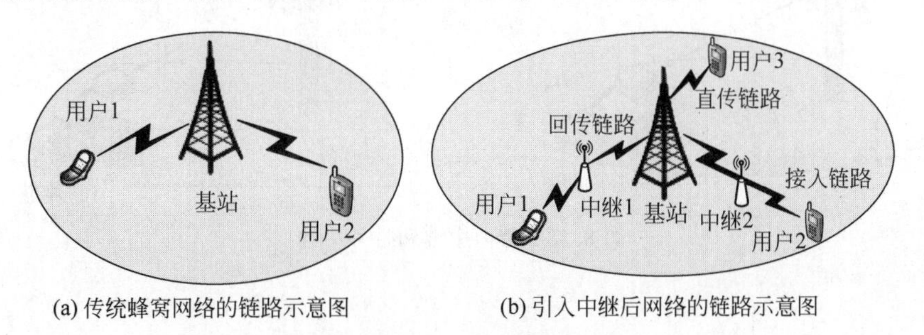

(a) 传统蜂窝网络的链路示意图　　(b) 引入中继后网络的链路示意图

图 8.37　传统蜂窝网络与引入中继后网络的链路示意图

引入中继技术的主要目的是提升系统容量和扩大系统覆盖范围，除此之外，中继技术还具有布网灵活快速、避免盲点覆盖、实现无缝隙通信、提供临时覆盖等诸多特点及优势。中继技术的应用场景包括城市热点、盲区覆盖、室内热点区域、临时或应急通信以及群移动环境。

中继技术有不同的实现方式，可以从协议栈和链路频带来进行划分。

1. 根据协议栈的分类

目前LTE-Advanced系统中考虑的中继技术有三种方案，即L0/L1中继、L2中继和L3中继。L0中继指中继节点收到信号后直接放大转发，其构造非常简单，甚至可以没有物理层。L1中继有物理层，将接收到的信号通过物理层转发，这里物理层的主要作用是作为频域滤波器，滤出有用信息再放大转发。L2中继的协议栈包括物理层协议、MAC层协议以及RLC协议，RLC位于MAC层之上，为用户和控制数据提供分段和重传业务。L2中继具有任务调度和HARQ功能。L3中继接收和发送IP包数据，因此，L3中继具有基站的所有功能，可以通过X2接口直接和基站通信。

2. 根据是否存在小区ID分类

根据是否存在独立小区ID可分为第Ⅰ类中继和第Ⅱ类中继。这两种中继方式最显著的特点是第Ⅰ类中继具有独立的小区识别号，第Ⅱ类中继没有独立的小区识别号。

第Ⅰ类中继属于L3或者L2中继，是一种非透明中继，用户在基站和中继站之间必然发生切换，类似于普通的基站间的切换操作。第Ⅰ类中继发送自己的SCH、参考信号以及其他反馈信息，支持小区间的协作，如软切换和多点协作技术，其主要用于扩大小区的覆盖面积，具备全基站功能，建设成本较高。在第Ⅰ类中继方式中，基站与中继节点之间的链路称为中继链路，也就是前面介绍的回传链路。

第Ⅱ类中继属于L2中继，是透明中继，用户在基站和中继站之间不一定发生切换，类似于小区内的切换或者透明切换操作。可以实现宏分集，基站可以和中继同时发送相同的信号给用户，其主要作用是扩大小区的覆盖范围，只有部分基站功能，不需要自己生成信令，建站成本较低。

3. 根据链路的频带不同分类

在LTE-A系统中根据基站与中继节点间链路的频带来分，可分为带内中继(in-band)和带外中继(out-band)，如图8.38所示。带内中继：基站-中继链路与中继-用户链路的频带相同；带外中继：基站-中继链路与中继-用户链路的频带不同。

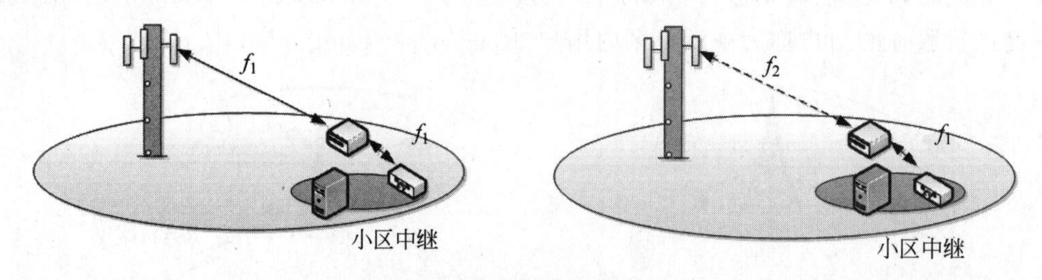

图8.38　带内中继和带外中继

8.5 本章小结

本章介绍和分析了演进分组系统的网络体系架构和LTE协议的分层结构。首先描述网络架构和接口；重点阐述了物理层传输过程。最后还介绍了LTE-A系统中的增强技术，主要包括载波聚合技术、中继技术以及多点协作技术。通过本章的学习，有助于读者全面地了解和认识LTE的系统组成和工作过程，加深对移动通信系统的理解。

第9章 5G移动通信技术

CHAPTER 9

主要内容

本章结合5G移动通信的最新发展趋势，介绍了当前5G无线网络的标准进展，并分析了5G无线网络架构。重点阐述了5G新空口的物理层技术规范和5G移动通信系统的关键技术，包括大规模MIMO预编码技术、毫米波通信中的混合波束成形、GFDM以及全双工系统中的自干扰消除技术等，并简单介绍了5G-Advanced和6G展望。

学习目标

通过本章的学习，可以掌握如下几个知识点：

- 5G应用场景；
- NSA和SA架构；
- 网络切片；
- 5G技术规范；
- 5G关键技术。

知识图谱

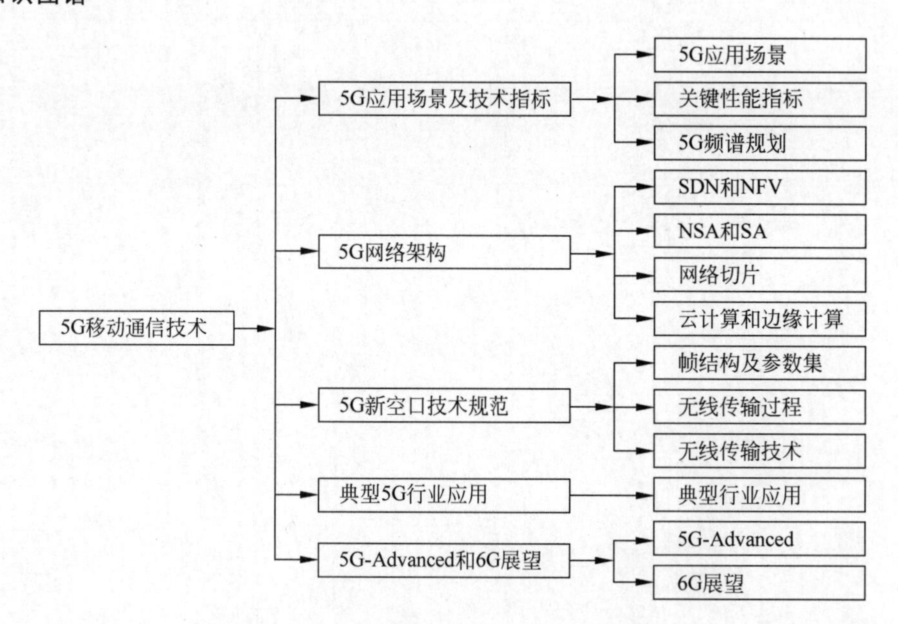

9.1　5G应用场景及技术指标

5G移动通信系统是面向2020年以后移动通信需求而发展起来的新一代移动通信系统。移动互联网和物联网作为未来移动通信发展的两大主要驱动力，为5G移动通信系统提供了广阔的应用前景。

5G移动通信系统的设计目标是为多种不同类型的业务提供满意的服务。综合未来移动互联网和物联网各类场景和业务需求特征，5G典型的业务通常可分为三类：eMBB业务、mMTC业务和uRLLC业务。不同的业务对于系统架构需求、移动通信网络空中接口能力存在一定的差异，这些差异主要体现在时延、空中接口传输以及回传能力等方面。

(1) eMBB业务主要包括大带宽和低时延类业务，如交互式视频或者虚拟/增强现实(Virtual Reality/Augmented Reality，VR/AR)类业务，相对于3G/4G时代的典型业务而言，eMBB业务对于用户体验带宽、时延等方面的需求都有明显的差异。

(2) mMTC业务是5G新拓展的场景，重点解决传统移动通信无法很好地支持物联网及垂直行业应用的问题，这类业务具有小数据包、低功耗、海量连接等特点。mMTC终端分布范围广、数量众多，不仅要求网络具备支持超千亿连接的能力，满足$10^5/km^2$连接数密度指标要求，而且还要保证终端的超低功耗和超低成本。因此，5G移动通信系统需要设计合理的网络结构，在支持巨大数目mMTC终端设备的同时，降低网络部署成本。

(3) uRLLC业务对于时延和可靠性都提出严苛的要求。这类业务最低要求支持小于1ms的空口时延，并在一些场景中要求达到很高的传输可靠性。传统的蜂窝网络设计无法满足这些特殊场景通信的可靠性需求，因此为了满足此类业务的需求，5G移动通信系统的可靠性和实时性都面临着极大的挑战。

5G移动通信系统已经成为国内外移动通信领域的研究热点，世界各国就其发展愿景、应用需求、候选频段、关键技术指标等进行了广泛的研究。2013年初欧盟在第7框架计划启动了面向5G研发的构建2020年信息社会的移动无线通信关键技术(Mobile and wireless communications Enablers for The 2020 Information Society，METIS)项目，由包括我国华为公司等在内的29个参加方共同承担。我国也成立了5G技术论坛和IMT-2020(5G)推进组，对5G展开了全面深入的探讨。

3GPP作为国际移动通信行业的主要标准组织者，在3GPP R14阶段启动5G新空口标准的研究。3GPP于2017年12月批准了5G非独立标准，并于2018年6月批准了5G独立标准，3GPP R15正式落地。R15旨在支持eMBB、uRLLC以及mMTC，以满足物联网业务的需求，同时还支持28GHz毫米波(mmWave)频谱和多天线技术。R16包含范围更大，为联网汽车、智能工厂、企业和私人网络以及公共安全提供新的标准，以满足更多不同行业的需求。

9.1.1　关键性能指标

根据3GPP有关标准的规定，5G主要包括如下关键指标(KPI)。

(1) 峰值速率：下行链路20Gb/s，上行链路10Gb/s。

(2) 峰值频谱：下行链路30(b/s)/Hz，上行链路15(b/s)/Hz。

(3) 带宽：指系统的最大带宽总和，可以由单个或多个载波组成，由 IMT-2020 给出，或由 RAN1/RAN4 的更为深入的研究和设计结果得出。

(4) 控制面时延：目标为 10ms。对于卫星通信链路，GEO 和 HEO 的控制面时延应小于 600ms，MEO 的控制面时延应小于 180ms，LEO 的控制面时延应小于 50ms。

(5) 用户面时延：对于 uRLLC 业务，用户面时延 UL 不大于 0.5ms，DL 不大于 0.5ms。对于 eMBB，用户面时延 UL 应不大于 4ms，DL 不大于 4ms。当卫星链路通信时，GEO 的用户面 RTT 目标可高达 600ms，MEO 的目标可高达 180ms，LEO 的目标可高达 50ms。

(6) 移动中断时间：目标应为 0ms，该 KPI 适用于 5G 新空口的带内/带外移动。对于比较偏远的地区，可以放宽对移动中断时间的要求，为用户使用率低的地区提供最低限度的服务，保证基本空闲模式的移动性。

(7) 系统间切换：指的是支持在 IMT-2020 系统和其他系统之间的移动性的能力。

(8) 可靠性：可以通过满足一定时延要求成功传输特定字节数据的概率进行评估。uRLLC 业务的可靠性要求是，在用户面时延是 1ms 的前提下传输 32 字节时的丢包率小于 10^{-5}。

(9) 可移动性：是指可以达到预期 QoS 时的最大用户速度（以 km/h 为单位）。5G 的移动性目标为 500km/h。

(10) 连接密度：指实现单位面积（每平方千米）达到目标 QoS 的设备总数。在城市环境中，连接密度的目标是 1 000 000 台/km^2。

此外，5G 的 KPI 还包括覆盖、天线的耦合损耗和电池的寿命等指标。

9.1.2 5G 的频谱规划

以中、美、日、韩、欧为代表的多个国家和地区分别发布了 3.5GHz、4.9GHz 附近的中频段以及 26GHz、28GHz 附近的高频段的 5G 频谱规划，抢占 5G 发展先机。我国在 2017 年 11 月确定将 3.3～3.6GHz 和 4.8～5GHz 频段作为 5G 频段。此外，在我国工业和信息化部发布的《关于调整 700MHz 频段频率使用规划的通知》中明确规定将 702～798MHz 频段频率使用规划调整用于移动通信系统，并将 703～743MHz、758～798MHz 频段规划用于 FDD 工作方式的移动通信系统。

3.5GHz 已经成为大多数运营商首选的 5G 建网频段，未来可以应用于全球网络漫游的 5G 移动通信系统频段。5G 移动通信系统的建设需要同时兼顾容量和覆盖性能，3.5GHz 频段借助 Massive MIMO 等新型无线传输技术，覆盖范围可以接近 1800MHz，运营商可以复用现有站点来建设 5G 移动通信网络。高频段具有更宽的连续频段，频谱资源丰富，但实现大范围的网络覆盖仍存在挑战。

9.2 5G 网络架构

9.2.1 基于服务的 5G 网络架构

2017 年，3GPP 正式确认 5G 核心网采用中国移动牵头并联合 26 家公司提出的基于服务的网络架构（Service-Based Architecture，SBA）作为统一基础架构。也就是说，与前几代移动通信系统相比,3GPP 的 5G 系统架构是基于服务的,这意味着系统架构中的网元被定义为一些由服务组成的网络功能。这些功能通过统一框架的接口为任何许可的其他网络功能提供服务。这种设计有助于网络快速升级、提升资源利用率、加速新能力的引入、便于网内和网外的能力开放,使得 5G 系统从架构上全面云化,利于快速扩缩容。

基于服务的 SBA 网络架构如图 9.1 所示,包括网络切片选择功能(Network Slice Selection Function,NSSF),能力开放功能(Network Exposure Function,NEF),网络仓库功能(Network Repository Function,NRF),策略控制功能(Policy Control Function,PCF),统一数据管理(Unified Data Management,UDM),应用功能(Application Function,AF),认证服务器功能(Authentication Server Function,AUSF),接入和移动性管理功能(Access and Mobility Function,AMF),会话管理功能(Session Management Function,SMF),用户面功能(User Plane Function,UPF)和数据网络(Data Network,DN)。

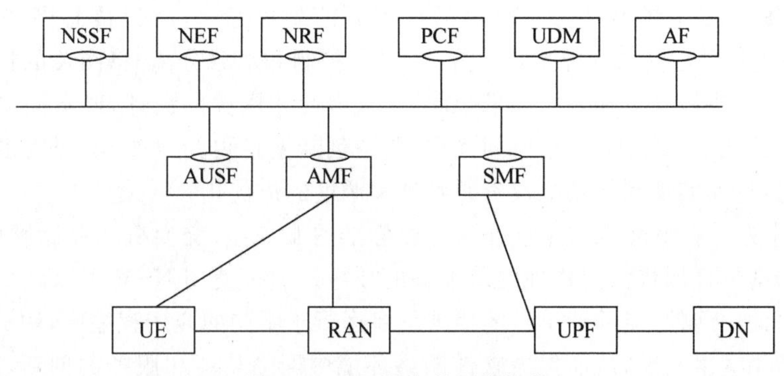

图 9.1 基于服务的网络架构

5G 的这种统一核心网络架构能够为不同类型的接入网提供服务,使得用户可以在 3GPP 接入和非 3GPP 接入之间实现无缝切换。通过采用分离的认证功能与统一的认证框架,允许根据不同的使用场景(如不同的网络切片)的需要来定制用户认证。为了支持网络架构的统一性和灵活性,5G 将会使用 NFV 和 SDN。

5G 系统架构和前几代移动通信系统相比一个显著的区别就是网络切片。虽然 4G 网络在一定程度上通过"专有核心网"的特性支持网络切片,但 5G 网络切片是一个更强大的概念。5G 网络必须从动态切片角度解决网络切片问题,可以通过编排器实时调配、管理和优化网络切片,以满足大规模 IoT、超可靠和 eMBB 等不同用例的需求。

基于服务的网络架构和网络切片标志着 5G 网络真正走向开放化、服务化、软件化方向,有利于实现 5G 与垂直行业融合发展。

5G 移动通信系统采用以用户为中心的多层异构网络架构,通过宏站和微站的结合,容纳多种接入技术,提升小区边缘协同处理效率,提高无线接入和回传资源利用率,从而提高复杂场景下的整体性能。5G 移动通信系统支持多接入和多连接、分布式和集中式、自回传和自组织的复杂网络拓扑,并且具备无线资源智能化管控和共享能力,支持基站的即插即用。

相对于 3G/4G 移动通信系统,5G 移动通信系统需要更快地响应市场变化。通过灵活的网络功能部署来促使功能更好地分拆,从而满足服务要求、用户密度变化以及无线传播条件,既要确保网络功能之间通信的灵活性,又要通过标准化的接口来满足多厂商互操作的需要,二者的平衡是系统设计的根本。

9.2.2 SDN 与 NFV

由于 5G 移动通信系统必须满足多种业务的不同需求，且一些需求之间是相互矛盾的。为了实现未来网络的灵活性，5G 移动通信系统，特别是核心网，势必会使用诸如 NFV 和 SDN 等工具，因此 5G 移动通信系统需要重新考虑基于 NFV 和 SDN 技术的网络架构设计。

SDN 技术是一种将网络设备的控制平面与转发平面分离，并将控制平面集中实现的软件可编程的新型网络体系架构。在传统网络中，控制平面功能是分布式的运行在各个网络节点(如集线器、交换机、路由器等)中的，因此如果要部署一个新的网络功能，就必须将所有网络设备进行升级，这极大地限制了网络的演进和升级。在 LTE 系统中，尽管部分控制功能独立出来了，但是网络没有中心式的控制器，使得无线业务的优化并没有形成统一的控制，仍然需要复杂的控制协议来完成对无线资源的配置管理。5G 核心网的演进融合了 SDN 思想，通过将分组网的功能重构，进一步进行控制和承载分离，将网关的控制功能进一步集中化，全面解决控制面和用户面耦合问题，从而简化网关的设计，使不同接入技术构成的异构网络的无线资源管理、网络协同优化、业务创新变得更为方便，实现网络功能组合的全局灵活调度，进而实现网络功能及资源管理和调度的最优化。

NFV 技术是一种将网络功能整合到行业标准的服务器、交换机和存储硬件上，可通过服务器上运行的软件取代传统物理网络设备的技术。通过使用 NFV 可以减少甚至移除现有网络中部署的中间件，能够让单一的物理平台运行于不同的应用程序中，用户和租户可以通过多版本使用网络功能，从而促进软件网络环境中网络功能和服务的创新，NFV 适用于固定或移动网络，也适合需要实现可伸缩性的自动化管理和配置。

综上所述，SDN 技术是针对 EPC 控制面与用户面耦合问题提出的解决方案，将用户平面和控制平面解耦，从而使得部署用户平面功能变得更灵活，可以将用户平面功能部署在离用户无线接入网更近的地方，从而提高用户服务质量体验，比如降低时延。NFV 技术是针对 EPC 软件与硬件严重耦合问题提出的解决方案，这使得运营商可以在通用的服务器、交换机和存储设备上部署网络功能，极大地降低了时间和成本。

在 5G 移动通信系统中，NFV 和 SDN 技术将起到重要赋能的作用，实现网络灵活性、延展性和面向服务的管理。考虑经济的原因，网络不可能按照峰值需求来建设，因此网络灵活性可以保证实现按需可用、量身定制的功能。延展性是指满足相互矛盾的业务需求的能力，例如通过引入适合的接入过程和传输方式，支持 mMTC、uMTC 和极限移动宽带服务。面向服务的管理通过基于线程的控制面，以及基于 NFV 和 SDN 的联合框架的用户面来实现。

9.2.3 网络架构

1. NSA 和 SA

在国际电信标准组织 3GPP RAN 第 78 次全体会议上，历经 26 个月的 5G 新空口(New Radio)标准化工作迎来了新突破。会议上，5G 新空口首发版本被正式宣布冻结。作为 5G 首个标准落地，为 2019 年大规模实验和商业部署 5G 网络奠定了基础。

此次发布的 5G 新空口版本是 3GPP R15 标准规范中的一部分，首版 5G 新空口标准的完成是实现 5G 全面发展的一个重要里程碑，它将极大地提高 3GPP 系统能力，并为垂直行业发展创造更多机会，为建立全球统一标准的 5G 生态系统打下基础。

5G 新空口标准有两种组网方案，分别为非独立组网(Non-Stand Alone，NSA)和独立组网(Stand Alone，SA)。NSA 作为过渡方案，可利用原有 4G 基站和 4G 核心网进行升级改造，以提升热点区域的带宽为主要目标，投入较小。而 SA 则能实现所有 5G 的新特性，有利于发挥 5G 的全部能力，是业界公认的 5G 目标方案，不过投入会比较大。

基于 NSA 架构的 5G 载波仅承载用户数据，其控制信令仍通过 4G 网络传输，可视为在现有 4G 网络上增加新型载波进行扩容。运营商可根据业务需求确定升级站点和区域，不一定需要完整的连片覆盖。同时，由于 5G 载波与 4G 系统紧密结合，5G 载波与 4G 载波间的业务连续性有较强保证。在 5G 网络覆盖尚不完善的情况下，NSA 架构有利于保证用户的良好体验。

可见，NSA 架构的 5G 系统网络升级所需投资门槛低，技术挑战可控，有利于运营商以较低风险，快速推出基于 5G 的移动宽带业务。但是由于重用现有 4G 系统的核心网与控制面，NSA 架构将无法充分发挥 5G 系统低时延的技术特点，也无法通过网络切片实现对多样化业务需求的灵活支持。由于 4G 核心网已经承载了大量 4G 现网用户，也难以在短期内进行全面的虚拟化改造。而网络切片、全面虚拟化以及对多样业务的灵活支持都是运营商阵营对 5G 系统的热切期盼之处。可以说，只有基于 SA 架构的 5G 系统才能真正实现 5G 的技术承诺，并为移动通信产业界创造出新的发展机会。

总之，NSA 和 SA 不但是 5G 启动阶段的两种架构，也反映了稳妥谨慎和积极进取这两种不同的 5G 启动思路。在不同思路指引下，可在 NSA 和 SA 架构之间有所侧重，形成不同的 5G 启动路径。同时也必须看到，NSA 仅是从 4G 向 5G 的过渡，而 SA 架构才是 5G 发展的真正目标。

2. 5G 网络架构和组成

3GPP 从 2017 年 3 月后正式展开了针对 5G 新空口技术以及网络架构的标准化工作。根据前面几章的介绍，移动通信系统主要包含两部分：无线接入网(Radio Access Network，RAN)和核心网(Core Network，CN)。在 LTE 系统中，基站和核心网分别叫作 eNB 和 EPC。在 5G 系统中，基于 5G 新空口的基站叫作 gNB，基于 LTE 的基站叫作 NR-eNB，无线接入网被称为 NG-RAN，核心网被称为 5GC(5th Generation Core)，此外 5G 系统中还包括负责控制面接入和移动管理功能的 AMF(Access and Mobility Management Function)和执行路由和转发功能的 UPF(User Plane Function)，如图 9.2 所示。

从整体上看，5G 网络架构看似与 4G 很类似，但是不管是核心网还是无线接入网，其内部架构都发生了颠覆性的改变。

5G 核心网采用基于 SBA 的网络架构。SBA 架构是一个基于云的架构，不仅对 4G 核心网网元虚拟化，网络功能还要进行模块化，实现从驻留云到充分利用云的跨越，实现以软件化、模块化的方式灵活、快速地组装和部署业务应用。在 5G 核心网中，AMF 负责终端接入权限和切换；UPF 负责分组路由和转发、数据包检查、上行链路和下行链路中的传输及分组标记、下行数据包缓冲和下行数据通知触发等功能。

对于无线接入网而言，由于目前 LTE 网络已广泛部署，因此运营商部署 5G 网络时不可能是一蹴而就的，必定是逐步部署，这样才能效降低部署风险。因此，5G 的 NG-RAN 包

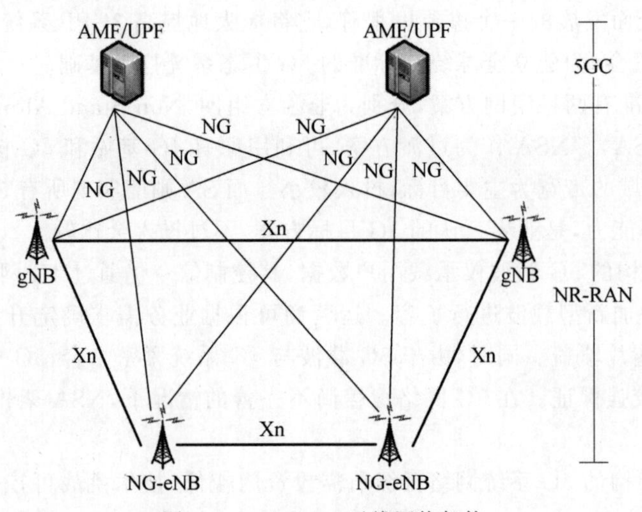

图 9.2 NG-RAN 无线网络架构

括了基于 LTE 的 NR-eNB 和基于 5G 新空口的 gNB 两种类型基站。

9.2.4 网络切片

网络切片本质上就是将物理网络根据不同的策略划分为多个虚拟网络，每一个虚拟网络根据不同的服务需求，比如时延、带宽、安全性和可靠性等来划分，以灵活地应对不同的网络应用场景。网络切片不只是应用于 5G，传统网络也需要网络切片支持业务。

3GPP 对网络切片的研究可以追溯到 3GPP 的 R13/R14，在 LTE 网络中就已经引入了静态切片。但是 5G 中的网络切片与 LTE 中的网络切片有很大的区别，尽管在 2017 年 12 月 R15 Stage3 发布的标准中还没有网络切片的完整定义，但是业界已经公认 5G 网络必须从动态切片角度解决网络切片问题，可以通过编排器实时调配、管理和优化网络切片，以满足大规模 IoT、uRLLC 和 eMBB 等不同场景的需求。

网络切片要从端到端进行考虑，切片从设备接入到无线到核心网，到整个运营商业务，切片和切片之间是物理之间隔离，每个切片之间要满足 QoS，满足计费和策略，同时要共享硬件资源和传输资源，所以说网络切片可以实现更低的网络时延、更快的网络上线和更好的用户体验。

从运营商的角度更注重商业模式，目前网络切片引入了一个新的业务模式，就是 B2B、B2C。现在可以把基于用户定制的网络切片或者基于虚拟运营商定制的切片租赁给不同的政企客户或者终端客户，这样就可以根据切片的弹性拉通垂直行业，实现新的商业模式。

在 3GPP TR22.891 中给出了网络切片的需求：运营商要能够创建和管理满足不同场景所需的网络切片；能够并行运行不同的网络切片，例如组织一个切片中的数据通信对其他切片服务产生负面影响；3GPP 系统就在单个网络切片上满足特定安全需求的功能；3GPP 系统应具有在网络切片之间提供隔离的能力，从而将潜在的网络攻击限制在单个的网络切片上；3GPP 系统应在不影响该切片或其他切片服务的前提下，支持切片的容量弹性等。

图 9.3 给出了针对 5G 典型应用场景的网络切片示意图，根据不同的服务需求将物理网络切片成多个虚拟网络，包括智能手机切片网络、自动驾驶切片网络、大规模物联网切片网络等。网络切片是一个端到端的复杂功能，但是从架构上可以描述为“横纵交叉”的矩阵式结构。“横”是表示不同业务类型的切片，“纵”表示不同网络位置的切片。

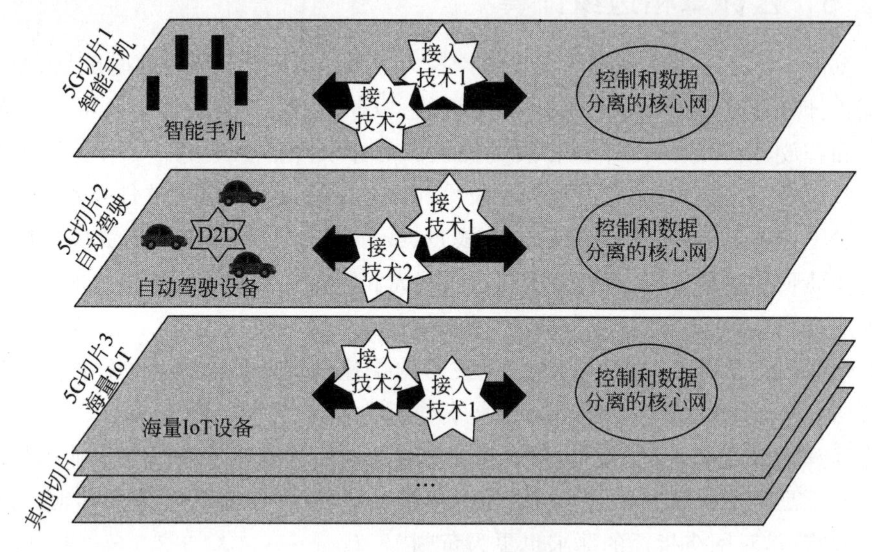

图 9.3 网络切片示意图

为了实现网络切片，NFV 是先决条件。网络采用 NFV 和 SDN 后，才能更容易执行切片。目前网络切片核心技术包括切片共享、切片切换、切片管理等，可以解决要有什么样的切片、支持什么样的业务等挑战性问题。首先是接入网和用户侧的挑战，某些终端设备需要同时接入多个切片网络，另外还涉及鉴权、用户识别等问题。第二个挑战性的问题是接入网切片如何与核心网切片配对，以及接入网切片如何选择核心网切片。

用户侧、接入网和核心网的切片配对如图 9.4 所示。

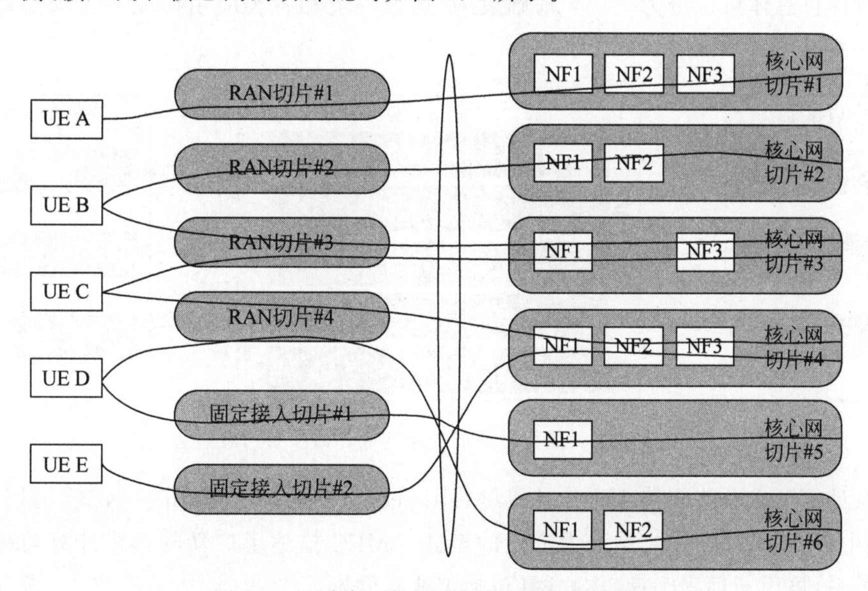

图 9.4 用户侧、接入网和核心网的切片配对

总之,网络架构的多元化是5G网络的重要组成部分,5G网络切片技术是实现这一多元化架构的不可或缺的方法。随着虚拟化和网络能力开放等技术的不断发展,网络切片的价值和意义正在逐渐显现。

9.2.5 云计算和边缘计算

云计算的本质是一种面向不同服务的计算力提供方式,可以实现随时随地、便捷地、按需地从配置计算资源共享池中获取资源(如网络、服务器、存储、应用程序及服务),资源可以快速供给和释放,使管理的工作量和服务提供者的介入降低至最少。云计算的主要特点:服务器的资源虚拟化技术、分布式数据库技术和高并发高可靠的管理软件技术。

SDN、NFV和云计算在5G网络中构成点、线和面的关系:NFV负责虚拟网元,形成点;SDN负责网络连接,形成“线”;所有这些网元和连接都是部署在虚拟化的云平台中,由云计算形成“面”。

随着物联网、大数据、人工智能等信息技术的快速发展,云计算已经无法满足5G对低延迟的严格要求,边缘计算成为5G新的业务增长点。

边缘计算的概念早于5G提出,但真正让业界关注起来是因为伴随着商业模块的探讨。边缘计算并不是简单将服务器放到网络边缘的机房即可,而是需要具备低时延、高可靠、本地化等业务特征,对网络指标的要求也更为苛刻。

目前国内还没有一个严格统一的边缘计算定义,维基百科中边缘计算的定义是一种分散式运算的架构,将应用程序、数据资料与服务的运算,由网络中心节点,移往网络逻辑上的边缘节点来处理。边缘计算将原本完全由中心节点处理的大型服务加以分解,切割成更小更容易管理的部分,分散到边缘节点去处理。边缘节点更接近于用户终端装置,可以加快资料的处理与传送速度,降低时延。也就是说,边缘计算是在靠近数据源头的地方提供智能分析处理服务,提升效率,提高安全隐私保护。

边缘计算总体可以分为三层:基础设施、运行环境和各类应用构成。边缘计算的分层机构和典型参与者如图9.5所示。

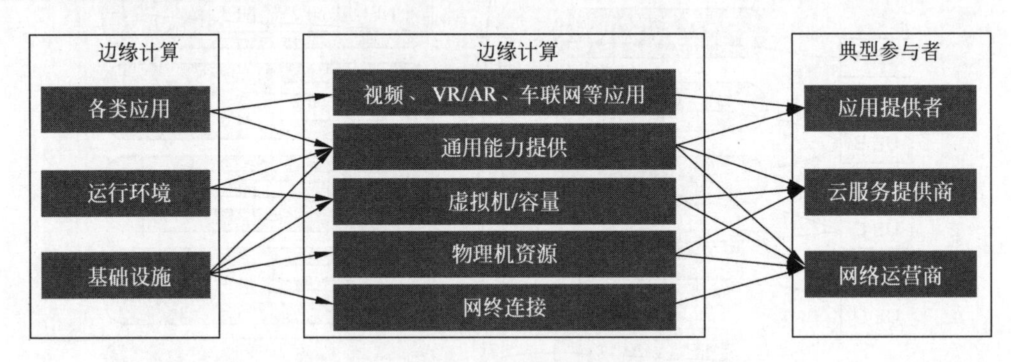

图9.5 边缘计算的分层构成和典型参与者

边缘计算可以分为多接入边缘计算(Multi-access Edge Computing,MEC)、微云和雾计算等,其中MEC是5G中应用最为广泛的模式。MEC描述了广义的边缘计算与移动技术之间的关系,可用于远程医疗、物联网(包括工业互联网)、游戏(包括AR/VR)、车联网以及其他场景应用。图 9.6 给出了 5G 接入网加入 MEC 功能的示意图。

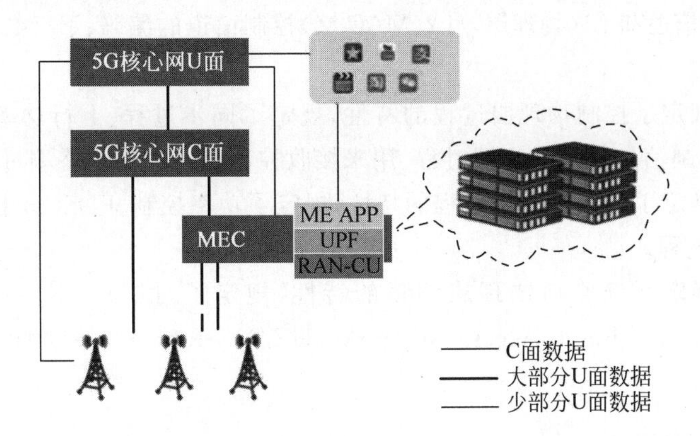

图 9.6 5G 接入网加入 MEC 功能的示意图

传统的云计算和边缘计算并不是对立的，两者不是替代关系，而是互补关系。在 5G 时代，云计算架构和网络能力充分融合，并利用 SDN/NFV 技术将应用、云计算、网络和用户联通起来，形成云网一体的服务架构，从而实现“云、网、边、端”的高度协同。

9.3 5G 新空口技术规范

9.3.1 技术规范概述

3GPP 组织在 TS 38.200 系列规范对 5G 新空口系统的物理层进行了描述，主要包括如下所述的 7 个规范。

TS 38.201 是概述性文档，对物理层做了基本概述，给出了 5G 新空口协议的总体架构，描述了物理层与 MAC 层、RRC 层的关系，如图 9.7 所示，椭圆表示接入服务点，不同层之间的连线表示此两层之间存在无线接口。

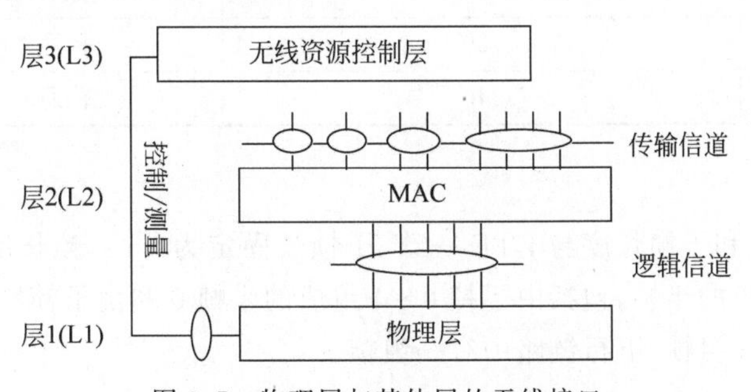

图 9.7 物理层与其他层的无线接口

TS 38.202 描述新空口物理层提供的服务，规定了物理层的服务和功能、用户终端的物理层模型、物理层信道和探测参考信号的并行传输、物理层提供的测量。

TS 38.211 确定新空口物理层信道的特性、物理层信号的产生和调制，规定了上行和下行物理信道的定义、帧结构和物理资源、调制映射、OFDM 符号映射、加扰、调制、上变频、层映射和预编码、上行和下行物理共享信道、上行和下行参考信号、PRACH、主同步信号、辅同步信号。

TS 38.212 描述了对新空口数据信道和控制信道的数据处理，规定了信道编码方案、速率匹配、上行数据信道和 L1(物理层)/L2(MAC 层)控制信道的编码、下行数据信道和 L1/L2 控制信道的编码。

TS 38.213 确定了控制物理层过程的特性，规定了同步过程、上行功率控制、随机接入过程、用来报告控制信息的用户终端过程、用来接收控制信息的用户终端过程。

TS 38.214 确定了数据物理层过程的特性，规定了功率控制、PDSCH 相关过程、物理上行共享信道相关过程。

TS 38.215 确定了新空口物理层测量的特性，规定了对用户/下一代无线接入网络(user/Next Generation Radio Access Networks，UE/NG-RAN)的控制测量、对新空口能力的测量。

9.3.2 帧结构

1. 帧结构的参数集

与 LTE 相比，3GPP 定义的 5G 新空口具有更为灵活的帧结构。由于 5G 要支持更多的应用场景，例如 uRLLC 需要比 LTE 更短的帧结构。为了支持灵活的帧结构，5G 新空口中定义了帧结构的参数集(Numerologies)，包括一套参数，例如子载波间隔、符号长度和 CP 等，该参数集在 TR 38.802 中进行了定义。

5G 新空口支持多种子载波间隔，这些子载波间隔是由基本子载波间隔通过整数 μ 扩展而成的，如表 9.1 所示。

表 9.1 发送参数集

μ	$\Delta f=2^{\mu}\times 15/\text{kHz}$	CP
0	15	普通 CP
1	30	普通 CP
2	60	普通 CP，扩展 CP
3	120	普通 CP
4	240	普通 CP

2. 帧结构

5G 新空口的帧和子帧长度与 LTE 一致，子帧长固定为 1ms，帧长度为 10ms。每个帧被分成两个同样大小的半帧，包括由子帧 0～4 组成的半帧 0 和由子帧 5～9 组成的半帧 1。

上行链路中有一组帧，下行链路中有一组帧。

3. 时隙

表 9.2 给出了普通 CP 时每个时隙的 OFDM 符号数量，每个帧的时隙数量，以及每个子帧的时隙数量。时隙中的 OFDM 符号可以被分为“下行链路”“灵活”或者“上行链路”。在下行链路时隙中，UE 应当假设下行链路传输只发生在“下行链路”或“灵活”符号中。在上行链路时隙中，UE 只能以“上行链路”或“灵活”符号进行传输。表 9.2 中，子载波间隔配置表示为 μ，$N_{\text{symb}}^{\text{slot}}$ 为一个时隙内的 OFDM 符号数，$N_{\text{slot}}^{\text{subframe},\mu}$ 是一个子帧内的时隙数，$N_{\text{slot}}^{\text{frame},\mu}$ 是一个帧内的时隙数。表 9.3 是扩展 CP 的情况。

表 9.2 普通 CP 每个时隙的 OFDM 符号数以及每个帧/子帧的时隙数

μ	N_{symb}^{slot}	$N_{slot}^{frame,\mu}$	$N_{slot}^{subframe,\mu}$
0	14	10	1
1	14	20	2
2	14	40	4
3	14	80	8
4	14	160	16
5	14	320	32

表 9.3 扩展 CP 的每个时隙的 OFDM 符号数、每帧时隙和每个子帧的时隙数

μ	N_{symb}^{slot}	$N_{slot}^{frame,\mu}$	$N_{slot}^{subframe,\mu}$
2	12	40	4

4. 带宽段

5G 新空口中，为了使 UE 能够适配不同的参数集，考虑了带宽的自适应特性，给出了带宽部分的概念，能够根据用户数据量来调整带宽，从而增强调度的灵活性。

UE 在上行链路中最多可以配置 4 个载波带宽段，但对于特定时刻只有一个上行链路载波带宽段是有效的。UE 还可以配置辅助上行链路，最多也可以配置 4 个载波带宽段，同样特定时刻只能有一个辅助上行链路载波带宽段是有效的。UE 不能在有效带宽段之外传输 PUSCH 或 PUCCH。在多个小区中的传输可以被聚合，除了主小区之外，最多可以使用 15 个辅小区。

9.3.3 无线传输过程

5G 新空口各信道传输整体过程与 LTE 类似，图 9.8 给出了以上行链路为例的 5G 物理层传输过程。

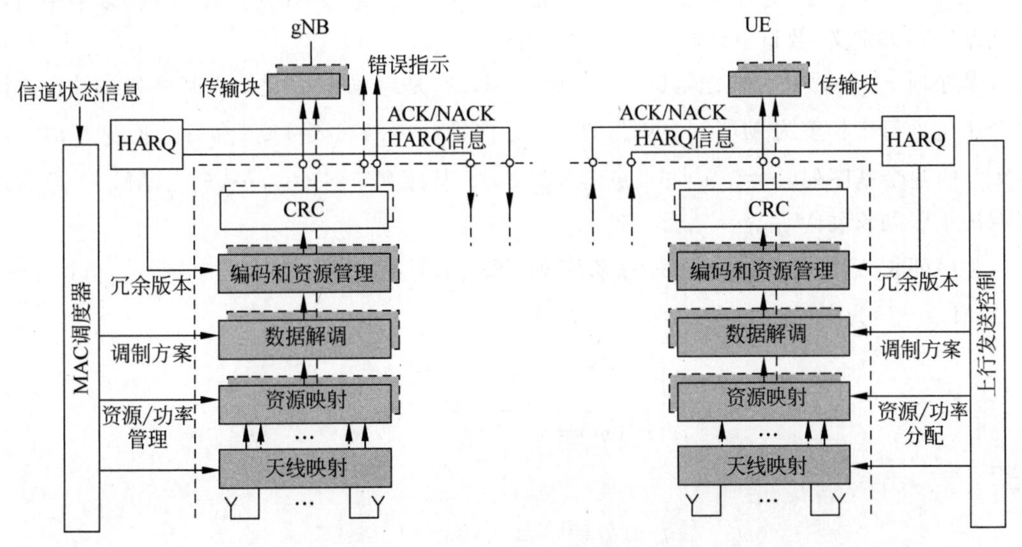

图 9.8 5G 物理层传输的整体过程

调制映射使用二进制数字 0 或 1 作为输入，并生成复值调制符号的星座图作为输出。

与 LTE 相比，5G 新空口增加了 256 阶高阶调制，在 256QAM 调制情况下，8 位 $b(i)$，$b(i+1)$，$b(i+2)$，$b(i+3)$，$b(i+4)$，$b(i+5)$，$b(i+6)$，$b(i+7)$，根据式(9.1)被映射到复值调制符号 x：

$$x=\frac{1}{\sqrt{170}}\{(1-2b(i))[8-(1-2b(i+2))[4-(1-2b(i+4))[2-(1-2b(i+6))]]]+\\ \mathrm{j}(1-2b(i+1))[8-(1-2b(i+3))[4-(1-2b(i+5))[2-(1-2b(i+7))]]]\} \tag{9.1}$$

1. 序列生成

与 LTE 一样，5G 新空口同样用到了伪随机(PN)序列和低峰均功率比(ZC)序列。PN 序列主要用于加扰，ZC 序列用于前导序列、信道估计等。下面分别介绍 5G 新空口中的 PN 序列和 ZC 序列的生成。

PN 序列由长度为 31 的 Gold 序列定义。长度为 M_{PN} 的输出序列 $c(n)$ 为：

$$c(n)=(x_1(n+N_C)+x_2(n+N_C))\bmod 2 \tag{9.2}$$

其中

$$x_1(n+31)=(x_1(n+3)+x_1(n))\bmod 2$$
$$x_2(n+31)=(x_2(n+3)+x_2(n+2)+x_2(n+1)+x_2(n))\bmod 2$$

$N_C=1600$ 并且第一个 m-序列应该被初始化为 $x_1(0)=1, x_1(n)=0, n=1,2,\cdots,30$。第二个 m-序列的初始化记为 $c_{\mathrm{init}}=\sum_{i=0}^{30}x_2(i)\cdot 2^i$，其值取决于序列的应用。

2. 低峰均功率比(ZC)序列生成

序列 $r_{u,v}^{(\alpha,\delta)}(n)$ 由基序列 $\bar{r}_{u,v}(n)$ 根据循环移位 α 来定义：

$$r_{u,v}^{(\alpha,\delta)}(n)=\mathrm{e}^{\mathrm{j}\alpha\left(n+\delta\frac{\omega \bmod 2}{2}\right)}\bar{r}_{u,v}(n),\quad 0\leqslant n<M_{\mathrm{ZC}}-1 \tag{9.3}$$

其中 $M_{\mathrm{ZC}}=mN_{\mathrm{sc}}^{\mathrm{RB}}/2^{\delta}$ 是序列长度并且 $1\leqslant m\leqslant N_{\mathrm{RB}}^{\max,\mathrm{UL}}$。通过不同的 α 和 δ 值，多个序列可以从基序列被定义，数量 $\omega\neq 0$。

基序列 $\bar{r}_{u,v}(n)$ 被分成组，其中 $u\in\{0,1,\cdots,29\}$ 是组编号，v 是组内基序列编号。使得每个组包含每个长度为 $M_{\mathrm{ZC}}=mN_{\mathrm{sc}}^{\mathrm{RB}}$ 的一个基序列($v=0$)，$1\leqslant m\leqslant 5$ 和每个长度为 $M_{\mathrm{ZC}}=mN_{\mathrm{sc}}^{\mathrm{RB}}$ 的两个基序列($v=0,1$)，$6\leqslant m\leqslant N_{\mathrm{RB}}^{\max,\mathrm{UL}}$。基序列 $\bar{r}_{u,v}(0),\cdots,\bar{r}_{u,v}(M_{\mathrm{ZC}}-1)$ 的定义取决于序列长度 M_{ZC}。

当序列长度为 36 位或更长的基序列(即 $M_{\mathrm{ZC}}\geqslant 3N_{\mathrm{sc}}^{\mathrm{RB}}$)时，基序列 $\bar{r}_{u,v}(0),\cdots,\bar{r}_{u,v}(M_{\mathrm{ZC}}-1)$ 为：

$$\begin{cases}\bar{r}_{u,v}(n)=x_q(n \bmod N_{\mathrm{ZC}})\\ x_q(m)=\mathrm{e}^{-\mathrm{j}\frac{\pi q m(m+1)}{N_{\mathrm{ZC}}}}\end{cases} \tag{9.4}$$

其中

$$q=\lfloor\bar{q}+1/2\rfloor+v(-1)^{\lfloor 2\bar{q}\rfloor}$$
$$\bar{q}=N_{\mathrm{ZC}}(u+1)/31$$

长度 N_{ZC} 由最大的素数给出，使得 $N_{ZC}<M_{ZC}$，$\lfloor\cdot\rfloor$表示向下取整。

当长度少于36位的基序列，即 $M_{ZC}\in\{6,12,18,24\}$，基序列为：

$$\bar{r}_{u,v}(n)=e^{j\phi(n)\pi/4},\quad 0\leqslant n\leqslant M_{ZC}-1 \tag{9.5}$$

对于 $M_{ZC}=30$，基序列 $\bar{r}_{u,v}(0),\cdots,\bar{r}_{u,v}(M_{ZC}-1)$为：

$$\bar{r}_{u,v}(n)=e^{-j\frac{\pi(u+1)(n+1)(n+2)}{31}},\quad 0\leqslant n\leqslant M_{ZC}-1 \tag{9.6}$$

9.3.4 无线传输技术

5G新空口包含工作在6GHz以下频段的低频新空口以及工作在6GHz以上频段的高频新空口。5G将通过工作在较低频段(6GHz以下频段)的新空口满足大覆盖、高移动性场景下的用户体验和海量设备连接。同时，需要利用高频段(6GHz以上频段)丰富的频谱资源，来满足热点区域极高的用户体验速率和系统容量需求。

5G低频新空口将采用全新的空口设计，引入大规模天线、新型多址、新波形等先进技术，支持更短的帧结构，更精简的信令流程，更灵活的双工方式，有效满足广覆盖、大连接及高速等多数场景下的体验速率、时延、连接数以及能效等指标要求，通过灵活配置技术模块及参数来满足不同场景差异化的技术需求。

5G高频新空口考虑高频信道和射频器件的影响，并针对波形、调制编码、天线技术等进行相应的优化。同时，高频频段跨度大、候选频段多，从标准、成本及运营和维护等角度考虑，也要尽可能采用统一的空口技术方案，通过参数调整来适配不同信道及器件的特性。

高频段覆盖能力弱，难以实现全网覆盖，需要与低频段联合组网。由低频段形成有效的网络覆盖，对用户进行控制、管理，并保证基本的数据传输能力；高频段作为低频段的有效补充，在信道条件较好情况下，为热点区域用户提供高速数据传输。

5G空口技术框架如图9.9所示。传统的移动通信升级换代都是以多址接入技术为主线，而5G的无线技术创新有着更为丰富的含义。如图9.9所示，5G空口技术包括帧结构、双工、波形、多址、调制编码、天线、协议等基础技术模块，通过最大可能地整合共性技术内容，从而达到“灵活但不复杂”的目的，各模块之间可相互协同工作。

(1) 帧结构及信道：面对多样化的应用场景，5G帧结构的参数可灵活配置，以服务不同类型的业务。针对不同频段、场景和信道环境，可以选择不同的参数配置，具体包括带宽、子载波间隔、CP、TTI和上下行配比等。参考信号和控制信道可灵活配置以支持大规模天线、新型多址等新技术的应用。

(2) 双工技术：5G支持传统的FDD和TDD及其增强技术，并可能支持灵活双工和全双工等新型双工技术。低频段将采用FDD和TDD，高频段更适宜采用TDD。此外，灵活双工技术可以灵活分配上下行时间和频率资源，更好地适应非均匀、动态变化的业务分布。全双工技术支持相同频率相同时间上同时收发，是5G潜在的双工技术。

(3) 波形技术：除传统的OFDM和单载波波形外，5G很有可能支持基于优化滤波器设计的滤波器组多载波(FBMC)、基于滤波的OFDM(F-OFDM)和广义频分复用(GFDM)等新波形。这类新波形技术具有极低的带外泄露，不仅可提升频谱使用效率，还可以有效利用零散频谱并与其他波形实现共存。由于不同波形的带外泄漏、资源开销和峰均比等参数各不相同，可以根据不同的场景需求，选择适合的波形技术，同时有可能存在多种波形共存的情况。

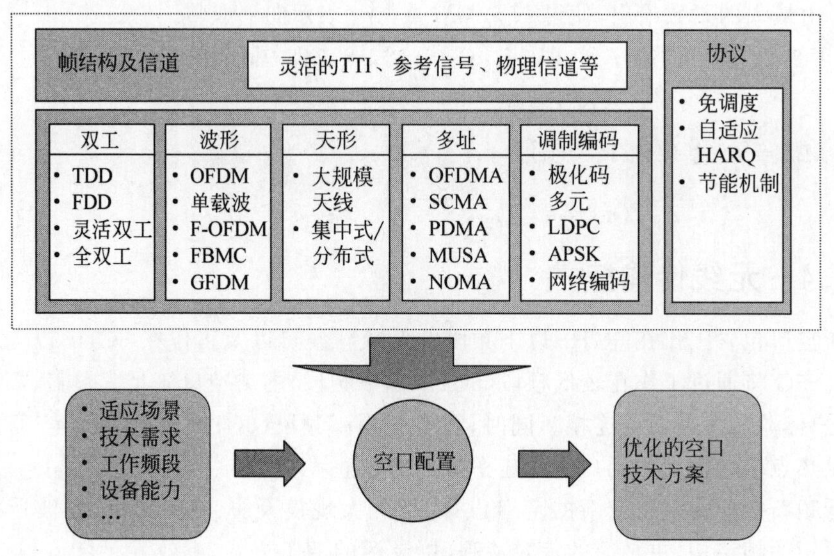

图 9.9　5G 空口技术框架

(4) 多址接入技术：除支持传统的 OFDMA 技术外，还将支持稀疏码分多址(SCMA)、图样分割多址(PDMA)、多用户共享接入(MUSA)等新型多址技术。这些新型多址技术通过多用户的叠加传输，不仅可以提升用户连接数，还可以有效提高系统频谱效率。此外，通过免调度竞争接入，可大幅度降低时延。

(5) 调制编码技术：5G 既有高速率业务需求，也有低速率小包业务和低时延高可靠业务需求。对于高速率业务，多元 LDPC(M-ary LDPC)、Polar 码、新的星座映射以及超奈奎斯特调制(FTN)等比传统的二元 Turbo＋QAM 方式可进一步提升链路的频谱效率；对于低速率小包业务，Polar 码和低码率的卷积码可以在短码和低信噪比条件下接近香农容量界；对于低时延业务，需要选择编译码处理时延较低的编码方式。对于高可靠业务，需要消除译码算法的地板效应。此外，由于密集网络中存在大量的无线回传链路，可以通过网络编码提升系统容量。

5G 新空口传输信道的编码方案如表 9.4 所示，控制信息的编码方案如表 9.5 所示。

表 9.4　传输信道的编码方案

传 输 信 道	编 码 方 案
UL-SCH	LDPC
UL-SCH	
PCH	
BCH	Polar 码

表 9.5　控制信息的编码方案

控 制 信 息	编 码 方 案
DCI	Polar 码
	块码
UCI	Polar 码

（6）多天线技术：5G 基站天线数及端口数将有大幅度增长，可支持配置上百根天线和数十个天线端口的大规模天线，并通过多用户 MIMO 技术，支持更多用户的空间复用传输，数倍提升系统频谱效率。大规模天线还可用于高频段，通过自适应波束赋形补偿高的路径损耗。5G 需要在参考信号设计、信道估计、信道信息反馈、多用户调度机制以及基带处理算法等方面进行改进和优化，以支持大规模天线技术的应用。

（7）底层协议：5G 的空口协议需要支持各种先进的调度、链路自适应和多连接等方案，并可灵活配置，以满足不同场景的业务需求。5G 空口协议还将支持 5G 新空口、4G 演进空口及 WLAN 等多种接入方式。为减少海量小包业务造成的资源和信令开销，可考虑采用免调度的竞争接入机制，以减少基站和用户之间的信令交互，降低接入时延。5G 的自适应 HARQ 协议将能够满足不同时延和可靠性的业务需求。此外，5G 将支持更高效的节能机制，以满足低功耗物联网业务需求。

总之，5G 空口技术框架可针对具体场景、性能需求、可用频段、设备能力和成本等情况，按需选取最优技术组合并优化参数配置，形成相应的空口技术方案，实现对场景及业务的"量体裁衣"，并能够有效应对未来可能出现的新场景和新业务需求，从而实现"前向兼容"。

9.4 典型 5G 行业应用

作为新一代移动通信技术的主要方向，5G 通信不仅能够大幅提升移动互联网用户的高带宽业务体验，更能契合物联网大连接、广覆盖的业务需求，是未来移动通信市场的重要增长点，也将成为业务创新的重要驱动力。本节选取了 eMBB、mMTC、uRLLC 的 5G 典型应用场景，介绍了 5G 结合点较强的行业领域，探索并形成各具特色的业务解决方案。

9.4.1 智慧教育

eMBB 是 4G 时代移动宽带的延续，是当前最主要的商业场景。作为最早实现商用的 5G 场景，eMBB 的应用前景最为清晰，它将满足用户对高数据速率、高移动性的业务需求。同时，运营商也将打破 4G 时代的业务场景、终端模式的边界，引入如 4K/8K 超高清视频、VR/AR、云服务等新业务，广泛应用于智慧教育和智慧旅游等领域，成为 5G 的基础业务应用，本节以智慧教育为例来介绍 5G 的 eMBB 应用。

5G＋智慧教育分类涵盖：教学、教研、教育管理、评价、学校治理等各个方面，人工智能、虚拟现实、全息互动教学的应用、物联网校园管理流程的优化等可以提升教育资源的协作，助力教育智能化发展，具体包括如下几个方面。

（1）5G＋虚拟现实教育：教育与 VR/AR 相结合，能够给教育带来全新的教学体验，帮助学生提升学习兴趣。虚拟现实提供的教学场景更加丰富，带给学生亲临现场的实操体验，通过 100％三维立体形象还原，提供更直观的教学体验。对于一些高风险、高成本的实践培训，虚拟现实能实现实验模拟、培训模拟，降低成本与风险。

（2）5G＋远程教学：围绕学生，提供多种形式的远程教学，不仅能够打破因地理位置带来的教育不平等现象,解决教育资源不足问题;而且以信息化引领实现跨地域网络教学互动,如通过云课堂或在线课堂,整体推动教学,为教育资源不足地区提供优质教育保障,促进教育公平和均衡发展。同时新的教学模式,能够激发学生的学习兴趣,有助于老师改变教学风格,促进教育协同进步。

(3) 5G+人工智能教学:利用5G与人工智能技术,以音视频采集、人脸识别、行为识别、表情识别、数据关联、数据挖掘、数据分析、云计算等技术为核心,打造出一个资源应用、学情分析、督导评价、辅助决策等多种功能于一体的人工智能教学评测系统。能够精准识别学生学习情况,然后对症下药,提高学生学习效果。

(4) 5G+校园智慧管理:基于5G技术,能够可视化管理学校信息化设备,提高设备的利用率。同时结合无人机、机器人和高清视频技术,能够打造更安全的校园环境,提高校园安全性。

5G智慧教育解决方案如图9.10所示。

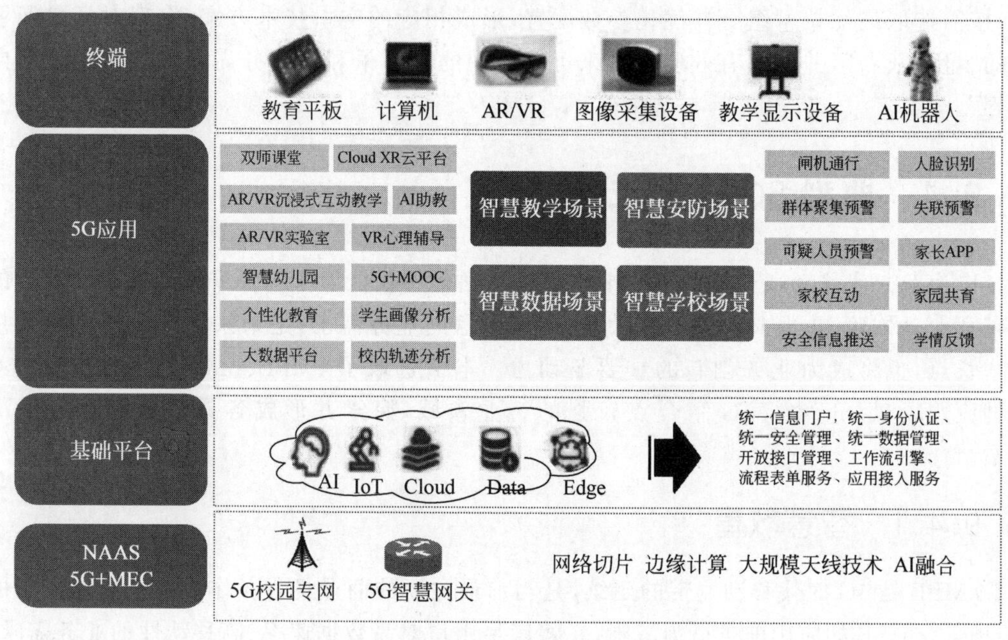

图9.10 5G智慧教育解决方案系统架构

9.4.2 工业互联网

低时延高可靠是5G区别于2G/3G/4G的一个典型场景,也是移动通信行业切入垂直行业的一个重要突破口。5G定义的超高可靠、低时延的特性,将突破原有移动通信行业的局限,广泛应用于工业互联网、智慧能源、智慧交通、智慧医疗、网联无人机和智慧金融等更多领域,本节以工业互联网为例进行阐述。

5G网络作为已经商用的新一代通信技术,为智能制造提供多样化和高质量的通信保障,整合生产环节中的各种海量信息。在智能制造的发展过程中,融合运用5G网络技术,优化生产过程,提高制造的可控性,降低生产过程中的人力成本和生产能耗,提升企业运营效率等。5G技术与工业互联网的融合,会给制造业带来新一轮的改革,对新产品、新技术、新模式的推出具有革命性的作用。

5G与工业互联网融合后，出现了大批新型场景，分别为5G＋超高清视频、5G＋AR、5G＋VR、5G＋无人机、5G＋云端机器人、5G＋远程控制、5G＋机器视觉以及5G＋云化自动导引车(Automated Guided Vehicle，AGV)等。智能制造过程中云平台和工厂生产设施的实时通信、海量传感器与智能控制平台的信息传输，人与设备间通过机器界面的高效交互等，都对通信网络有多样化的需求以及极为苛刻的性能要求。从目前的技术来看，超高清视频和5G的融合应用已进入成熟期，相关的智能制造应用将会率先登场；AR、VR和机器视觉技术也在飞速发展，商业模式逐步清晰，未来将会大量用于制造业的生产。设备成熟和商业模式清晰后，5G＋云化AGV、5G＋无人机、5G＋远程控制和5G＋云端机器人等将会成为制造业的主力军，对制造业的发展带来革命性改变。

5G＋工业互联网平台总体架构如图9.11所示。

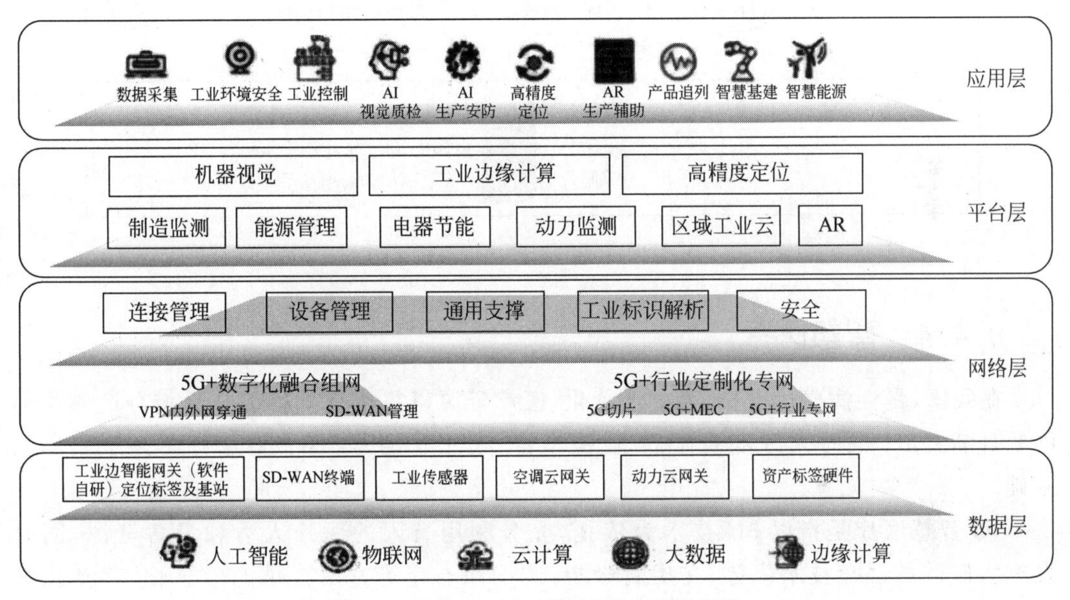

图9.11 5G＋工业互联网平台总体架构

9.4.3 智慧交通

如今已从万物互联迈入万物智联时代，各行各业都在拥抱智能。以智慧交通为例，汽车流量的实时监控、智能化交通管制等，能帮助城市改善交通拥堵问题。我国即将进入5G时代，5G大带宽、低时延、广连接的特性为车联网提供了基础，让交通真正走向智慧化，使得车车、车路、车人之间实现实时通信，结合人工智能与大数据，将单车版的自动驾驶变为网联式自动驾驶。车路协同使诸如导航系统等附加服务集成到车辆中，使得车辆能够获取路侧更多信息，增强安全保障，路侧可以获取更多车辆的信息，提升交通效率。5G可以支持车辆控制系统与云端系统之间频繁的信息交换，减少人为干预，满足未来共享汽车、远程操作、自动和协作驾驶等连接要求。

5G＋智慧交通总体架构如图9.12所示。

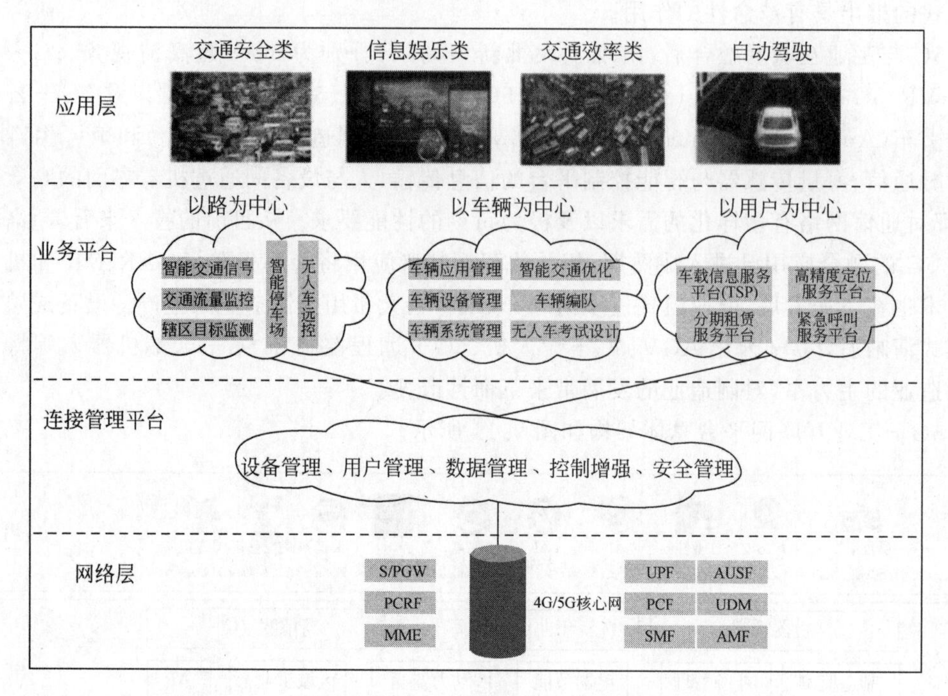

图 9.12　5G+智慧交通总体架构

9.4.4 智慧医疗

在我国，慢性病高速增长、人口老龄化、医疗资源供需严重失衡以及地域分配不均等问题日渐突出；同时人口基数大、产业链丰富、人才充足为5G智慧医疗带来了坚实的基础。

5G智慧医疗是指以5G技术为依托，充分利用有限的医疗人力和设备资源，同时发挥大医院的医疗技术优势，在疾病诊断、监护和治疗等方面提供的信息化、移动化和远程化医疗服务，创新智慧医疗业务应用，节省医院运营成本，促进医疗资源共享下沉，提升医疗效率和诊断水平，缓解患者看病难的问题，协助推进偏远地区的精准扶贫。

5G在医疗健康不同的应用场景，其性能特性发挥作用有所不同，主要应用在远程监测、远程会诊和指导、智慧院区管理等方面。根据其覆盖的位置不同，智慧医疗分为远程医疗应用场景和院内医疗应用场景。远程医疗应用场景包括远程会诊、远程超声、远程手术、应急救援、远程监护、远程查房、远程内镜等应用场景。院内医疗可分为智慧导诊、移动医护、智慧院区管理、医疗物流机器人、5G云护理等应用场景。

远程医疗可以充分利用5G的高带宽，实现生命体征数据、影像诊断结果、生化血液分析结果、电子病历等资料的高速传输。院内医疗主要是提高患者就医的方便性和舒适度，同时提高医护人员的工作效率，以及实现院区的精细化管理。

5G+智慧医疗总体架构如图9.13所示。

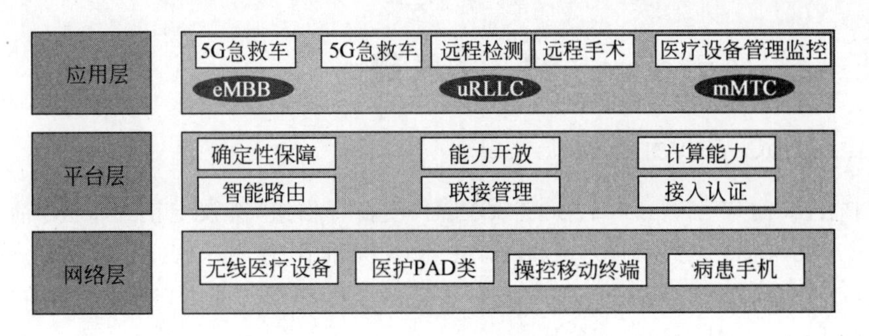

图 9.13 5G 智慧医疗总体架构

9.4.5 智慧园区

低功耗、大连接是 5G 三大应用场景中面向物联网业务的场景，对网络感知实时性要求低，但对终端密集程度要求高。延续现有的 NB-IoT/eMTC 物联网云平台，向传感资产标识类信息、状态开关类信息以及数字传感类终端不断发展，5G 还将承载更密集海量机器类通信。

智慧园区是利用 5G、AI、云计算、大数据、边缘计算、物联网、区块链等新一代技术，与园区内的人、机、物深度融合，形成万物感知、万物互联、万物智能的高度智能化园区。

智慧园区利用 5G＋安防机器和 5G＋无人机代替传统保安巡逻，实现全天候自主或遥控巡逻监控，保证园区的安全性；利用智慧灯杆，整合灯杆、5G 基站、MEC 边缘网关、超高清摄像头、环境传感器等设施，协助完善园区的物联网神经网络，通过统一平台进行综合管理；借助无人巴士、无人物流车、配送机器人升级园区交通；智能服务机器人、无人环卫车、智慧出行提升园区服务；智慧培训、智慧营销、智慧会议助力园区产业服务。

5G＋智慧园区总体架构如图 9.14 所示。

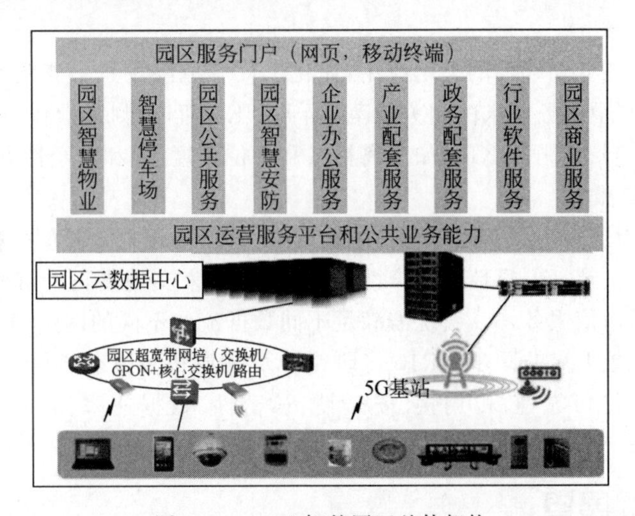

图 9.14 5G＋智慧园区总体架构

9.5 5G-Advanced 和 6G 展望

9.5.1 5G-Advanced

3GPP 在 2021 年 4 月 27 日第 46 次 PCG(项目合作组)会议上正式将 5G 演进的名称确定为 5G-Advanced,会上还决定将 3GPP R18 标准作为 5G-Advanced 的第一个版本。5G-Advanced 面向 2025 年后的 5G 发展定义新的目标和新的能力,通过全面演进和增强,使 5G 能产生更大的社会和经济价值。

在业内,5G-Advanced 也被称作 5.5G,在 5G 三大标准场景(eMBB、mMTC、uRLLC)的基础上,探索上行超宽带(UCBC)、实时宽带交互(RTBC)、通信融合感知(HCS)等新场景,将普及高保真扩展现实(XR)等沉浸式新业务、满足行业大规模数字化、实现万物智联等多个目标。

5G-Advanced 主要功能包括网络切片接入和支持增强、高精度授时和定位、多模态通信服务。此外,5G-Advanced 还支持智能电网通信基础设施、网外铁路通信、车载 5G 中继、住宅 5G 增强功能、个人物联网等。

1. 网络切片接入和支持增强

网络切片是 5G 的关键功能,R18 中将继续对网络切片接入和支持相关功能进行增强,包括:当存在不同类型的限制(比如无线资源、频段等)时,支持 UE 接入网络切片,并当网络切片或分配的资源发生变化时,将服务中断影响降到最低;支持向第三方公开网络切片控制/配置等服务等。

2. 高精度授时和定位

电力、交通、金融等垂直行业对时钟同步的要求越来越高,R16 中提供了通过 5G 进行授时的手段,5G Timing Resiliency System 主要针对 GNSS 卫星授时服务脆弱性,研究与 5G 系统一致的其他时钟同步技术作为终端用户的弹性时钟源,以作为 GNSS 卫星授时的补充、备份或替代。

高精度定位是工业互联网的关键应用,如化工厂等危险场景。测距是实现定位的一类算法,R18 将研究测距服务需求的相关规范,涵盖 UE 之间的测距操作、运营商对许可频谱下的测距功能的控制、测距的 KPI(如距离精度和方位精度等)和安全性方面等。

3. 多模态通信服务

多模态通信,指通过视频、音频、环境感知、触觉等影响用户体验的多种通信信道响应输入,并结合超低时延、超高可靠性和安全性等网络能力,来实现真正的沉浸式用户体验。为支持触觉和多模态通信服务,5G 系统需满足不同数据流的不同的网速、时延和可靠性需求,还需要实现并行多数据流的同步。R18 将研究涉及触觉和多模态通信技术的新用例,以及这些用例相关的网络可靠性、可用性、安全性、私密性、数据速率、时延、传输间隔等技术指标。

9.5.2 6G 展望

人类社会将进入智能化时代,社会服务均衡化、高端化,社会治理科学化、精准化,社会发展绿色化、节能化将成为未来社会的发展趋势,因此提出了 6G 的需求和愿景。IMT-

2030(6G)推进组作为6G研究的推进组织,发布了《6G总体愿景与潜在关键技术》白皮书,给出了6G时代将实现万物智联、数字孪生的总体愿景。

6G总体愿景是基于5G愿景的进一步扩展和升级。从网络接入方式看,6G将包含多样化的接入网,如移动蜂窝、卫星通信、无人机通信、水声通信、可见光通信等多种接入方式。从网络覆盖范围看,6G愿景下将构建跨地域、跨空域、跨海域的空天地海一体化网络,实现真正意义上的全球无缝覆盖。从网络性能指标看,6G无论是传输速率、端到端时延、可靠性、连接数密度、频谱效率、网络能效等方面都会有大的提升,从而满足各种垂直行业多样化的网络需求。从网络智能化程度看,6G愿景下网络和用户将作为统一整体,AI在赋能6G网络的同时,更重要的是深入挖掘用户的智能需求,提升用户体验。从网络服务的边界看,6G的服务对象将从物理世界的人、机、物拓展至虚拟世界的"境",通过物理世界和虚拟世界的连接,实现人机物境的协作。

总之,6G将构建人、机、物智慧互联、智能体高效互通的新型网络,在大幅提升网络能力的基础上,具备智慧内生、多维感知、数字孪生、安全内生等新功能。充分利用低中高全频谱资源,实现空天地一体化的全球无缝覆盖,随时随地满足安全可靠的人、机、物无线连接需求。6G将提供完全沉浸式交互场景,多维感知与普惠智能融合共生,虚拟与现实深度融合,满足人类精神和物质的全方位需求。

6G潜在应用场景包括以下部分。

(1) 沉浸化业务包括沉浸式云XR业务、全息通信业务、感官互联业务和智慧交互业务,具体的指标要求如下:沉浸式云XR业务,要求端到端时延<10ms,用户体验速率Gb/s量级;全息通信业务要求用户体验速率Tb/s量级;感官互联业务需要毫秒级时延,高精度定位和高安全性(隐私保护);智慧交互业务要求时延<1ms,体验速率>10Gb/s,可靠性达到99.99999%。

(2) 智慧化业务可进一步划分为通信感知业务、普惠智能业务、数字孪生业务。

通信感知业务要求6G网络可以利用通信信号实现对目标的检测、定位、识别、成像等感知功能,无线通信系统将可以利用感知功能获取周边环境信息,智能精确地分配通信资源,挖掘潜在通信能力,增强用户体验。

普惠智能业务将个人和家用设备、各种城市传感器、无人驾驶车辆、智能机器人等新型智能终端称为智能体,可以通过不断的学习、交流、合作和竞争,实现对物理世界运行及发展的超高效率模拟和预测,并给出最优决策。

数字孪生业务将物理世界中的实体或过程在数字世界中进行数字化镜像复制,人与人、人与物、物与物之间可以凭借数字世界中的映射实现智能交互。通过在数字世界中对物理实体或者过程实现模拟、验证、预测、控制,从而获得物理世界的最优状态。数字孪生要求网络具有万亿级连接能力、亚毫秒级时延、Tb/s级传输速率以及安全需求。

(3) 全域覆盖将地面蜂窝网与包括高轨卫星网络、中低轨卫星网络、高空平台、无人机在内的空间网络相互融合,构建起全球广域覆盖的空天地一体化三维立体网络,为用户提供无盲区的宽带移动通信服务。

6G潜在的关键技术包括如下几个方面。

(1) 增强型无线空口技术:无线空口物理层基础技术、超大规模MIMO技术、全双工技术。

（2）新物理维度无线传输技术：智能超表面技术、轨道角动量、智能全息无线电技术。

（3）太赫兹与可见光通信技术：太赫兹通信技术、可见光通信技术。

（4）跨域融合关键技术：通信感知一体化。

（5）内生智能的新型网络：内生智能的新型空口、内生智能的新型网络架构。

（6）网络关键技术：分布式自治网络架构、星地一体化网络、确定性网络、算力感知网络、支持多模信任的网络内生安全。

9.6 本章小结

本章结合移动通信的发展趋势，介绍了当前5G无线网络的标准进展，并分析了5G无线网络架构部署方案。阐述SDN、NFV及网络切片的概念及其在5G中的应用，还介绍了边缘计算在物联网中的重要应用。同时，给出了5G的物理层规范，介绍了5G的典型行业应用。最后介绍5G-Advanced和6G愿景，使读者对移动通信新技术有更全面的了解。

第10章 移动通信系统开发平台

CHAPTER 10

主要内容

本章介绍了软件无线电(Software Defined Radio,SDR)的基本概念和发展历程;给出了软件无线电的典型应用,包括无线通信、电子战、信号情报(SIGINT)和雷达等;介绍了通用软件无线电平台(USRP),并阐述了3种常见的基于软件无线电技术的软件工具链框架,即基于MATLAB和Simulink软件工具链、基于LabVIEW软件工具链和基于GNU Radio软件工具链。

学习目标

通过本章的学习,可以掌握如下几个知识点:

- 软件无线电基本概念;
- 软件无线电发展历程;
- 软件无线电的典型应用;
- 通用软件无线电平台;
- 软件工具链。

知识图谱

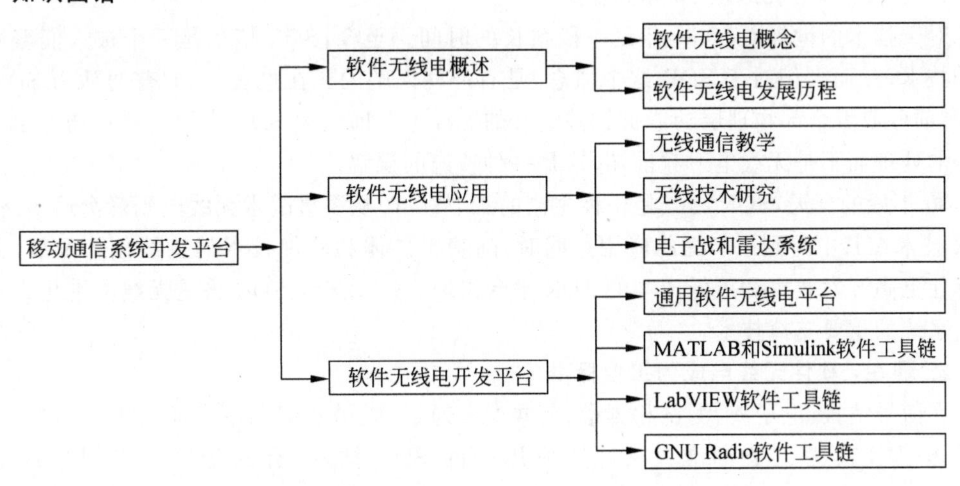

10.1 什么是软件无线电

追溯软件无线电发展的历史,软件无线电这个概念最早是由Joseph Mitola Ⅲ博士在1992年首次提出的,经过了近30年的发展,软件无线电技术从最初应用于军事通信开始逐步渗透到无线电工程应用的诸多领域,例如测控技术、雷达技术和移动通信技术。如今,软件无线电已经不再是某一项具体的技术应用,它被广泛地应用在现代通信系统中,成为一个工业标准。

10.1.1 软件无线电的定义和特点

在1992年发表的论文中,Joseph Mitola Ⅲ博士把软件无线电定义为:软件无线电是一种多频段无线电,它具有天线、射频前端、ADC和DAC,能够支持多种无线通信协议,在理想的软件无线电中,包括信号的产生、调制/解调、定时、控制、编/解码、数据格式、通信协议等各种功能都可以通过软件来实现。由以上Joseph Mitola Ⅲ博士给出的定义可以看到,该定义主要是从软件无线电的基本结构及其具体实现功能的方式来界定,强调了软件无线电技术在引入和支持多种空中接口标准方面的优势。随着软件无线电技术经过近30年的发展,人们逐渐认识到软件无线电的巨大价值,这是一种新的无线通信系统体系结构,旨在通过统一的硬件平台和灵活的软件架构使无线电设备具备可重配置能力。软件无线电提供了一种灵活高效且低成本的解决方案,利用软件无线电技术,人们可以灵活地构建多功能、多模式和多频段的无线电系统。利用先进的FPGA和DSP技术,软件无线电系统可以在很大程度上实现可编程重配置,加上灵活的软件架构及升级方式,可以实现完全通过软件定义来完成不同的功能。由此,软件无线电是一种以具有开放性、可扩展性和兼容性的硬件平台为基础,通过加载自定义的软件来实现各种无线通信系统功能的体系和技术。

10.1.2 软件无线电的发展历程

软件无线电技术发展至今,经历了近30年的发展。接下来分别从软件无线电技术的过去、现在和未来,向读者介绍软件无线电的发展历程。

1. 过去:软件无线电30年的发展

对于技术的世界而言,30年是一段很长的时间。至今,SDR依然是一个被人们普遍讨论的技术,然而人们对于SDR这个概念,是有一些误解的。在过去,人们普遍认为SDR是"一种部分或者全部物理层功能被软件定义的无线电",即认为SDR主要关注在物理层对于信号的处理而不是无线电射频前端,这是一种普遍的误解。

30年后的今天,SDR已经是一种主流的工业标准,从军事战术无线电到蜂窝通信终端,SDR技术在其中得到了广泛的应用。同时,随着半导体和软件技术的持续创新发展,也必将驱使更高开发效率和更低成本的SDR平台出现。这意味着SDR将是无线电进化为智能通信系统的重要支撑技术。

2. 现在:软件无线电成为工业标准

在信号情报、电子战、测试和测量、公共安全通信、频谱监测和军事通信等应用中,软件无线电已经成为工业标准。在这些应用中的SDR技术,有的是通过专用集成电路(Application Specific Integrated Circuits, ASIC)实现的,有的已经在使用DSP实现。图10.1所示为SDR技术在30年间的应用发展情况,共经历了4代发展。图10.1中靠近原点的位置,深色的部分表示最早从硬件架构无线电向软件架构无线电转变的应用集合,即第一个SDR技术发展阶段。

射频集成电路(RF Integrated Circuit, RFIC)和低成本DSP增强型FPGA技术的出现,

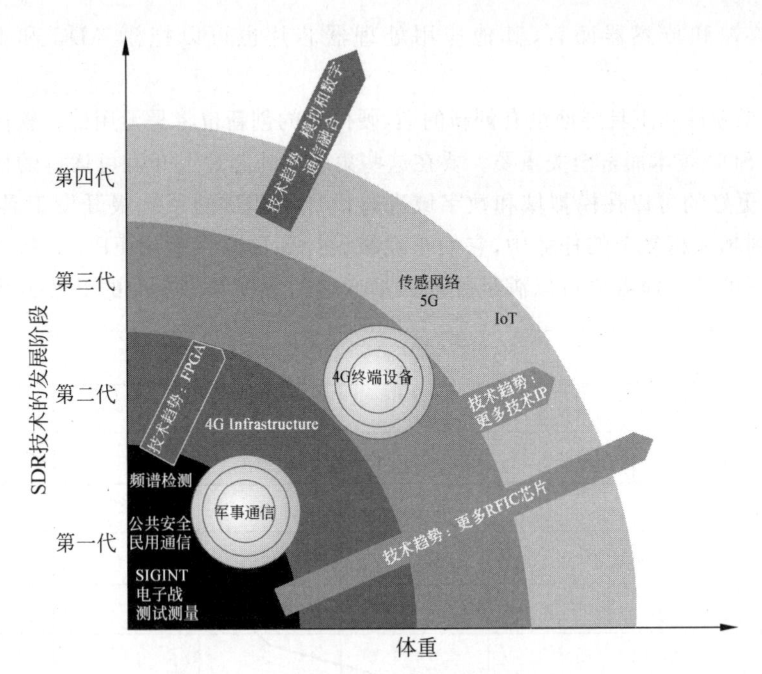

图 10.1　SDR 技术应用发展情况及趋势

极大地推动了 SDR 技术的发展，SDR 技术从最初的军事通信应用扩展到许多新的应用中，包括半导体、工具和软件技术公司等的 SDR 技术生态系统逐渐形成。在工具层面，SDR 技术要求信号在不同的硬件平台上可以被尽量便捷地处理和使用，促使像软件通信系统架构(Software Communications Architecture，SCA)核心框架的工具出现，以及更多更好的编程工具的出现。

RFIC、FPGA 和 EDA 工具的进步，是 SDR 技术在 4G LTE 技术设施建设中得到广泛应用的重要因素，即第二个 SDR 技术发展阶段。事实上几乎所有的 LTE 基站都是基于 RFIC 和 FPGA 开发的。一些大型设备供应商会在设计中使用 ASIC，但是其中大部分的基带 ASIC 都是可以编程的，它们使用处理器和硬核耦合的方式来使得系统在性能和功耗上获得更好的表现，例如像 Turbo 译码这样计算集中的功能模块，将会使用硬核来加速。

在第三个 SDR 技术发展阶段，SDR 技术在 4G 终端设备中得到了广泛的应用，这得益于 Ceva、Tensilica 和 Qualcomm 等公司对终端使用的低功耗、高性能 DSP 处理器的优化和改进。例如基带处理 ASIC，这些硬核将被集成到专用标准产品(Application Specific Standard Products，ASSPs)或者大多数的物理层处理芯片中。由此，SDR 技术真正成为工业标准。

3. 未来：下一代软件无线电

随着 4G 终端中 SDR 技术越来越广泛的应用，一些新兴技术也正在迅速地驱动着 SDR 技术的发展，例如 5G、IoT 和传感器网络等。那么什么技术是其中的主要驱动力呢？参考从第一个到第三个 SDR 技术的发展阶段，硬件和软件的融合技术将会是这一主要的驱动力。

在硬件层面，新的技术驱动在于把模拟和数字技术集成到单片芯片中以降低成本、尺寸、重量和功耗。对于通信基础设施而言，单个 FPGA 芯片中可以把 ADC 和 DAC 集成在一起。对于终端和传感器而言，其他应用处理器芯片也可以把模 ADC 和 DAC 集成在一起。

当然，如果软件和工具层面没有创新的话，硬件上的创新也将是无用的。软件和工具层面的创新，对于 SDR 技术而言至关重要。要在这些集成化的芯片上开发可运行的信号处理和应用软件，需要更好的可以在模拟域和数字域进行设计和调试的系统级开发工具。随着 SDR 技术被运用到越来越复杂的任务中，它们正在被设计到更高性能的 FPGA 中，如图 10.2 所示。这也就不可避免地需要可以满足处理大量激增的数据和复杂度的 FPGA 开发工具。

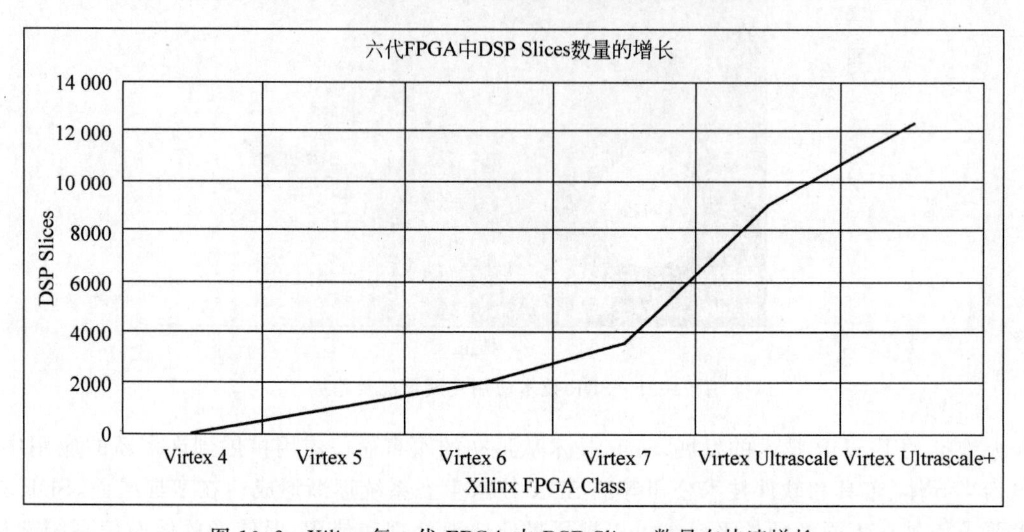

图 10.2 Xilinx 每一代 FPGA 中 DSP Slices 数量在快速增长

虽然通用处理器(General Purpose Processors，GPP)在过去已经很好地服务了一些软件无线电技术的应用，但是它们已经很难胜任未来像 5G 和军事通信应用中对于系统更高性能的要求。未来，集成化将进一步驱动下一代 SDR 技术的发展。其中，模拟和数字技术在混合信号芯片中的集成十分关键，但是目前主要制约 SDR 技术的发展已经不再是硬件，而是软件。如果没有可以同时在 GPP 和 FPGA 上进行开发的软件工具，那么下一代 SDR 技术中的硬件革新特性将得不到充分的利用和开发。

10.1.3 软件无线电架构

如图 10.3 所示为一个理想的软件无线电结构框图。在图 10.3 中，原始的模拟信源经过窄带 ADC 转换为数字信号，之后经过由软件定义的数字信号处理模块处理，之后再经过宽带 DAC 转换为模拟的射频信号经射频前端模块处理后由天线发射出去。

图 10.3 中的软件无线电系统体现了软件无线电的思想，整个系统的数字信号处理部分都由软件来完成，使得系统具有最大的兼容性和可重构性。从图中可以看出，理想软件无线电系统由天线、射频前端模块、ADC、DAC 和数字信号处理单元组成。其中天线完成射频信号的发射和接收功能，射频前端主要完成频段选择、混频、滤波、功率放大等功能，数字信号处理单元主要完成信号的数字上/下变频、多速率变换和基带数字信号处理(编/解码、调制/解调等)等功能。由此，可以分别用图 10.4 和图 10.5 来阐述软件无线电的数据接收和发射链路处理流程。

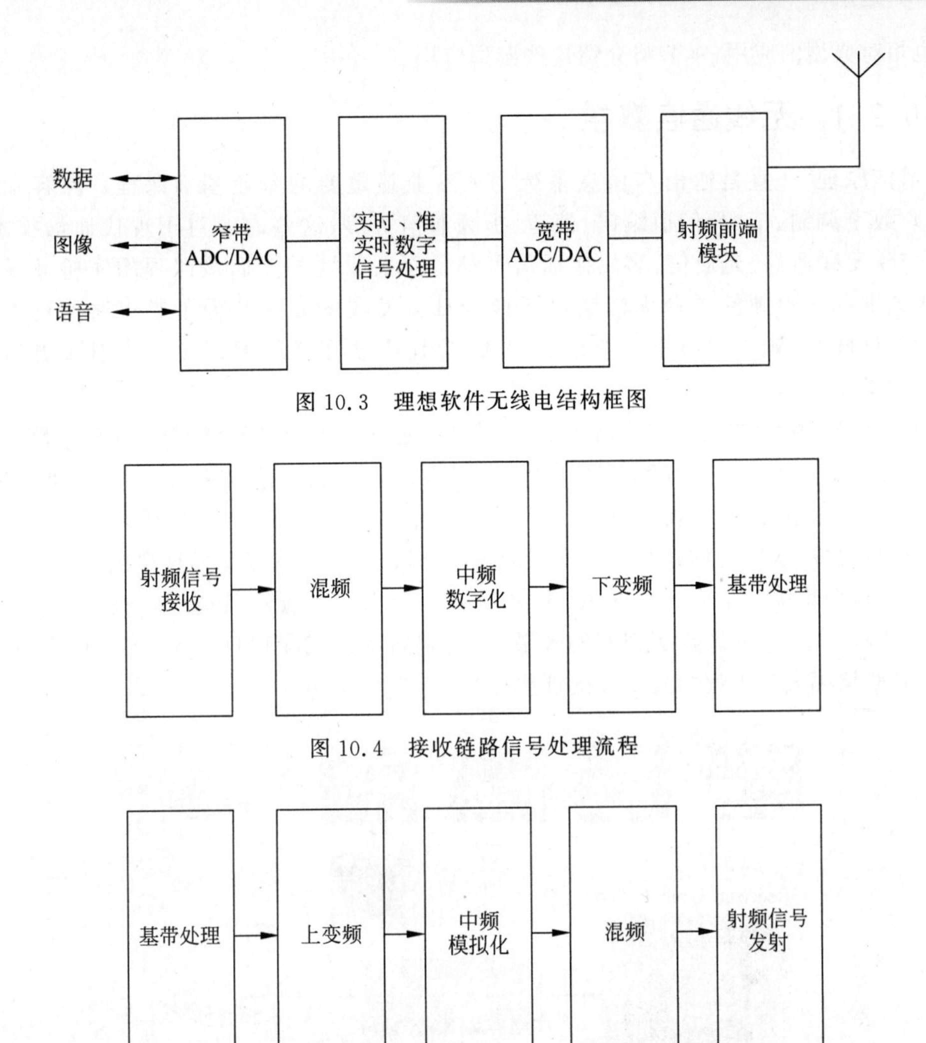

图 10.3　理想软件无线电结构框图

图 10.4　接收链路信号处理流程

图 10.5　发射链路信号处理流程

软件无线电的接收信号链路处理应包括射频信号的接收、混频，中频信号的采样(模数转换)，中频到基带的变换(下变频)以及基带信号处理；发射信号链路处理应包括基带信号的产生、基带到中频的变换(上变频)、中频信号的模拟化(数模转换)、混频以及射频信号的发射。基于以上分析的软件无线电数据链路结构，该软件无线电平台的数据链路首先应该满足的是通用性，即能够兼容目前大多数通信制式的能力。基于通用性的要求，一般软件无线电平台的数据链路应达到以下几个基本要求：接收/发射频段要宽；ADC/DAC 采样范围宽且采样速率可变；上/下变频参数可调；可实现多速率信号处理功能；具有支持多制式基带处理的算法库。

10.2　软件无线电典型应用

软件无线电目前已经被广泛应用到各种无线通信设备中，已经成为一种工业标准。其中，通信原理教学、无线技术研究以及电子战、信号情报和雷达是当前软件无线电应用比较广泛也相对典型的应用，本节将介绍这些典型应用。

10.2.1 无线通信教学

"通信原理"一直是通信与信息系统相关专业最重要的专业基础课程。内容主要覆盖模拟/数字调制、信源/信道编码、信道、扩频通信等等，这些内容对于现代通信技术，包括4G、5G无线通信、光通信、多媒体通信等都是至关重要的。而该课程的实验教学常常受限于老旧的实验硬件平台无法满足新形势日益发展的要求。为了紧跟通信技术快速变革的发展脚步，顺应国内教学改革的深入，迫切需要在通信原理授课中引入更为先进灵活的教学平台。

"通信原理"配套的教学实验内容中，比较注重通信系统原型设计，而非实际电路设计与制作。因此，鉴于当今的工程实际和课程本身的要求，将软件无线电技术应用于"通信原理"实验教学是非常适合的。这样可以加深学生对通信理论的理解，方便实现原型设计向实际应用的过渡，提高学生的创新与工程实践能力，同时也为课程的未来发展提供广阔的空间。

在国外，斯坦福大学的Sachin Katti教授从2011年开始便在其通信实验课程中引入了图10.6所示的平台，并取得了很好的效果，学生们给予这门课程打了4.94/5.0分的评分，这是当时斯坦福大学工程学院最高的课程评分。

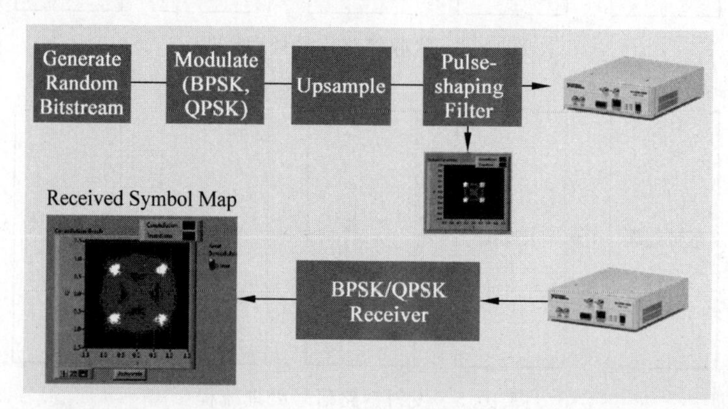

图10.6 斯坦福大学Sachin Katti教授基于软件无线电平台构建的BPSK/QPSK实验设计框图

在国内，也已经陆续有许多高校把软件无线电平台引入了通信原理教学中。例如，上海交通大学基于软件无线电平台在通信原理实验中开展了除基础原理实验以外的诸多高阶扩展实验，包括扩频通信、跳频通信系统等，并进一步形成了出版教材和SPOC课程资源等成果(图10.7)；北京交通大学基于软件无线电平台把通信原理和无线通信基础课程进行改革，增加能更好地培养学生解决复杂工程问题能力的综合性实验，包括分集、均衡、OFDM、MIMO等，很好地满足了工程教育专业认证的改革与评估要求(图10.8)；西安电子科技大学基于软件无线电平台把最新的通信前沿技术引入通信原理教学实验中，包括LTE通信系统、LTE/802.11异构组网，5G Massive MIMO等，帮助学生理解抽象理论，同时为5G等研究项目和新兴趋势做好准备(图10.9)；北京邮电大学基于软件无线电平台开展通信原理课赛结合改革，举办无线电通信对抗挑战赛，比赛吸引了京津冀地区十余所兄弟院校的师生参加，激发学生学习兴趣，增进通信原理知识的应用与实践(图10.10)；中山大学基于软件无线电平台开展学生项目制综合实验训练，包括ADS-B、Lora、NB-IoT、Wi-Fi室内定位等，与时俱进地培养学生综合创新实践能力(图 10.11)。

图 10.7　上海交通大学：通信原理实验课堂

图 10.8　北京交通大学：2×2 MIMO 实验

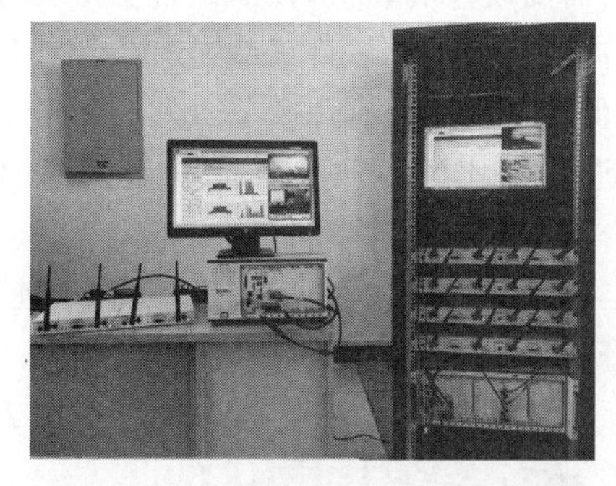

图 10.9　西安电子科技大学：5G Massive MIMO 实验

图 10.10　北京邮电大学：无线电通信对抗赛

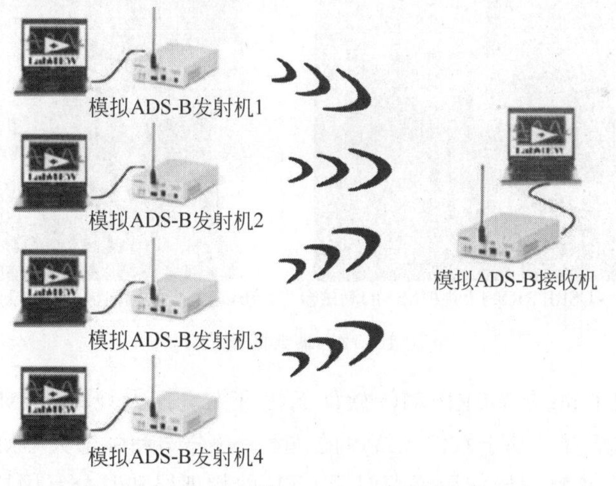

图 10.11　中山大学：ADS-B 项目制综合实验

读者可以扫描二维码阅读：在教学实验中引入通信前沿技术-基于软件无线电的实验教学探索。

10.2.2 无线技术研究

科研工作中一个必不可少的环节是完成原型设计并收集数据，这是后续进行数据处理和分析，形成论文成果的重要前序工作。在无线技术的研究中，技术的更新演进速度很快，研究人员需要灵活、具有高成本效益的工具，开发下一代无线通信技术。正确的工具可让开发人员更快速地创建、设计、仿真、原型和部署无线系统，以更快速地获得可靠的实验数据。

软件无线电以其可重配置和多模式操作的优势，非常适合用于进行下一代无线技术的研究。目前，软件无线电技术在5G Massive MIMO、mmWave、频谱协作、密集组网等热点研究中，已经扮演了十分重要的角色。

图10.12所述的是一个完整的大规模MIMO应用程序框架。它包含了搭建世界上最通用的、灵活的、可扩展的大规模MIMO测试台所需的硬件和软件，该测试台支持实时处理以及在研发团队所感兴趣的频段和带宽上进行双向通信。使用软件无线电和LabVIEW系统设计平台软件，这种MIMO系统的模块化特性促使系统从仅有几个节点发展到了128天线的大规模MIMO系统。并且随着无线研究的演进，基于硬件的灵活性，它也可以被重新部署到其他配置的应用中，比如点对点网络中的分布式节点，或多小区蜂窝网络等。

瑞典隆德大学的Ove Edfors教授和Fredrik Tufvesson教授与NI公司合作，使用NI公司的大规模MIMO应用程序框架开发出了一套MIMO系统，如图10.12所示。

(a) 基于USRP RIO的大规模MIMO测试台

(b) 自定义的横向极化贴片天线阵列

图10.12 瑞典隆德大学

隆德大学使用了50套USRP RIO软件无线电来实现大规模MIMO基站收发信机天线数为100天线的配置。基于软件无线电的技术，NI公司和隆德大学研发团队开发了系统级的软件和物理层，该物理层使用了类似于LTE的物理层和时分复用技术来实现移动端接入。表10.1中展示了大规模MIMO应用程序框架所支持的系统和协议参数。

表10.1 大规模MIMO应用框架系统参数

参　数	数　值	参　数	数　值
BTS天线数	64～128	FFT大小	2048
射频中心频率/GHz	1.2～6	使用子载波数	1200
各个信道带宽/MHz	20	时隙/ms	0.5
采样率/(MS/s)	30.72	用户分享时长/频率	10

读者可以扫描二维码观看视频：University of Bristol and Lund University Partner with NI to set a World Record。

10.2.3 电子战和雷达系统的应用

在现代电子战、信号情报和雷达系统中，需要在广泛的频点范围内采集、处理和记录宽频带信号。在这样的背景下，工程师需要灵活的硬件、软件和仪器设备来适应这些系统中新的信号类型和功能。

软件无线电平台在其中同样可以发挥优势，帮助工程师灵活地构建各种可重配置的系统，例如多波段雷达、无人机防御系统、频谱监测系统等。

与其他高科技技术一样，无人机也是不法分子的青睐对象，他们也在尝试利用无人机来达到不可告人的目的。据报道，英国最近已经出现商用无人机被用于执行不必要的监视，甚至扰乱了空域安全和秩序。

于是，人们也在努力开发无人机防御系统来对抗这些不法分子。大多数无人机防御系统利用各种技术来探测和消除威胁。这些系统都会使用有源和无源雷达，部分系统采用光学侦测技术。对抗措施也多种多样，包括非破坏性通信拦截、GPS 干扰以及导弹击落或高功率定向激光炮击落等破坏性措施。

每年都有许多更智能的新型商用无人机面世，其搭载的指挥控制(C2)和导航系统也越来越复杂。如今，主动回避障碍物以及自主控制已经是无人机的常见功能。当无人机不受飞行员直接控制时，就难以实行 C2 对抗措施；因此，通常会采用欺骗或干扰的手段来破坏或关闭 GPS 信号。主动远程驾驶无人机可以提供各种通信方法，比如基本模拟调制以及基于加密指令的高度安全数字链路。过去往往使用传统的高功率干扰技术；然而，这种做法不分敌友，可能会对友军造成相当大的破坏，并可能危及隐秘行动，更不用说会触及许多国家的监管条例。要使单个防御系统能够灵活地适应不同的 C2 干扰方法，是一个相当大的挑战。

第一个难点是如何跟上不断变化的技术以及快速部署新威胁对抗措施。由于传统的自研自产国防项目开发周期非常漫长，已经无法适应时代需求，许多系统开始转向商用现成技术来加快部署速度，以便系统设计人员可以专注于研究威胁对抗措施而不是硬件实现。

其次是移动性问题：虽然基地保护很重要，但许多军事运营商需要在偏远地区的车辆上部署有效的对抗措施解决方案。很多时候，军用车无法容纳全尺寸雷达系统(包括摄像机和破坏性对抗措施装置)。而且移动系统必须具有隐蔽性并能够在执行任务中长时间运行，最终所有问题都归结于 SWaP(尺寸、重量和功耗)。选择一个可以从原型验证扩展到部署并满足 SWaP 和无线电性能标准的平台至关重要。

为了应对技术发展和 SWaP 挑战，SkySafe 基于 NI 商用 SDR 技术开发了相应的系统。如图 10.13 所示，该系统将 NI SDR 与开源软件相结合，使得 SkySafe 只需通过部署新算法，即可快速适应不断变化的威胁，大幅减少了新功能的部署时间和成本。SkySafe 解决方案的核心在于其专有的创新软件无线电算法。

图 10.13 SkySafe：基于软件无线电技术开发的无人机防御系统

读者可以扫描二维码观看视频：USRP B200 Exploring the Wireless World。

10.3 典型软件无线电开发平台

目前，诸多移动通信系统已经基于软件无线电技术开发，主要由硬件和软件开发工具链构成。硬件方面，USRP 是全球使用比较广泛的商用软件无线电硬件平台；软件方面，目前主要有三种使用比较广泛的开发工具链。USRP 硬件平台结合不同的软件工具链，也就构成了当前几种使用比较广泛的典型软件无线电开发平台：基于 MATLAB 和 Simulink 软件工具链的软件无线电开发平台、基于 LabVIEW 软件工具链的软件无线电开发平台和基于 GNU Radio 软件工具链的软件无线电开发平台。本节重点介绍 NI 公司的 USRP 平台，第 11 章中会详细介绍它们的使用方法。

10.3.1 USRP 软件无线电设备

NI 公司研发和生产的 USRP，在过去数十年间获得了超过 8000 多家工业和商业用户的认可，有超过 50 000 台设备被部署到世界各地的实验室、测试床和原始设备制造商（Original Equipment Manufacture，OEM）应用中。NI USRP 软件无线电设备通过了 CE 和 KC EMC 的认证，可以满足多种使用场景的要求。NI 的 USRP 软件无线电设备如图 10.14 所示。

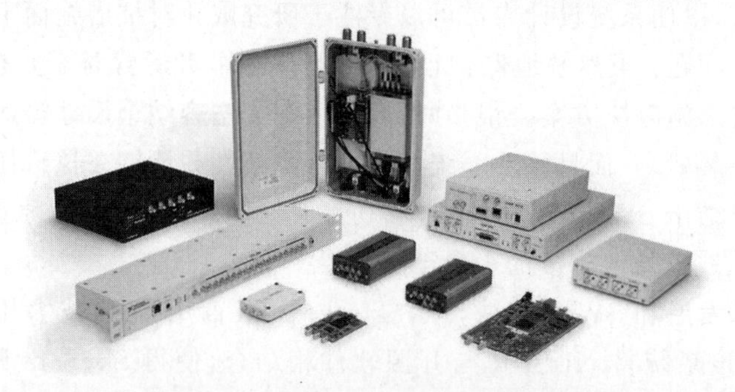

图 10.14 NI USRP 软件无线电设备

除了工业界的广泛应用，USRP软件无线电设备在高校的教学和科研应用中，也是一种相对理想的教研结合实验平台，一方面软件无线电技术目前已经被广泛应用到各种无线通信设备中，使得教研过程中能够和行业技术接轨；另一方面软件无线电技术本身在功能和应用上的可重定义性特点，也使得教学过程中的实验内容更新、科研过程中的原型系统构建变得更加方便和灵活，整体减少教研中的实验设备重复购置及降低更新换代成本。

NI的USRP系列包括USRP-290x，USRP-292x，USRP-293x；USRP-294x，USRP-295x和USRP-2974，如图10.15所示。NI USRP软件无线电设备融合了处理器(CPU)、FPGA和射频前端，可以帮助用户快速设计、原型化和部署无线通信系统，包含一系列覆盖固定FPGA功能的低端硬件选择，到开放大容量FPGA可重定义功能、高达160 MHz瞬时带宽的高端硬件选择。

图10.15　USRP-290x、USRP-292x、USRP-294x/5x和USRP-2974系列

USRP的软件包含LabVIEW、LabVIEW FPGA模块的API支持及配套详细使用范例库和帮助文档；通过使用USRP Hardware Driver(UHD)，可以支持GNU Radio、C/C++、MATLAB/Simulink、Python、VHDL、Verilog、HDL Coder和RFNoC(Open-Source FPGA Framework)的开发应用；频段覆盖范围为10MHz～6GHz；最高支持瞬时带宽达160MHz；GPS同步支持可选；单USRP设备最高支持2×2收发机通道或者4个接收机通道；FPGA可重定义(USRP-294x，USRP-295x和USRP-2974系列)；板载x86架构处理器支持可选(USRP-2974系列)。

图10.16和图10.17所示为典型USRP系列的硬件外观，其中包括了射频接口、数据互联接口、时钟和同步信号接口等关键部件。

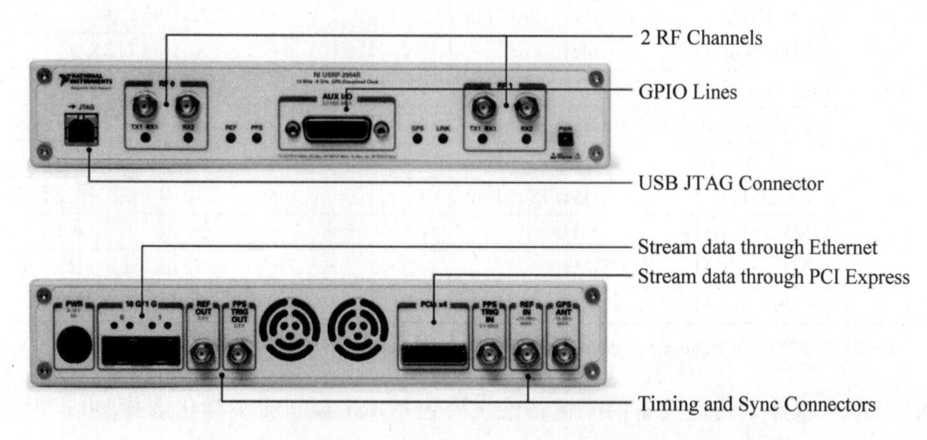

图10.16　USRP-2944 30MHz～6GHz软件无线电设备

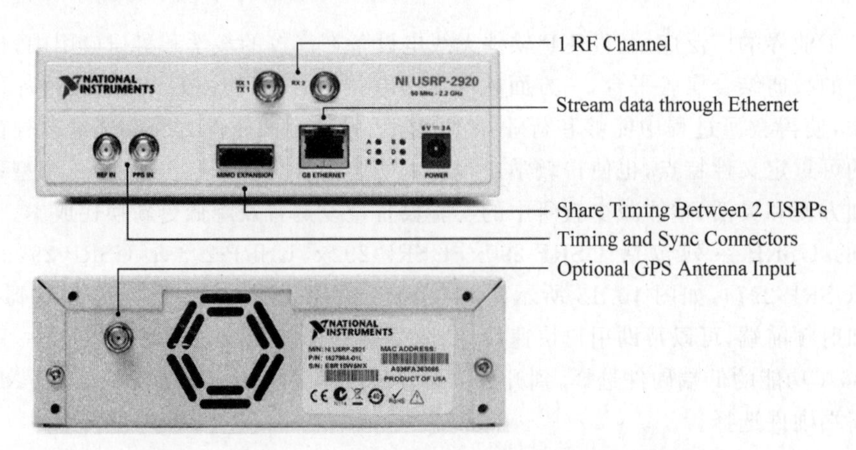

图 10.17 USRP-2920 50MHz～2.2GHz 软件无线电设备

需要特别注明的是,Ettus Research 也是一个 NI USRP 的品牌。区别在于,NI USRP 软件无线电设备在交付给客户的时候是被完全组装、测试,开箱即用;而 Ettus Research 软件无线电设备通过模块化的方式售卖,需要用户自己完成组装。具体的指标和功能区别,如表 10.2 所示。

表 10.2 Ettus Research USRP 和 NI USRP 的区别与联系

NI Model	Frequency Range	Bandwidth	GPS Disciplined Oscillator	LabVIEW FPGA Support	Ettus Research Equivalent
USRP-2900	70MHz～6GHz	56MHz			B200
USRP-2901	70MHz～6GHz	56MHz			B210
USRP-2920	50MHz～2.2GHz	20MHz			N210＋WBX
USRP-2922	0.4～4.4GHz	20MHz			N210＋SBX
USRP-2930	50MHz～2.2GHz	20MHz	•		N210＋WBX＋GPSDO
USRP-2932	0.4～4.4GHz	20MHz	•		N210＋SBX＋GPSDO
USRP-2940	50MHz～2.2GHz	40MHz/120MHz		•	X310＋WBX
USRP-2942	0.4～4.4GHz	40MHz/120MHz		•	X310＋SBX
USRP-2943	1.2～6GHz	40MHz/120MHz		•	X310＋CBX
USRP-2944	30MHz～6GHz	160MHz		•	X310＋UBX
USRP-2945	10MHz～6GHz	80MHz		•	X310＋TwinRX
USRP-2950	50MHz～2.2GHz	40MHz/120MHz	•	•	X310＋WBX＋GPSDO
USRP-2952	0.4～4.4GHz	40MHz/120MHz	•	•	X310＋SBX＋GPSDO
USRP-2953	1.2～6GHz	40MHz/120MHz	•	•	X310＋CBX＋GPSDO
USRP-2954	30MHz～6GHz	160MHz	•	•	X310＋UBX＋GPSDO
USRP-2955	10MHz～6GHz	80MHz	•	•	X310＋TwinRX＋GPSDO
USRP-2974*	10MHz～6GHz	160MHz	•	•	USRP-2974

* The USRP-2974 is a stand-alone device that includes an onboard Intel Core i7 processor.

NI USRP 软件无线电设备的关键特性主要包括 RF I/O 的多样化选择、可扩展的多通道支持、多样化的软件开发工具链支持以及更容易的 FPGA 编程支持。

(1) RF I/O 的多样化选择。提供商用软件无线电平台中最广泛的 RF I/O 选择,频段覆盖从 10MHz 到 6GHz，瞬时带宽达 160MHz。让用户可以紧跟最新工业标准要求，比如最新 5G 新空口标准。

(2) 可扩展的多通道支持。NI USRP 软件无线电设备提供多种同步方式，使得用户可以容易地扩展系统通道数量，比如支持大规模 MIMO 应用。NI USRP 还支持设备间的同步参考时钟直连、GPS 同步以及通过基于以太网同步 White Rabbit 标准的同步。同时，NI 也提供专用的同步时钟源用于多个 USRP 设备间的同步互联，如图 10.18 所示。

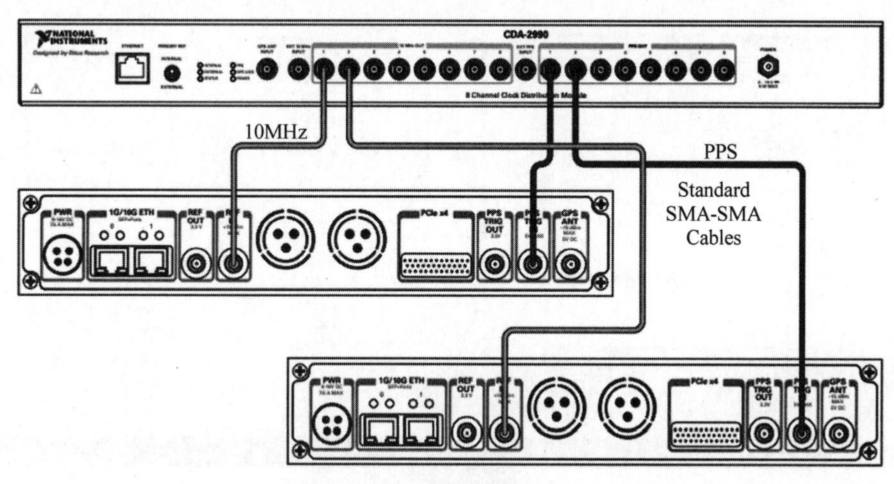

图 10.18　使用 CDA-2990 同步多个 USRP 设备

(3) 多样化的软件开发工具链支持。在软件开发工具链的选择上，NI USRP 的支持也非常灵活。当前快速构建实时移动通信系统比较常用的三种典型工具链都可以支持：基于 MATLAB 和 Simulink 的软件工具链、基于 LabVIEW 的软件工具链和基于 GNU Radio 的软件工具链，如表 10.3 所示。

表 10.3　NI USRP 支持的软件开发工具链和开发操作系统

	UHD	NI-USRP
OS	Windows Linux Mac OS	Windows NI Linux Real-Time
Host	GNU Radio C/C++ MATLAB/Simulink Python	LabVIEW 20XX LabVIEW NXG
FPGA	VHDL Verilog HDL Coder RFNoC(Open-Source FPGA Framework)	LabVIEW FPGA Module LabVIEW NXG Module

(4) 更容易的 FPGA 编程。通信系统中的高宽带和低延时要求变得越来越紧迫，使得通信系统中的实时高速数字信号处理能力要求也变得越来越高，这也就随之带来 FPGA 的应用与开发的增加。而通常开发 FPGA 系统需要一套非常复杂的开发环境和工具链，这往

往会难倒很多工程师和科研工作者。

NI USRP 软件无线电设备可以使用 LabVIEW FPGA 进行开发,这是一套图形化的开发环境,如图 10.19 所示,用户无需有 HDL 开发专长就可以开发相对复杂的 FPGA 系统。

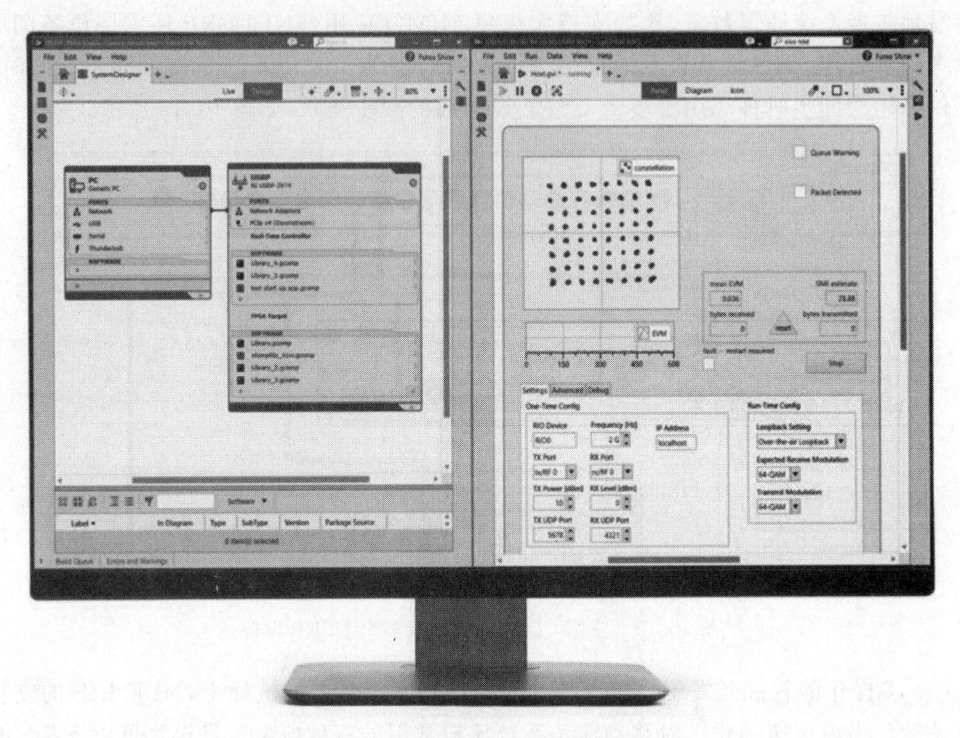

图 10.19　LabVIEW 开发环境

当然,如果用户倾向于使用传统 FPGA 开发方式,也可以基于 UHD 进行开发,例如使用 RFNoC。如图 10.20 所示为 RFNoC 软件栈架构。

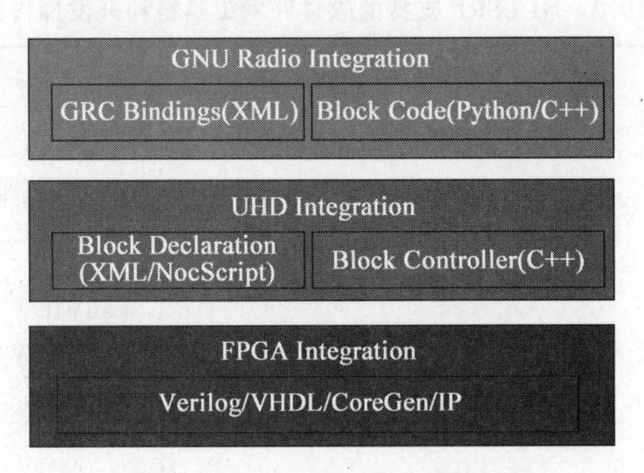

图 10.20　RFNoC 软件栈架构

10.3.2　MATLAB 和 Simulink 软件工具链

无线通信工程师和科研工作者基于 MATLAB 开发算法、分析数据、探索新技术和发表各种研究论文和软件。这是因为 MATLAB 是一个物理层建模的理想工具之一,这也是所有无线通信系统的基础所在。

现在，许多行业领先的公司已经不只是使用MATLAB来开发算法和分析数据了，他们正在用MATLAB实现全系统的仿真，实现LTE、WLAN、5G以及其他的无线通信系统。如图10.21所示，工程师和科研工作者们使用MATLAB和Simulink把RF、混合信号和数字技术集成到多域的系统模型中，并连接到真实硬件进行真实信号的空口测试，在多种软件无线电硬件平台上完成他们的设计的原型验证。

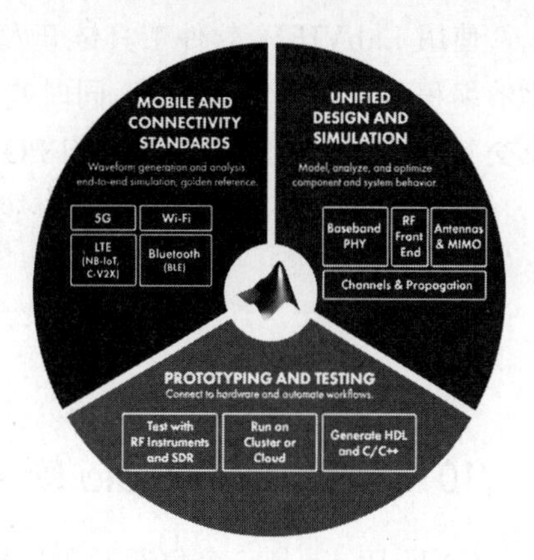

图10.21　使用MATLAB和Simulink的统一软件工具链开发无线通信系统

使用MATLAB和Simulink软件工具链开发软件无线电的优势在于用户可以很好的复用他们基于MATLAB开发的通信算法，同时借助MATLAB中强大丰富的算法工具包模块实现更复杂的无线通信系统，并在统一的MATLAB和Simulink环境中做闭环验证。

读者可以扫描二维码观看视频：What Is Communications Toolbox。

10.3.3　LabVIEW软件工具链

如10.1.2节中所述，随着通信系统越来越复杂，人们需要在软件无线电系统中集成GPP、FPGA等处理单元，同时需要在更加集成化的FPGA芯片中设计更加复杂的数据处理程序和软件应用，这就需要更好的系统级软件工具来帮助人们设计和开发这样的软件无线电系统。

基于下一代软件无线电系统设计和开发的这些挑战，NI的软件无线电系统在软件侧基于NI强大的图形化系统开发软件平台LabVIEW，使得用户可以轻松完成跨GPP和FPGA的软件开发。值得一提的是，借助LabVIEW FPGA技术，开发人员无须处理复杂的硬件描述语言(HDL)就可以完成复杂的FPGA程序开发，降低了下一代软件无线电系统的开发难度，提高了开发效率。在硬件侧，LabVIEW软件无缝对接各种指标和应用场景的NI软件无线电硬件平台，可以满足各种应用需求的软件无线电系统设计和开发。如图10.22为NI软件无线电基本架构框图。

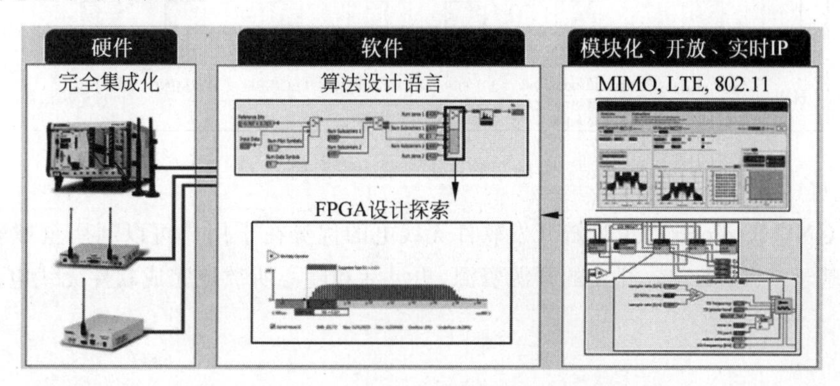

图10.22　NI软件无线电基本架构

使用 LabVIEW 软件工具链开发软件无线电的优势在于用户可以利用 LabVIEW 图形化的编程环境提升开发效率，同时基于 LabVIEW 和软件无线电硬件平台实时快速的数据流交互实现具有实时性能(基于 FPGA)的无线通信原型系统。

读者可以扫描二维码观看视频：What Is LabVIEW。

10.3.4 GNU Radio 软件工具链

GNU Radio 是一个免费开源的软件开发工具链，为实现软件无线电提供了一系列信号处理的模块。GNU Radio 可以结合现成低成本的外部 RF 硬件来实现软件无线电，也可以不基于硬件在仿真环境中使用，它被广泛运用在科研、工业、教学和业余爱好者环境中用于科学研究和构建真实的无线通信系统。

如图 10.23 所示，GNU Radio 是一套基于 Linux 操作系统的开发环境，其中提供了实时的数字信号处理工具，其中的信号处理模块是基于 C++开发的，用于描述软件无线电中数据流的信号处理图形是基于 Python 开发的。GNU Radio 软件和软件无线电硬件的交互是通过运行在 Linux 操作系统上的硬件驱动完成的。

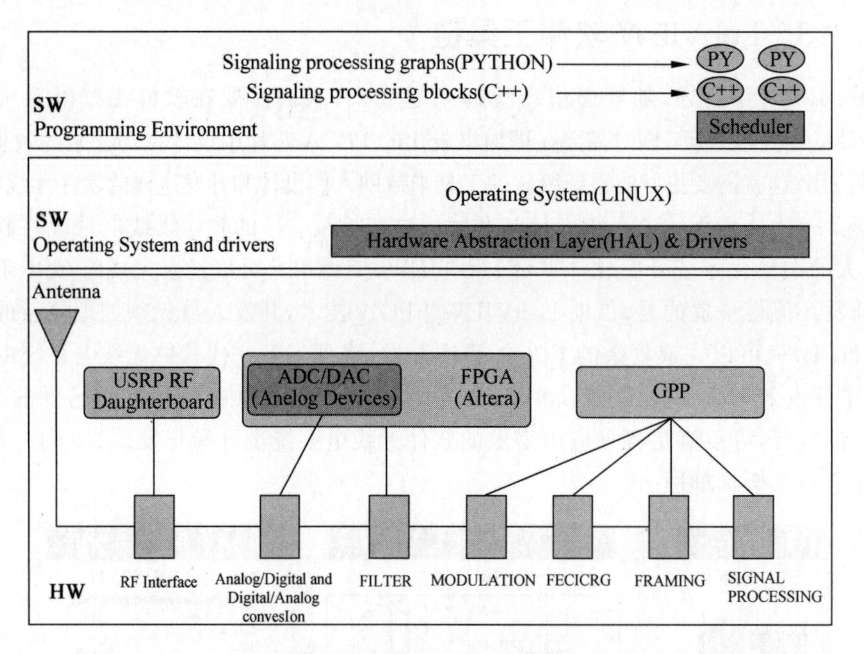

图 10.23 GUN Radio 架构

使用 GNU Radio 软件工具链开发软件无线电的优势在于用户可以利用全球软件无线电开发者基于 GNU Radio 开发的开源资源，更灵活和随心所欲地完成软件无线电开发。

10.4　本章小结

软件无线电技术已经成为当今构建和探索新一代通信系统的一种主流技术，具有灵活、可自定义、可扩展性强等特点。本章从软件无线电的概念开始，介绍了软件无线电的发展历程、架构和发展趋势，介绍了 NI 公司的通用软件无线电平台 USRP，并给出了当前比较常见的软件工具链，即 MATLAB 和 Simulink 软件工具链、LabVIEW 软件工具链和 GNU Radio 软件工具链，帮助读者进一步利用软件无线电平台快速构建移动通信系统。

第11章 快速构建移动通信系统实例

CHAPTER 11

主要内容

本章围绕3种常见的基于软件无线电技术的软件工具链：基于MATLAB和Simulink软件工具链、基于LabVIEW软件工具链和基于GNU Radio软件工具链，分别给出了各种工具链的基本概念和功能、使用入门以及如何结合NI的软件无线电平台快速构建移动通信系统。

学习目标

通过本章的学习，可以掌握如下几个知识点：

- MATLAB和Simulink的基本功能和特点；
- 基于MATLAB和Simulink的开发步骤；
- LabVIEW的基本功能和特点；
- LabVIEW的开发步骤；
- GNU Radio的基本功能和特点；
- GNU Radio的开发步骤。

知识图谱

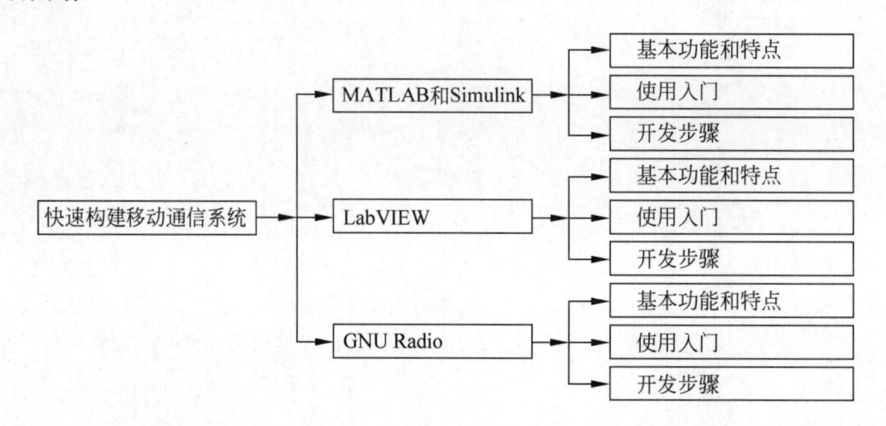

11.1 基于MATLAB和Simulink工具链的移动通信系统构建和实例

11.1.1 Communications Toolbox概述

基于MATLAB和Simulink工具链构建移动通信系统的时候，需要借助Communications

Toolbox 来完成。Communications Toolbox 提供多种算法和应用程序，可对通信系统进行分析、设计、端到端仿真和验证。工具箱算法包括信道编码、调制、MIMO 和 OFDM，用户可以组建和仿真基于标准或自定义设计的无线通信系统的物理层模型。

该工具箱提供如图 11.1 所示的波形生成应用程序、星座图和眼图、误码率以及其他分析工具和示波器以验证设计。这些工具可用来生成和分析信号、可视化信道特征、获取误差向量幅度(EVM)等性能指标。工具箱包括瑞利(Rayleigh)、莱斯(Rician)和 WINNER Ⅱ 模型，还考虑了 RF 非线性和载波偏移，并提供补偿算法。这些算法支持用户对链路级设计规范进行真实建模并补偿信道衰落效应。

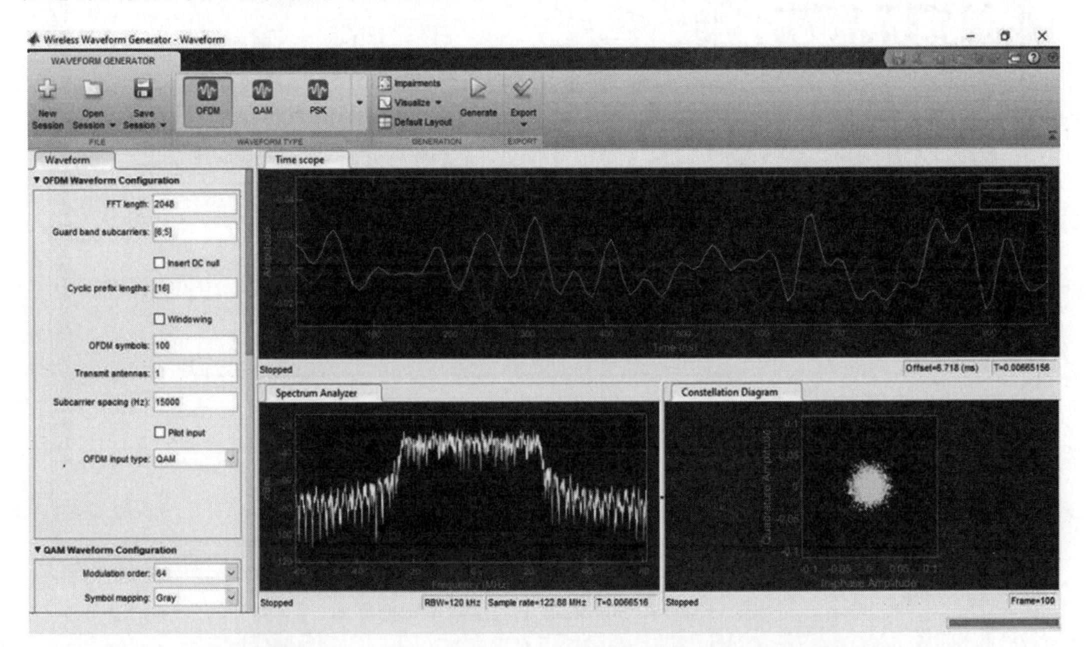

图 11.1　Communications Toolbox 中的无线波形生成应用界面

使用 Communications Toolbox 配合 RF 仪器或硬件支持包，用户还可以将发射机和接收机模型连接到无线电设备，并通过无线传输测试来验证设计。

11.1.2　Communications Toolbox 使用入门

在使用 Communications Toolbox 之前需要先在 Simulink 中配置通信模块的环境，这会用到 Communications Toolbox Simulink 模型模板。

Communications Toolbox Simulink 模型模板帮助用户自动针对通信建模完成 Simulink 环境所需的推荐配置，包括各种配置参数。用户基于该模板创建的模型是结合了最好的使用经验和之前解决相同问题方案的优势而形成的，可以帮助用户更快上手。

创建一个新的 Simulink 模型，即建一个新的空白模型并打开库浏览器，步骤如下。

(1) 在 MATLAB 的 Home 菜单栏，单击 Simulink，然后选择 Communications 模型模板，如图 11.2 所示。

(2) 单击 Create Model，基于 Communications Toolbox 创建一个空的包含了适用设置的模型。随后新的模型打开，单击模型工具栏中的 Library Browser 按钮，进入库浏览器。

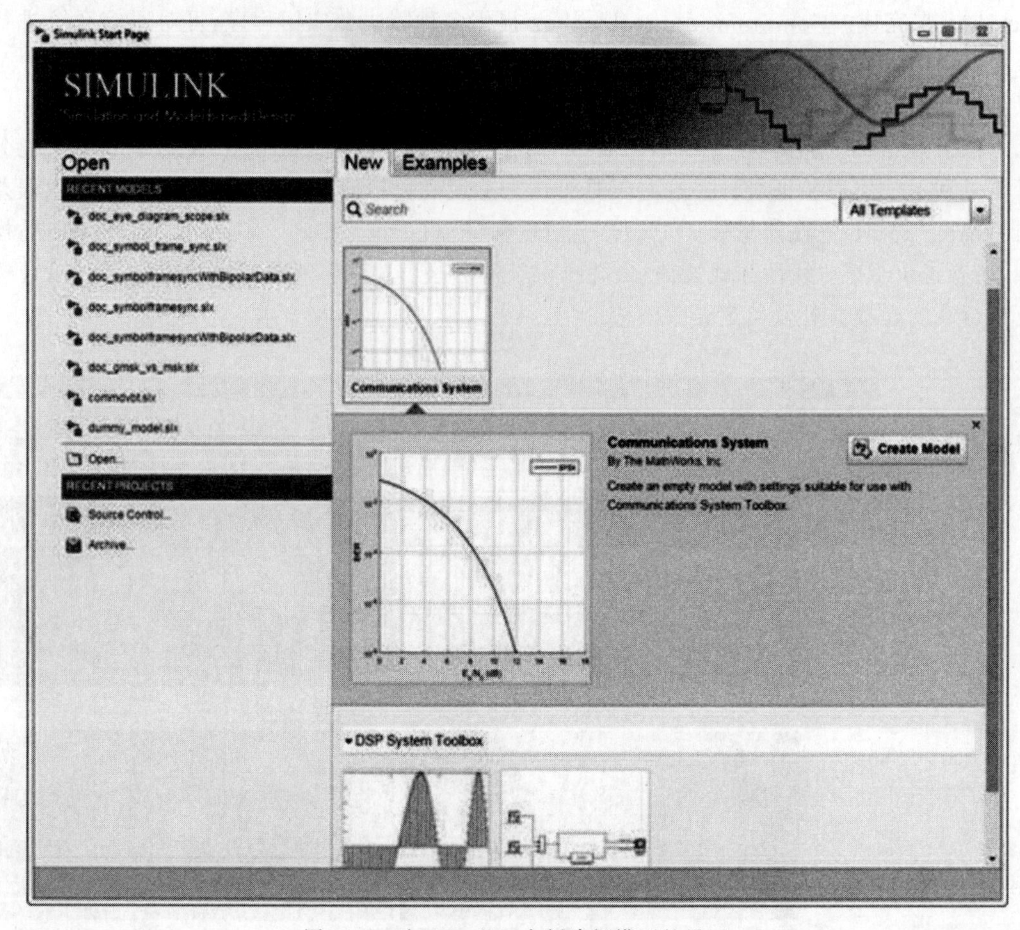

图 11.2　在 Simulink 中创建新模型的界面

注意：基于模板的配置和内容新创建的模型会出现在 Simulink 编辑器中。在用户保存模型之前，模型存在于内存中。

当用户选择 Communications Toolbox Simulink 模型模板创建模型的时候，所创建的模型是基于模板的推荐设置所配置的，这些推荐配置如表 11.1 所示。

表 11.1　Communications Toolbox Simulink 模型模板默认设置

配置参数	默认设置
'SingleTaskRateTransMsg'	'error'
'Solver'	'VariableStepDiscrete'
'EnableMultiTasking'	'Off'
'MaxStep'	'auto'
'StartTime'	'0.0'
'StopTime'	'inf'
'FixedStep'	'auto'
'SaveTime'	'off'
'SaveOutput'	'off'
'AlgebraicLoopMsg'	'error'

续表

配置参数	默认设置
'RTWInlineParameters'	'on'
'BooleanDataType'	'off'
'UnnecessaryDatatypeConvMsg'	'none'
'LocalBlockOutputs'	'off'

如果用户想要查看在 Communications Toolbox 中的 Simulink 模型参数,可以在 MATLAB 命令行中输入 show commblock data type table 命令生成对应表格进行查看。

用户可以在 Simulink 库浏览器中查看已经安装好的 Communications Toolbox 模块库,用户也可以在 MATLAB 命令行中输入 simulink(或者单击 MATLAB 工具栏中的 Simulink 按钮)打开 Simulink 库浏览器,如图 11.3 所示。

图 11.3 在 Simulink 库浏览器中查看 Communications Toolbox 模块库

借用一个在 Simulink 中进行 256QAM 仿真的例子讲解如何基于 Communications Toolbox 来仿真通信系统。此例展示了一个用 Simulink 构建的包含了 QAM 调制解调、AWGN 信道和相位噪声等基本功能的通信系统,用户可以查看 256QAM 信号的星座图和误码率,如图 11.4 所示。

在 cm_commphasenoise 模型中,仿真了 AWGN 信道和相位噪声对于 256QAM 信号的影响。在其中,Simulink 模型是一个图形化的呈现,即它完成了从产生一个随机信号,到对这个信号进行 QAM 调制,再经过 AWGN 信道和相位噪声影响,然后解调这个信号的完整

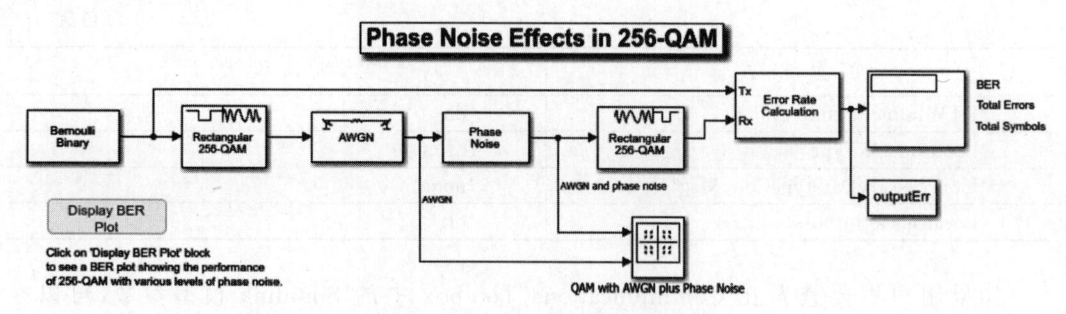

图 11.4 256QAM 仿真实例

数学过程。同时,该模型中还包括了用于显示误码率和星座图的功能模块。

(1) Bernoulli Binary 生成器模块生成了一个包含范围在[0,255]的 8 比特二进制值的信号序列。

(2) Rectangular QAM 基带调制模块使用基带的 256QAM 对信号进行调制。

(3) AWGN 信道模块模拟了一个把高斯白噪声增加到信号上的噪声信道。

(4) Phase Noise 模块在输入的复信号的角度上引入噪声。

(5) Rectangular QAM 基带解调模块用于解调信号。

该模型中的其他模块用于解释仿真结果。

(1) Constellation Diagram 模块用于显示增加了 AWGN 和相位噪声影响的信号星座图。

(2) Error Rate Calculation 模块用于计算接收信号相对于发射信号的误码率。

(3) 标记有 outputErr 的 To Workspace 模块,把结果输出到工作区以备打印结果时使用。

(4) Display BER Plot 模块打开误码率曲线图展示 256QAM 信号在不同的相位噪声水平下的 Eb/N0 性能曲线。

图 11.5 为该模型仿真出的经过了 AWGN 和相位噪声影响的 256-QAM 信号星座图。

默认情况下,该模型设置的仿真时间为 inf。其中,Error Rate Calculation 模块被设置为运行到 100 次错误发生为止。如果需要在发生 100 次错误之前停止仿真,可以单击 Simulation 菜单栏上的 Stop 按钮。

Display 模块显示了被 AWGN 和相位噪声引起的错误数量。当用户运行仿真的时候,三个小盒子会出现在模块中,显示从 Error Rate Calculation 模块输出的向量:第一个是误码率 BER;第二个是所有的错误数量;第三个是所有被做过的对比次数。

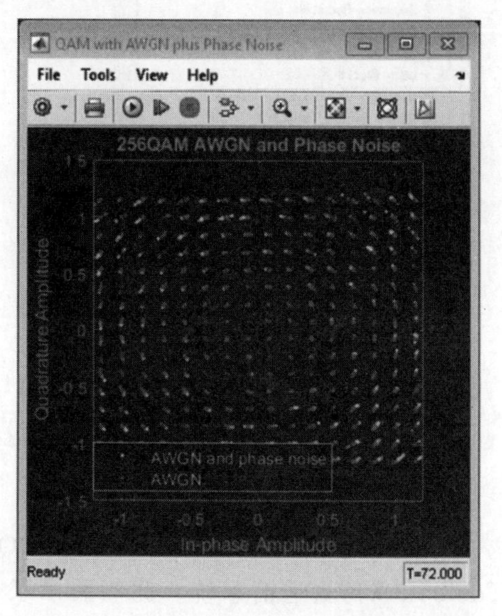

图 11.5 经过了 AWGN 和相位噪声影响的 256QAM 信号星座图

如果要显示 BER 对于 Eb/N0 曲线在一定相位噪声范围内的仿真结果图,可以双击模型中的 Display BER Plot 模块。

用户可以通过设置模型的参数，控制 Simulink 模块的功能。双击一个模块可以打开它的模块配置界面。

如果要更改相位噪声的数量，可以打开 Phase Noise 模块的配置界面，给 Phase noise level(dBc/Hz)参数输入新的值，然后单击 OK 应用该新的配置即可。

如果要更改噪声的数量，可以打开 AWGN 信道模块的配置界面，给 Eb/N0(dB)参数输入新的值(该参数越低噪声水平越高)，然后单击 OK 应用该新的配置即可。

降低相位噪声和增加 Eb/N0 的值都会减少模型中仿真的噪声。因为该模型配置运行的时间为到发生 100 次错误为止，所以如果在一个小噪声的情况下运行模型仿真可能会导致一个很长的仿真时间。用户可以通过把模型的仿真时间设置从 inf 改成一个更小的值(比如 10)来限制模型仿真的最长时间。

用户也可以使用回调函数来配置仿真。大多数模型的仿真参数可以通过使用 PreLoadFcn 回调函数来实现配置。用户可以通过在 Modeling 菜单栏选择 Model Setting > Model Properties 来进入回调函数。在 Model Properties 对话框中，选择 Callbacks 菜单。

plot_256qam_ber_curves. m MATLAB 程序可以通过运行不同 Phase noise level(dBc/Hz)和 Eb/N0(dB)参数值下的多种仿真结果来生成误码率曲线，如图 11.6 所示。

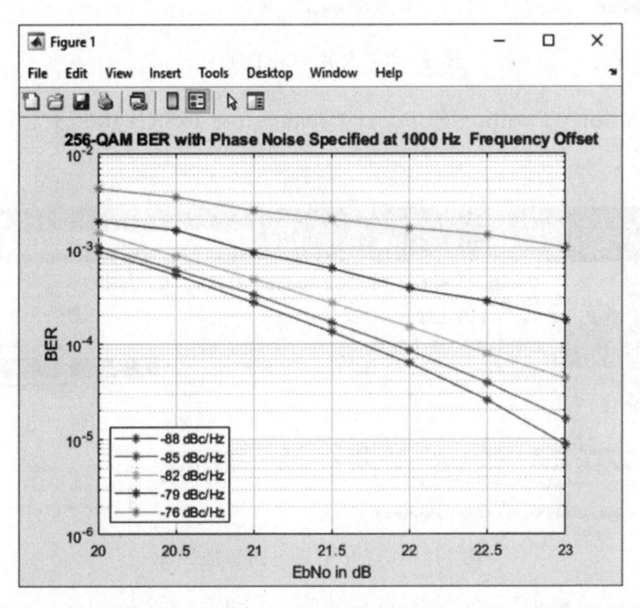

图 11.6　256QAM 信号在 1000Hz 频偏下相位噪声的误码率曲线图

11.1.3　基于 MATLAB 和 Simulink 工具链构建软件无线电平台

结合 USRP 软件无线电设备，用户便可以基于 MATLAB 和 Simulink 工具链构建软件无线电平台，这里先介绍如何在 MATLAB 中增加对 USRP 软件无线电设备的支持工具包。

在 MATLAB 的主界面，单击附加功能>获取附加功能，如图 11.7 所示。

在附加功能资源管理器的搜索框输入 USRP，找到名为 Communications Toolbox Support Package for USRP Radio 的工具包，然后进行安装，如图 11.8 所示。

图 11.7　获取附加功能

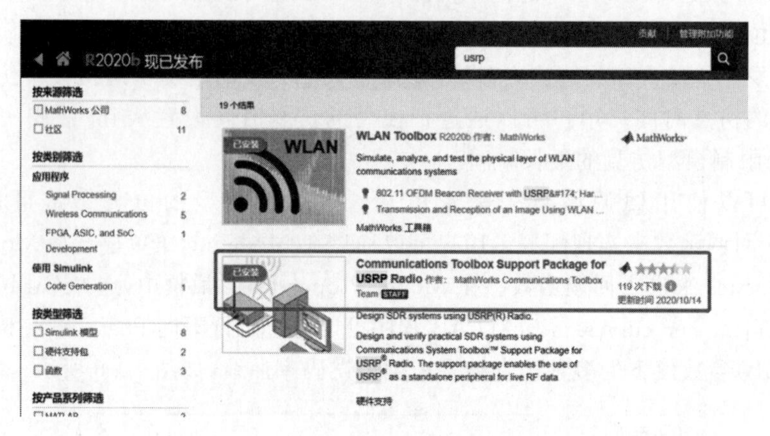

图 11.8　安装 USRP 工具包

在 Communications Toolbox Support Package for USRP Radio 工具包的首页，单击管理，如图 11.9 所示。

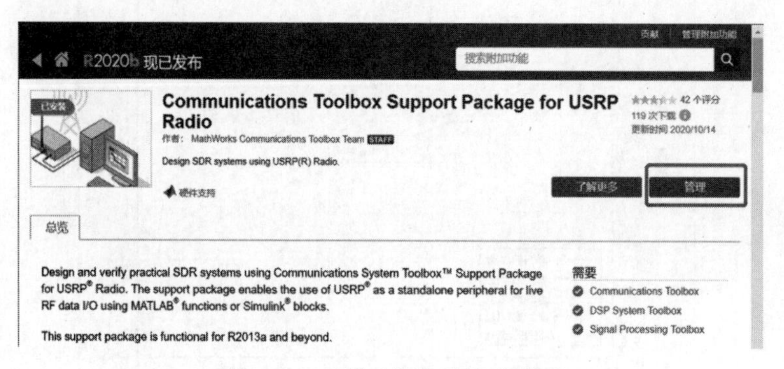

图 11.9　打开工具包的管理界面

进入工具包的管理界面，单击类似设置的按钮，进行硬件驱动的配置，如图 11.10 所示。

图 11.10　打开工具包设置界面

在驱动的配置界面，不同的 USRP 产品具有不同的驱动，比如 B200 是基于 USB 连接的，因此选择 USB-based；而 N210 等设备是通过以太网线和设备进行连接，因此需要选择 Ethernet-based 选项。根据所使用的 USRP 型号选择好之后，单击 Next，如图 11.11 所示。

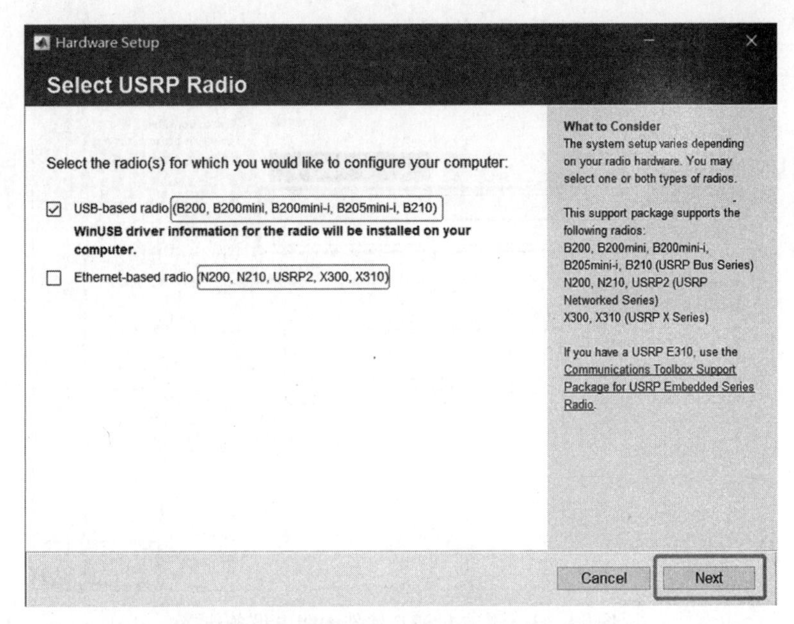

图 11.11　选择要连接的 USRP 软件无线电设备

如图 11.12 所示，出现一个安装 WinUSB 驱动的确认信息界面，直接单击 Next。

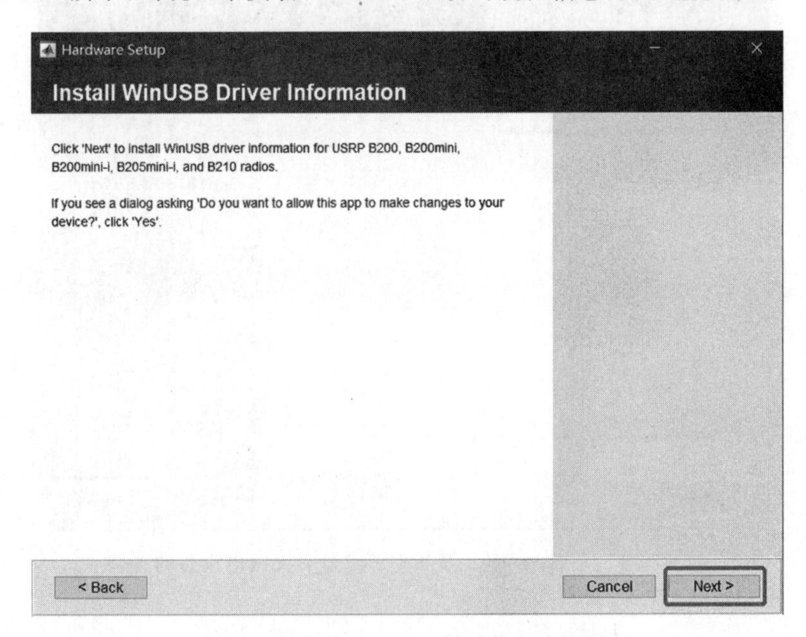

图 11.12　安装 WinUSB 驱动信息确认页面

将设备和计算机连接好，检测设备连接，如果检测到，将会显示设备的型号和序列号。发现设备后，单击 Next 按钮，如图 11.13 所示。

单击 Finish 按钮，完成 MATLAB 和 USRP 软件无线电设备的连接，如图 11.14 所示。

至此，便完成了 MATLAB 和 USRP 软件无线电设备的连接，基于 MATLAB 和 Simulink 软件开发工具链的软件无线电开发平台就构建好了。

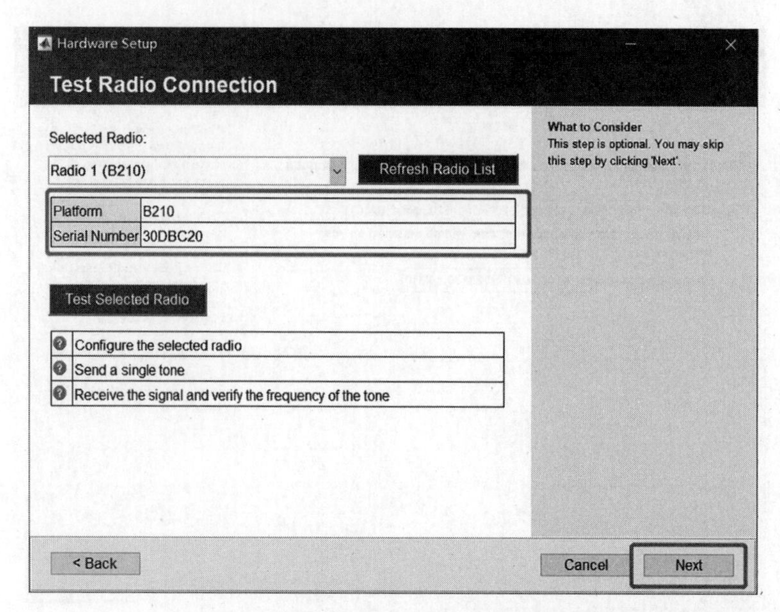

图 11.13 测试 USRP 软件无线电设备连接

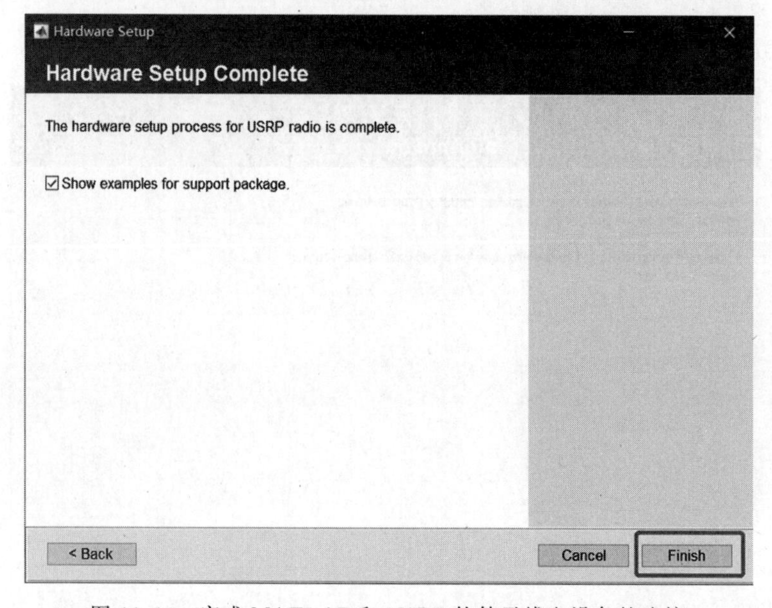

图 11.14 完成 MATLAB 和 USRP 软件无线电设备的连接

11.2 基于 LabVIEW 工具链的移动通信系统构建和实例

11.2.1 LabVIEW Communications 概述

基于 LabVIEW 工具链构建移动通信系统的时候，需要借助 LabVIEW Communications 来完成。LabVIEW 是 NI 公司于 1986 年推出的一款软件，最初主要是为了简化工程人员开发 PC 与仪器设备之间数据通信和数据处理的相关应用，所以一开始就提供了非常方便的程序界面设计工具以及基于数据流的图形化编程方式。后来越来越多的科学家和工程师发现这种程序开发方式相比基于文本语言的开发方式不仅能大大提高工作效率，而且图形化的编程方式也与流程图等工程思维相符合，显得非常直观，因此不断扩展其应用领域。另一方面，随着技术的发展和应用的拓展，LabVIEW 本身也不断发展，通过每年的升级添加更多功能，进一步简化科学家和工程师用其实现复杂应用的难度。时至今日，除了传统的仪器控制和数据采集应用，LabVIEW 在嵌入式控制、信号处理、射频和软件无线电等领域也有越来越多的应用。

LabVIEW Communications 是专门针对通信系统设计提供的一个与 NI 软件无线电硬件平台紧密集成的软件开发工具，旨在帮助工程师快速构建通信系统原型。在 LabVIEW Communications 软件开发工具中，开发人员可以在同一个开发环境中完成 CPU 和 FPGA 程序的开发和部署；其中还集成了 IEEE802.11、LTE 和 MIMO 等软件通信系统架构（Software Communications Architecture，SCA）核心框架，开发人员可以在这些核心框架基础上更加快速地构建原型系统，加速创新；内嵌的 HLS 工具可以帮助开发人员更好地理解和实现从浮点到定点算法的转换；支持 MATLAB、C/C++和 VHDL 等第三方语言的程序集成；无缝对接 NI 软件无线电硬件平台；支持高级 FPGA 开发，例如自定义时钟驱动逻辑等。如图 11.15 所示为 LabVIEW Communications 软件工具的功能及特点介绍。

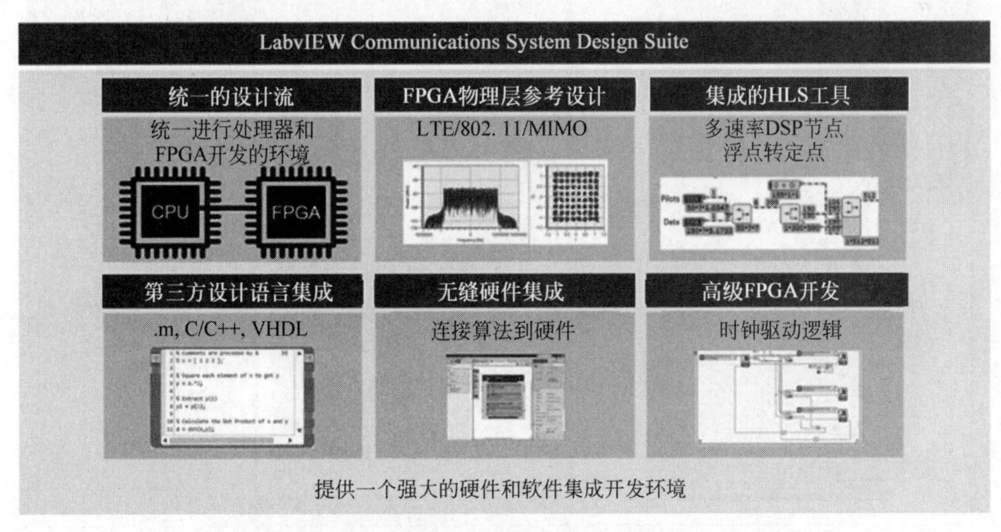

图 11.15　LabVIEW Communications 软件工具的功能及特点

11.2.2　LabVIEW Communications 使用入门

LabVIEW Communications 是一个集成化的、可以和软件无线电硬件无缝衔接的通信原型系统设计环境。在本节中，将带领读者一起走进 LabVIEW Communications 软件里，认识软件开发环境中的各种功能，并对 FPGA 设计流方法进行讲解。

LabVIEW Editor 提供了设计原型系统中所需要用到的所有工具，包括硬件交互、查看数据、编写处理数据的程序、存储数据的工具等。熟悉了这些工具，后续在设计原型系统时就可以做到得心应手。下面将对 LabVIEW Editor 的各个部分进行介绍。

1. 在项目中管理软硬件的关系

在 LabVIEW Editor 中，SystemDesigner 是用于管理软硬件关系的工具。SystemDesigner 在 Editor 中提供了一个原型系统的硬件虚拟映射关系，并且包含了代码与硬件的对应关系。用户可以通过 SystemDesigner 在项目中添加硬件、创建运行在硬件上的代码以及管理资源文件。如图 11.16 为 SystemDesigner 的界面。

如图 11.16 所示，该原型系统的硬件主要由 PXI 机箱和机箱中的 FPGA 板卡构成。其中①为空的槽位，意味着可以添加更多的硬件；②为已经插有板卡的槽位，其中也显示了用户可以添加的代码和模块信息；③为视图选择器，可以让用户以不同的方式显示硬件、代码和其他硬件资源的关系；④为硬件资源信息，不同的硬件也对应不同的资源信息；⑤为控制板，用户可在其中选择对应的各种硬件和硬件资源添加到项目中；⑥为配置面板，用于对所选硬件进行配置。

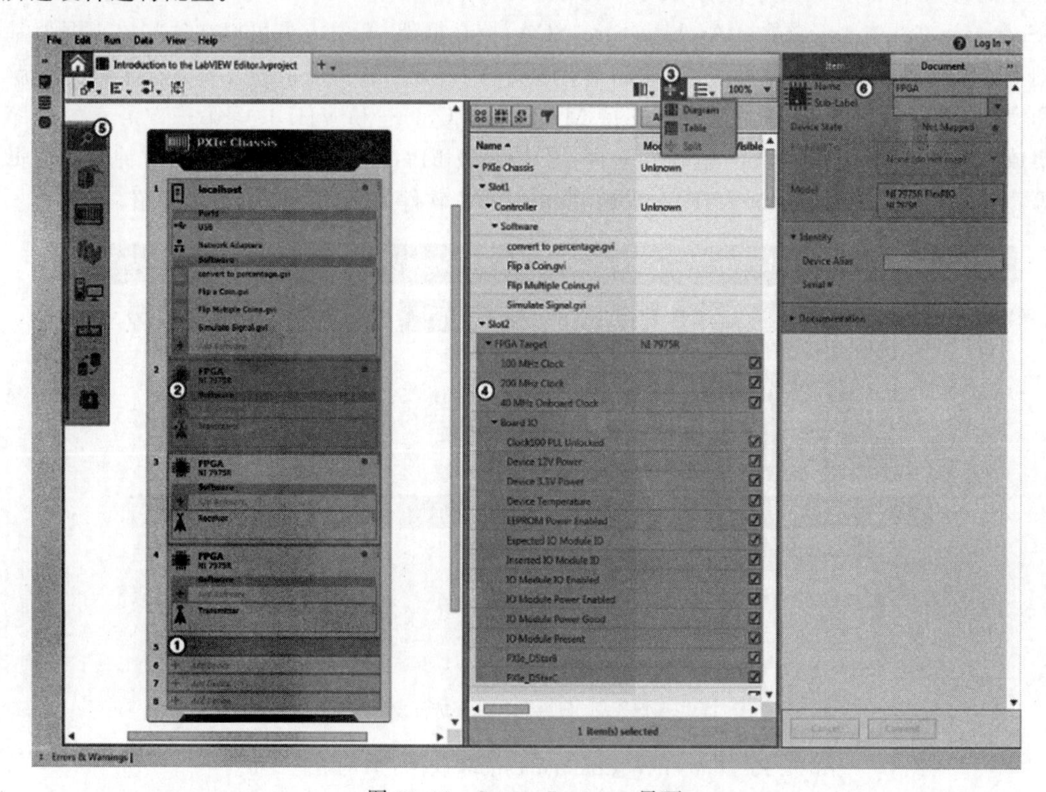

图 11.16 SystemDesigner 界面

2. 查看、创建并与文件进行交互

文件是任何可以被打开、编辑和保存的东西。无论用户是在运行一个已经存在的应用或者是创建一个新的应用，都必须从打开一个文件开始。如图 11.17 所示，为在 LabVIEW Editor 中，用户可以用于打开、进入和编辑文件的工具。其中，①为项目文件管理器，在其中用户可以打开、创建和组织一个项目中的所有文件；②为文件内容，当用户开发一个或多个文件后，可以单击上方的便签来激活某一个文件；③为视图选择器，用于选择某个文件的不同部分，例如对于 VI 而言，可以选择前面板、程序框图和图标/连线板；④为控制按钮，分为运行、暂停和中止，用于控制程序代码的行为。

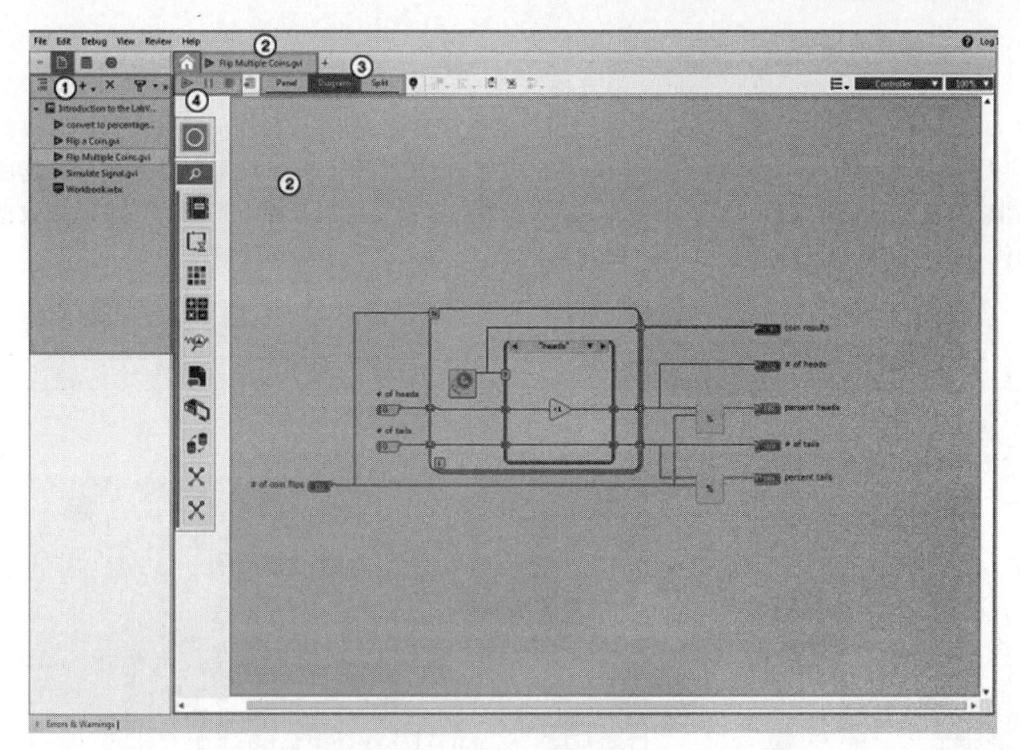

图 11.17　LabVIEW Editor 中对于文件的操作界面

3. 自定义创建显示数据的方法

当用户从硬件中获得数据后，往往期望创建一种自定义显示数据的方法。LabVIEW Editor 中提供了用户自己创建数据显示方法的工具，如图 11.18 所示。其中①为前面板选择器，前面板用于显示用户交互界面，即显示数据结果和获取用户输入；②为输入和显示控件，输入控件是用于输入数据的控件，显示控件是用于显示数据结果的控件；③为控制板，用于放置所有可用的输入控件和显示控件，用户可以根据需求从中选择并拖放相应控件到前面板中；④为配置窗口，用于对输入控件和显示控件进行各项配置的设置。

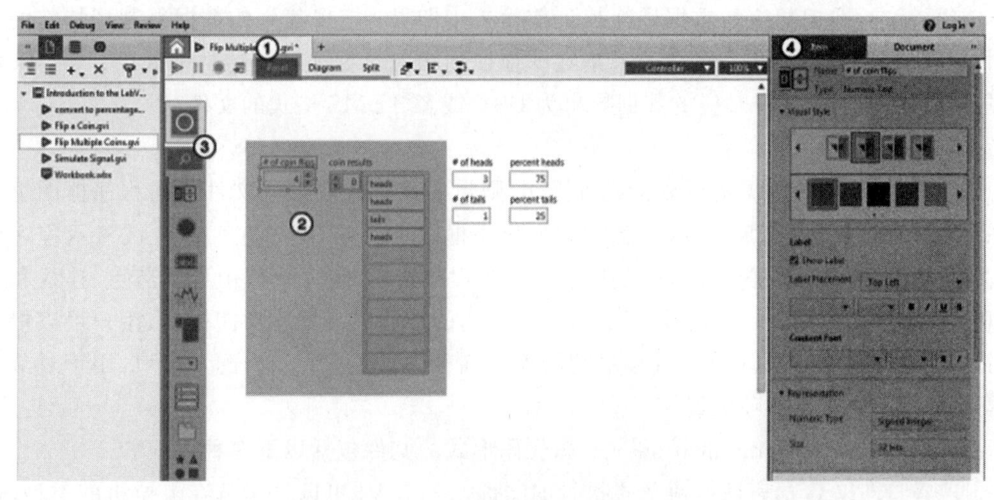

图 11.18　创建数据显示的工具

4. 存储并检索数据

用户可以在 LabVIEW Editor 中方便地查看和分析来自硬件和代码的各种数据，如图 11.19 所示。其中①为数据源，数据源可以来自硬件或者代码，在任何时候用户都可以把看到的数据抓取并保存下来；②为抓取数据按钮，该按钮用于控制对所有显示控件数据的抓取，如果期望抓取某单一控件的数据，在数据源上单击右键选择抓取即可；③为抓取数据便签，包含所有用户抓取到的数据；④为数据项，即用户单次采集到的数据。

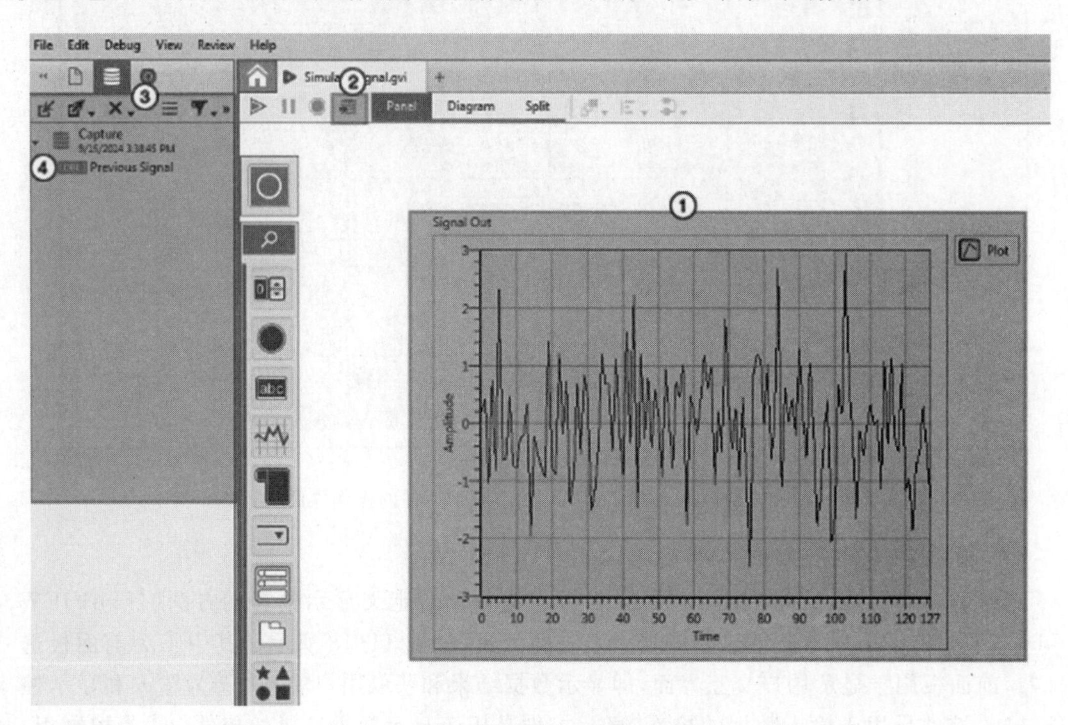

图 11.19　查看和分析数据的工具

对于采集到的数据，用户可以通过双击数据项，在工作区查看数据；把采集到的数据复制到前面板中，即把相应的数据项拖拽到前面板中即可；把采集到的数据复制到特定的控件中，即把数据项中的某个控件的采集数据拖拽到相应数据类型的控件中即可；导出采集数据，即在数据项中选择对应的数据导出为 CSV 或者 TDMS 格式的文件。

5. 创建代码

如果用户需要对数据进行分析或者操作，则需要在源代码形式文件中的程序框图里创建相应的代码，如图 11.20 所示。其中①为程序框图选择器，用于在工作区域显示程序框图，程序框图是用户创建程序代码的区域；②为程序代码，程序代码由各种节点、连线和其他编程对象构成；③为控制板，用于放置所有可用的节点或者程序功能模块，用户可以根据需求从中选择并拖放相应节点或程序功能模块到程序框图中；④为配置窗口，用于对节点或程序功能模块进行各项配置。

在 LabVIEW Communications 中，源代码形式的文件包括以下 3 种。

(1) VI，即以 G 语言数据流形式执行的文件。一个 VI 可以是运行在上位机的类型，也可以是运行在 FPGA 终端上的类型。

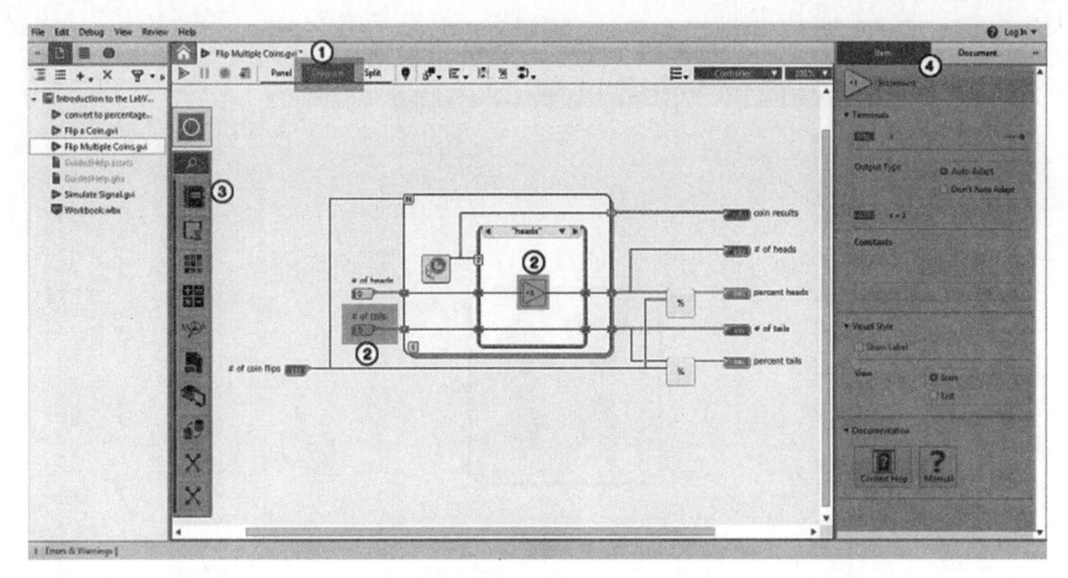

图 11.20　创建代码的工具

(2) Multirate Diagram,即以数据流形式完成信号处理的文件。用户可以在 PC 或者上位机上对 Multirate Diagram 进行配置和仿真后,再把 Multirate Diagram 转换成对应 FPGA 终端上运行的代码。

(3) Clock-Driven Logic,即在某个 FPGA 终端的时钟或者用户指定时钟下执行的文件。

6. 创建可重用的代码

有时用户需要把一个编写好的代码文档创建为可重用的代码,即子程序框图。Icon Editor 是帮助用户创建子程序框图的工具。如图 11.21 为在 Icon Editor 中创建一个子 VI。其中①为选择 Edit > Icon and Connector Pane 打开 Icon Editor;②为选择一个图标模板,在其中用户可以自定义图标颜色和图标中显示的文件名字,用户也可以把自定义的图标保存为自定义的图标模板;③为选择图标的接口布局设计,用户可以根据需要的接口数量多少选择;④为图标的接口分配关联的输入和显示控件;⑤为控制板,包含各种用于图标样式设计的工具;⑥表示如果把一个 VI 用作其他程序框图中的子 VI 时,只需要在项目文件管理器中把相应 VI 拖放到相应程序框图中并连接好输入输出接口即可。

7. 利用帮助

LabVIEW Editor 中提供了很多获取帮助的途径,如图 11.22 所示。其中①为文本帮助,用于提供对于控件、节点或者相关参数的说明,用户可以通过组合键 Ctrl+H 打开文本帮助窗口,并把鼠标悬停在相应需要获取帮助的对象上来查看对应的文本帮助信息;②为控制板搜索条,用户可以通过在控制板搜索条中输入相应控件或者节点的名字来定位到控制板中的对应控件或者节点;③为搜索器,用户可以在搜索器中输入相关信息,即可查看到对应的帮助信息和范例等信息;④为提示按钮,单击提示按钮后,相关软件环境的提示信息会显示出来。

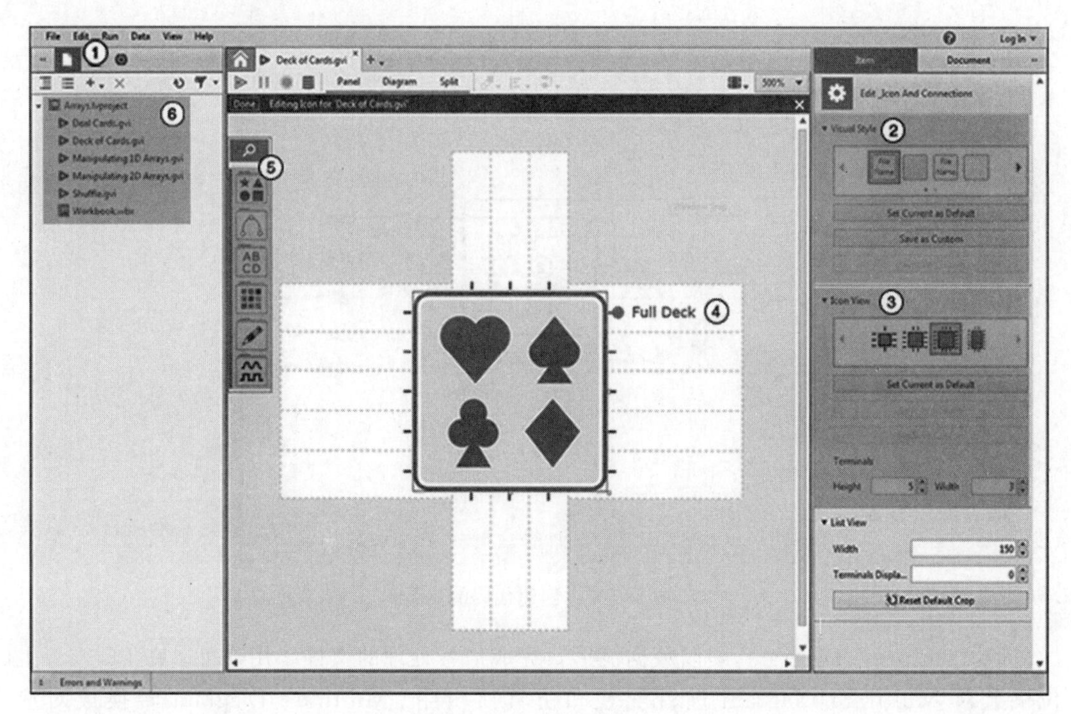

图 11.21　创建子 VI

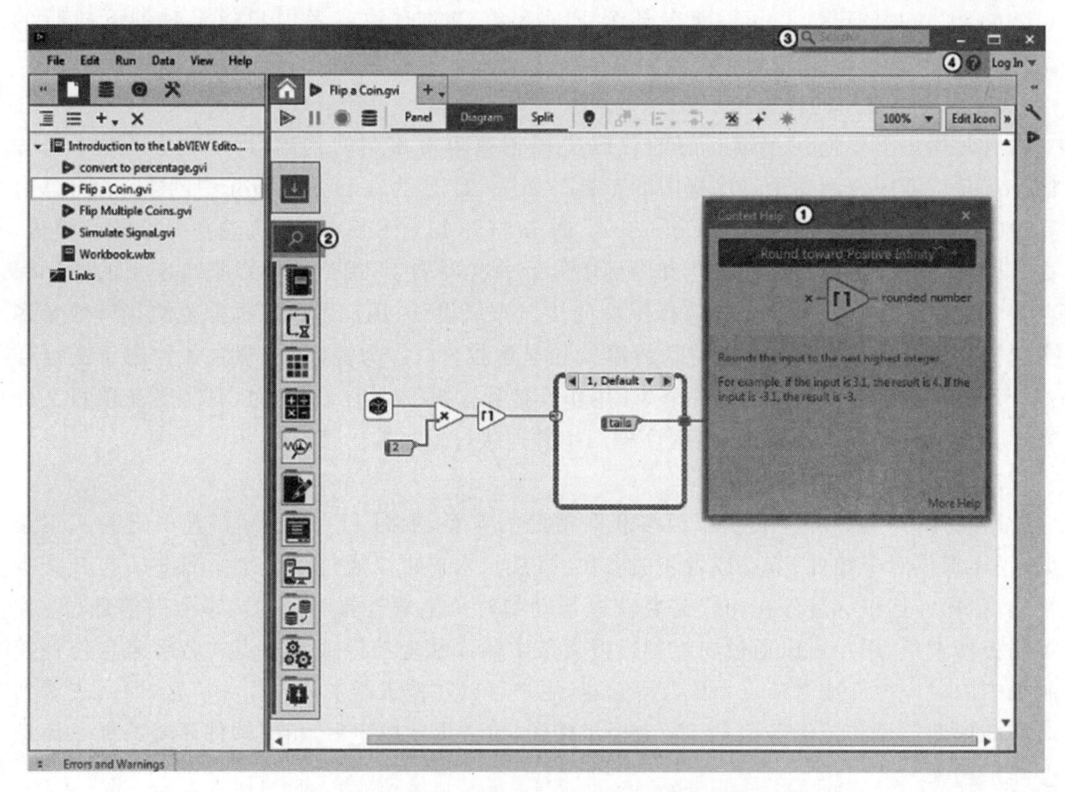

图 11.22　LabVIEW Editor 中获取帮助的途径

11.2.3 LabVIEW Communications 中的 FPGA 设计流程

本节介绍 LabVIEW Communications 中的 FPGA 设计流程，包括在上位机上进行算法设计和测试、完成浮点数到定点数的转换和把算法部署到 FPGA 终端。下面将以一个 OFDM 调制算法在 LabVIEW Communications 中的 FPGA 设计流程为例，分别对这 3 个流程做介绍。

1. 算法设计和测试

在上位机上完成算法的设计和测试是 FPGA 设计流程的第一步。下面将会以一个 OFDM 调制算法在上位机上的设计和测试为例进行讲解。

如图 11.23 所示为一个 OFDM 调制算法的原理框图。参考信号映射到一系列 QPSK 符号，紧接着 QPSK 符号通过交织和补零产生频域的 OFDM 符号，然后 OFDM 符号通过 IFFT 操作变换为时域波形。

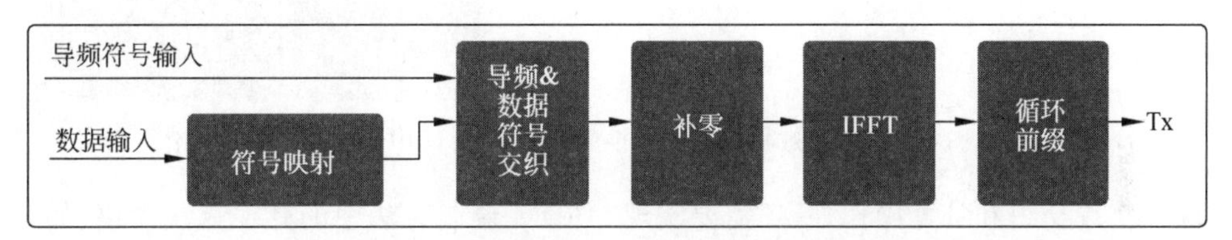

图 11.23 OFDM 调制算法原理框图

用户可以通过 G 语言数据流的方式或者多速率图数据流的方式在 LabVIEW 中实现 OFDM 调制算法，但是多速率图数据流的实现方式允许用户更容易地对数据流进行组合和操作。区别在于 G 语言数据流的方式在每次执行的时候只可以处理一个数据采样，而多速率图数据流的方式可以在每次执行的时候同时处理多个数据采样的数据流。

如图 11.24 所示为用 G 语言数据流的方式实现的 OFDM 调制算法中的交织和补零操作，其中涉及循环、移位寄存器、队列和数组的操作。

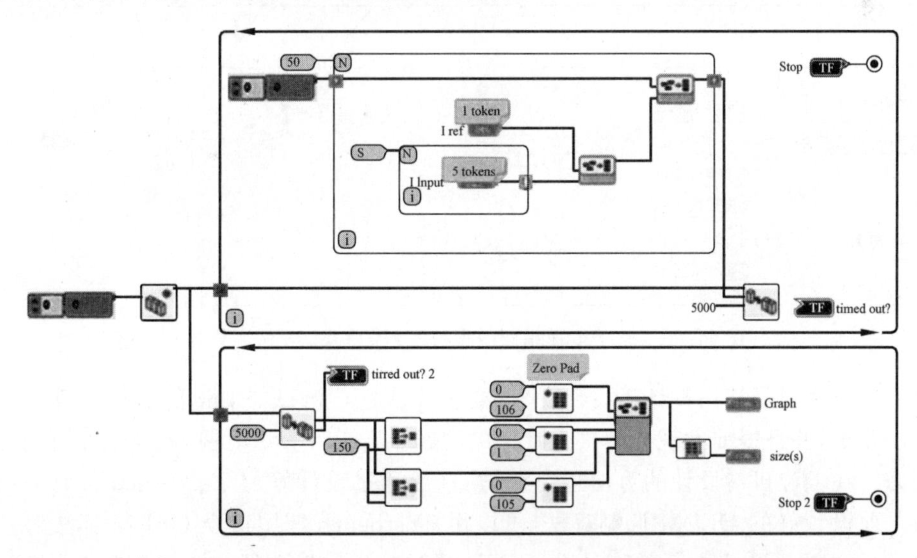

图 11.24 G 语言数据流方式实现的 OFDM 算法中的交织和补零操作

而如果用多速率图数据流的方式实现同样的功能,只需要3个节点就可以,如图11.25所示。第一个节点,叫作交织数据流(interleave stream),作用是把1个参考符号和5个数据符号进行组合。然后输出6个符号给第二个节点,即分散数据流节点(distribute stream)。分散数据流节点等待输入接口处有300个符号积累后,把这300个符号分为2个150个符号组成的符号流。最后一个交织数据流节点完成补零操作,输出的信号波形如图中的图探针所示。

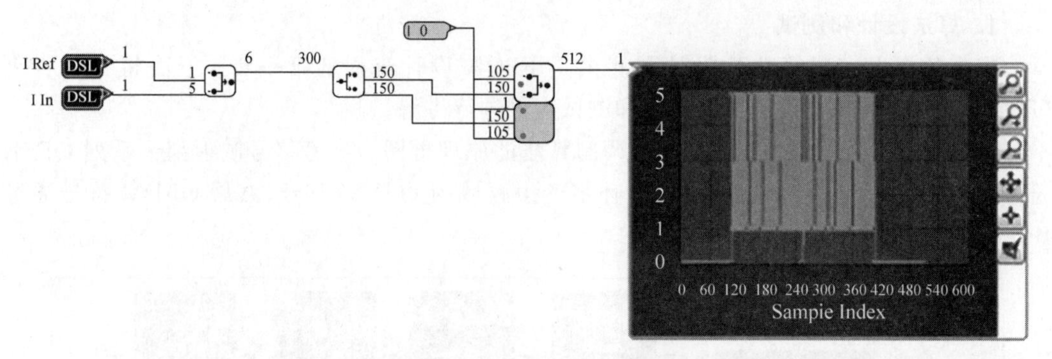

图 11.25 多速率图表数据流方式实现的 OFDM 算法中的交织和补零操作

除了实现交织和补零操作外,还需要实现OFDM调制算法中的其他算法模块,如FFT节点等。由于此节的重点在于让读者理解LabVIEW Communications中FPGA的设计流程,所以本节不继续对算法的实现细节做描述。如图11.26所示为基于多速率图表数据流的方式实现的OFDM调试算法。

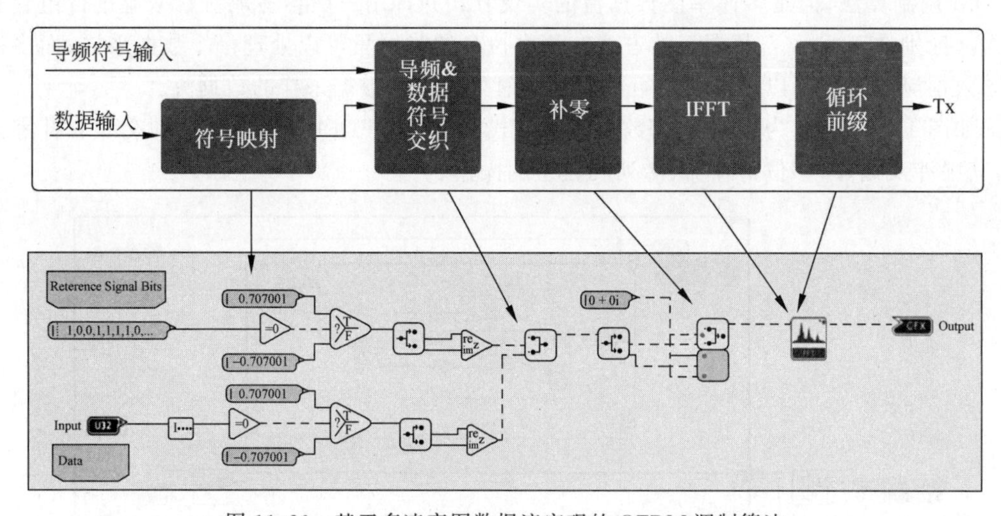

图 11.26 基于多速率图数据流实现的 OFDM 调制算法

在上位机完成了算法设计后,接下来需要对算法进行测试。测试能够保证算法的设计满足性能要求,并且提前发现和解决设计中的问题。在设计算法之前,就应该对可测性设计有所考虑。在上位机对设计的算法进行测试,一般通过设计好的Testbench代码完成。例如针对之前设计好的OFDM调制算法,可以用Testbench调用这个OFDM算法对一些随机信号进行调制,再对调制后的信号进行解调,通过对比原始数据和解调数据来判断算法是否正确。此外,还可以对原始信号叠加一些干扰或者延迟,以测试算法在不同场景下的表现。

2. 浮点数到定点数的转换

在上一个环节中，已经在上位机上基于浮点数的方式，完成了 OFDM 调制算法的设计，并且经过了测试。然而，如果要把这一基于浮点数的算法部署到 FPGA 终端中，将会耗费大量的 FPGA 资源，并且会使得 FPGA 芯片的功耗增加。为了解决这个问题，就需要在把算法部署到 FPGA 终端之前，完成浮点数到定点数的转换。定点数类型需要固定数据的位数和精度，这样 FPGA 就可以更高效地处理。LabVIEW Communications 中提供了一个交互式的转换工具来评估用户的多速率图代码，并且帮助用户方便地完成浮点数到定点数的转换，如图 11.27 所示。

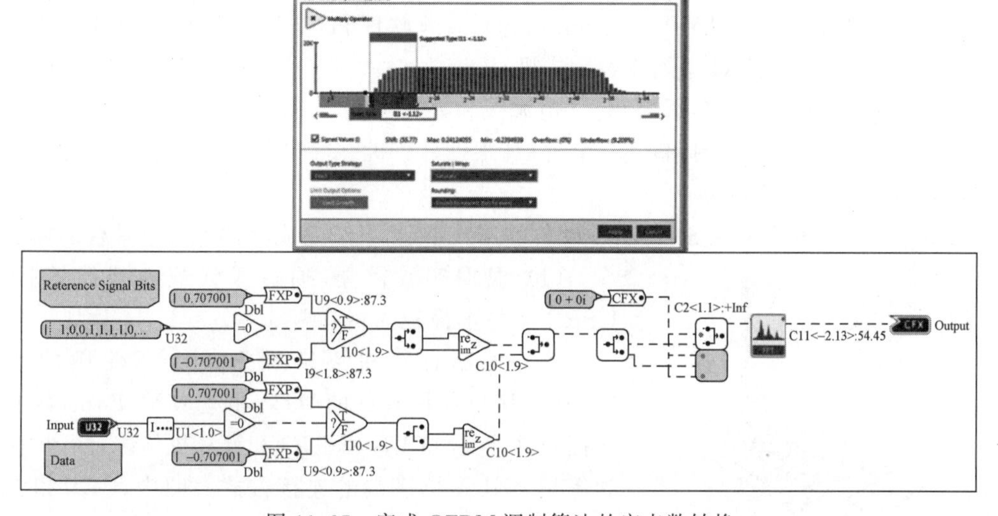

图 11.27 完成 OFDM 调制算法的定点数转换

3. 把算法部署到 FPGA 终端

算法完成了定点数的转换以后，就可以部署到 FPGA 终端中了。LabVIEW Communications 中提供了一些针对不同硬件对象（例如 USRP-RIO 等）的参考设计代码，用户可以基于这些参考设计代码，把算法添加到参考设计代码中，即可方便地完成部署。

图 11.28 是一个 USRP-RIO 的参考设计代码框图，该参考设计中已经完成了一个射频收发信机的基本收发链路设计，用户可以基于此参考设计进行 IQ 基带信号的收发，并且对

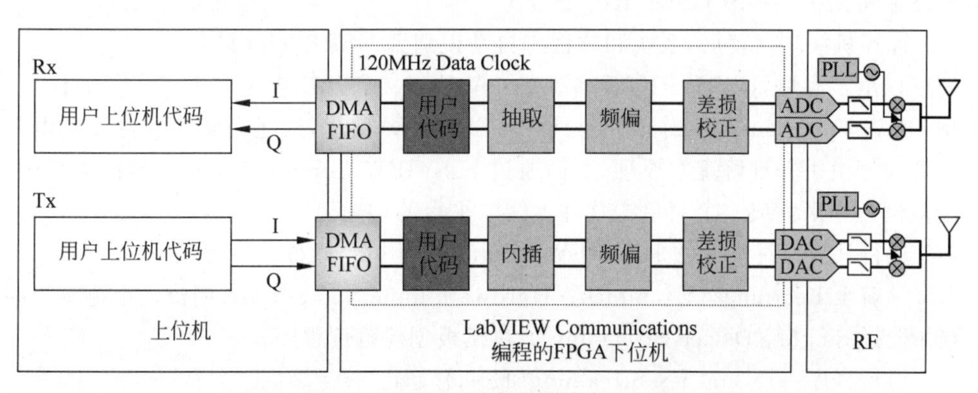

图 11.28 在 USRP-RIO 参考设计中添加算法模块

USRP-RIO 设备的射频前端参数和基带处理参数进行设置。图中深色框图部分，即为用户往这个参考设计中添加的上位机代码和 FPGA 代码示意。例如针对前面两个环节完成的基于定点数运算的 OFDM 调制算法，并可以添加到图中 FPGA 部分的深色框图中。

11.2.4 基于 LabVIEW 工具链构建软件无线电平台

前序章节分别介绍了软件无线电平台的软件设计和开发工具 LabVIEW Communications 和硬件支撑平台 NI USRP-RIO。本节将介绍基于这两个软硬件平台构建软件无线电平台的基本方法。本节将仅对构建单台 NI USRP-RIO 设备支撑的软件无线电平台进行介绍，便于读者掌握基本方法。首先，请先做好以下准备。

(1) 一台已经装好 LabVIEW Communications 软件和 NI-USRP 驱动的计算机终端(可以是笔记本计算机、PXI 系统或者台式机)。

(2) 一套 NI USRP-RIO 设备(包含电源线和天线)。

(3) 一套 MXI Express 接口连接套件(请根据计算机终端的类型选择适合的连接套件，Express Card/PXIe/PCIe)。

做好准备后，参照 NI USRP-RIO 设备的用户手册，继续完成软件无线电平台的构建。

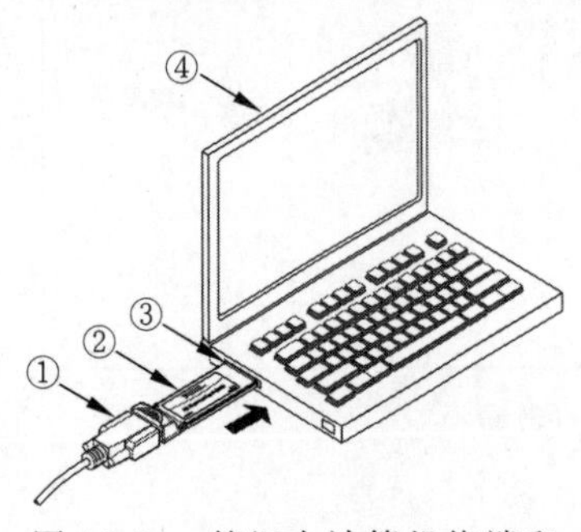

图 11.29 笔记本计算机终端和 USRP-RIO 设备的连接

(1) 根据实验需要，通过天线或者线缆连接 NI USRP-RIO 前面板的相应端口。

(2) 根据计算机终端类型确定所使用的 MXI Express 接口连接套件的类型，相应 MXI Express 接口连接套件连接 NI USRP-RIO 和计算机终端，如图 11.29 为笔记本计算机终端的连接方式。图中，①为和 MXI Express 接口连接套件和 USRP-RIO 设备连接的线缆；②为 MXI Express 接口连接套件中的接口卡 ExpressCard-8360；③为笔记本计算机上的 ExpressCard 插槽；④为笔记本计算机。

(3) 连接 USRP-RIO 设备上的 AC/DC 电源。

(4) 按下 USRP-RIO 设备前面板上的 PWR 按钮，给 USRP-RIO 设备上电。

(5) 给计算机终端上电(注意计算机终端需要在 USRP-RIO 设备上电后再上电，否则计算机终端将无法识别出 USRP-RIO 设备)。

(6) 计算机终端启动后，系统和软件将自动识别到 USRP-RIO 设备。

完成以上步骤后，USRP-RIO 设备就被正确地连接到计算机终端上了。下面便可以通过 LabVIEW Communications 软件工具对 USRP-RIO 编程，构建完整的软件无线电平台。便于读者快速上手并理解基本原理，下面通过 LabVIEW Communications 软件工具中自带的一个范例程序来完成一个简单的软件无线电平台的构建。

(1) 运行计算机终端上的 LabVIEW Communications 软件。

(2) 导航至 Learning > Examples > Hardware input and output，创建一个范例程序。

(3) 选择 Single > Device Streaming 项目模板创建范例程序。

(4) 运行程序：Tx and Rx Streaming(Host).gvi。

如果 USRP-RIO 设备在发射和接收信号，可以看到 LabVIEW Communications 的程序前面板中便可实时显示出波形数据。

至此，便完成了 LabVIEW 和 USRP 软件无线电设备的连接，基于 LabVIEW 软件开发工具链的软件无线电开发平台就构建好了。

读者可以扫描二维码观看视频：LTE Application Framework Video Streaming Demo。

11.3 基于 GNU Radio 工具链的移动通信系统构建和实例

11.3.1 GNU Radio 概述

GNU Radio 是一个免费、开源的，可以实现用户设计、仿真和部署真实软件无线电系统的框架。它是一个高度模块化，流程图导向的框架，由一系列信号处理模块库组成，用户可以基于这些模块库来构成复杂的信号处理应用。目前，GNU Radio 已经被全球用户用于各种软件无线电应用，包括声音处理、移动通信、卫星跟踪、雷达系统、GSM 网络、数字广播等。它不仅是可以和任何特定硬件交互的框架，还提供了一系列针对特定无线通信标准现成可用的应用（比如 IEEE 802.11、ZigBee、LTE 等），也可以被用于开发和实现几乎所有带限通信标准系统。需要注意的是，与 MATLAB 和 LabVIEW 开发工具链不同的是，GNU Radio 工具链的开发需要在 Linux 系统中完成。

作为一个软件框架，GNU Radio 基于数字化信号工作，利用通用计算机产生通信功能。当用户构建信号处理应用程序时，将建立一个完整的模块图，这样的模块图在 GNU Radio 中称为流程图，如图 11.30 所示。

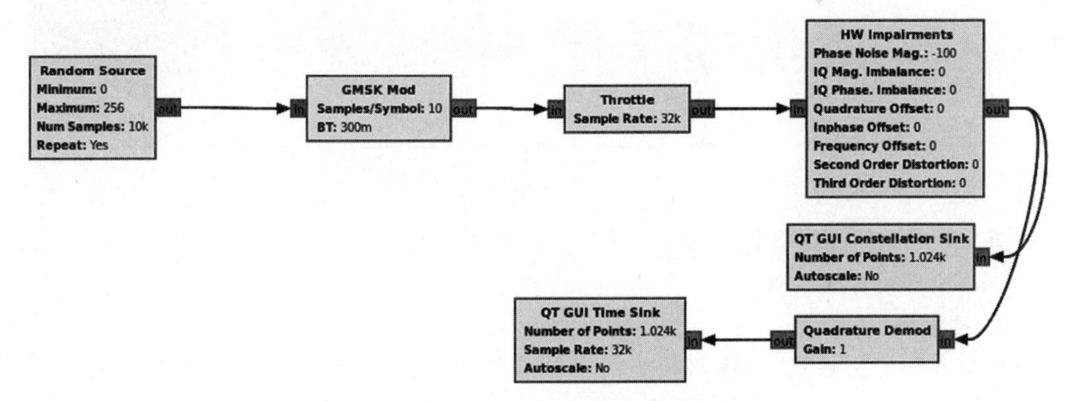

图 11.30　GNU Radio 中的信号处理流程图

GNU Radio 是一个开发这些处理模块和创建流程图的框架，其中包括无线电处理应用程序。作为 GNU Radio 的用户，可以将现有的模块组合成一个高级流程图，它可以完成一些复杂的工作，比如接收数字调制信号，GNU Radio 将自动在这些数据之间移动信号数据，并在数据准备好时进行处理。GNU Radio 附带了大量现有的模块，所有的索引都可以在模块文档中找到，包括波形生成、调制解调、仪器化、数学运算、信道模型、滤波器和傅里叶分析等。

使用这些模块，许多标准任务(如标准化信号、同步、测量和可视化)都可以通过将适当的模块连接到信号处理流图来完成。同样，用户也可以编写自己的模块，可以将现有的模块与一些智能功能结合起来，对输入数据和输出数据进行操作。

11.3.2 GNU Radio 使用入门

GNU Radio 是一个工具集合，可以用来在软件中开发无线电系统，而不是完全在硬件中。本节先从最基础的部分开始，了解如何使用 GNU Radio Companion(GRC)，即 GNU Radio 的图形工具来创建不同的基本频率信号。创建 GRC 是为了简化 GNU Radio 的使用，它允许以图形方式创建 Python 文件，而不是只在代码中创建它们。

如图 11.31 所示，为 GNU Radio 中 GRC 工具的界面，其中①是库、②是工具栏、③是显示终端、④是工作区、⑤是变量。

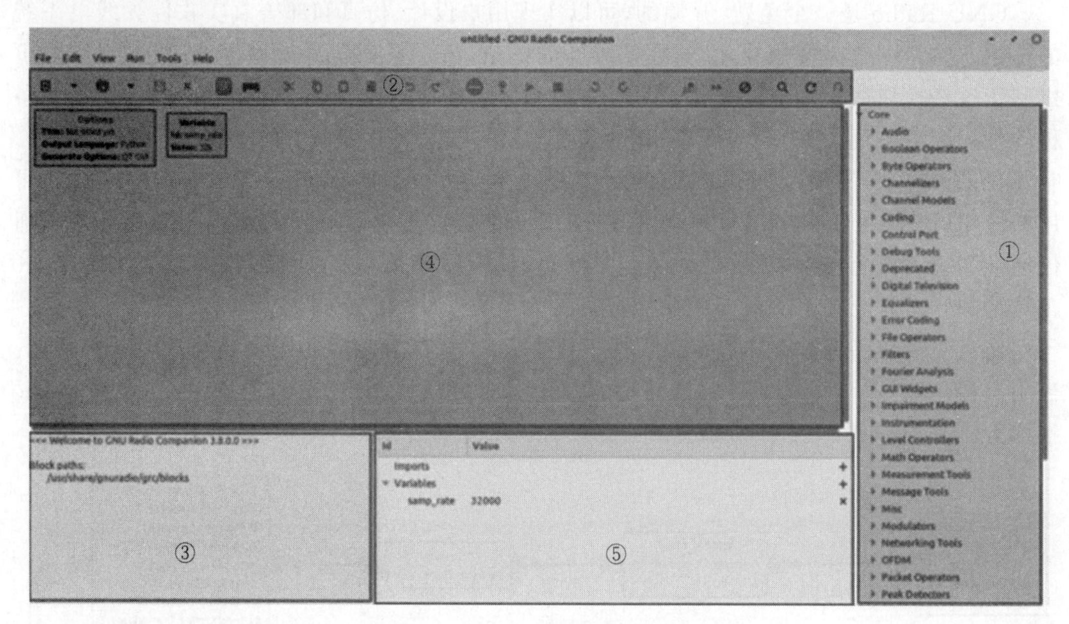

图 11.31 GUN Radio GRC 界面

在 Ubuntu 中按组合键 Ctrl+Alt+T 打开命令终端，然后输入指令：$ gnuradio-companion，即可打开 GRC 工具。

1. 搜索模块

库包含安装在 GRC 模块路径中的不同模块。在这里，可以找到预先安装在 GNU Radio 中的模块和安装在系统上的模块。通过组合键 Ctrl+F，用户可以在库中通过关键词检索快速搜索到需要的功能模块，如图 11.32 所示。同时，查看模块文档可以了解不同模块的功能。

找到自己想要的模块，用鼠标左键拖曳模块到工作区，或者双击模块名称把模块自动放置到工作区。

2. 修改模块属性

工作区(屏幕的主要区域)包含了构成流程图的所有块，在每个模块中可以看到所有不同的块参数。然而,有一个特殊的模块,每个新的流程图都需要从它开始,并且必须拥有它,叫作 Options 模块。双击 Options 模块可以查看它的属性,如图 11.33 所示。

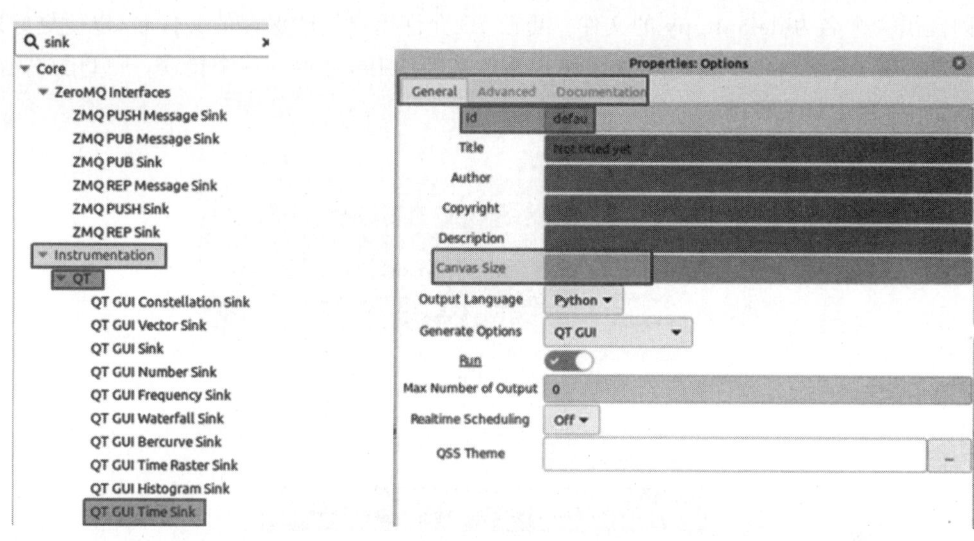

图 11.32　在库中通过搜索功能找到模块　　　　图 11.33　Options 模块的属性设置界面

这些模块属性可以从默认值更改来完成不同的任务。如果删除当前名称的一部分,可以注意到 ID 变成了蓝色。这种颜色表示信息已经被编辑,但是还没有被保存。如果回到 Options 模块属性界面,可以看到有不同的选项卡,其中一个名为 Documentation,如图 11.34 所示,属性 ID 是被用于流程图生成的 Python 文件名称的。

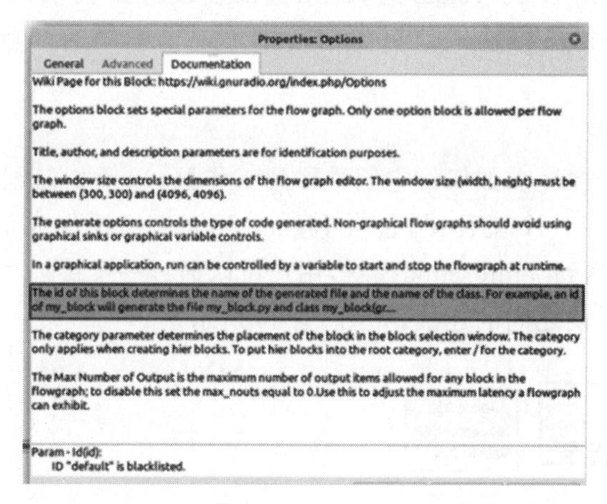

图 11.34　Options 模块属性中的 Documentation 选项卡

现在尝试删除整个 ID 字符串,请注意在底部出现了一条错误消息,如图 11.35 所示。同时,参数 ID 字体颜色发生变化,它向用户显示错误发生的确切位置。为了让事情井然有序,将 ID 更改为 tutorial_two_1。还要确保属性 Generate 选项设置为 QT GUI,因为使用的是图形接收器。ID 字段允许用户更容易地管理文件空间。保存 GRC 流程图为< filename >. grc 文件,生成和执行这个流程图产生另一个输出。GRC 是一个图形界面,它位于 Python 中的普通 GNU Radio 编程环境之上。GRC 将用户在 GUI 画布上创建的流程图转换成 Python 脚本,所以当用户执行一个流程图时，实际上是在运行一个 Python 程序。该 ID 用于命名该 Python 文件，该文件保存在与 GRC 文件相同的目录中。默认情况下，ID 是 default，因此它创建了一个名为 default.py 的文件。更改 ID 允许用户更改保存的文件名，以便更好地管理文件。在 GNU Radio 3.8 中，如果用户不改变默认 ID，会得到一个错误，所以用户需要改变这个 ID 来运行流程图。

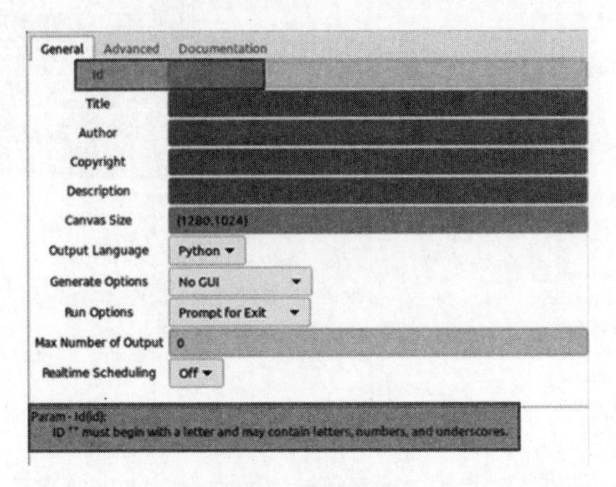

图 11.35 删除属性 ID

这种 GRC-Python 连接的另一个结果是，GRC 实际上都是 Python。事实上，用户使用的模块属性或变量中的所有输入框都被解释为 Python。这意味着用户也可以使用 Python 调用设置属性，比如调用 numpy 或其他 GNU Radio 函数。它的一个常见用途是调用过滤器，用户可以用 GNU Radio 的 firdes 过滤器设计工具来构建过滤器。另一个需要注意的关键是，在用户可以输入信息的字段中出现了不同的颜色，这实际上代表了不同的数据类型。

3. 构建一个流程图

现在，对于如何找到模块，如何将它们添加到工作区，以及如何编辑模块属性已经有了了解。接下来，尝试构建一个流程图，包含 Signal Source 模块生成信号，然后把信号送到 Throttle 模块，然后再送到 Time Sink 模块，用户可以通过一个接一个地单击模块上面各个有颜色的接口来完成模块之间的连接，如图 11.36 所示。

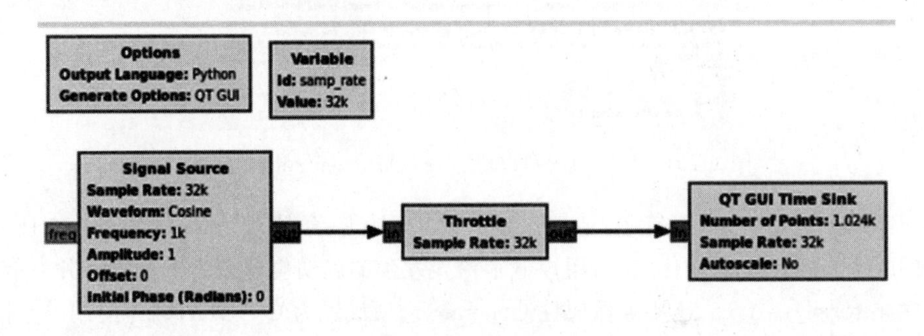

图 11.36 构建流程图

有了一个可用的流程图，现在再来看一下工具栏，如图 11.37 所示。在工具栏中包含大多数软件中存在的命令，如新建、打开、保存、复制、粘贴。这里的重要工具是生成流程图、执行流程图和终止流程图运行,都可以通过 F5、F6 和 F7 快捷键快速访问。

图 11.37 工具栏

4. 查看输出

单击执行流程图按钮,可以查看到输出的正弦波形图,如图 11.38 所示。

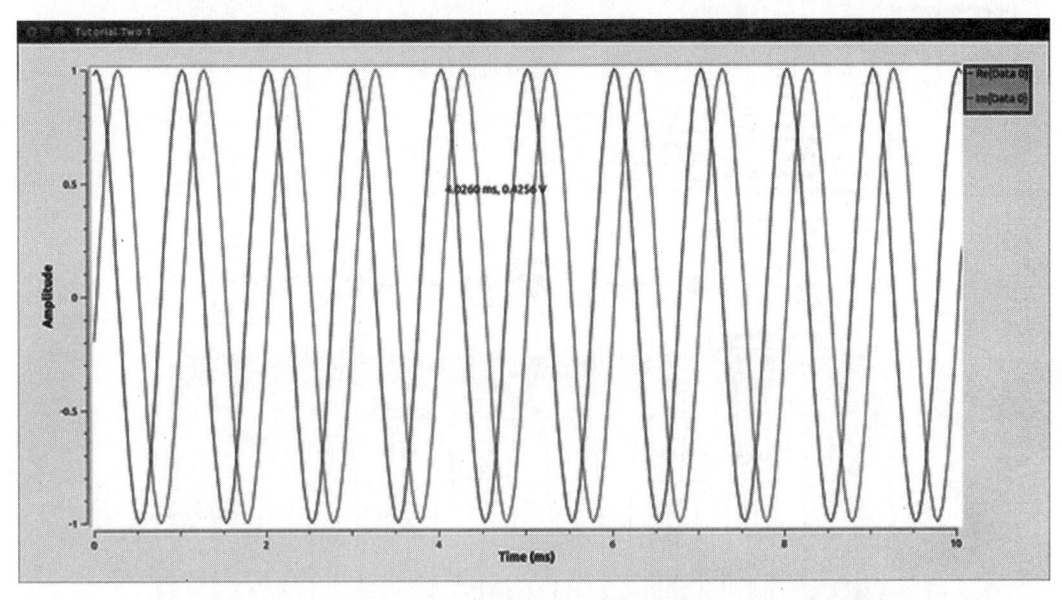

图 11.38 流程图输出的正弦波形图

单击终止流程图运行按钮,停止流程图运行并关闭 Time Sink 界面。通过 Help > Types,打开数据类型窗口,如图 11.39 所示。可以看到在许多编程语言中看到的常见数据类型,比如可以看到模块的蓝色端口目前是复数的 Float 32 类型,这意味着它们包含一个实部和一个虚部,每个都是 Float 32 类型。可以推断,当接收器接收复数数据类型时,它会在单独的通道上同时输出实部和虚部。现在,尝试通过进入信号模块属性并改变输出类型参数,将信号源更改为浮点数。端口有一个箭头指向 Throttle 模块,单击工具栏中按钮"—",查看流程图错误。

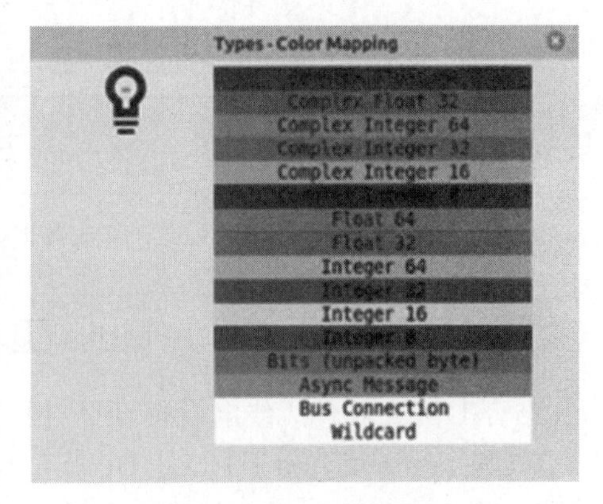

图 11.39 数据类型窗口

如图 11.40 所示,可以看到在指定的连接中,存在大小不匹配,这是由于模块的数据类型大小不匹配造成的。GNU Radio 不允许用户将不同数据大小的块连接在一起,所以更改所有后续模块的数据类型后,就可以像以前一样生成和执行了,又可以看到正确的正弦波形,如图 11.41 所示。

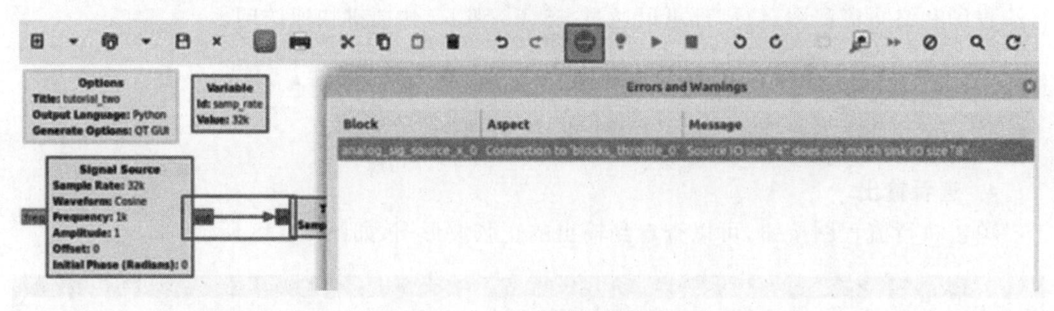

图 11.40　查看错误信息

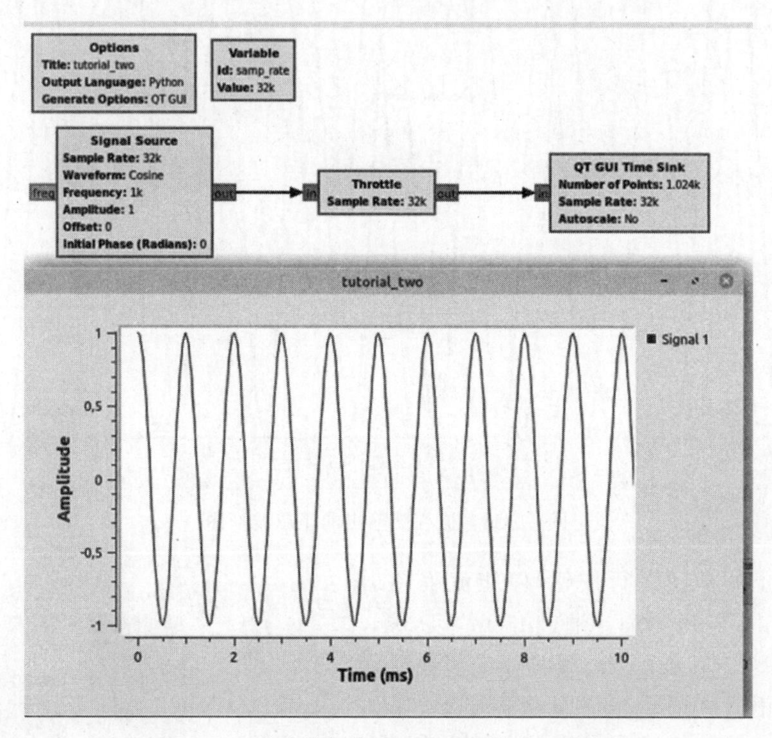

图 11.41　修改数据类型后流程图输出正确结果

11.3.3　基于 GNU Radio 工具链构建软件无线电平台

结合 USRP 软件无线电设备，用户便可以基于 GUN Radio 工具链构建软件无线电平台。GUN Radio 工具链通过 UHD(USRP Hardware Driver)和 USRP 软件无线电设备进行交互，由于 GUN Radio 是运行在 Linux 系统上的，所以需要在 Linux 环境下完成 UHD 的安装。

UHD 完全支持 Linux，是通过 GCC 编译器编译的，可以兼容大多数的 Linux 系统种类。

由于在 Linux 系统中安装 UHD 需要运行许多文本的指令，有的指令根据 Linux 系统的不同而不同，而且也比较冗长，所以在本节中不再对具体的安装过程进行详细记录，读者可以访问网址 https://kb.ettus.com/Building_and_Installing_the_USRP_Open-Source_Toolchain_(UHD_and_GNU_Radio)_on_Linux 获取最新的安装指令及方法。

在 Linux 系统中安装完 UHD 后，便完成了 GUN Radio 和 USRP 软件无线电设备的连接，基于 GUN Radio 软件开发工具链的软件无线电开发平台就构建好了。

读者可以扫描二维码观看视频：How To Build an FM Receiver with the USRP in Less Than 10 Minutes。

本章详细向读者讲解了如何在 MATLAB 和 Simulink 软件开发工具链、LabVIEW 软件开发工具链和 GNU Radio 软件开发工具链中结合 USRP 软件无线电设备开发和实现软件无线电，相信读者已经对这些比较常用的软件无线电开发方法和平台已经有了一定的了解。

11.4　本章小结

本章的目的是向读者展示如何利用软件无线电技术快速构建移动通信系统。借助 NI 公司的通用软件无线电平台 USRP，结合比较常用的典型工具链，并向读者介绍如何基于这三种软件工具链结合 USRP 软件无线电硬件平台开发和实现移动通信系统。分别介绍了三种软件工具链的基本功能，使用入门，及快速构建移动通信系统的基本步骤。通过本章的学习，读者可以充分实现将本书涉及的技术原理、标准与实践的结合，加深读者对移动通信的理解，并进行移动通信系统的开发和验证，全面提升移动通信领域的科学研究和工程实践能力。

参 考 文 献

[1] 李建东,郭梯云,邬国扬. 移动通信[M]. 4 版. 西安：西安电子科技大学出版社,2006.

[2] 李世鹤,杨运年. TD-SCDMA 第三代移动通信系统[M]. 北京：人民邮电出版社,2009.

[3] 沈嘉,索士强,全海洋,等. 3GPP 长期演进(LTE)技术原理与系统设计[M]. 北京：人民邮电出版社,2008.

[4] 李晓辉,付卫红,黑永强. LTE 移动通信系统[M]. 西安：西安电子科技大学出版社,2016.

[5] 皮埃尔,蒂埃里. 演进分组系统(EPS)：3G UMTS 的长期演进和系统结构演进[M]. 李晓辉,崔伟,译. 北京：机械工业出版社,2009.

[6] 李晓辉,刘晋东,李丹涛,等. 从 LTE 到 5G 移动通信系统-技术原理及其 LabVIEW 实现[M]. 北京：清华大学出版社,2020.

[7] 尤肖虎,潘志文,高西奇,等. 5G 移动通信发展趋势与若干关键技术[J]. 中国科学：信息科学,2014,44(5)：551-563.

[8] Osseiran A,Monserrate J F,Marsch P. 5G 移动无线通信技术[M]. 陈明,缪庆育,刘愔,译. 北京：人民邮电出版社,2017.

[9] 雷波,陈运清. 边缘计算与算力网络[M]. 北京：电子工业出版社,2021.

[10] 焦秉立,李建业. 一种适用于同频同时隙双工的干扰消除方法[P]. CN200610113054.4,2008-03-12.

[11] 什么是 5G 网络切片[EB/OL]. (2020-05-07)[2021-10-30]. http://www.360doc.com/content/20/0507/21/30274754_910841177.shtml.

[12] Vucetic B,Yuan J. Space-Time Coding[M]. New Jersey：John Wiley,2003.

[13] Jones A E,Wilkinson T A, Barton S K. Block coding scheme for reduction of peak to mean envelope power ratio of multicarrier transmission schemes[J]. Electronics letters,1994,30(25)：2098-2099.

[14] Coleri S,Ergen M,Puri A,et al. Channel estimation techniques based on pilot arrangement in OFDM systems[J]. IEEE Transactions on Communication Tech,2002,48(3)：223-229.

[15] Muquet B,De Courville M,Duhamel P. Subspace-based blind and semi-blind channel estimation for OFDM systems[J]. IEEE Transactions on Signal Processing,2002,50(7)：1699-1712.

[16] Kung T L,Parhi K K. Optimized joint timing synchronization and channel estimation for OFDM systems[J]. Wireless Communications Letters,IEEE,2012,1(3)：149-152.

[17] Golden G D,Foschini G J,Valenzuela R A,et al. Detection algorithm and initial laboratory results using V-BLAST space-time communication architecture[J]. Electronics Letters,1999,35(1)：6-7.

[18] Agrawal D,Richardson T J,Urbanke R. Multiple-antenna signal constellations for fading channels [J]. IEEE Transactions on Information Theory,2001,47(6)：2618-2626.

[19] Ogawa Y,Nishio K,Nishimura T,et al. A MIMO-OFDM system for high-speed transmission[C]// 58th Vehicular Technology Conference,2004：493-497.

[20] Oggier F, Hassibi B. Algebraic Cayley differential space-time codes[J]. IEEE Transactions on Inform. Theory,2007,53(5)：1911-1919.

[21] Gulati V,Narayanan K R. Concatenated codes for fading channels based on recursive space-time trellis codes[J]. IEEE Transactions on Wireless Commun,2003,2(1)：118-128.

[22] Tang J,Zhang X. Cross-layer design of dynamic resource allocation with diverse QoS guarantees for MIMO-OFDM wireless networks[C]//World of Wireless Mobile and Multimedia Networks Sixth IEEE International Symposium,2005：205-212.

[23] Wong K K. Adaptive Space-Division Multiplexing for Multiuser MIMO Antenna Systems in Downlink[C]//Asia-Pacific Conference on Communications, 2005: 334-338.

[24] Zhang R, Liang Y C, Cui S. Dynamic resource allocation in cognitive radio networks: A convex optimization perspective[J]. IEEE Signal Process. Mag, 2010, 27(3): 102-114.

[25] Prabhu R S, Daneshrad B. An energy-efficient water-filling algorithm for OFDM systems[C]//IEEE International Conference on Communications, 2010: 1-5.

[26] Goldsmith A. Adaptive modulation and coding for fading channels[C]//Information Theory & Communications Workshop. IEEE, 1999: 24-26.

[27] Häring L, Kisters C. Performance comparison of adaptive modulation and coding in OFDM systems using signalling and automatic modulation classification[C]//17th International OFDM Workshop, 2012: 1-8.

[28] Kim M, Kim S, Lim Y. An implementation of downlink asynchronous HARQ for LTE TDD system [C]//2012 IEEE Radio and Wireless Symposium(RWS), 2012: 271-274.

[29] Ratasuk R, Tolli D, Ghosh A. Carrier aggregation in LTE-Advanced[J]. Journal of Surgical Education, 2010, 65(5): 1-5.

[30] Lang E, Redana S, Raaf B. Business impact of relay deployment for coverage extension in 3GPP LTE-Advanced[C]//ICC LTE Evolution Workshop, 2009: 14-18.

[31] METIS. Mobile and wireless communications enablers for the 2020 information society. In: EU 7th Framework Programme Project[EB/OL]. https://www.metis2020.com.

[32] Hoydis J, Ten Brink S, Deb Bah M. Massive MIMO in the UL/DL of cellular networks: how many antennas do we need? [J]. IEEE Journal on Selected Areas in Communications, 2013, 31(2): 160-171.

[33] Larsson E G, Tufvesson F, Edfors O, et al. Massive MIMO for next generation wireless systems[J]. IEEE Communications Magazine: Articles, News, and Events of Interest to Communications Engineers, 2014, 52(2): 186-195.

[34] Wunder G, Kasparick M, Brink S. 5G NOW: Challenging the LTE design paradigms of orthogonality and synchronicity[C]//Proceedings of IEEE Vehicular Technology Conference, 2013: 1-5.

[35] Cheng W C, Zhang X, Zhang H L. Optimal dynamic power control for full-duplex bidirectional-channel based wireless networks[C]//Proceedings of IEEE International Conference on Computer Communications, 2013: 3120-3128.

[36] 3GPP TR 25.913. Requirements for evolved UTR(E-UTRA)and evolved [S].

[37] 3GPP TR 25.814. Physical layer aspect for Evolved Universal Terrestrial Radio Access [S].

[38] 3GPP TS 36.101. Evolved Universal Terrestrial Radio Access(E-UTRA): User Equipement(UE) radio transmission and reception[S].

[39] 3GPP TS 36.104. Evolved Universal Terrestrial Radio Access(E-UTRA): Base Station(BS) radio transmission and reception[S].

[40] 3GPP TS 36.201. Evolved Universal Terrestrial Radio Access(E-UTRA): LTE Physical Layer-General Description[S].

[41] 3GPP TS 36.211. Evolved Universal Terrestrial Radio Access(E-UTRA): Physical channels and modulation[S].

[42] 3GPP TS 36.212. Evolved Universal Terrestrial Radio Access(E-UTRA): Multiplexing and channel coding[S].

[43] 3GPP TS 36.213. Evolved Universal Terrestrial Radio Access(E-UTRA): Physical layer procedures [S].

[44] 3GPP TS 36.214. Evolved Universal Terrestrial Radio Access(E-UTRA): Physical layer

measurements[S].

[45] 3GPP TS 36. 300. Evolved Universal Terrestrial Radio Access(E-UTRA) and Evolved Universal Terrestrial Radio Access Network(E-UTRAN), Overall Description: Stage 2[S].

[46] 3GPP TR 36. 808. Technical Specification Group Radio Access Network. Evolved Universal Terrestrial Radio Access(E-UTRA); Carrier Aggregation; Base Station(BS) radio transmission and reception[S].

[47] 3GPP TR 36. 819. Coordinated Multi-Point Operation for LTE Physical Layer Aspects[S].

[48] 3GPP R3-161809. Analysis of migration paths towards RAN for new RAT, CMCC[S].

[49] 3GPP TR 38. 801(v14. 0. 0), Study on new radio access technology: Radio access architecture and interfaces[S]. 2017.

[50] 3GPP TS 38. 202(v15. 2. 0), NR: Services provided by the physical layer[S]. 2018.

[51] 3GPP TS 38. 211(v15. 2. 0), NR: Physical channels and modulation[S]. 2018.

[52] 3GPP TS 38. 212(v15. 2. 0), NR: Multiplexing and channel coding[S]. 2018.

[53] 3GPP TS 38. 213(v15. 2. 0), NR: Physical layer procedures for control[S]. 2018.

[54] 3GPP TS 38. 214(v15. 2. 0), NR: Physical layer procedures for data[S]. 2018.

[55] 3GPP TS 38. 215(v15. 2. 0), NR: Physical layer measurements[S]. 2018.

[56] 3GPP TR 22. 891(v14. 2. 0), Feasibility Study on New Services and Markets Technology Enablers [S]. 2016.

[57] 3GPP TS 23. 501(v15. 4. 0), System Architecture for the 5G System[S]. 2018.

[58] 3GPP TS 23. 502(v15. 4. 0), Procedures for the 5G System[S]. 2018.

[59] 3GPP TS 38. 331(v15. 3. 0), NR: Radio Resource Control(RRC) protocol specification[S]. 2018.

[60] CommunicationsToolbox: Design and simulate the physical layer of communications systems[EB/OL]. https://www. mathworks. com/products/communications. html

缩略词表

缩写	英文全称	中文全称
1G	The First-Generation Mobile Communication Systems	第一代移动通信系统
1xEV-DO	EVolution Data Optimized	演进数据优化
1xEV-DV	EVolution Data and Voice	演进数据和话音
2G	The Second-Generation Mobile Communication Systems	第二代移动通信系统
3D	3 Dimension	三维
3G	The Third-Generation Mobile Communication Systems	第三代移动通信系统
3GPP	The 3rd Generation Partnership Project	第三代伙伴计划
3GPP2	The 3rd Generation Partnership Project 2	第三代伙伴计划 2
4G	The Fourth-Generation Mobile Communication Systems	第四代移动通信系统
5G	The Fifth-Generation Mobile Communication Systems	第五代移动通信系统
6G	The Sixth-Generation Mobile Communication Systems	第六代移动通信系统
ADC	Analog-to-Digital Converter	模数转换器
AF	Application Function	应用功能
AI	Artificial Intelligence	人工智能
AMC	Adaptive Modulation Coding	自适应调制编码
AMF	Access and Mobility Function	接入和移动性管理功能
AMPS	Advanced Mobile Phone System	(美国的)高级移动电话系统
AoA	Angle of Arrival	到达角
AoD	Angle of Departure	离开角
AGV	Automated Guided Vehicle	自动导引车
ALT	Automatic Link Transfer	自动链路转移
API	Application Program Interface	应用程序接口
AR	Augmented Reality	增强现实
ARIB	Association of Radio Industries and Business	日本无线电工业及商贸联合会
ARQ	Automatic Repeat reQuest	自动重传请求
ATIS	Alliance for Telecommunications Industry Solutions	美国电信行业解决方案联盟
AUC	AUthentication Center	鉴权中心
AUSF	Authentication Server Function	认证服务器功能
AWGN	Additive White Gaussian Noise	加权高斯白噪声
BABS	Bandwidth Assignment Based on SNR	基于信噪比的带宽分配算法
BCCH	Broadcast Control Channel	广播控制信道
BCH	Broadcast Channel	广播信道
BD	Block Diagonalization	块对角化
B-DMC	Binary-Discrete Memoryless Channel	二进制离散无记忆信道

BER	Bit Error Rate	误比特率
BIE	Base station Interface Equipment	基站接口设备
BPSK	Binary Phase-Shift Keying	二进制相移键控
BSC	Base Station Controller	基站控制器
BSS	Base Station Subsystem	基站子系统
BTS	Base Transceiver Station	基站收发台
CAZAC	Constant Amplitude Zero Auto-Corelation	恒包络零自相关序列
CB	Coordinated Beamforming	协作波束赋形
CC	Chasing Combining	跟踪合并
CC	Component Carrier	成员载波数
CCCH	Common Control Channel	公共控制信道
CCE	Control Channel Element	控制信元
CCIR	Consultative Committee of International Radio	国际无线电咨询委员会
CCSA	China Communications Standards Association	中国通信标准化协会
CDD	Cyclic Delay Diversity	循环延时分集
CDMA	Code Division Multiple Access	码分多址
CDN	Content Delivery Network	内容分发网络
CFI	Control Format Indicator	控制格式指示
CFO	Carrier Frequency Offset	载波频率偏差
CFR	Channel Frequency Response	信道频率响应
CoMP	Coordinated Multi Point Transmission	多点协作传输
CP	Control Plane	控制面
CPM	Continue Phase Modulation	连续相位调制
CPU	Central Processing Unit	中央处理器
CQI	Channel Quality Information	信道质量信息
C-RAN	Cloud Radio Access Network	云化无线接入网
CRC	Cyclic Redundancy Check	循环冗余校验
C-RNTI	Cell-Radio Network Temporary Identifier	小区无线网络临时标识
CS	Circuit Switch	电路交换
CS/CB	Coordinated Scheduling/Coordinated Beamforming	协作调度/协作波束赋形
CSI	Channel State Information	信道状态信息
CSIR	Channel State Information of Receive	接收端信道状态信息
CSIT	Channel State Information of Transmit	发送端信道状态信息
CSMA	Carrier Sense Multiple Access	载波侦听多址接入
CU	Central Unit	集中单元
CUPS	Control and User Plane Separation	控制面和用户面分离
CWTS	China Wireless Telecommunication Standard	中国无线通信标准
DAC	Digital-to-Analog Converter	数模转换器
D-AMPS	Digital Advanced Mobile Phone System	数字高级移动电话系统
D-BLAST	Diagonal Bell Labs Layered Space-Time	对角-贝尔实验室分层空时
DCI	Downlink Control Information	下行控制信息

DCA	Dynamic Channel Allocation	动态信道分配
DCS	Dynamic Cell Selection	动态小区选择
DDC	Digital Down Converter	数字下变频器
DECT	Digital Enhanced Cordless Telecommunications	数字增强无绳通信
DFE	Decision Feedback Encode	判决反馈解码
DFT	Discrete Fourier Transformation	离散傅里叶变换
DLL	Digital phase-Locked Loop	数字锁相环
DL-SCH	Down-Link Shared Channel	下行共享信道
DMRS	Demodulation Reference Signal	解调参考信号
DN	Data Network	数据网络
DoA	Direction of Arrival	来波方向
DPC	Dirty Paper Coding	脏纸编码
DRS	Dedicated Reference Signal	专用参考信号
DS-CDMA	Direct Sequence-Code Division Multiple Access	直接序列码分多址
DSP	Digital Signal Processing	数字信号处理
DSTBC	Differential Space-Time Block Codes	差分空时编码
DTCH	Dedicated Traffic Channel	专用数据信道
DU	Distributed Unite	分布式单元
DUC	Digital Up Converter	数字上变频器
DVB-S2	Digital Video Broadcasting-Satellite, Second Generation	第二代卫星数字视频广播
DwPTS	Downlink link Pilot Time Slot	下行链路导频时隙
EBF	Eigenvalues Beamforming	特征值波束成形
EDGE	Enhanced Data Rate for GSM Evolution	GSM 增强型数据传输技术
EIR	Equipment Identity Register	设备识别寄存器
eMBB	enhanced Mobile Broadband	增强型移动宽带
eNodeB	evolved NodeBasestation	演进型基站
EPC	Evolved Packet Core	演进的分组核心网
EPS	Evolved Packet System	演进分组系统
ETSI	European Telecommuncaitions Standard Institute	欧洲电信标准化协会
EUTRAN	Evolved Universal Terrestrial Radio Access Network	演进的通用陆地无线接入网
FBMC	Filter Bank Multi-Carrier	滤波器组多载波
FCC	Federal Communications Commission	美国联邦通信委员会
FDD	Frequency Division Duplexing	频分双工
FDM	Frequency Division Multiplexing	频分复用
FDMA	Frequency Division Multiple Access	频分多址
FFO	Frame-Frequency-Offset	小数倍频偏
FFT	Fast Fourier Transform	快速傅里叶变换算法
FM	Frequency Modulation	频率调制
FOMA	Freedom of Mobile Multimedia Access	自由移动多媒体接入
FPGA	Field Programmable Gate Array	现场可编程门阵列
FPLMTS	Future Public Land Mobile Telecommunication System	未来公共陆地移动通信系统

FSK	Frequency Shift Keying	频移键控
FSTD	Frequency Switched Transmit Diversity	频率切换传输分集
GGSN	Gateway GPRS Support Node	网关 GPRS 支持节点
GMC	Generalized Multi-Carrier	广义多载波
GMSC	Gateway Mobile Switch Center	网关移动交换中心
GMSK	Gaussian filtered Minimum Shift Keying	高斯最小频移键控
gNB	nextgeneration Node Base station	5G 基站
GNSS	Global Navigation Satellite System	全球导航卫星系统
GP	Guard Period	保护间隔
GPRS	General Packet Radio Service	通用分组无线业务
GSM	Global System for Mobile communications	全球移动通信系统
GT	Guard Time	保护时间
GTP	GPRS Tunnel Protocol	GPRS 隧道协议
HARQ	Hybrid Automatic Repeat reQuest	混合自动重传
HLR	Home Location Register	归属位置寄存器
HSDPA	High Speed Downlink Packet Access	高速下行链路分组接入
HSPA	High Speed Packet Access	高速分组接入
HSUPA	High Speed Uplink Packet Access	高速上行链路分组接入
HPBW	Half-Power Beam Width	半功率波束宽度
IC	Integrated Circuits	集成电路
ICI	Inter Carrier Interference	载波间干扰
ICIC	Inter-Cell Interference Coordination	小区间干扰协调
IDFT	Inverse Discrete Fourier Transform	离散傅里叶反变换
IEEE	Institute of Electrical and Electronics Engineers	电气与电子工程师协会
IETF	Internet Engineering Task Force	Internet 工程任务委员会
IFFT	Inverse Fast Fourier Transform	快速傅里叶反变换
IFO	Integer-Frequency-Offset	整数倍频偏
IMEI	International Mobile Equipment Identity number	移动设备的国际移动设备识别码
IMS	IP Multimedia Subsystem	IP 多媒体子系统
IoT	Internet of Things	物联网
IR	Incremental Redundancy	增量冗余
IRS	Intelligent Reflecting Surface	智能反射面
ISG	Industry Specification Group	行业规范工作组
ISI	Inter Symbol Interference	符号间干扰
IT	Information Technology	信息技术
ITU	International Telecommunication Union	国际电信联盟
ITU-R	International Telecommunication Union-Radio Communication Sector	国际电信联盟-无线电通信部门
JP	Joint Processing	联合处理
JT	Joint Transmission	联合传输技术
LBS	Location Based Services	基于位置的服务

LCMV	Linearly Constrained Minimum Variance	线性约束最小方差
LDPC	Low Density Parity Check Codes	低密度奇偶校验码
LLR	Log Likelihood Ratio	对数似然比
LoS	Line of Sight	视距
LS	Least Squares	最小二乘
LSS	Least Squares Smoothing	最小二乘滤波法
LTE	Long Term Evolution	长期演进
LTE-A	LTE-Advanced	先进的长期演进技术
MAC	Media Access Control	媒体接入控制层
MAP	Maximum A Posteriori	最大后验概率
Max C/I	Maximum Carrier to Interference	最大载干比算法
MBMS	Multimedia Broadcast Multicast Service	多媒体广播多播业务
MANO	MANagement & Orchestration	管理和编排
MBSFN	Multicast Broadcast Single Frequency Network	多播广播单频网
MC-CDMA	Multi-Carrier Code Deivision Multiple Aecess	多载波码分多址接入
MCCH	Multicast Control Channel	多播控制信道
MCH	Multicast Channel	多播信道
MCM	Multi-Carrier Modulation	多载波调制
MCS	Modulaton and Coding System	调制编码系统
ME	Mobile Equipment	移动设备
MEC	Multi-access Edge Computing	多接入边缘计算
METIS	Mobile and wireless communications Enablers for The 2020 Information Society	构建 2020 年信息社会的移动无线通信关键技术
MF	Matching Filter	匹配滤波
MIB	Master Information Block	主信息块
MIMO	Multiple Input Multiple Output	多输入多输出
MISO	Multiple Input Single Output	多输入单输出
ML	Machine Learning	机器学习
ML	Maximum Likelihood	最大似然
MLD	Maximum Likelihood Decoding	最大似然解码
M-LWDF	Modified Largest Weighted Delay First	修正最大加权时延优先
MME	Mobility Management Entity	移动性管理设备
MMSE	Minimum Mean Square Error	最小均方差
mMTC	massive Machine Type Communication	大规模机器类通信
MS	Mobile Station	移动台
MSC	Mobile Switch Center	移动交换中心
MSINR	Maximum Signal to Interference plus Noise Ratio	最大信号干扰噪声比
MSK	Minimum Shift Keying	最小频移键控
MTCH	Multicast Traffic Channel	多播业务信道
M-UE	Macro-User Equipment	宏小区用户
MU-MIMO	Multiple-User-MIMO	多用户 MIMO

MUSA	Multi-User Shared Access	多用户共享接入
NAS	Non-Access-Stratum	非接入层
NE	Network Elements	网络单元
NEF	Network Exposure Function	能力开放功能
NF	Network Function	网络功能
NFV	Network Function Virtualization	网元功能虚拟化
NFVI	NFV Infrastructure	NFV 基础设施
NG	Next Generation	下一代
NGMN	Next Generation Mobile Networks	下一代移动网络
NLoS	Not Line of Sight	非视距
NMT	Nordic Mobile Telephone	北欧移动电话系统
NR	New Radio	(5G)新空口
NRF	NF Repository Function	网络仓库功能
NSA	Non-StandAlone	非独立
NSS	Network Service Subsystem	网络服务子系统
NSSF	Network Slice Selection Function	网络切片选择功能
OAM	Orbital Angular Momentum	轨道角动量
OFDM	Orthogonal Frequency Division Multiplexing	正交频分复用
OFDMA	Orthogonal Frequency Division Multiple Access	正交频分多址接入
OFDM-TDMA	OFDM Time Division Multiple Access	OFDM 时分多址接入
OMC	Operation & Maintenance Center	操作与维护中心
OP	Organizational Partner	组织伙伴
OQPSK	Offset Quadrature Phase-Shift Keying	偏移四相相移键控
OS	Opportunity Scheduling	机会调度
OSS	Operation Support System	操作支持系统
BSS	Business Support System	业务支撑系统
OVSF	Orthogonal Variable Spreading Factor	正交可变扩频因子
PAPR	Peak-to-Average Power Ratio	峰均比
PBCH	Physical Broadcast Channel	物理广播信道
PCC	Primary Component Carrier	主载波
PCCH	Paging Control Channel	寻呼控制信道
PCCC	Parallel Concatenated Convolutional Code	并行级联卷积码
Pcell	Primary cell	主小区
PCF	Policy Control Function	策略控制功能
PCFICH	Physical Control Format Indicator Channel	物理控制格式指示信道
PCG	Project Coordination Group	项目协调组
PCH	Paging Channel	寻呼信道
PCN	Personal Communication Network	个人通信网
PDC	Personal Digital Cellular	个人数字蜂窝网
PDCCH	Physical Downlink Control Channel	物理下行控制信道
PDCP	Packet Data Convergence Protocol	分组数据汇聚协议

PSD	Power Spectral Density	功率谱密度
PDMA	Pattern Division Multiple Access	图样分割多址接入
PDSCH	Physical Downlink Shared Channel	物理下行共享信道
PEG	Progressive Edge Growth	渐进增边法
PER	Packet Error Rate	误包率
PF	Proportional Fairness	比例公平算法
PDNG	Packet Data Network Gateway	分组数据网关
PHICH	Physical Hybrid ARQ Indicator Channel	物理混合重传指示信道
PHS	Personal Handy-phone System	个人手持电话系统
PHY	Physical Layer	物理层
PLMN	Public Land Mobile Network	公用陆地移动通信网络
PM	Path Metrics	路径度量值
PM	Phase Modulation	相位调制
PMCH	Physical Multicast Channel	物理多播信道
PN	Pseudo Random	伪随机序列
PRACH	Physical Random Access Channel	物理随机接入信道
PRB	Physical Resource Block	物理资源块
PS	Packet Scheduling	分组调度算法
PS	Packet Switch	分组交换
PSCH	Primary Synchronization Channel	主同步信道
PSK	Phase Shift Keying	相移键控
PSS	Primary Synchronization Signal	主同步信号
PSTN	Public Switched Telephone Network	公共交换电话网
PUCCH	Physical Uplink Control Channel	物理上行控制信道
PUSCH	Physical Uplink Shared Channel	物理上行共享信道
PVS	Precoding Vector Switch	预编码向量切换
QAM	Quadrature Amplitude Modulation	正交幅度调制
QoE	Quality of Experience	用户体验质量
QoS	Quality of Service	服务质量
QPP	Quadratic Permutation Polynomial	二次置换多项式
QPSK	Quadrature Phase-Shift Keying	四相相移键控
RACH	Random Access Channel	随机接入信道
RAN	Radio Access Network	无线接入网
RAR	Random Access Reply	随机接入响应
RA-RNTI	Random Access-RNTI	随机接入 RNTI
RB	Resource Block	资源块
RE	Resource Element	资源粒子
RF	Radio Frequency	射频
RIS	Reconfigurable Intelligent Surface	智能可调节超表面
RNC	Radio Network Controller	无线网络控制器
RR	Round Robin	轮询算法

RRC	Radio Resource Control	无线资源控制
RRM	Radio Resource Management	无线资源管理
RSC	Recurisive Systematic Convolutional	递归系统卷积码
RSRP	Reference Signal Received Power	参考信号接收功率
RTK	Real Time Kinematic	实时动态差分法
RU	Resource Unit	资源单元
R-UE	Relay-User Equipment	中继小区内用户
SA	Stand Alone	独立
SAE	System Architecture Evolution	系统架构演进
SBA	Service-Based Architecture	基于服务的网络架构
SC	Successive Cancellation	串行抵消
SC	Steering Committee	3GPP2 的项目指导委员会
SC	Short message Center	短消息中心
SCC	Secondary Component Carrier	辅载波
Scell	Secondary cell	辅小区
SC-FDMA	Single Carrier-FDMA	单载波频分多址接入
SCH	Synchronizing Channel	同步信道
SCL	Successive Cancellation List	串行抵消列表
SCM	Spatial Channel Model	空间信道模型
SCM-E	Spatial Channel Model Enhanced	空间信道模型增强
SCMA	Sparse Code Multiple Access	稀疏码分多址接入
SDD	Subcarrier Division Duplex	子载波分双工
SDMA	Space Division Multiple Access	空分多址接入
SDN	Software Defined Network	软件定义网络
SDO	Standard Development Organization	标准发展组织
SDR	Software Defined Radio	软件无线电
SFC	Space-Frequency Coding	空频编码
SFN	System Frame Number	系统帧号
SGSN	Service GPRS Support Node	服务 GPRS 支持节点
SGW	Serving Gateway	服务网关
SIB	System Information Block	系统信息块
SIC	Successive Interference Cancellation	串行干扰抵消
SIM	Subscriber Identity Module	用户识别模块
SIMO	Single Input Multiple Output	单输入多输出
SINR	Signal to Interference plus Noise Ratio	信号干扰噪声比
SIP	Session Initiation Protocol	会话发起协议
SISO	Single Input Single Output	单输入单输出
SMF	Session Management Function	会话管理功能
SNR	Signal to Noise Ratio	信号噪声功率比
SON	Self-Organizing Network	自组织网络
SRS	Sounding Reference Signal	探测参考信号

SQPSK	Staggered Quadrature Phase-Shift Keying	交错四相相移键控
SS	Spread Spectrum	扩展频谱
SSCH	Secondary Synchronization CHannel	辅同步信道
SSS	Secondary Synchronization Signal	辅同步信号
STBC	Space-Time Block Codes	空时分组码
ST-BICM	Space-Time Bit-Interleaved Coded Modulation	级联空时码
STC	Space-Time Coding	空时编码
STTC	Space-Time Trellis Codes	网格空时码
STTD	Space-Time Transmit Diversity	空时发送分集
SU-MIMO	Single-User-MIMO	单用户 MIMO
SUS	Semi-orthogonal User Selection	半正交用户选择算法
SVD	Singular Value Decomposition	奇异值分解
TA	Tracking Area	跟踪区域
TA	Timing Advance	时间提前量
TACS	Total Access Communications System	全接入通信系统
T-BLAST	Threaded Bell Labs Layered Space-Time	螺旋贝尔实验室分层空时(编码)
TCM	Trellis Coded Modulation	格形编码调制
TCP/IP	Transmission Control Protocol/Internet Protocol	传输控制协议/因特网协议
TDD	Time Division Duplexing	时分双工
TDM	Time Division Multiplexing	时分复用
TDMA	Time Division Multiple Access	时分多址接入
TDoA	Time Difference of Arrival	到达时间之差
TD-SCDMA	Time Division-Synchronous Code Division Multiple Access	时分同步码分多址
TIA	Telecommunications Industry Association	美国通信工业协会
ToA	Time of Arrival	到达时间
TSDSI	Telecommunications Standards Development Society, India	印度电信标准发展协会
TSG	Technical Specification Group	技术规范组
TSTD	Time Switched Transmit Diversity	时间切换发射分集
TTA	Telecommunications Technology Association	韩国电信技术协会
TTC	Telecommunication Technology Committee	日本电信技术委员会
TTI	Transmission Time Interval	传输时间间隔
UCI	Uplink Control Information	上行控制信息
UDM	Unified Data Management	统一数据管理
UDN	Ultra Dense Network	超密集网络
UE	User Equipment	用户设备
UHF	Ultra High Frequency	特高频
UIM	User Identity Module	用户识别模块
ULA	Uniform Linear Array	单位线性阵列
UL-SCH	Up-Link Shared Channel	上行共享信道
UMB	Ultra Mobile Broadband	超移动宽带
UMTS	Universal Mobile Telecommunications System	通用移动电信系统

UP	User Plane	用户面
UPA	Uniform Planar Array	单位面阵
UPF	User Plane Function	用户面功能
UpPTS	Uplink Pilot Time Slot	上行导频时隙
uRLLC	ultra Reliable & Low Latency Communication	超可靠低时延通信
USRP	Universal Software Radio Peripheral	通用软件无线电设备
USTC	Unitary Space-Time Codes	酉空时编码
UTRA	Universal Terrestrial Radio Access	通用陆地无线接入
UWB	Ultra Wide Band	超宽带
V-BLAST	Vertical Bell Labs Layered Space-Time	垂直贝尔实验室分层空时(编码)
VCO	Voltage Controlled Oscillator	压控振荡器
VHF	Very High Frequency	甚高频
VIM	Virtualized Infrastructure Manager	虚拟设施管理器
VLR	Visit Location Register	访问位置寄存器
VNF	Virtual Network Function	虚拟化网络功能
VoIP	Voice over Internet Protocol	互联网协议电话
VR	Virtual Reality	虚拟现实
VRB	Virtual Resource Block	虚拟资源块
WCDMA	Wideband Code Division Multiple Access	宽带码分多址
WG	Work Group	3GPP的工作组
WLAN	Wireless Local Area Network	无线局域网
WP5D	Working Part 5D	ITU-R的国际移动通信工作组
WRC	World Radio comunication Conferences	世界无线电通信大会
ZC	Zadoff-Chu	Zadoff-Chu(正交序列)
ZF	Zero-Forcing Detection	迫零检测

图书资源支持

感谢您一直以来对清华版图书的支持和爱护。为了配合本书的使用，本书提供配套的资源，有需求的读者请扫描下方的“书圈”微信公众号二维码，在图书专区下载，也可以拨打电话或发送电子邮件咨询。

如果您在使用本书的过程中遇到了什么问题，或者有相关图书出版计划，也请您发邮件告诉我们，以便我们更好地为您服务。

我们的联系方式：

地　　址：北京市海淀区双清路学研大厦 A 座 714

邮　　编：100084

电　　话：010-83470236　010-83470237

客服邮箱：2301891038@qq.com

QQ：2301891038（请写明您的单位和姓名）

资源下载：关注公众号“书圈”下载配套资源。

资源下载、样书申请

书圈

获取最新书目

观看课程直播